U0289398

重庆市出版专项资金资助项目

中国桑树栽培品种

ZHONGGUO SANGSHU ZAIPEI PINZHONG

主　编　鲁　成　计东风

副主编　朱方容　赵爱春

　　　　罗国庆　苏　超

西南师范大学出版社

国家一级出版社　全国百佳图书出版单位

图书在版编目（CIP）数据

中国桑树栽培品种 / 鲁成, 计东风主编. -- 重庆：
西南师范大学出版社, 2017.7
 ISBN 978-7-5621-7971-9

 Ⅰ. ①中… Ⅱ. ①鲁… ②计… Ⅲ. ①桑树－品种－
中国 Ⅳ. ①S888.3

 中国版本图书馆CIP数据核字（2016）第273298号

中国桑树栽培品种

主　编　鲁　成　计东风

副主编　朱方容　赵爱春　罗国庆　苏　超

责任编辑：尹清强　赵　洁

封面设计：魏显锋

版式设计：汤　立

排　　版：重庆大雅数码印刷有限公司·张祥

出版发行：西南师范大学出版社

　　　　　　地址：重庆市北碚区天生路2号

　　　　　　邮编：400715

　　　　　　市场营销部电话：023-68868624

印　　刷：重庆康豪彩印有限公司

开　　本：890mm×1240mm　1/16

印　　张：27

字　　数：600千字

版　　次：2017年7月　第1版

印　　次：2017年7月　第1次印刷

书　　号：ISBN 978-7-5621-7971-9

定　　价：180.00元

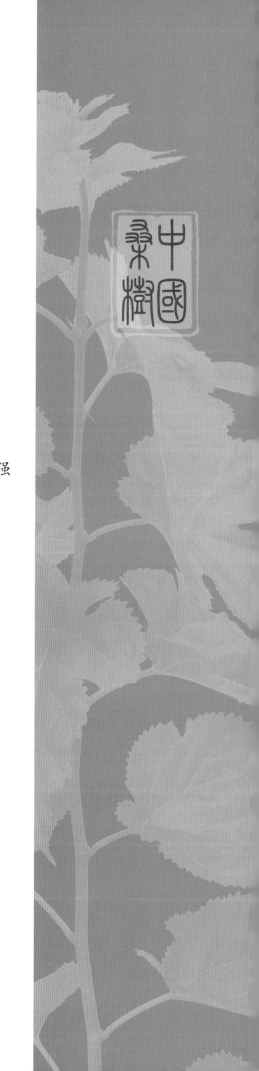

编委会
BIANWEIHUI

序 XU

　　《中国桑树栽培品种》一书即将出版发行，作者送来样书并嘱为之作序，我遂成为本书的第一位读者，对于寒门老者也算乐事，通读全书，也确实感到有些话要讲。

　　我国自古乃农桑之国，创造了丝绸之路的历史辉煌。往事越千年，蚕丝业的中心经历了从发源地中国到以意、法为核心的欧洲再到日本的转移，于20世纪70年代又回归到了发源地中国。现今蚕丝业虽然已不如昔日耀眼，但我们仍然可感受到历史的余晖。十余年来，我国家蚕基因组、桑树基因组、家蚕微孢子虫基因组测序相继完成并成为21世纪蚕桑科技振兴的强大信号。生态型、多元化、高效益、可持续的产业发展思路，成为新世纪蚕桑产业技术体系重构的主流方向。国家蚕桑产业技术体系为推进新世纪我国蚕桑产业技术体系的重建起到了历史性的推动作用。本书是该体系继《中国家蚕实用品种系谱》一书后又一标志性成果，所以我认为这是一部具有传世价值的专著。

　　桑科植物起源于早白垩纪，其后沿多条路径扩散至亚洲、欧洲、美洲、非洲。我国是桑的起源中心之一，资源极为丰富。然而自古以来桑树似乎都是为养蚕而栽植，无论中外，对桑的研究都是以满足养蚕的要求为目标。因此，对桑树品种和栽培的研究历来都是桑树研究的主轴，成果极为丰富。本书收录了我国桑树审定品种93个，地方品种572个，果桑类品种44个，以及作为饲料、菜、茶、药等特殊用途的品种11个，合计720个品种，并对其来源、特性等做了精准介绍。其品种数量之多不仅为我国之首，也是世界之最。所以，我认为本书对我国桑品种研究是一个最全面系统的总结。

我国桑树资源十分丰富,研究工作虽然起步较晚,但发展快,水平高,成果丰硕。其发展过程,可以分为三个阶段。20世纪60年代,开始规模性整理筛选地方品种,选出荷叶白等四大良种,在全国范围内基本实现了良桑化。20世纪80年代初,进行全国性桑树资源普查,开展了杂交育种、多倍体育种、杂交桑推广等研究工作,出现一大批成果,是我国桑树育种创新发展成就卓著的黄金时代。21世纪以来,随着家蚕基因组计划、桑树基因组计划的完成和立桑为业、多元发展的产业技术体系的推动,新的科学技术、新的产业需求把桑树育种推进到了一个新的发展阶段。本书收录了果桑等特殊用途品种55个,表明我国桑树研究已把推进蚕桑产业多元化发展作为桑树新的育种目标,并已取得有效进展,我相信这是开创新的又一黄金时代的起点。

蚕桑产业发源于我国,曾为人类社会文明进步做出了伟大贡献。在新的历史发展阶段,建立新时代的蚕桑产业是我们新时代蚕业科技工作者的历史任务。

"桐花万里丹山路,雏凤清于老凤声。"祝愿年轻一代的科学家们不负使命,再造辉煌。

谨此祝愿。乐为之序。

中国工程院院士 向仲怀 谨识

2017年7月21日于西南大学蚕学宫

前言
QIANYAN

桑树是经济林木树种,栽培历史悠久,产业背景宏大。传统的蚕桑丝绸产业铸就了中华文明,举世闻名的"丝绸之路",建立了东西方文明交流的桥梁,对人类社会发展产生了深刻的影响。桑树属蔷薇目植物,是蚕桑丝绸产业的物质基础,在农业和生物学上均有重要地位。桑树在植物分类学上属于:种子植物门(Spermatophyta)、被子植物亚门(Angiospermae)、双子叶植物纲(Dicotyledoneae)、蔷薇目(Rosales)、桑科(Moraceae)、桑属(*Morus*)。

桑是地球上较为古老的植物,经过长期复杂的气候变迁及自然选择,遗传多样性非常丰富。目前桑属植物根据形态性状分为35个种和10个变种。桑树分布极为广泛,其具有极强环境适应性、耐剪伐和生长快等生物学特点。我国桑种质资源丰富,是桑树的重要起源中心。同时,桑树在自然界中不断发生天然杂交与自发突变,通过自然选择与人工选择,历史上便形成了许多适应不同生态环境和养蚕需要的栽培品种。我国栽桑养蚕历史悠久,桑树品种经历了古人的被动选育和近代有目的的主动选育过程,目前已建立了杂交育种、多倍体育种、诱变育种和资源选种等育种体系,形成了丰富的审定品种、地方品种和特色品种。在蚕桑生产中,根据桑树生长特点及用途,有两种实用型分类:一是根据桑树发芽早迟和成熟的快慢,可分为早生、中生和晚生品种;二是根据用途,可分为叶用、条用、果用和材用桑品种等。

中华人民共和国成立后,我国蚕丝业获得了快速发展,1970年我国蚕茧产量12.15万吨,超过日本居世界第一,到1994年达到了67.4万

吨,近年仍稳定在此水平,占世界总量的80%左右。但随着我国经济高速发展、国家宏观经济调控和产业结构调整等因素的影响,传统蚕桑产业的发展也面临前所未有的挑战。蚕桑产业如何重新定位,融入国家战略,开拓新兴市场,谋划新的发展思路,重建21世纪蚕桑的辉煌是摆在我们这一代蚕桑人面前的重大问题。

2008年,向仲怀院士提出了我国蚕桑产业必须转型的倡议,并进一步提出了"立桑为业"即桑产业的概念。同时,向院士带领蚕桑界同仁,在其他各界人士的支持下大力推进多元化桑产业的发展,近年来桑树产业得到了快速发展,同时研究和实践进一步表明桑树对不良环境超强的抗性和广泛的适应性,凸显了其在生态治理中的应用潜力。桑叶干物质蛋白质含量超过20%,富含各种生物活性物质,其良好的食用药用价值已为人熟知,在畜禽水产饲料和健康食品方面的应用价值也逐渐被大家所认识。近年来桑树正在成为一种重要经济生态树种,在脆弱地区生态治理、产业扶贫等方面发挥着重要作用。果桑产业也正在兴起,改变了传统的蚕桑产业以养蚕制丝为唯一目的的模式。而今桑在全产业链拓展中正在形成立桑为业、多元发展和提质增效的新产业体系,不但为蚕桑产业多元化发展开拓了新的方向,而且有了可持续的桑产业的支撑。基于此,养蚕业就能更好地适应丝绸产业发展的需求,也可增强承受市场波动的能力。但是由于传统蚕桑产业中,桑品种都是以提供家蚕饲料进行选育的,因而要适应现今桑产业多元化发展的需求,亟需开发能够支撑产业高效生态、资源循环利用、多元化高价值开发的桑品种及其配套生产技术。只有这样,才能更好地促进产业结构调整,实现升级转型和可持续发展。

我国悠久的栽桑养蚕历史中形成的丰富的桑品种不仅在不同时期为我国蚕桑产业发展做出了重要贡献,也是我国蚕桑产业升级转型的重要支撑资源,是桑多元化品种选育的材料基础。组织全国蚕桑工作者收集整理各种桑树品种,为我国桑多元化品种的选育提供重要参考,加速桑多元化品种选育进程,以多元化桑品种引领产业多元化发展的升级转型,这即是我们编写本书的主要目的。

本书介绍了有关桑品种的变迁,收集了全国各地审定品种、大量地方品种、果用桑和特殊用途桑品种的详细资料。在桑品种的倍数性确定、原始资料收集和审定编号等方面做如下说明:

(1)最新桑树染色体研究成果表明,桑属植物的染色体基数应为7,同时也发现桑染色体的多倍性十分丰富和复杂。为了尊重桑树品种审定文件的原始记载和符合目前桑树育种工作者对桑树品种倍数性确定的习惯,故本书收集的各桑树品种染色体组倍数性仍按照品种审定的标注,即仍按照桑染色体基数为14确定桑品种倍数性。如:$2n=28$的仍确定为二倍体而非四倍体。

(2)由于部分桑树品种年代较为久远,无完全的相关原始选育资料,导致部分品种描述不甚详细。

(3)由于我国早期品种审定工作处于起步阶段,审定工作等不够规范,导致本书部分早期审定桑树品种无审定编号等。

为挖掘、拓展桑树的食用、药用功能和生态效益,以"多元化、高效益、生态型、可持续"为目标,选育产业发展迫切需求的不同类型的桑品种是我们蚕桑工作者向立桑为业转型升级的最重要工作。本书品种性状描述力求全面完整地展现各品种的不同性状,望能为不同多元化桑品种选育起到抛砖引玉之作用,推动出现不同用途多元化桑品种选育和推广快速发展的时代。

目录
CONTENTS

第一章　桑树品种的变迁

🍃 第二章　国家和地方审定品种

第三章　地方品种

第四章　果用桑和特殊用途桑品种

附录 桑树品种描述规范

桑树品种的变迁

桑是地球上相对古老的植物。在早白垩纪,被子植物在整个植物群中的种类数量尚微不足道时,就已有桑科(Moraceae)植物的存在。晚白垩纪开始后,被子植物种类大量增加,并在地球上逐渐获得统治地位。至第三纪,全球性气候的分带已十分清楚,季节性变化也十分明显,加之各种自然因素的千差万别,被子植物的变异愈来愈大,属种分化愈来愈多。植物学家根据当时气候带和植物明显的分区现象,划分出3大植物地理区,中国横跨泛北极植物地理区(又名北方植物地理区)和热带植物地理区,桑科植物是其组成之一。桑为落叶乔木或灌木,花单性,同株或异株。

桑在中国是古老的植被,由鸟兽类啄食桑的果实——桑葚,而将其种子散布,助其繁衍,以桑为食的桑蚕借助成虫的飞翔而将自己的生存领域扩展。中国在遥远的古代就有关于桑和蚕的传说与记载。因茧壳可以拉成绵丝作为衣料,蛹可食用,故在这漫长的时间内,不同地区的先民,出于不同的目的广泛利用茧、蛹等自然资源。随着生活场所的固定,为了取得更多的茧、蛹,先民开始将桑蚕家养驯化为家蚕,并且开始有意识地种植桑树,使其成为农业的一个重要组成部分。

在史籍中,蚕业的起源常与伏羲、神农和黄帝等联系在一起。他们并非确有其人,但代表着一定的时代,这与出土的蚕纹、蚕饰与丝织物等十分吻合。他们处在氏族公社、对偶婚之际。由此表明,蚕丝业的发祥,已有5000多年的悠久历史。

在蚕丝业创始之初,农民都是利用野外桑树这一自然资源来养蚕的。由于养蚕规模的扩大,出现桑叶不足,人们便开始了人工栽植桑树,目前在我国少数民族地区养蚕仍保存有野生桑与栽培桑并用的习惯。

自从开始人为栽植桑树,人们就有意识地选择生长快、产叶(葚)量多、为蚕所喜爱的桑树进行繁殖,即形成了原始的桑树栽培品种。

一、我国古代对桑树的分类和利用

桑树作为我国丝绸文明的基础,栽植历史十分悠久。根据出土文物考证,1926年,在山西省夏县西阴村遗址中发现了一个"半割的茧壳",经科学家测定,其距今为5000~7000年。1958年,在浙江省吴兴县钱山漾地区,发掘出土了一批丝织品,有绢片、丝带和丝线,距今有4200~4400年,说明了新石器时代就有养蚕业的存在,证明了我国远古先民发明桑蚕纺织品至少已有5000多年的悠久历史。

我国古代文学、纹饰记载详尽,殷商时代的甲骨文中出现了蚕、桑、丝等象形文字。其中"桑"的象形字共有六种,这六种桑字,既是六种不同刻写,又显示了各种不同树形的象形,这就说明了早在3000多年前,我国桑树栽培技术已有相当水平。近代陆续出土的春秋战国时期的铜器上有乔木桑、高干桑及地桑等多种采桑纹饰,可见当时已有较大规模的桑树栽培。《孟子》中有"五亩之宅,树之以桑,五十者可以衣帛矣",《史记》则记载"齐带山海,膏壤千里,宜桑麻"和"邹鲁滨洙、泗……颇有桑麻之业"等,反映了战国时期在黄河流域和长江流域桑树栽培已较普遍。

1. 汉代及以前

古代"桑"亦写作"桒"。在甲骨卜辞中曾很多次出现"桑"字,结合河南辉县琉璃阁出土的战国铜器"采桑纹壶盖"分析,六种字形可分别对应于高干桑、乔木桑等。高干桑与乔木桑的不同之处在于高干桑系人工修剪而成。因此,最晚在殷商,人们已经开始对桑树进行分类。《尔雅》在其《释木》篇中曰:"桑辨有葚、栀。女桑,桋桑……厌桑,山桑。"东晋郭璞在《尔雅注》中解释道:"辨,半也。葚与椹同。一半有椹,一半无椹,名栀。俗间呼桑之小而条长者,皆为女桑。其山桑似桑,材中弓弩;厌桑丝中琴瑟,皆材之美者也,他木鲜及之。"显然《尔雅》已注意到桑树既有雌雄同株又有雌雄异株,并以此作为桑树不同种区分的依据。根据郭璞的《尔雅注》,桑树树形的大小、枝条长短等已被视为桑树分类的要点。

2. 北魏

北魏时授田有露田、桑田之别。桑田种植桑、榆、枣树,无须交还国家,可以出卖多余的部分,买进不足的部分,促进了桑树种植业的发展。贾思勰所著《齐民要术》中记有荆桑、地桑、黑鲁和黄鲁,云:"今世有荆桑、地桑之名。""桑椹熟时,收黑鲁椹。(黄鲁桑,不耐久。谚曰:'鲁桑百,丰绵帛')"表明当时将桑树主要分为荆桑和地桑两类。荆为地名,荆桑与地桑并提,说明分布于荆地的桑树多为树干较高的桑树。随后所述鲁桑,当为荆桑或地桑之一,鲁亦为地名,故鲁桑实属地桑;而鲁桑又有黑鲁桑与黄鲁桑之分。可见,当时桑树分类的依据主要是根据地域、树干高低以及果实的颜色等进行区分。

3. 唐代及宋代

至唐代,已出现"鸡桑""白桑""家桑"之分。公元739年陈藏器所著《本草拾遗》有云:"叶椏者名鸡桑。""叶椏"即叶分裂之意。唐末韩鄂《四时纂要》谓:"白桑无子,压条种之。"宋代,吴自牧《梦粱录》记载:"桑树种,曰青桑、白桑、拳桑,又有大小梅、红鸡爪等。"苏颂的《本草图经》提道"其实,葚;有白、黑二种"。陈敷《农书》上另举出:"又有一种海桑,本自低亚。若欲压条……"当时,一些桑树栽培品种的名称已开始流行,如南宋陆游《村舍杂书》诗之二"手种临安青,可饲蚕百箔。"诗中"临安青",陆游自注为"桑名",据周匡明考证,其实为湖桑的一种,系鲁桑南传发展而成。陆游自身对农事并无研究,而对"临安青"有如此了解,可见当时"临安青"当为主流桑品种之一。另外,结合后世桑树栽培品种名称与桑树特征进行推测,"临安青"的"青",指桑叶颜色的可能性较大。总的看来,唐宋时期桑树品种的利用主要表现在对果实和树叶特征的关注。宋代在实生苗的繁殖上注意到了穗选桑子,品种上采用嫁接,如陈敷《农书》中提道:"若欲种葚子,则择美桑种葚。每一枚剪去两头,两头者不用,为其子差细,以种即成鸡桑、花桑,故去之。唯取中间一截,以其子坚栗特大,以种即其干强实,其叶肥厚……"欲改良树性采用嫁接,"若欲接缚,即别取好桑直上生条,不用横垂生者,三四寸长截,如接果子样接之。"

4. 元代

从元代开始，人们对桑树分类时所描述的形态特征较为详细。如《农桑辑要》引《士农必用》(已佚)云:"桑种甚多,不可偏举。世所名者,荆与鲁也。荆桑多椹,鲁桑少椹。叶薄而尖,其边有瓣者,荆桑也;凡枝干条叶坚劲者,皆荆之类也……荆之类,根固而心实,能久远,宜为树";"叶圆厚而多津者,鲁桑也;凡枝干条叶丰腴者,皆鲁之类也……鲁之类根不固而心不实,不能久远,宜为地桑";"然荆桑之条叶,不如鲁桑之盛茂,当以鲁条接之,则能久远而又盛茂也。"桑种"不可偏举",说明当时人们对桑树的分类相当详尽,从果实、枝、干、条、叶、根、早生与晚生等角度进行了区分,使桑树的分类特征更加完备。

另"荆桑……以鲁条接之",已注意到在一棵树上发挥两类桑优点的问题,即采用嫁接法,在荆条上接鲁桑,树龄既长,枝叶又繁茂。嫁接方法有插销接(桑头接)、劈接、腐接(芽接)和搭接(袋接)四种。俞宗本《种树书》记载了当时不少的经验:"穀树上接桑,其叶肥大";"鸡脚桑,叶花而薄,得茧薄而丝少";"白桑,叶大如掌而厚,得茧厚而坚,丝每倍常";"桑叶生黄衣而皱者,号曰金桑。非特蚕不食,而木亦将就槁腐矣";"先椹而后叶者,叶必少"。

5. 明代

明代对桑树的记载更为翔实,黄省曾所著《蚕经》记有:高而白者、短而青者、望海之桑、紫藤之桑、青桑等。李时珍在《本草纲目》中则对桑树进行了较为系统的分类,"桑有数种:有白桑,叶大如掌而厚;鸡桑,叶花而薄;子桑,先椹而后叶;山桑,叶尖而长"。当时桑树的主要分类依据仍然是以桑树叶子和果实为主要特征。另据《万历崇德县志》《康熙萧山县志》等记载,崇德(现桐乡)、吴兴等地已有晚青桑、白皮桑、荷叶桑、鸡脚桑、扯皮桑、尖叶桑、火桑、山桑、红头桑、槐头桑、鸡窝桑、木竹青、乌桑等。当时人们已认识到桑品种的优劣与桑叶和茧丝产量的关系,并从众多的桑品种中选出最优的桑品种,如荷叶桑、红头桑(亦称黄头桑)、木竹青等,"取其枝干坚实,不易朽,眼眼发头(发芽率高),有斤两",火桑发芽较其他种早5~6日,可养早蚕(小蚕)用。据《蚕经》记述,"白皮而节疏芽大者,为柿叶之桑,其叶必大而厚,是坚茧而多丝。高而白者,宜山冈之地,或墙隅而篱畔……短而青者,宜水乡之地……鸡脚之桑,其叶薄,是薄茧少丝……其青桑无子;而叶不甚厚者,是宜初蚕;望海之桑,种之术与白桑同……紫藤之桑其种高大",对其适应性和不同的种植方法做了简单的描述。

6. 清代

清代对桑品种的选育、分类、性状、栽培、利用等都有了更为丰富的经验。如《广蚕桑说》一书中记载:"桑种甚繁,以荷叶桑、黄头桑、木竹青为上,取其条干坚实,眼眼发头也,别有一种火桑,视他桑较早,可饲早蚕,且雨过即干,饲家蚕宜多植……宜觅富阳、望海等种之,其大者可得叶数石,能不令虫蚀及水灌其根,则愈老愈茂不以年远而败。"沈秉成《蚕桑辑要》之《蚕桑杂说》将桑树分为压桑、子桑和花桑三种。"压桑"系"春初取桑枝大者……横压土中"而得;"子桑,乃桑葚所种";"花桑,亦由种子而成,其叶与压桑相似,但有花无实,与子桑异"。"花桑"与"子桑"不同之处在于有花无实,故所述"子桑"应当结葚。刘清藜补辑的《蚕桑备要》中指出:"桑树种类甚多,总名之曰荆桑、鲁桑。凡葚多、枝干条叶坚劲,其叶小而边有锯齿者,皆荆之类……葚少,枝干条叶丰腴,叶圆大丰厚而多津者,皆鲁之类"。陈开沚《裨农最要》云:"桑树种类虽多,不过荆桑(俗呼油桑、砍桑)、鲁桑(俗呼盘桑)尽之"。卫杰《蚕桑萃编》中提到:"桑分十八种。湖桑、川桑、鲁桑、荆桑,以地殊者;子桑、女桑、花桑、椹桑、栀桑、火桑、丛生桑、富阳桑、地桑、山桑,以种类名者;移桑、接桑、压桑、蟠桑,以人力成者"。汪日帧在《湖蚕述》中还提到一种"麻桑",其特征为"叶有毛",同时指出"野桑若任其长,肥者成'望海桑',瘠者成'鸡脚桑',蚕家贱之;故莫不用接"。《枝栖小隐桑谱》载"……家桑叶圆厚而多津,古所谓'鲁桑'也,野桑叶薄而尖,古所谓'荆桑'也"。《嘉兴府志》里说:"白桑有花无实,黑桑有实无花,饲蚕须种白桑,欲收紫葚为药,明目延年,则黑桑亦可种十分之二也。"

另外,在清代的著作中提到了不少桑树栽培品种的名称,并对品种的优劣进行了评述。如《沈氏农书》载:"桑以荷叶桑、黄头桑、木竹青为上,五头桑、大叶密眼桑次之,细叶密眼桑为最下。张炎贞《乌青文献》中指出:桑类有密眼青、白皮桑、荷叶桑、鸡脚桑、扯皮桑、尖叶桑、晚青桑、火桑、山桑、红头桑、槐头青、鸡窝桑、木竹青、乌桑、紫藤桑、望海桑。高拴《蚕桑辑要》道:"桑种甚繁,以荷叶桑、黄头桑、木竹青为上……别有一种火桑……"包世臣著《齐民四术》中记载:"桑有两种,鲁桑一名湖桑,叶厚大而疏,多津液,少椹,饲蚕,蚕大,得丝多。荆桑一名鸡桑,又名黑桑,叶尖而有瓣,小而密,先结子,后生叶,饲蚕,蚕小,得丝少。"最早启用了湖桑的名称。另吴恒《蚕桑捷效书》谓:"桑以湖州所产者为佳,有青皮、黄皮、紫皮三种。青皮叶疏而薄,黄皮较胜,惟紫皮最佳。紫皮又名红皮,叶密而厚,浙人谓之红皮大种。湖桑之中,又以此种为第一。"卫杰在《蚕桑萃编》中极力赞颂浙江的桑品种优越:"湖桑工夫最细,养条渐成极品,然每年丝蚕时,有丰歉收之分。是养条虽佳,而养条却有叶浓一病。若再仿川法养树,使树力少淡,以树桑饲小蚕,老蚕,以条桑饲眠起大食蚕,则食习茧厚";"湖桑叶圆而大,津多而甘,其性柔,其条脆,其干不高挺,其树鲜老株,惟移置他省,甚难培养,若培养不得其法,多未成活";"鲁桑为桑之始,即东桑,其利既减湖桑,亦减川桑,湖与川殆青出于蓝而胜于蓝者欤"。特别列出了火桑和富阳桑,以为火桑"其叶青赤,发芽独早,雨过即干,以饲早蚕,胜于茶榆";富阳桑"种类各别,其桑独大,每树之叶约数百斤;桑最耐久,愈老愈茂",赞誉"湖桑为桑之冠"。

二、桑树的形态分类学发育特征

桑树具有固有的外部形态特征,这是桑属植物形态分类系统建立的依据。

1. 根

有性繁殖的桑苗(实生苗),其根部是由种子的胚根长成,有明显的主根。主根上着生的根称为侧根,由主根上直接生长出的侧根称为一级侧根,从一级侧根上长出的根称为二级侧根,以此类推。侧根上着生的直径1 mm以下的细根,统称为须根。主根是同化养分的贮藏场所。桑根靠表皮细胞分化的根毛进行水分与养分的吸收。根毛从与表皮细胞近成直角处向外伸出,两者并无隔膜;根毛表面黏液化,与土壤密着,吸收养分与水分;根毛长期与土块紧密接触,吸收能力受到限制,因此新的根毛不断依次从根的先端发生并与新的土块接触;冬季桑树休眠期不需要吸收养分,所以根毛脱落而不存在。

桑根的颜色为鲜黄色,幼根色淡,幼根覆盖有表皮,但无栓皮,其先端为由柔细胞形成的根冠,保护根的生长点。老根色深,粗根的表面分布着较大的横向隆起的皮孔,有交换气体和水分的作用,皮孔老化后内部充满紫色填充细胞,易和紫纹羽病的病症相混淆,需注意区别。

实生苗的根系排列比较均匀,移栽的桑苗切断主根后,侧根增多,常有大侧根向下着生代替主根的作用。扦插苗和压条苗的根,由枝条内早期形成的根原体或愈伤组织分化形成,这种根叫不定根,根系的排列亦不甚规则。

鲁桑系品种的主根一般粗且长,山桑系细而长,而白桑系则粗而短。根系的形态是桑品种的特征,但它与土层结构、施肥、耕耘、除草等作业状况也有关系。

2. 芽

芽是茎、叶、花的原始体,是桑树生长、发育、分枝、更新、复壮的基础。根据芽在枝条上的着生位置,可分为顶芽和侧芽。

桑树生长季节,位于叶柄基部内侧叶腋中的芽称为腋芽,腋芽最初呈绿色,随着芽的增大,从芽尖至芽身逐渐转为黄褐色,并形成芽鳞包蔽芽体,对芽起保护作用。冬季落叶前,芽便呈该品种的固有色泽。落叶后枝条上的芽称冬芽,冬芽的色泽、大小、形态特征是识别品种的重要依据,如荷叶白的冬芽呈黄褐色、正三角形,桐乡青呈灰白色、长三角形。广东桑的冬芽较大,湖桑199号的芽尖歪向一边,望海桑的冬芽贴生在枝条上,黄鲁头的冬芽向外侧生,而育2号的冬芽为椭圆形。

在顶芽存在的情况下,大多数桑品种的侧芽在当年秋季不萌发,但有的品种如山明桑和一些果桑品种的部分侧芽当年萌发成侧枝。如果在生长期间,枝条生长点受到损伤,顶端优势遭到破坏,侧芽开始萌发。

桑芽有主芽和副芽之分,有的品种叶腋内着生2~3个芽,正中一个较大称为主芽,其余为副芽。广东桑副芽多且明显,副芽除分布在主芽两侧外,也有叠生在主芽外侧的,如铁钯桑。前者叫侧生副芽,后者叫背生副芽。副芽多的品种可减轻冻害等的损伤,主芽枯死后,副芽则代之萌发。

冬芽萌发后只长枝叶的叫叶芽,只开花不长叶的叫花芽,既开花又长叶的叫混合芽。萌发时,枝条上总有些芽不萌发,这种暂时不萌发的芽叫休眠芽。剪伐后仍未萌发的休眠芽,特别是在枝条基部褶被中的鳞片腋芽,随着枝干的加粗逐渐隐匿在树皮内,称为潜伏芽。潜伏芽在树干分叉处最多,截枝、降干后由潜伏芽长出新枝,使老树得到复壮和更新。

3. 枝

桑树枝条的姿态因品种而不同,大致可分为直立、开展和垂卧三类。直立性品种树冠紧凑,适于密植,便于机械耕作,桑园通风透光较好,如强桑1号、广东桑类等;开展性品种适用于稀植的桑园,如荷叶白等;垂卧性品种常用于观赏,如垂枝桑等。枝条的屈曲程度因品种而异,例如花桑枝条挺拔,九龙桑呈波浪状屈曲,大瓦桑枝条微曲。生产上为了密植增产,大多采用枝条屈曲度不大、枝态直立或稍开展的桑品种。

枝条的长短粗细影响桑叶产量,在同等肥培条件下与品种有关。鲁桑系品种一般枝条粗长,而白桑系品种枝条细长。桑树发条数的多少因品种而异,如广东桑品种一般发条数多,耐剪伐。

新抽长的枝条外观呈绿色,称新梢。这是外皮层细胞中的叶绿素透过无色的表皮呈现出来的颜色。随着枝条的生长,到夏秋季表皮下形成栓皮,绿色不能透出,且表皮渐次枯死脱落,栓皮层的色素显现的颜色就成为一年生枝条的固有色。桑树枝条的皮色是鉴别品种的标志。

桑树新梢上散生着许多白色小孔,称为气孔,是新梢和外界交换气体的通道。随着枝条的生长,在气孔内侧的木栓形成层分裂形成许多疏松的细胞,这些细胞增多并向外膨大突起形成皮孔。多数皮孔呈大小不等的圆形或椭圆形,较根部小,色泽由最初的白色渐变成黄色,最后成褐色。单位面积的皮孔数山桑最少,鲁桑和白桑较多。枝条叶痕周围的皮孔相应的圆而大,可能是扦插条发根的孔口。一般认为皮孔少的品种耐寒性较强,且较耐桑干枯病和芽枯病,反之则弱。

枝条上着生桑叶的部位称为节,枝条的节间距离因品种和环境的影响,多少有些不同。一般枝条基部与上部节间短小。节间短的枝条着叶数多,产叶量高,摘叶作业方便,且适于条桑。

叶柄脱落后留在枝条上的疤痕称为叶痕,其大小与叶身大小呈正相关,其形状有肾形、椭圆形、半圆形与圆形等。叶痕表面的马蹄形点列是叶迹的断面。叶迹是枝条节部沟通茎、叶输导作用的维管束的痕迹。在叶痕的左右和下方是产生根原基的部位,压条及扦插条往往由此生根。

4. 叶

桑叶属完全叶,具有叶柄、托叶和叶片三个部分。

叶片与枝条连接的部分叫叶柄,叶柄呈圆筒形,其上侧有纵的凹沟,称为叶柄沟。有的品种叶柄短小,无叶柄桑则缺少叶柄。叶柄的色相通常为绿色,但有些品种发育初期呈紫红色或带青白色。枝条与树体养分交流停止的晚秋时节,枝条与叶柄附着部之间形成离层,导致桑叶凋落。

托叶两片,呈披针形,着生在叶柄的基部,腋芽的左右两侧,有保护幼叶和腋芽的作用,桑叶成熟时凋落。

叶片的形态因品种而不同,且与栽培条件有关。叶形可分为全叶、裂叶与全裂混生叶三类。全叶的基本形状有心脏形、长心脏形、椭圆形和卵圆形。裂叶有1裂,2裂……5裂,6裂及以上称为多裂。缺刻也有浅裂、中裂和深裂之分。

叶片包括叶尖、叶基、叶缘和叶脉等部分,它们的形态特征因品种而不同。

叶尖通常可分为短尾状、长尾状、锐头(广东桑)、钝头(桐乡青)、双头(湖桑7号)5种。

叶基(叶底)通常以浅心形或深心形为多,少数呈楔形、圆形或截形,也有叶基左右明显不对称,或者叶基左右裂片呈交叉状。

叶缘有钝齿牙形、齿牙状小锯齿及二重齿牙状锯齿等;稀有三连状、锐头锯齿、齿牙状锯齿,以及不齐锯齿等;个别的还有锯齿形状呈小凸头、微凸头、钝头、凸头及钩状的。据记载,蒙古桑的锯齿先端有芒刺。以上都是分类学的显著特征。

叶脉是叶柄先端分枝进入叶身内的部分,直接与叶柄相连并直达叶头的称中央主脉或中肋,其左右分出5~7条侧主脉。叶脉分枝的状态因品种而异。叶脉对叶身有机械增强作用,其性能的强弱与对暴风雨的抵抗力呈正相关。

叶面分平滑、微糙与粗糙3种。叶面平滑者,房状体细胞呈乳状突起,几乎不突出于叶面;叶面微糙者,该细胞呈钩状突起;叶面粗糙者,该细胞突出于叶表面。桑叶表皮的上面有一种几丁质加上一些脂肪性物质构成的表皮质膜,可以防止水分过分散发,保护叶面,且能够通过光合作用所需的光线。有些品种的叶片上面或下面,或上下两面密生许多柔毛。这些柔毛也可防止水分过度散发,并能缓和光线强弱变化、气温高低剧烈变化的影响。叶片背面通常没有光泽,但个别品种背面有油脂光泽,甚至两面都呈现显著光泽。叶面有强光泽者,其表皮质膜层几乎呈平坦状,所以有光线全反射;而表皮质膜层缩皱或凹凸不平者,有光线漫反射,光泽没有前者强,光泽程度显得很微弱。

叶色随着桑叶的成长由淡绿逐渐变成翠绿、深绿、墨绿。叶色和叶形大小与品种密切相关,同时受光照强度和肥培管理影响。

叶序是枝条上着生桑叶的配置状态。从枝条的节交互地逐次向上生出1叶的称为互生叶序。桑树通常为2列叶序或5列叶序,很少为3列叶序与8列叶序。鲁桑与白桑以5列叶序为多,而山桑除2/5列叶序外,1/2列叶序也很多。所谓2列叶序即依次相邻2叶的中心角是360°的1/2,即180°。5列叶序即第1叶、第2叶……顺着枝条周围斜螺旋形向上排列,直到第6叶始与第1叶构成直列线。这样,一根枝条上2回转的叶与叶之间的夹角为360°的2/5,即360°×2/5=144°。

5. 花、葚和种子

桑花起源于芽内花器原基,桑花为单性花,两性花极少。花与葚的形态是20世纪桑树分类的重要依据。

桑树不论雌花穗或雄花穗都是由30～60朵小花密集着生在花轴的周围,形成穗状花序,习惯上称之为柔荑花序。一株树上只着生雌花穗的叫雌株,只着生雄花穗的叫雄株,同时着生雌雄花穗的叫雌雄同株。

桑树雄花有雄蕊4枚,外侧有4片萼片。每个雄蕊有1根花丝和2个花粉囊,每个花粉囊内约有花粉粒45000粒,成熟的花粉粒呈黄色,为球形,直径为18～25 mm。花粉借风飘飞,桑树的授粉主要靠风作为媒介。

雌花也有萼片4片,一个雌蕊居中。雌蕊由子房、花柱和柱头构成。子房呈绿色球形,内有胚珠,胚珠中央是胚囊。子房的上面是花柱,柱头上密生茸毛或小突起,有利于花粉附着。

雌花在受精后柱头随即枯萎,子房壁和花被逐渐肥大,形成多肉的核果,许多核果密集在同一花轴上,形成聚花果,即桑葚,桑葚初为绿色,次第变成红色、紫色,少数品种呈白色。

桑的种子称桑籽,扁卵形略带棱角,呈黄褐色或淡黄色,由种皮、胚及胚乳组成。桑籽属脂肪性种子,寿命较短,发芽适温为28 ℃,每千克种子约60万粒。

三、桑树在植物分类学上的地位

桑树在植物分类学上的地位:

界:植物界(Regnum vegetabile)

门:种子植物门(Spermatophyta)

亚门:被子植物亚门(Angiospermae)

纲:双子叶植物纲(Dicotyledoneae)

目:蔷薇目(Rosales)

科:桑科(Moraceae)

属:桑属(*Morus*)

种:桑(*Morus alba*)

桑为桑科、桑属的乔木性阔叶树种,广泛分布于北纬50°至南纬30°的寒带、温带与热带地域。原产地为温带的桑树,其年生活周期大体是利用上年积蓄的贮藏物质在春季回暖时发芽开叶,利用太阳光能通过光合作用继续生长,秋天迎来休眠期而落叶越冬。然而,这种生活周期与生态环境密切相关,我国广东栽培的广东荆桑即无明显的休眠期,冬季自然落叶,遇温暖天气随时都可发芽。

桑树为多年生木本植物,属双子叶植物的离瓣花类,原属荨麻目(Urticales),最新的形态生物学与分子生物学研究结果表明,桑树属于蔷薇目、桑科、桑属、桑。桑科以下,除桑属外,还有赤杨属(Alnus)、楮属(Broussonetia)、大麻属(Cannabis)、柘属(Cudrania)、桑草属(Fatoua)、无花果属(Ficus)、天仙果属(Malaisia)、唐花草属(Humulus)、美洲橡树属(Castilloa)。这些桑树的近缘植物,除一种柘树外,其余对家蚕都无实用的饲料价值(据日本文献报道,有一种楮树叶家蚕也能取食)。桑树某些缺少的有用性状,如抗病性,今后可通过转基因等生物技术,利用其近缘植物对桑树品种进行改良。

最早对桑属植物进行分类的是林奈(1753年),其著作《植物种志》一书中把地球上桑属植物分为5个种:①白桑(Morus alba L.);②黑桑(Morus nigra L.);③赤桑(Morus rubra L.);④鞑靼桑(Morus tatarica L.);⑤印度桑(Morus indica L.)。

自林奈后的200余年间,研究桑属分类的不乏其人,他们对桑属植物分类做了种种修改与补充。但桑属植物至今尚缺乏完善的分类系统,部分原因是由于桑树是异花植物,风媒传粉,自然杂交的机会较多;而且芽变与枝变等自发突变频繁较高,更增加了其遗传变异性。长期进化过程中,通过自然选择与人工选择形成多个种,变种与栽培种类群,特别是许多性状复杂的中间类型很难在分类学上确定其为种或变种。1917年,日本学者小泉源一在前人工作的基础上,结合东京桑种资源圃及自己考察的资料,首次把桑属植物分成24个种与1个变种,这是被多数学者接受的第一个桑属植物分类方案,也是目前桑属分类的主要依据(表1-1)。小泉源一的分类原则是以花与叶的形态为基础,以雌蕊花柱长短及柱头形态为主,再参考叶形划分的。先以雌蕊花柱长短分成长花柱区与无花柱区,每区又按柱头的形态分柱头有茸毛类与柱头乳头状突起类两个亚区。后来,在无花柱区内,又增设1个亚区即长花穗类,除把原来第4亚区的长果桑与马来桑移来外,另外增加了绿桑(Morus viridis Hamilton.)、长穗桑(Morus wittiorum Handelb-Mazz.)、华里桑(Morus wallichiana Koidz.)3个新种和长穗桑的1个新变种(Morus wittiorum var.mawa Koidz.);在原来的第4亚区中增加了滇桑(Morus yunnanensis Koidz.)、马陆桑(Morus mallotifolia Koidz.)与秘鲁桑(Morus perubiana Peanchon.)3个新种。此外,山桑增加了6个变种,白桑增加了2个变种。这样,共计30个种,9个变种。

表1-1　桑属植物的分类

种名	学名(拉丁文)	原产地(分布)
第1区　长花柱类	Dolichostylae(雌蕊的花柱明显可认)	
第1亚区　柱头有茸毛类	Pubescentes(柱头的内面密生小毛)	
阿拉伯桑	*M. arabica* Koidz.	阿拉伯(阿曼)
第2亚区　柱头乳头状突起类	Papillosae(柱头内面有乳状突起)	
蒙古桑	*M. mongolica* C.K.Schneid.	中国、朝鲜北部
鬼桑	*M. mongolica* var.*diabolica* Koidz.	朝鲜北部
唐鬼桑	*M. nigriformis* Koidz.	中国南部
川桑	*M. notabilis* Schneid.	中国西部(四川省)
山桑	*M. bombycis* Koidz.	库页岛，日本、朝鲜、中国
	M. bombycis var. *longistyla*（Diels）Koidz.	中国西部
	M. bombycis var. *bifida* Koidz.	中国(四川省、湖南省)
	M. bombycis var. *tiliaefolia* Koidz.	中国(湖北省)
	M. bombycis var. *angustifolia* Koidz.	中国(四川省)
	M. bombycis var. *candatifolia* Koidz.	日本栽培变种
	M. bombycis var. *hamilis* Koidz.	日本栽培变种
暹逻桑	*M. rotundiloba* Koidz.	泰国
岛桑(冲绳桑)	*M. acidosa* Griff.*	中国南部，喜马拉雅地区
八丈桑	*M. kagayamae* Koidz.	日本八丈岛、三宅岛
第2区　无花柱类	Macromorus(柱头部分裂为二、花柱不明显)	
第3亚区　柱头有茸毛类	Pubescentes(柱头内面密生小毛)	
印度桑	*M. serrata* Roxb.	喜马拉雅地区
黑桑	*M. nigra* L.	西亚、伊朗
毛桑	*M. tiliarfolia* Makino.	日本西部
华桑	*M. cathayana* Hemsl.	中国中部
第4亚区　柱头乳头状突起类	Papillosae(柱头内面有乳头状突起,还有小毛)	
非洲桑	*M. mesozygia* Stapf.	非洲西部
赤桑	*M. rubra* L.	北美
柔桑	*M. mollis* Rusby.	墨西哥
朴桑	*M. celtidifolia* Kunth.	北美、中美、南美

种名	学名(拉丁文)	原产地(分布)
姬桑	*M. microphylla* Buckl.	北美
滇桑	*M. yunnanensis* Koidz.	中国(云南省)
美国桑	*M. insignis* Bur.	南美
小笠原桑	*M. boninensis* Koidz.	日本小笠原群岛
鲁桑	*M. multicaulis* Perr.**	中国
白桑	*M. alba* L.	中国北部、西部,朝鲜
鞑靼桑	*M. alba* var. *tatarica* M.A. Bieb.	中国北部
垂桑	*M. alba* var. *pendula* Dippel.	枝变
广东桑	*M. atropurpurea* Roxb.	中国南部
马陆桑	*M. mallotifolia* Koidz.	泰国高地
秘鲁桑	*M. perubiana* Peanchon.	南美
第5亚区　长花穗类	Longispica(花穗特别长)	
长果桑	*M. laevigata* Wall.	亚洲南部与西部
马来桑	*M. macroura* Mig.	马来群岛、爪哇、苏门答腊
绿桑	*M. viridis* Hamilton.	印度
长穗桑	*M. wittiorum* Handelb-Mazz.	中国(云南省)
	M. wittiorum var. *mawa* Koidz.	中国(台湾省)
华里桑	*M. wallichiama* Koidz.	中国(云南省)、印度北部、缅甸、尼泊尔

注:*M. acidosa* Griff.又称 *M. australis* Poiter.

　　**M. multicaulis* Perr.又称 *M. latifolia* Poiret 或 *M. lhou*(Ser)Koidz.

堀田祯吉认为桑属植物分类,除雌花花柱有无外,桑叶表皮细胞(Epidermis)内的房状体(Cystolith)在分类上亦很重要。所以他建议根据花柱有无,分成长花柱类(Dolichostylae)与无花柱类(Macromorus)2个区;再根据房状体细胞的形成,分成长形房状体细胞类(Dolichocystolithiae-cell)与短形房状体细胞类(Bracystolithiae-cell)2个亚区。他还认为,桑树的花器为柔荑花(Ament),所以桑葚、子房的形态、花被、花轴等都应作为分类学特征;此外,还需参考条、叶、芽的形态和色相,以及叶迹的形态特征。他主张结合栽培实用性状进行桑树分类。不过,采纳他主张的学者并不多。

堀田于1936年发现1个新种赤材桑(*M. yoshimurai* Hotta),原产于日本北海道奥尻岛;1937年报道1个新种台湾桑(*M. formosensis* Hotta),原产于中国台湾省;1938年报道1个新种山边桑(*M. cordatifolia* Hotta),原产于日本新漏县;1951年增加了1个新种瑞穗桑(*M. mizuho* Hotta),是山桑与鲁桑的自然杂交种;他还发现另一新种天草桑(*M. miyakeana* Hotta),原产地为日本九州天草岛。这样,与小泉源一的分类表合计,已分类的桑属植物至此共为35个种和10个变种。

在我国大陆境内已发现和收集到的桑属植物共计15个种和4个变种。陆辉俭教授建议,按国际多数学者接受的小泉源一分类系统做如下分类。

1. 雌花无明显柱头

(1)柱头内侧具突起

①叶面、叶背无毛,聚花果圆形或窄圆筒形,长4~16 cm

a. 叶长椭圆形或圆形,边缘有浅锯齿或近全缘,雌花花柱不明显,聚花果成熟时呈紫红色…………1.长穗桑 *M. wittiorum* Handelb-Mazz.

b. 叶长圆形或广卵圆形,边缘有细锯齿,雌花无花柱,聚花果成熟时呈暗紫红色或黄白色…………………………2.长果桑 *M. laevigata* Wall.

②叶背叶脉生柔毛,聚花果椭圆或圆筒形,长1.6~3 cm

a. 叶大,心脏形,常不分裂,叶面有缩皱,边缘圆形锯齿,雌花无花柱,聚花果成熟时呈紫黑色…………………………3.鲁桑 *M. multicaulis* Perr.

b. 叶小,卵圆形,常分裂,叶平无缩皱,边缘为锐锯齿,雌花花柱不明显,聚花果成熟时呈黑色、白色或红色…………4.白桑 *M. alba* L.

c. 枝条直,叶常不分裂

Ⅰ.叶大,多为心脏形,边缘锯齿状,叶脉深绿色………………………………5.大叶白桑 *M. alba* var. *macrophylla* Loud.

Ⅱ. 叶小,通常为卵圆形,叶基截形,边缘有不整齐的锯齿,有白色粗叶脉…………………………6.白脉桑 *M. alba* var. *venose* Del.

d. 枝条细长下垂,叶小,通常分裂…………7.垂枝桑 *M. alba* var. *pendula* Dipp.

(2)柱头内侧具毛

①叶背被柔毛,叶柄粗短,聚花果成熟时呈紫红色或黑色

a. 叶广心形,叶上面粗糙,雌花无花柱。聚花果椭圆形或球形,长2~3 cm,成熟时呈黑色…………………………8.黑桑 *M. nigra* L.

b. 叶心脏形或近圆形,叶上面被毛,雌花有极短花柱,聚花果圆筒形,长约3 cm,成熟时呈紫红色或白色…………… 9.华桑 *M. cathayana* Hemsl.

②叶上面无毛,叶背面被毛或脉腋被柔毛,聚花果成熟时呈紫黑色或紫色

a. 叶卵形,边缘钝锯齿。齿尖无短刺芒,叶基浅心形或截形。聚花果呈椭圆形,先端钝圆,成熟时呈紫黑色…………10.广东桑 *M. atropurpurea* Roxb.

b. 叶广卵形或近心形,背面被白色柔毛,边缘锯齿三角形。齿尖有刺芒,叶基心形。聚花果短圆筒形,成熟时呈紫色…………11.细齿桑 *M. serrata* Roxb.

2. 雌花有明显花柱

（1）柱头内侧具突起

①叶缘齿尖具长刺芒

a.叶卵圆形或卵状椭圆形，叶面平滑无毛，叶背平滑无毛，仅叶脉散生毛。叶常不分裂……………………………………12.蒙古桑 *M. mongolica* C.K.Schneid.

b.叶卵圆形或心脏形，叶面粗糙有刚毛，背面生白色毛，叶脉密生毛。叶常分裂……………………………………13.鬼桑 *M. mongolica* var.*diabolica* Koidz.

②叶缘齿尖无长芒刺

a.叶上面粗糙

Ⅰ.叶心脏形或卵圆形。背面稍生微毛或较粗毛，边缘钝齿而不整齐。聚花果球状椭圆形，长 2~3 cm，成熟时呈紫黑色……………………14.山桑 *M. bombycis* Koidz.

Ⅱ.叶亚圆形，背面无毛，边缘具窄三角形锯齿，聚花果圆筒形，长 3～5 cm，成熟时呈黄白色……………………………………15.川桑 *M. notabilis* Schneid.

b.叶上面光滑

Ⅰ.叶缘钝锯齿，聚花果球形或椭圆形

ⅰ.叶广心脏形，叶上面无缩皱，叶缘钝锯齿，齿尖具突起，花柱同柱头等长。聚花果小球形……………………………………16.唐鬼桑 *M. nigriformis* Koidz.

ⅱ.叶长心脏形，叶上面有微缩皱，边缘齿尖无短突起，花柱比柱头短。聚花果椭圆形……………………………………17.瑞穗桑 *M. mizuho* Hotta

Ⅱ.叶长心脏形，叶上面无缩皱，边缘三角形锯齿，齿尖具短尖头。聚花果长圆筒形，长 4~6 cm…………18.滇桑 *M. yunnanensis* Koidz.

（2）柱头内侧具毛，叶卵圆形、斜卵形或心脏形，常分裂，边缘有不整齐的钝、锐锯齿，齿尖有短突起。聚花果短椭圆形，长 1～2 cm，成熟时呈紫黑色…………19.鸡桑 *M. australis* Poir.

要正确查明桑树种与种之间或品种与品种之间的亲缘关系，单凭形态分类特征是不够的。为此，近年来有人试图用生化分析法或分子生物学方法，以期在分子水平或基因水平上研究其亲缘关系。例如，根据过氧化物酶、酯酶、淀粉酶等同工酶的电泳图谱，来推测桑树品种间的亲缘关系，相关研究已有一些报道。20世纪80年代，山东省蚕业研究所对山东主要叶用桑品种（69个）进行了过氧化物同工酶研究，用三维极点排序法对酶谱进行了定量分析，从分子水平上探索品种间的亲缘关系，初步进行了分类研究。对其中的鲁桑（50个品种）、白桑（17个品种）、山桑（2个品种），都分别进行了酶谱排序。最近几年国内外先后开展了利用RAPD技术研究桑属植物遗传多样性、利用SSR技术研究桑树品系的遗传多样性、利用ISSR标记构建桑品种的指纹图谱对品种进行标记,并利用逐步聚类随机取样法以及属性约简启发式算法构建核心种质。赵卫国等对我国不同生态类型的66个桑树品种的遗传多样性进行了分析,按UPGMA法进行聚类分析,表明聚类结果与生态型有一定相关性。中国农业科学院蚕业研究所通过改进Couch和Murray等人提取DNA的方法,获得了高纯度DNA,通过对192个引物的两次筛选,选出了多态性较强且扩增产物清晰的24个引物用于RAPD分析,共获得了113个多态性位点,采用UPGMA聚类法构建了44个分属12个种3个变种的桑树系统树状图。从聚类结果来看,鲁桑和白桑亲缘关系最近,广东桑遗传背景复杂,长果桑和长穗桑亲缘关系最近,蒙桑和山桑亲缘关系较近,药桑单独聚为一类,总的亲缘关系由近及远依次为鲁桑、白桑－广东桑－长果桑、长穗桑－蒙桑、山桑－药桑。

2013年,西南大学发布桑树全基因组测序成果,首次阐明桑树的染色体基数为7,并通过对桑树和12个已测序的植物单拷贝基因的系统发生进行分析,结果表明桑树与属于蔷薇目的大麻、苹果和草莓的亲缘关系最近,进一步支持了将桑树归于蔷薇目的合理性。

四、我国桑树的生态类型与分布

我国桑树分布遍及全国各省、自治区、直辖市,但主要栽培区在华南和长江流域各省,全年产茧量约占全国的80%。其中以广西、四川、江苏、浙江和广东等较多。其次是黄河流域,此外,福建、台湾、海南、新疆、辽宁、吉林、黑龙江等也有栽植。

桑树是多年生深根性木本植物,生命力极其旺盛,对空气、土壤、温度、光照、水分等自然环境具有广泛的适应性。在气温0～40℃,年降水250 mm以上,土壤pH 4.5～9.0,含盐量不高于0.2%的情况下都能生长。

桑树不同于其他树种,根系特别发达。根垂直分布最深可达4 m,具有贮水功能强的根系网络,有极强的遏制风沙、保持水土能力。地下根系分布的面积常为树冠投影面积的4～5倍,有的甚至高达7～8倍,根系在地下所占的空间超过地上部分,从而足以保证桑树在年降水量250～300 mm的干燥气候条件下地上部分正常生长所需的水分供应。通过对我国北方干旱、半干旱地区栽植的桑树进行调查,1年生桑树的定植苗其根系总长度达1000 m,10年生的达10000 m。最深的主根系达8 m,侧根最长超过9 m。沙地上其根系向四周辐射的圆面直径则超过4 m,根系分布面积为树冠投影面积的15倍之多。同样30年生的树种,在北纬42°、年降水量300 mm的干旱沙地中桑树的生长量为刺槐、榆树的5倍。

桑树属于速生树种,优良的桑树品种一年生定植苗,第一年生长高度可达3 m。

桑树耐剪伐,萌生能力极强,种植的灌木桑年年刈割而能年年萌生。同时桑树又是一种长寿树种,经千年仍能开花结实。在我国,从海拔3600 m的高原到海拔低于200 m的盆地,从寒冷的东北到炎热的海南岛,从东海之滨到塔里木盆地西缘、西藏都有桑树家族的种和变种分布。

泉州有唐桑,北京有汉桑;西藏林芝尼洋河畔有桑树王,胸径13余米,据测定已生存1600多年。在全国的各个地方几乎都有百年以上的古桑树存在,即便在沙漠地带也能看到桑树的踪影。20世纪80年代初,内蒙古哲里木盟境内沙漠里蒙桑(桑树的一种)成林,绿树成荫。2010年国家蚕桑产业技术体系对新疆桑树资源考察时,在戈壁滩上发现了生长茂盛的桑树。

桑树长期生长在不同的生态环境中,每个地区的典型品种成为相应的生态类型。现将各主要蚕区的生态类型分述如下。

1. 珠江流域广东桑类型

本区域是我国南方的主要蚕区,具有热带、亚热带季风湿润气候,桑树发芽早,发芽期在1月上、中旬,发芽率高,一般达80%左右,成熟快,多属早生早熟桑。发条数多,枝条较细而长,一般可超过200 cm。枝态直,皮孔多,10～15个/cm²,节距4～5 cm。叶形小,叶长15～22 cm,叶幅13～19 cm,叶肉薄,叶色淡绿。花、葚多。再生机能旺,耐剪伐。抗寒性弱,耐湿性强,易受旱害,其资源丰富,现已收集保存500多份。

2. 太湖流域湖桑类型

本区域以太湖流域为主,包括镇宁以南、杭州湾以北、天目山以东的广大平原,为湿润气候带。桑树生长在温度、湿度适宜,积温高,生长期较长的环境中,其发芽期在3月下旬至4月上旬,发芽率为60%～70%,成熟期5月中旬,多属于中、晚生桑。发条力中等,枝条粗长,约170 cm(夏伐中干桑),侧枝少,节距4～5 cm,节间微曲,皮孔多,为9～17个/cm²。叶形大,全叶,心脏形居多,叶长17～25 cm,叶幅15～23 cm,叶面缩皱,叶肉较厚,叶质柔软,硬化迟。花和葚较少。成片栽植,养成低、中干桑。资源丰富,现已收集保存400余份。

3. 四川盆地嘉定桑类型

本区域位于川西平原的川南地区,属暖温带和亚热带气候。发芽期多在3月上、中旬,发芽率75%左右,成熟期5月中旬,多属于中生中熟桑。发条数较少,枝条粗长,一般达200 cm左右(夏伐中干桑)。皮孔多,为12个/cm²以上,节间直,节距约5 cm。叶形大,叶长18～24 cm,叶幅15～22 cm,全叶,心脏形,叶面平滑,硬化迟,叶质优。花穗较多,葚少。对真菌病抵抗力强,不耐寒。本类型以川南栽培最多,其次为川西平原,多栽植于"四边",养成中、高干桑,资源较丰富,现已收集保存近300份,另外还拥有大批实生型桑资源。

4. 长江中游摘桑类型

本区域主要指安徽南部和湖北及湖南的部分地区,属暖温带季风湿润气候,春秋季较长,冬寒夏热,四季分明。本类型桑树发芽期比湖桑类型早1~3天,成熟期5月中旬,发芽率70%左右,多属于中生中熟桑。发条数少,枝条粗壮,长度150~200 cm(夏伐中干桑)。枝态直,侧枝少,节距3.5~4.5 cm,皮孔多,为12~16个/cm²。叶形很大,叶长19~30 cm,叶幅17~28 cm,叶面有泡状缩皱,叶片着生下垂,硬化迟。花穗小,甚少。抗寒性较弱。树形高大,多养成乔木式,零星栽植,资源较少,现仅收集保存30余份。

5. 黄河下游鲁桑类型

本区域是指山东蚕区,亦包括河北省的部分地区,是我国北方主要蚕区。气候特点是冬春季干燥,温度低,夏秋季高温多雨;秋凉早,日照充足。桑树在这种生态环境中生长期较长,桑树发芽期在4月中旬,但开叶后,叶片开放,成熟均较快,发芽率75%左右,多属于中生中熟或晚生中熟桑。发条数中等,枝条粗短,一般条长100~150 cm,节间较直,节距3.5~4.0 cm,皮孔较小,约11个/cm²。叶形中等,叶长16~23 cm,叶幅13~20 cm,叶片厚,叶色深绿,硬化较早。叶用品种花、甚小且较少,又有甚多的果用品种。抗寒耐旱性较强,易发生赤锈病。本类型桑树多养成中、高干或乔木形式,资源较丰富,现已收集保存130余份。

6. 黄土高原格鲁桑类型

本区域位于内陆,包括山西、陕西省的东北部和甘肃省的东、南部,属温带季风干燥气候。本类型与湖桑类型同地栽培,发芽期和成熟期早2~3天。发芽率65%~80%,多属中生中熟桑。发条多,枝条细直,条长150~180 cm(夏伐中干桑),节间直,节距约4.0 cm,皮孔少,6~10个/cm²。叶形较小,叶长14~21 cm,叶幅11~17 cm,全叶多,裂叶少,卵圆形或心脏形,叶色深绿,硬化较早。耐旱性较强,易感黑枯型细菌病。本类型桑树以梯田边栽培最多,养成中干或高干桑,资源较丰富,现已收集保存近200份。

7. 新疆白桑类型

本区域位于我国西北,属大陆性沙漠气候。本类型与湖桑类型同地栽培,其发芽期比湖桑类型迟2~4天,但开叶后生长快,成熟期比湖桑类型快2~3天,多属晚生中熟桑。发芽率约70%,发条数多,枝条细长且直,条长150~200 cm(夏伐中干桑),木质硬,节间直,节距4 cm左右,皮孔少,8~10个/cm²。叶形小,叶长13~18 cm,叶幅10~16 cm,叶色深绿,叶背气孔比其他类型少。叶质优良,养蚕成绩较好。花、甚较多,甚多白色、味甜。根系发达,侧根扩展面大,适应风力大、沙暴多和天气干燥的不良环境。多养成乔木式,资源丰富,现已收集保存130余份。

8. 东北辽桑类型

本区域在我国东北部,是寒温带的半湿润或半干燥气候。本类型与湖桑类型同地栽培,其发芽期和成熟期均早2~3天,多属于中生中熟桑。发芽率高,一般达70%~80%,发条数多,枝条细长,达150～200 cm(春伐中干桑),富有弹性,不易被积雪压断,侧枝多,节间直,节距约4 cm,皮孔少,5～12个/cm²。叶形小,叶长14～21 cm,叶幅10～19 cm,叶色深绿,硬化早。根系发达,入土层深,抗寒性强,易发生褐斑病。本类型多为分散栽种的乔木桑,已收集保存80余份。

桑树是蚕的优良饲料,营养丰富。上述八个类型的部分品种进行叶质生物鉴定表明,由于各品种产地不同,种类不一,其饲养成绩有所差别,从地理位置上的趋势来说,长江流域地区是从东向西逐渐趋优,即产于四川省的品种优于江苏省、浙江省的品种。湖南、湖北两省居中。当然东部地区也有一些叶质优的品种。根据叶片营养成分分析,春叶一般无地区间差异,粗蛋白质含量为23%～28%,可溶性糖含量为11%～16%;秋叶的粗蛋白质含量四川省的品种高于江苏、浙江两省的品种,而可溶性糖含量则相反,略低于江苏、浙江两省。湖北、湖南的品种居上述地区之间,粗蛋白质含量为22%～30%,可溶性糖含量为10%～14%。其感病趋势是,珠江、黄河流域的品种对黄化型萎缩病的抵抗力低于长江流域的品种,而对细菌病的抵抗力,珠江和长江流域的品种强于北方的品种。真菌病亦有同样的趋势,尤其四川省的品种抗性强于其他省区的品种。

五、桑树品种的选育与研究

决定蚕桑产业中桑园生产力的因素,一是桑树的遗传特性;二是发挥这些遗传特性的农业栽培技术;三是桑树生育的土壤和气候条件。桑树遗传特性主要指品种的生产性能。

选择栽种优良的桑品种是提高桑园生产力的基础。所谓优良桑品种,必须具备产叶量高、叶质好、树势强三个主要条件。具体地讲应该选择发芽期适当,叶质好,适合不同蚕龄、不同蚕期及不同饲养形式,且采叶收获作业方便,树势强健,对病虫灾害的抵抗力强,树势好和花少的桑品种。

在长期进化过程中,桑树不断发生天然杂交与自发突变,通过自然选择与人工选择,历史上便形成了许多适应不同生态环境和养蚕需要的栽培品种,古人对桑品种的选育,主要是受大自然的恩惠,是一个被动的选育。真正有目的地对桑品种进行改良是在孟德尔遗传定律再发现(1900年)之后。

我国的桑品种选育始于20世纪30年代,而大规模地开展桑品种的研究始自20世纪60~70年代,各地通过农家地方品种的系统筛选,选育出以荷叶白为代表的四大良种,使桑园单位面积产叶量增加近20%;20世纪70～80年代,通过杂交育种培育出农桑系列、711等桑树新品种,进一步使单位桑园面积增产17%～35%,多次获国家科技进步奖。20世纪80年代起,选育推广桑树杂交一代塘10×伦109、沙2×伦109、桂桑优12号、桂桑优62号等品种,有力地推动了广东、广西地区桑树新品种的推广,实现了条桑收获、省力化养蚕,提高了劳动生产效率,培育出了一批诸如抗青10号、顺农2号等抗病专用桑品种。进入21世纪后,各地先后育成并通过审定了强桑1号、金10、川826、皖桑1号等高产桑品种,粤桑10号、粤桑11号、桑特优1号、桑特优3号等一代杂交桑,湘桑6号、陕桑305、嘉陵20号、丰田2号、鄂桑1号等三倍体桑品种和鲁诱1号、陕桑402、鄂桑2号、强桑2号等四倍体桑品种,育成了果用桑品种人10、果叶兼用桑品种嘉陵30号、生态兼用桑品种冀桑3号等特殊用途桑品种,为促进各地蚕桑产业的发展发挥了重要作用。

桑品种对蚕桑产业的贡献是巨大的。以浙江的桑叶产量为例,20世纪60年代中后期推广荷叶白等四大良种较原农家种增产30%,80年代后期推广杂交育成品种农桑系列等,又使产量提高了近30%。

概括近年来的桑树品种研究进展,主要表现在以下几方面:

(1)国家先后对西藏、神农架及三峡地区、海南岛、川陕黔桂等重点地区进行了桑树种质资源考察收集。各相关省、区蚕桑科研院所分别对本区域的桑树种质资源进行了考察和收集,目前全国主要研究院所保存的种质资源近4000份,其中国家种质镇江桑树圃(中国蚕业研究所)保存1915份,分属12个种、3个变种。

(2)优良新品种的选育和推广取得重大进展。优良的桑树新品种是获得优质高产蚕茧的基础,从20世纪80年代开始,经全国蚕桑品种审定委员会审定(认定),农业部批准的新桑品种有27个,由各省(区)农作物品种审定委员会审定通过的品种达60多个,目前我国优良桑品种普及率达80%以上,基本实现了桑树品种的良种化。

(3)桑树多倍体育种技术取得重大突破,在总结多倍体桑性状基础上人工诱导四倍体技术、人工三倍体品种选育与三倍体杂优组合选配在生产上开始应用,全国各地通过人工诱导的四倍体材料达数百份。1998年后,人工三倍体桑品种嘉陵16号、大中华、粤桑2号(杂优组合)等的问世,填补了我国栽培种中无人工三倍体品种的空白。

(4)栽培桑树历来采用嫁接品种苗木,我国广东、广西等地首先利用一代杂种组合苗,为速成密植桑园的建立开辟了一条新途径,对实现条桑收获、省力化养蚕,提高劳动生产率具有重要意义。桑树一代杂种的推广改变了桑树品种的繁殖主要采用无性繁殖方法的现状。无性繁殖时间长、技术环节多、成本高,不能适应市场经济的需要;杂交桑具有当年播种、当年移栽、当年养蚕、当年收益及成本低、建园快、投产快等特点,深受蚕农欢迎,但目前育成的桑品种主要适合两广地区使用。

(5)2010年起,由我国西南大学牵头率先启动了桑树基因组计划,通过桑树基因组测序,明确了桑树基因组大小为357 M(357403096 bp),基因数目为28105个。桑树中重复和转座子序列占41.3%,其中未知的重复序列占21%。与其他植物(拟南芥、苹果、杨树和葡萄)的基因家族比较表明,2596个基因是桑树特有的。由此标志桑树基础研究全面进入基因组时代,育种研究将由传统的杂交育种为主,辅以突变、航天和多倍体育种等,进入分子育种的时代。

(6)嫁接桑苗生产技术取得新的进步。通过建立砧木预处理和嫁接体贮藏技术,嫁接时间提前30天;移栽后实施地膜覆盖技术,减少不良天气影响,提高嫁接成活率;推广使用选择性除草剂,省工节本,控制单位面积育苗量,多次摘心,提高桑苗整齐度;合理利用苗叶养蚕,提高了苗农经济效益。

在杂交桑种苗生产上,通过优质种子生产、种子低温长期贮存、按标准选择苗地、按需选择播种时间、规范整地与播种量、漫灌保湿催芽护苗、化学防除杂草和按质分批起苗技术的集成应用,大大地减少了育苗用工,缩短了育苗时间,大幅度提高了桑苗的合格率。

(7)在桑树品种推广应用上,进入21世纪后,我国除继续开展桑叶养蚕研究与优质高产栽培技术研究外,在果用桑、饲料用桑和生态用桑的开发研究等方面取得了显著进展。果桑产业发展迅速,桑的药用保健功能、畜禽饲料价值得到广泛认可。同时,许多地区将桑树用于治理土地的石漠化、沙化、盐碱化和土壤重金属污染。如新疆等地的沙漠和盐碱地治理、陕西榆林等地的防风固沙和保水保土、重庆黔江的石漠化治理、河北迁安的矿区修复等研究取得良好效果,极大地拓展了桑树的应用领域,培育出了一批果用和特殊用途桑品种,展现了桑产业多元化发展的良好态势,并由此推动桑树特色种质资源挖掘和桑品种需求多元化的发展。

第二章

国家和地方审定品种

一、河北省

1. 冀桑1号

【来源】 又名黄鲁选。是河北省农林科学院特产蚕桑研究所（现承德医学院蚕业研究所）从邢台栽培的黄鲁桑中选出的特异株系,经系统培育而成。属鲁桑种,二倍体。1995年通过河北省农作物品种审定委员会审定,1998年通过全国农作物品种审定委员会审定（国审蚕980008）。

【选育经过】 在"六五"期间的桑树种质考察中,1985年将特异株系分别在河北省邢台、承德等蚕种场进行系统的培育选择,1988年选出。为了解黄鲁选的栽培适用性,1991年进行区域性鉴定,分别在陕西、山西、山东设点栽培,同时在河北省蚕区开展生产试验鉴定。经多年多点鉴定,各项成绩综合评价,选出丰产、优质、耐寒、抗病性较强的黄鲁选。

【特征】 树形开展,发条力中等,枝条粗直而长,无侧枝,皮青黄色,节距3.5 cm,叶序3/8。皮孔小而多,15个/cm²,卵形,灰色。冬芽小,三角形,贴生,棕黄色,无副芽。叶长椭圆形,翠绿色,叶尖短尾,叶缘乳头齿,叶基心形,叶长28.6 cm,叶幅21.6 cm,100 cm²叶片重3.1 g,叶面光滑,光泽强,叶片稍下垂,叶柄粗而长。未见花、葚。

【特性】 河北省承德市栽植,发芽期4月30日—5月10日,开叶期5月13日—20日,发芽率75.3%,生长芽率17.1%,叶片成熟期6月上旬,属中生中熟品种。米条产叶量春124.7 g、秋139.8 g,千克叶片数春301片、秋275片,叶梗比50.1%。叶质柔软,叶片硬化迟。

【产量、品质、抗逆性等表现】 产量高,叶质优。河北省桑树品种区域试验结果:亩桑全年产叶量较当地品种梓桑提高39.8%,较广泛栽植的荷叶白提高20.1%,较黄鲁桑提高47.4%,差异极显著。万蚕茧层量、100 kg叶产茧量较梓桑分别提高24.7%和17.5%,两项略高于荷叶白。北方蚕区桑树品种区域试验结果:黄鲁选亩桑全年产茧量较荷叶白提高14.87%,万蚕茧层量、100 kg叶产茧量与荷叶白相仿。抗黑枯型细菌病较梓桑强。

【栽培技术要点】 枝条粗壮,发条力中等,适宜亩栽植1200株,低、中干养成,春季冬芽脱苞前适量施氮肥,浇水,促进芽叶生长。夏伐时,随伐随浇水、施肥。秋季施足有机肥。注意防治黑枯型细菌病。实行隔年春夏轮伐,春秋兼用桑。

【适宜区域和推广应用情况】 适宜于华北及黄河中下游平原地区栽植。河北、河南、山东、山西、辽宁等蚕区都有栽植。

2. 冀桑2号

【来源】 又名8710。由河北省农林科学院特产蚕桑研究所(现承德医学院蚕业研究所)以胜利(苏联品种)作母本,辽宁的鲁6、鲁11及山东的梧桐作父本杂交选育而成。属鲁桑种,二倍体。1999年通过河北省林木良种审定委员会审定(HEBS2001-2203)。

【选育经过】 为了省力化养蚕,培育适合条桑育的桑品种,在经10多年整理、研究、对比保存的百余份桑树种质资源的基础上选择亲本。1987年采用常规的人工有性杂交。1989年选出8710。1990年繁殖株系。1991年建选择圃,连续两年培育选择。1993年以梓椤、荷叶白为对照品种建植鉴定圃,同时进行农村区域鉴定和试点推广。经过多年多点鉴定,各项成绩均超过对照品种,适合条桑育。1999年通过河北省农林科学院组织的专家鉴定,定名为冀桑2号。

【特征】 树形紧凑直立,发条数多,枝条粗长而直,无侧枝,皮褐色,节间直,节距3.5 cm,叶序2/5。皮孔小,圆形,棕褐色,9个/cm²。冬芽长三角形,贴生,红褐色,无副芽。叶长椭圆形,深绿色,叶尖短尾状,叶缘乳头齿,叶基心形,叶长27.0 cm,叶幅19.0 cm,100 cm²叶片重3.6 g,叶面平滑,光泽强,叶片稍下垂。叶柄粗,长6.5 cm。雌雄同株,花穗少。

【特性】 河北省承德市栽植,发芽期4月27日—5月4日,开叶期5月7日—18日,发芽率67.5%,生长芽率13.0%,叶片成熟期6月上旬,属中生中熟品种。米条产叶量春113.1 g、秋133.5 g,千克叶片数春320片、秋289片,叶梗比48.1%。叶片硬化迟。耐剪伐。

【产量、品质、抗逆性等表现】 冀桑2号生长旺盛,发条数多,条长,叶大而厚,产叶量高,亩桑产叶量较椿椤提高48%,较荷叶白提高28%。叶质优,万蚕茧层量、100 kg叶产茧量分别较椿椤提高18.6%和19.7%,分别较荷叶白提高7.6%和15.5%。未见有病虫害。抗寒性强。

【栽培技术要点】 该品种树形紧凑,枝条直立,无侧枝,发条数较多,适宜密植,亩栽植1000株。宜低、中干养成。春或秋施足有机肥,可按N、P、K以10:8:11的比例配施化肥,以利桑叶增产。宜隔年春夏轮伐。叶质优,是春秋兼用桑。

【适宜区域和推广应用情况】 适宜于华北平原及黄河中下游地区栽植。河北省蚕区承德、唐山等都有栽植。

二、山西省

晋桑一号

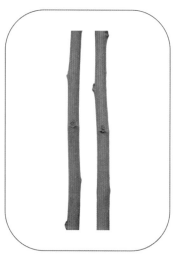

【来源】 曾用名赤洪大叶、晋选6号。由山西省蚕业科学研究院从格鲁桑中通过单株选拔选育而成。1997年通过北方蚕业科研协作区审定,2010年通过山西省农作物品种审定委员会认定[晋审桑(认)2010001]。

【选育经过】 1986—1987年通过对山西省蚕业科学研究院保存的312份桑种质资源进行系统调查,初选出原产于山西阳城县的地方桑品种赤洪大叶,编为晋选6号。1990年投入区域性鉴定,在山西省南、中、北具有代表性的永济、翼城、沁县三个蚕区进行区域性鉴定。1992年在陕西、山东、河北、辽宁等省(区)参加北方蚕业科研协作区桑品种共同鉴定。经多年的品种比较试验,区域鉴定,各项成绩均符合优良桑品种选育标准。

【特征】 树冠稍开展,枝条直立,较粗壮,发条力中等,平均条长168 cm,皮灰褐色,节间直,节距5.4 cm,叶序2/5或3/8。皮孔大,圆形或椭圆形,灰褐色,4个/cm²。冬芽正三角形,棕褐色,贴生,副芽少。叶心脏形,间有浅裂形,翠绿色,叶尖锐头,叶缘乳头齿,叶基肾形,叶长26.0 cm,叶幅24.0 cm,100 cm²叶片重2.5 g,叶面光滑,泡状波皱,光泽强,叶片下垂,叶柄长6.9 cm。开雄花,先叶后花,穗短而少。

【特性】 河北省运城市栽植,发芽期3月27日—30日,开叶期4月1日—14日,发芽率83.45%,生长芽率47.93%,叶片成熟期5月3日—6日,开叶至成熟需25天左右,属早生中熟品种。米条产叶量春136 g、秋146.1 g,千克叶片数春459片、秋145片,叶梗比56.2%。叶片硬化迟,一般在10月中下旬。

【产量、品质、抗逆性等表现】 生长势旺,产量高,叶质优,尤其是秋季叶质显著优。据北方蚕业科研协作区共同鉴定:晋桑一号亩桑产叶量全年比湖桑32号提高23.33%,万蚕茧层量提高23.81%。适合于条桑育。耐旱性和耐寒性强,中抗黄化型萎缩病和桑疫病,易感桑褐斑病。

【栽培技术要点】 (1)亩栽植800～1000株为宜。(2)耐剪伐,适宜条桑和出扦法收获。(3)剪梢程度以条长的1/5为最适宜。实施剪梢,应根据枝条不同长势,以轻度非水平剪梢为宜。(4)夏伐后适当多留生长芽。(5)木质较疏,不宜在大风地带栽植。(6)加强肥水管理,充分发挥丰产性能。(7)适合于嫁接繁殖。

【适宜区域和推广应用情况】 适宜于长江以北各蚕区栽植。现为山西省主推桑品种,阳城、高平、沁水等主蚕区均有较大面积的栽植。

三、辽宁省

1. 辽育8号

 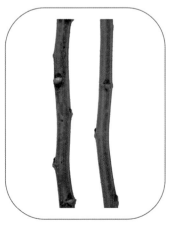 

【来源】 曾用名育8号。由辽宁省蚕业科学研究所以湖桑32号(鲁桑)作母本,山东的嘟噜桑(鲁桑)作父本,通过有性杂交定向选择,于1988年育成。二倍体。1989年通过辽宁省农作物品种审定委员会审定(辽品审字8929)。1994年获辽宁省政府科技进步三等奖。

【选育经过】 1965年采用人工有性杂交方法,于当年7月中下旬夏播繁苗。1968年起进入系统选育阶段。1973年选出11个优良单株,与其他引进品种一起栽植建立品种园进行比较试验。1980年起以本省普遍推广的秋雨桑为对照品种进行小区重复比较试验。1982—1984年分别在朝阳、大连、鞍山等地进行较大面积区域性生产鉴定试验,各项主要选育目标均超过对照品种秋雨。

【特征】 枝态开展,枝条直立,无侧枝,皮红褐色,节距4.7 cm,皮孔大而少,7个/cm²。冬芽三角形,中等大小,贴生,副芽较少。叶心脏形,深绿色,叶尖长尾状,叶缘钝齿,叶基呈半圆形。叶长25.2 cm,叶幅19.1 cm,叶片厚0.21 mm,叶基浅凹,叶面光泽性较强。

【特性】 辽宁省凤城市栽植,5月10日前后转青脱苞,5月21日前后开完第5片叶,属中生中熟品种。适宜饲养夏蚕和秋蚕。发芽率86.0%以上,生长旺盛季节日抽梢1.54 cm。开雌花,结实率、授粉率80%以上,桑葚成熟期6月下旬至7月上旬。

【产量、品质、抗逆性等表现】 产叶量高,叶质优良,亩桑产叶量1000 kg左右,比对照品种秋雨高20.22%,米条产叶量113 g,千克叶片数220片左右,叶质营养分析和养蚕试验成绩与秋雨桑相近或略高,但差异不显著。属中生中熟品种,具有硬化迟、落叶晚的特点。抗寒性较强,在辽宁省凤城市枝条冻枯率8.79%,与对照品种秋雨相仿。抗桑疫病能力稍弱。

【栽培技术要点】 (1)适宜饲养夏蚕和秋蚕。栽植时适宜搭配一定比例的早生品种,如辽鲁11号等。(2)苗木繁殖容易,适宜于硬枝扦插和嫁接繁殖。(3)抗寒性较强,可在干旱和半干旱地区栽植。肥水充足条件下,更易发挥优质、丰产性能。(4)宜低、中、高干养成。适宜春伐、留条春伐及轮伐。

【适宜区域和推广应用情况】 适宜于吉林省以南的北方地区栽植。在吉林、辽宁等地区有较大面积的推广应用。

2. 辽鲁11号

【来源】　辽宁省蚕业科学研究所以辽宁地方品种盖桑(辽桑44号)(白桑)作母本,以该所从鲁桑选出的鲁桑11号作父本,通过有性杂交,定向选择培育,于1993年育成。二倍体。1994年通过辽宁省农作物品种审定委员会审定(辽品审字9411)。

【选育经过】　1978年采用人工有性杂交,当年收集1896粒成熟杂交种子单粒夏播,然后进行系统选择培育,于1990年选出,1991—1993年进行区域性鉴定,分别在辽北铁岭、辽西朝阳等地进行较大面积的生产试验鉴定,经多年多点鉴定,各项成绩优于辽育8号。

【特征】　树冠紧凑,枝态开展,枝条直长而匀整,无侧枝,节间直,皮青灰色,节距3.9 cm,叶序2/5。皮孔大而少,圆形或椭圆形,4~5个/cm²。冬芽盾三角形,红褐色,芽尖贴生稍歪,枝条基部少有副芽。叶心脏形,叶身平伸或稍扭转,翠绿色,叶尖下垂呈短尾状,叶缘锐齿,叶长28.3 cm,叶幅21.7 cm,叶基浅凹,叶面光泽强。

【特性】　辽宁省凤城市栽植,5月7日前后转青脱苞,5月17日前后开完第5片叶,属早生品种,适宜饲养春、夏、秋蚕,桑树发芽率90.0%左右,生长势旺,生长芽率86.0%。少有雌花或雌雄同穗,甚极少。枝条和叶片着生角度理想,光合功能强。叶片硬化迟,落叶晚,至10月1日仍有25%的叶片不硬化。

【产量、品质、抗逆性等表现】　产叶量高,亩桑产叶量1200 kg左右,米条产叶量124 g,千克叶片数200片左右。叶质优良,可溶性糖含量比辽育8号高16%,粗蛋白含量:辽鲁11号 > 辽育8号 > 秋雨,经方差分析和多重比较,品种间差异显著。吉林西部8个饲料桑筛选试验中,辽鲁11号综合评价排名第一。抗寒性强,在辽宁省凤城地区枝条冻枯率6.81%,属高抗寒性品种,该品种在夏季多雨潮湿地区易发桑疫病,但病级多为一级,不影响产量和养蚕。

【栽培技术要点】　(1)该品种是集抗寒、抗旱、速生、高产、优质于一身的优良桑树品种,是适宜造林、养蚕和畜禽饲料生产的多用型桑树品种。(2)宜低、中、高干养成或无干密植栽培。(3)剪伐形式适宜留条春伐、春伐及轮伐等方法。(4)由于发芽、开叶早,发条力强,注意掌握成条数目,加强肥培管理,充分发挥其高产性能。(5)适宜采用扦插和嫁接繁殖方式。(6)因易发桑疫病,桑园管理应及时剪去病枝、下垂枝,勤除杂草,注意通风,防止多湿环境,并及时用药预防。

【适宜区域和推广应用情况】　适宜于黑龙江省中部以南的北方地区栽植,在辽宁、吉林、黑龙江等省有较大面积推广应用。在吉林西部地区栽植,更显抗寒、抗旱、抗风沙的特点。

四、吉林省

吉湖四号

【来源】　由吉林省蚕业科学研究院以吉林省的地方品种吉九作母本,浙江省的湖桑2号作父本杂交选育而成。属白桑种,二倍体。1988年通过全国桑蚕品种审定委员会审定。

【选育经过】　1962年采用人工有性杂交,1964年进入系统选育,1966年选出。1974年投入区域性鉴定,分别在通化、柳河、德惠、延边等地平原、丘陵、溪滩进行较大面积的生产试验鉴定。1975年起在吉林、辽宁、内蒙古3个省区平原、丘陵、溪滩扩大鉴定,同时在吉林省开展生产试验鉴定,经多年多点鉴定,各项成绩均超过吉林省桑树品种鉴定指标。

【特征】　枝条长而微曲,姿态开展,有卧伏枝,侧枝较少,一年生枝条皮灰褐色,叶序2/5。冬芽褐色,三角形,大小中等,芽尖贴生稍偏,芽磷4片,包叠紧,副芽1～2个。叶卵圆形,间有裂叶,深绿色,叶尖短尾状或双头,叶缘乳头齿,叶基深弯,叶长24.0 cm,叶幅18.5 cm,秋季叶片厚3.30 mm,光泽强,叶面平滑,叶片较大。开雄花,花穗较少。

【特性】　吉林省吉林市栽植,发芽期5月1日—5日,开叶期5月13日—15日,发芽率70.6%,生长芽率48.1%,叶片成熟期5月25日—6月1日,属早生早熟品种。秋米条产叶量125 g,秋千克叶片数107片。封顶迟,叶片硬化迟。

【产量、品质、抗逆性等表现】　产叶量高,叶质较优,据吉林省桑树新品种区域性试验结果:吉湖四号亩桑产叶量全年比对照品种秋雨高28.73%,万蚕茧层量比对照品种秋雨高7.04%,极显著和显著高于秋雨;抗病力较强,芽枯病和褐斑病很轻,细菌病较轻,与秋雨桑不相上下。同时具有较强的抗寒性。

【栽培技术要点】　(1)生长势旺,需充足肥水供应才能发挥其高产优质的性能,要施足基肥,多施追肥,促进枝条生长粗壮,为养成丰产树形奠定基础。(2)种植密度以亩栽100株为宜。(3)春季剪梢、整枝、修拳、剪取穗条宜于3月15日前结束。(4)苗木繁殖容易,适合嫁接繁殖。(5)具有较强的抗寒性。(6)适应性广,抗性强,农艺性状优,各地均可栽植。

【适宜区域和推广应用情况】　适宜于北方较寒冷地区栽植,现在我国北方蚕区均有推广应用。

五、黑龙江省

龙桑1号

【来源】　由黑龙江省蚕业研究所以引进的朝鲜秋雨桑为选育基础,采用自然变异与系统育种等方法选育而成。三倍体。1986年通过黑龙江省农作物品种审定委员会审定并命名。1985—1989年参加全国品种鉴定,经全国桑蚕品种审定委员会审定合格。

【选育经过】　1979年黑龙江省科委下达"桑树新品种选育"课题计划。黑龙江省蚕业研究所采用自然变异与系统育种等方法,在朝鲜引进的100多万株秋雨品种桑园中,发现了1株与秋雨桑形态特征不同的优良单株,经染色体检测为自然三倍体。经嫁接成无性系,连同对照品种秋雨桑和当地野生桑品种一起建立田间比较园,经多年多点的抗寒性、产叶量、叶质、丝质、抗病性等一系列比较鉴定,历时九年培育而成。

【特征】　树形开展,发条数多,枝条粗长,稍弯曲,木质坚硬,髓部较小,皮棕褐色,叶序2/5。冬芽饱满,正三角形,尖离,棕褐色,副芽小而少。叶长心脏形,深绿色,叶尖短尾状,叶缘钝齿,叶基心形,叶长18.0 cm,叶幅15.0 cm,叶片较厚。叶面稍平而光滑,富有光泽,叶片向上斜伸。雌雄同株,花穗较多,葚紫黑色,味酸甜。

【特性】 黑龙江省哈尔滨市栽植,发芽期5月15日左右,开叶期5月21日左右,发芽率86.1%,属中生早熟品种。桑叶成熟快,硬化早。桑果成熟期6月中旬至7月中旬。

【产量、品质、抗逆性等表现】 产叶量高,叶质较优,千克叶片数400片左右,亩桑产叶量800 kg,亩产桑果500 kg。经多年多点鉴定,产茧量、茧层量分别高于对照品种秋雨15%和30%,万蚕茧层量、5龄蚕100 kg叶产茧量、万蚕产丝量、5龄蚕100 kg叶产丝量分别高于对照品种秋雨12%、13%、11%、14%。抗褐斑病、细菌病能力强,明显优于对照品种秋雨。较耐盐碱。

【栽培技术要点】 (1)叶用桑园:亩栽1200株,隔垄栽植,低、中干养成,前两年可间作矮棵作物,亩留条2万根左右。春施农家肥2 t,6月底施尿素15～20 kg,全年三铲二趟。建园当年即可少量养蚕,第二年即可达到丰产期,生长期30年以上。(2)果用桑园:亩栽185株,中干或乔木养成,幼龄期可间作矮棵作物。春施农家肥2 t,6月底施高氮复合肥(N、P、K比例为5:3:4)15～20 kg,全年三铲二趟。第三年可有少量挂果,第四到五年可达丰产期,生长期30年以上。

【适宜区域和推广应用情况】 适宜于东北、华北及内蒙古地区各种土壤类型栽植,现在我国东北和内蒙古地区有较大面积的推广应用。

六、江苏省

1. 7307

【来源】 中国农业科学院蚕业研究所从实生苗圃中选出优良单株,经多年培育和叶质鉴定,是叶质优的品种。1989年通过全国农作物品种审定委员会审定。

【选育经过】 从实生苗圃中选出。

【特征】 树形直立,枝条粗长而直,皮棕色,节间微曲,节距3.6 cm,叶序3/8,皮孔较小,多为圆形,19个/cm²。冬芽三角形,紫褐色,贴生,副芽小而很少。叶心脏形或长心脏形,春季有少数裂叶,较平展,深绿色,叶尖双头或钝头,叶缘钝齿或乳头齿,叶基浅心形或截形,叶长22.2 cm,叶幅17.4 cm,叶面光滑,稍泡皱,有光泽。雌雄同株,雄花穗较少,中长,葚很少,中大,紫黑色。

【特性】　原产地发芽期4月13日—17日,开叶期4月18日—23日,发芽率50.0%,生长芽率18.0%,成熟期5月15日—19日,属晚生晚熟品种。叶片硬化期9月中旬。发条力中等,节处根原体发达,无侧枝。米条产叶量春131 g、秋129 g,千克叶片数春378片、秋198片,叶梗比40%。叶质优,粗蛋白含量25.3%~30.7%,可溶性糖含量9.6%~11.9%。

【产量、品质、抗逆性等表现】　亩桑产叶量1540 kg。经养蚕鉴定,万蚕茧层量春5.7 kg、秋4.3 kg,壮蚕100 kg叶产茧量春6.01 kg、秋5.85 kg。中抗黄化型萎缩病和炭疽病,轻感叶枯病,抗旱性中等,较耐寒。

【栽培技术要点】　宜低、中干养成。因直立,发芽率较低,宜适当密植。春剪梢,有利于增产。

【适宜区域和推广应用情况】　适宜于长江流域栽植。在江苏、浙江、陕西、安徽、湖北、四川等省推广应用,以江苏北蚕区较多。

2. 育2号

【来源】　中国农业科学院蚕业研究所从杂交组合(湖桑39号×广东荆桑)中选出单株,经多年品比试验、叶质鉴定和抗病性测定,确定为抗病丰产品种。1989年通过全国农作物品种审定委员会审定。

【选育经过】　以广东荆桑和湖桑39号有性杂交后,其种子播种在较肥沃的土壤中,加强苗期培育管理,培育出生长健壮的杂交苗400多株。当年即淘汰性状不良的野生型个体,第二年从苗圃移植选种圃。经三年的个体选择,从栽植的苗木中选出了优良单株,即"育2号"。

【特征】　树形稍开展,枝条中粗,长而直,皮青灰色,节间直,节距4.6 cm,叶序2/5。皮孔较大,圆形或椭圆形,8个/cm²。冬芽三角形,黄褐色,尖离,副芽大而多。叶心脏形,平展,翠绿色,叶尖锐头,叶缘钝齿,叶基浅心形或截形,叶长18.8 cm,叶幅15.9 cm,叶片较薄,叶面光滑无皱,光泽较强,叶片平伸或稍下垂,叶柄较细长。雌雄同株,雄花穗多,较长。葚很少,中大,紫黑色。

【特性】　原产地发芽期3月30日—4月8日,开叶期4月10日—20日,发芽率78.0%,生长芽率20.0%,成熟期5月10日—15日,是早生中熟品种。叶片硬化期9月上旬。发条力强,侧枝较少,米条产叶量春130.0 g、秋84.0 g,千克叶片数春692片、秋278片,叶梗比42.0%。粗蛋白含量22.8%~26.2%,可溶性糖含量12.7%~14.5%。

【产量、品质、抗逆性等表现】 亩桑产叶量2080 kg。经养蚕鉴定,春万蚕茧层量4.9 kg、秋万蚕茧层量4.5 kg,壮蚕100 kg叶产茧量春6.1 kg、秋6.2 kg。高抗黄化型萎缩病,抗黑枯型细菌病,易受虫害。耐剪伐。抗旱耐寒性较弱。

【栽培技术要点】 宜低、中干养成,可密植作条桑收获,早春宜剪梢,增施肥料,可充分发挥其丰产性能。

【适宜区域和推广应用情况】 适宜于长江中下游地区栽植。曾在江苏、浙江、安徽、湖北等省推广应用,现主要用作育种亲本。

3.育151号

【来源】 是中国农业科学院蚕业研究所从杂交组合(早青桑×育2号)中选出单株,经多年栽培、品比试验和叶质鉴定,确定为早生丰产品种。属白桑种,二倍体。1989年通过全国农作物品种审定委员会审定。

【选育经过】 1959年采用早青桑×育2号进行杂交。杂交后获得的种子于当年播种,成苗463株,第二年定植于选种圃,经过多年的单株选择,共选出6个单株,加以繁殖成株系,并与其他杂交组合形成的早生株系共9个,建立株系选拔圃,以早青桑为对照品种,经多年的选拔试验,其中以育151、育237两个株系的性状最为优良。1970年建立了品比试验圃,仍以早青桑为对照品种,经多年的发芽期、产叶量、叶质和抗病性等方面的调查,结果表明:育151、育237均表现良好,达到预定育种指标(早生、产叶量高、抗病性较强)。从20世纪70年代中期起,对该两个品种进行大量繁殖,经蚕种场多年试种,反映良好。1983年,全国建立了桑品种鉴定点,该两个品种又参加了全国桑品种鉴定,经过5年的鉴定,成绩优良。1989年3月,经全国桑蚕品种审定委员会审定合格,被农业部批准为长江流域推广的新桑品种。

【特征】 树形稍开展,枝条中粗,长而直,皮青灰色,节间直,节距5.1 cm,叶序2/5或3/8,皮孔较小,多为圆形,11个/cm²。冬芽三角形,黄褐色,尖离或腹离,副芽大而稍多。叶心脏形,翠绿色,平展,叶尖锐头或短尾状,叶缘钝齿,叶基心形,叶长17.1 cm,叶幅14.5 cm,叶片较薄,叶面光滑无皱,叶片平伸,叶柄中粗长。开雌花,葚较少而小,紫黑色。

【特性】 原产地发芽期3月28日—4月9日,开叶期4月10日—18日,发芽率77.0%,生长芽率18.0%,成熟期5月10日左右,属早生中熟偏早品种。叶片硬化期9月中旬。发条力强,粗细开差较大,侧枝少,米条产叶量春90.0 g、秋83.0 g,千克叶片数春730片、秋26片,叶梗比39.0%。叶质中等,粗蛋白含量20.6%~29.8%、可溶性糖含量9.8%~18.3%。

【产量、品质、抗逆性等表现】 亩桑产叶量1760 kg。经养蚕鉴定,万蚕茧层量春4.6 kg、秋4.2 kg,壮蚕100 kg叶产茧量春5.2 kg、秋6.0 kg。轻感黄化型、萎缩型萎缩病,中抗黑枯型细菌病、白粉病、污叶病,易受桑象虫为害,抗旱性中等,耐寒性较差。

【栽培技术要点】 宜低、中干养成或无干。夏伐后,要及时防治桑象虫为害,以免影响发条数,因发芽早,成熟较快,可作稚蚕用叶。

【适宜区域和推广应用情况】 适宜于长江流域以南地区栽植。曾在江苏等蚕区有一定面积的推广,现在部分蚕种场有利用。

4. 育237号

【来源】 是中国农业科学院蚕业研究所从杂交组合(早青桑×育2号)中选出单株,经多年栽培、品比试验和叶质鉴定,确定为早生丰产品种。属白桑种,二倍体。1989年通过全国农作物品种审定委员会审定。

【选育经过】 1959年采用早青桑×育2号进行杂交。杂交后获得的种子于当年播种,成苗463株,第二年定植于选种圃,经过多年的单株选择,共选出6个单株,加以繁殖成株系,并与其他杂交组合形成的早生株系共9个,建立株系选拔圃,以早青桑为对照品种,经多年的选拔试验,其中以育151、育237两个株系的性状最为优良。1970年建立了品比试验圃,仍以早青桑为对照品种,经多年的发芽期、产叶量、叶质和抗病性等方面的调查,结果表明:育151、育237均表现良好,达到预定育种指标(早生、产叶量高、抗病性较强)。从20世纪70年代中期起,对该两个品种进行大量繁殖,经蚕种场多年试种,反映良好。1983年,全国建立了桑品种鉴定点,该两个品种又参加了全国桑品种鉴定,经过5年的鉴定,成绩优良。1989年3月,经全国桑蚕品种审定委员会审定合格,被农业部批准为长江流域推广的新桑品种。

【特征】 树形稍开展,枝条中粗,长而直,皮青灰色,节间直,节距4.9 cm,叶序2/5或3/8。皮孔较小,多为圆形,9个/cm²。冬芽三角形,淡褐色,尖离,副芽小而少。叶心脏形,较平展,翠绿色,叶尖锐头,叶缘钝齿,叶基心形,叶长17.0 cm,叶幅15.0 cm,叶片较薄,叶面光滑无皱,有光泽,叶片平伸,叶柄中粗长。雌雄同株,雌花着生于枝条上部,雄花穗较多,中长,葚小而少,紫黑色。

【特性】 原产地发芽期3月28日—4月9日,开叶期4月11日—18日,发芽率80.0%,生长芽率20.0%,成熟期5月10日左右,属早生中熟偏早品种。叶片硬化期9月中旬。发条力强,长势旺,侧枝少,米条产叶量春90.0 g、秋76.0 g,千克叶片数春800片、秋290片,叶梗比46.0%。叶质中等,粗蛋白含量22.6%～26.2%、可溶性糖含量15.1%～17.7%。

【产量、品质、抗逆性等表现】 亩桑产叶量1770 kg。经养蚕鉴定,万蚕茧层量春4.3 kg、秋4.5 kg,壮蚕100 kg叶产茧量春5.2 kg、秋6.0 kg。中抗黑枯型细菌病、黄化型萎缩病、污叶病、白粉病,易受桑象虫为害。抗旱性中等,耐寒性较弱。

【栽培技术要点】 宜低、中干养成或无干,夏伐后,及时防治桑象虫为害,以免影响发条数,因发芽早,成熟较快,可作稚蚕用叶。

【适宜区域和推广应用情况】 适宜于长江流域以南地区栽植。曾在江苏等蚕区有一定面积推广,现利用少,仅在部分蚕种场有利用。

5.育71-1

【来源】 由中国农业科学院蚕业研究所从育54号×育2号杂交组合优良单株选育而成。二倍体。1995年通过全国农作物品种审定委员会审定(GS11017-1995)。

【选育经过】 1971年采用育54号和育2号进行杂交,播种后,悉心管理,以培育壮苗,当年淘汰不良个体,将余下的105株苗木定植于选种圃中,经过单株选拔,选出三个优良单株,立即繁殖成株系,定植于多株系(86个株系)选拔圃中,经过观察、统计,共选出5个优良品系。1981年经品比,试验结果以育71-1为最优。在农村生产试种和鉴定,对其主要经济性状进行综合评价,育71-1亦显示了高产、优质的优良性状。

【特征】 树冠稍开展,枝条粗长,皮青灰色。节间直,节距4.2 cm,叶序2/5或3/8;皮孔较大,圆形或椭圆形,6个/cm²。冬芽饱满,三角形,黄褐色,尖离,副芽小而少。叶心脏形,稍波扭,深绿色,叶尖锐头,叶缘钝齿或乳头齿,叶基心形,叶长23.0 cm,叶幅19.0 cm,叶片较厚,叶面光滑,光泽强,叶片平伸,叶柄中粗长。开雌花,甚少,中大,紫黑色。

【特性】 原产地发芽期4月5日—12日,开叶期4月14日—21日,5月中旬成熟,属于中生中熟品种。发芽率80.0%,生长芽率15.0%,叶片硬化期9月中旬,发条数多且长短均匀,生长势旺,侧枝少,米条产叶量春140.0 g、秋114.0 g,千克叶片数春450片、秋196片,叶梗比38.0%。

【产量、品质、抗逆性等表现】 产叶量高,生产应用产叶量超过对照品种23.37% ~ 43.19%。万蚕收茧量、万蚕茧层量生产应用成绩比对照品种湖桑32号分别高6.42%、11.86%。中抗黄化型萎缩病,田间自然发病率为0,中抗黑枯型细菌病,抗桑蓟马、红蜘蛛等微体昆虫,抗旱性强,较耐寒,适应性广。

【栽培技术要点】 (1)栽植密度以亩栽800 ~ 1000株为宜。(2)在晚秋期或早春前应适当剪梢,剪去条长1/4 ~ 1/3,以达增产和改善叶质的目的。(3)春季枝条发芽率较高,故应在春季或冬季适当增施肥料,以发挥品种的优良特性。(4)叶片较大而厚,宜以片叶收获法为主。(5)属中生桑品种,宜春秋兼用。

【适宜区域和推广应用情况】 适宜于长江流域和黄河中下游地区栽植。该品种于20世纪80年代末开始在江苏海安等地试验示范,通过审定后大面积推广应用。至2010年,在江苏、浙江、安徽、山东、河南等省推广80多万亩。

6.蚕专4号

【来源】 由自然杂交实生桑选育而成。由苏州大学、原吴江市蚕桑站、原吴县市蚕桑站选育而成。2001年通过全国农作物品种审定委员会审定(国审蚕桑2001001)。

【选育经过】 不详。

【特征】 树形挺拔,枝条直而粗长,发条数接近湖桑32号,皮青灰色,节间密,节间距介于湖桑32号和新一之濑之间,叶序3/8。冬芽三角形,芽鳞灰白色。叶心脏形,深绿色,叶尖双头,叶缘乳头锯齿,有光泽,叶片厚。

【特性】 春季发芽比湖桑32号提前4~5天,先叶后花,以开雌花为主,花果少,叶质优。

【产量、品质、抗逆性等表现】 1991—1994年吴江市区域试验,产叶量比湖桑32号提高15%,丝茧育收茧量、茧层量和种茧育单蛾产卵数比湖桑32号提高约10%。总糖、粗蛋白、粗脂肪含量比湖桑32号提高13%~15%,叶丝转化率提高16%。对刺吸式昆虫红蜘蛛、桑蓟马、叶蝉等的抵抗力明显强于湖桑32号,抗旱与抗寒性与湖桑32号相当。

【栽培技术要点】 可适当偏密,疏芽时适当多留枝条;春蚕期进行摘心,以提高叶质、增加产量,晚秋期适当留叶,增加树体养分;加强肥水及其他管理工作。

【适宜区域和推广应用情况】 适宜于长江中下游蚕区栽植。该品种主要在江苏蚕区推广应用。

7. 金10

【来源】 由中国农业科学院蚕业研究所从金龙自然杂交后代中系统选育而成。2009年通过浙江省农作物品种审定委员会审定[浙(非)审桑2009002]。

【选育经过】　对国外引进种金龙自然杂交后代经过4年的单株选择,共培育出11个优良株系,经株系选择,第十个株系表现最佳,定名为金10。中国农业科学院蚕业研究所对金10进行了多年的产叶量、叶质、抗病性鉴定,并在江苏、山东进行区域鉴定,结果表明金10是一个综合性状优良、产叶量突出的大叶型桑树良种,在长江流域、黄河中下游及滇中蚕区试栽,可显著提高桑园单位面积产叶量、产茧量。

【特征】　树形直立,枝条粗长而直,皮青灰色,节间直,节距4.5 cm,叶序2/5或3/8。冬芽三角形,淡褐色,尖离,副芽少。叶心脏形,深绿色,叶尖短尾状,叶缘钝齿,叶基深心形,叶长27.0 cm,叶幅23.0 cm,叶片厚,叶面光滑,稍波皱,光泽较强,叶片平伸,叶柄粗、中长。雌雄同株,雄花穗较长。

【特性】　发芽期3月30日—4月2日,开叶期4月6日—14日。发芽率87.0%,生长芽率27.0%。成熟期5月上旬,属中生中熟偏早品种。叶片硬化期9月上旬。发条力强,米条产叶量春218 g、秋147 g,千克叶片数春333片、秋131片。

【产量、品质、抗逆性等表现】　经3年多点区域鉴定,平均亩桑产叶量1549 kg,高于对照品种湖桑32号25.1%。用金10桑叶养蚕,蚕体强健,发育快,龄期经过缩短,万蚕收茧量、万蚕茧层量和100 kg叶产茧量比湖桑32号分别高4.8%、6.3%、5.7%,亩桑产茧量达159.3 kg,比湖桑32号高31.3%。黄化型萎缩病接种发病率比湖桑32号低37.2%,鉴定点4年田间自然发病率为0。中抗污叶病、白粉病,抗旱性较强,适应性广。

【栽培技术要点】　宜低、中干养成,因发芽率高,早春宜轻剪梢或不剪梢,因发芽早、叶片成熟快,故夏肥宜重施;栽植密度以亩栽800株左右为宜,以充分发挥其丰产特性;加强桑园中耕除草、肥水管理和病虫害防治工作。

【适宜区域和推广应用情况】　适宜于长江流域、黄河下游蚕区栽植。该品种于2003年开始在江苏、浙江开展试验示范,2009年通过品种审定后逐步在江苏、浙江、云南、湖北等省推广应用。

七、浙江省

1. 荷叶白

【来源】 又名湖桑32号、尖头荷叶白、跷脚荷叶白、稀叶桑,原产于海宁市长安镇。属鲁桑种,二倍体。经浙江省农业科学院蚕桑研究所选育鉴定,于1985年通过浙江省农作物品种审定委员会认定。

【选育经过】 从浙江省地方品种中选拔而来。

【特征】 树形开展,发条数多,枝条粗而稍弯曲,有卧伏枝,侧枝较多,皮黄褐色,节形微曲,节距5.0 cm,叶序2/5,皮孔小而少,圆形,黄褐色。冬芽正三角形,黄褐色,贴生,副芽小而少。叶长心脏形,呈涡旋形扭转,翠绿色,叶尖锐头或短尾状,叶缘乳头齿,叶基深心形,叶长22.8 cm,叶幅20.1 cm,100 cm²叶片重2.2 g,叶面光滑稍皱,光泽较强,叶稍下垂,叶柄稍粗。开雌花,无花柱,先叶后花,甚少,紫黑色。

【特性】 浙江省杭州市栽植,发芽期3月31日—4月8日,开叶期4月13日—21日,发芽率73.7%,生长芽率13%,成熟期4月26日—5月6日,属晚熟品种。米条产叶量春104 g、秋124 g,千克叶片数春369片、秋219片,叶梗比37.4%,叶片硬化迟,10月5日可用叶率为44.4%。

【产量、品质、抗逆性等表现】 亩桑产叶量春840 kg、夏秋1815 kg,桑叶含水率春76.22%、秋74.89%。粗蛋白含量春25.2%、秋27.01%,可溶性糖含量春12.83%、秋13.39%,氟化物含量春36.32 ppm、秋62.02 ppm。万蚕茧层量春4.41 kg、秋3.39 kg,壮蚕100 kg叶产茧量春7.02 kg、秋7.86 kg。抗花叶型萎缩病强,抗黄化型萎缩病和萎缩型萎缩病力弱,抗细菌病力中等。耐寒,耐旱,耐盐碱。

【栽培技术要点】 树形高大,发条数多。栽培距离宜稍稀(亩栽800株),宜低、中干养成。发芽与叶片成熟迟,宜与早熟品种搭配栽植。夏伐后及时疏去止芯芽,减少卧伏枝,便于桑园管理。不宜在黄化型萎缩病疫区栽植。

【适宜区域和推广应用情况】 适应性广,各地均可栽植,全国各蚕区均有种植,栽培面积曾达200余万亩,以浙江、江苏分布最多。

2. 桐乡青

【来源】 又名湖桑35号、白皮湖桑、青皮湖桑、叶眼青、五眼头、牛舌头、青干剥皮、剥皮青桑,原产于浙江省桐乡市徐家庙。属鲁桑种,二倍体。经浙江省农业科学院蚕桑研究所选育鉴定,于1985年通过浙江省农作物品种审定委员会认定。

【选育经过】 从浙江省地方品种中选拔而来。

【特征】 树形挺直,发条数中等,侧条粗直而长,上下端粗细开差较小,侧枝少,皮青灰色带黄,节间直,节距4.4 cm,叶序2/5,皮孔小而少,圆形。冬芽长三角形,黄褐色,贴生,副芽大而多。叶卵圆形,稍呈涡旋形扭转,墨绿色,叶尖锐头,叶缘乳头齿,叶基浅心形,叶长22.9 cm,叶幅18.3 cm,100 cm²叶片重2.5 g,叶面光滑,光泽强,叶稍下垂,叶柄细。先叶后花,开雌雄花,同穗或异穗,甚紫黑色,味甜。

【特性】 浙江省杭州市栽植,发芽期3月28日—4月6日,开叶期4月10日—19日,发芽率62.5%,生长芽率8.3%,成熟期4月22日—5月4日,属中生中熟品种。米条产叶量春139 g、秋151 g,千克叶片数春260片、秋200片,叶梗比45.5%,叶片硬化稍早,10月5日可用叶率为38.7%。

【产量、品质、抗逆性等表现】 亩桑产叶量春900 kg、夏秋1560 kg,桑叶含水率春76.62%、秋74.28%,粗蛋白含量春28.18%、秋24.83%,可溶性糖含量春11.19%、秋13.94%,氟化物含量春57.31 ppm、秋42.49 ppm。万蚕茧层量春3.17 kg、秋3.90 kg,壮蚕100 kg叶产茧量春7.32 kg、秋9.12 kg。抗桑褐斑病、萎缩病力强,抗细菌病、花叶病、黑白粉病和污叶病力弱。

【栽培技术要点】 由于春叶成熟快,可作春期稚蚕用桑。树形直,枝条直,可适当密植(亩栽1000株),低、中干养成。秋叶硬化较快,要加强肥水管理,及时采摘利用。晚秋宜适当留叶,增加养分积累,提高翌年春叶产量。叶质优良,适合于蚕种场种植供种茧育用桑。

【适宜区域和推广应用情况】 适应性广,全国各蚕区均有栽植,不宜在细菌病疫区种植,推广面积曾达50万亩。

3. 团头荷叶白

【来源】 又名湖桑7号,双头荷叶白,原产于海宁市长安镇。属鲁桑种,二倍体。经浙江省农业科学院蚕桑研究所选择、比较、鉴定和农村中试,1985年通过浙江省农作物品种审定委员会认定。

【选育经过】 从浙江省地方品种中选拔而来。

【特征】 树形开展,发条数中等,枝条粗而稍弯曲,卧伏枝和侧枝少,皮黄褐色,节间稍曲,节距4.5 cm,叶序2/5或3/8,皮孔小而多,圆形,淡黄褐色。冬芽正三角形,棕褐色,尖离,副芽小而少。叶心脏形,翠绿色,叶尖双头或钝头,叶缘乳头齿,叶基心形,叶长22.9 cm,叶幅19.8 cm,100 cm²叶片重2.4 g,叶面微皱而稍光滑,光泽较强,叶片下垂,叶柄中粗。先叶后花,开雌雄花,异穗或同穗,雌花极少,雄花较多,葚紫黑色。

【特性】 浙江省杭州市栽植,发芽期3月31日—4月8日,开叶期4月12日—21日,发芽率70.2%,生长芽率8.6%,成熟期4月23日—5月4日,属晚熟品种。米条产叶量春159 g、秋177 g,千克叶片数春413片、秋187片,叶梗比50%,叶片硬化迟,10月5日可用叶率高达71.7%。

【产量、品质、抗逆性等表现】 亩桑产叶量春750 kg、夏秋1629 kg,桑叶含水率春77.25%、秋71.11%,粗蛋白含量春21.7%、秋23.49%,可溶性糖含量春15.19%、秋13.47%,氟化物含量春21.41 ppm、秋23.5 ppm。万蚕茧层量春3.63 kg、秋3.49 kg,壮蚕100 kg叶产茧量春6.38 kg、秋8.18 kg。抗萎缩病、褐斑病、污叶病力较强,抗细菌病力较弱,对大气氟污染抗性较强。

【栽培技术要点】 树形开展,栽植密度宜较稀(亩栽800株)。适应性广,可在各种类型土壤栽植。由于叶形大,枝条长度开差也大,夏伐后要及时疏芽,以增加有效条数。是耐肥品种。在肥水充足条件下更能发挥其增产潜力。

【适宜区域和推广应用情况】 适宜于长江流域和黄河中下游蚕区栽植,以浙江、江苏分布最多,栽培面积曾达60万亩。不宜在细菌病疫区栽植。

4. 湖桑197号

【来源】　是原浙江省蚕桑试验场初选的单株。属鲁桑种,二倍体。经浙江省农业科学院蚕桑研究所选择、比较、鉴定和农村中试,1985年通过浙江省农作物品种审定委员会认定。

【选育经过】　从浙江省地方品种中选拔而来。

【特征】　树形开展,发条数中等,枝条较直,侧枝较少,皮淡紫褐色,节间微曲,节距3.9 cm,叶序2/5,皮孔小,椭圆形,灰褐色。冬芽长三角形,紫褐色,贴生,副芽小而少。叶长心脏形,深绿色,叶片前部稍向一侧扭转,叶尖短尾状,叶缘乳头齿,叶基心形,叶长24.5 cm,叶幅19.9 cm,100 cm² 叶片重2.6 g,叶面光滑,光泽较强,叶稍下垂,叶柄较细。先叶后花,开雌花,无花柱,葚小而少,紫黑色。

【特性】　浙江省杭州市栽植,发芽期3月27日—30日,开叶期4月4日—18日,发芽率76.4%,生长芽率14.3%,成熟期4月20日—30日,属晚生中熟品种。米条产叶量春136 g、秋180 g,千克叶片数春335片、秋160片,叶梗比47.8%,叶片硬化较早,10月5日可用叶率为34.54%。

【产量、品质、抗逆性等表现】　亩桑产叶量春510 kg、夏秋1200 kg,桑叶含水率春76.25%、秋74.37%,粗蛋白含量春21.8%、秋24.0%,可溶性糖含量春15.3%、秋10.5%,氟化物含量春34.55 ppm、秋36.6 ppm。万蚕茧层量春3.99 kg、秋3.85 kg,壮蚕100 kg叶产茧量春3.19 kg、秋4.5 kg。抗旱、耐瘠性强,抗萎缩病、褐斑病力较强,抗细菌病力较弱。

【栽培技术要点】　栽植密度宜较稀(亩栽800株)。抗旱、耐瘠,适应性广,不论平原、溪滩、海涂、丘陵均可种植。叶质优,养蚕成绩好,适于蚕种场栽植。

【适宜区域和推广应用情况】　适应性广,在我国10多个省市有栽植。在浙江、江苏、湖南、湖北、江西、安徽、山东、山西、陕西、河北等省栽培面积曾达40万亩。不宜在细菌病疫区栽植。

5. 璜桑14号

【来源】 是浙江省农业科学院蚕桑研究所和诸暨市璜山农技站从诸暨市璜山镇的实生桑中选出,经培育、评比、鉴定而育成。属鲁桑种,二倍体。1986年通过浙江省农作物品种审定委员会认定。

【选育经过】 从浙江省地方品种中选拔而来。

【特征】 树形稍开展,发条数多,枝条粗而直,侧枝少,皮青灰色,有时带黄,节间较直,节距3.0 cm,叶序2/5或3/8,皮孔小,近圆形,黄褐色。冬芽正三角形,黄褐色,副芽少。叶长心脏形或卵圆形,墨绿色,叶尖锐头,叶缘乳头齿,叶基浅心形或截形,叶长25.0 cm,叶幅21.0 cm,100 cm²叶片重2.0 g,叶面平滑,光泽较强,叶背粗糙,叶下垂,叶柄粗细中等。先叶后花,开雌花,甚少,紫黑色。

【特性】 浙江省杭州市栽植,发芽期3月23日—4月1日,开叶期4月9日—13日,发芽率50.0%,生长芽率9.3%,成熟期4月30日—5月6日,属中生中熟品种。米条产叶量春152 g、秋140 g,千克叶片数春421片、秋168片,叶梗比47.5%,叶片硬化较迟,10月5日可用叶率47.69%。

【产量、品质、抗逆性等表现】 亩桑产叶量春732 kg、夏秋945 kg,桑叶含水率春72.91%、秋70.26%,粗蛋白含量春25.14%、秋23.74%,可溶性糖含量春13.25%、秋16.39%,氟化物含量春31.52 ppm、秋28.8 ppm。万蚕茧层量春3.76 kg、秋3.92 kg,壮蚕100 kg叶产茧量春3.00 kg、秋4.49 kg。耐旱性、耐瘠力强,抗褐斑病力较强,抗萎缩病、细菌病力较弱。

【栽培技术要点】 适于密植,低、中干养成。冬春宜重剪梢,提高枝条基部发芽率,增加春叶产量。抗旱力强,适宜在丘陵山坡地栽植。

【适宜区域和推广应用情况】 适应性广,曾在浙江、江苏、安徽、湖南、湖北、山东等省栽植,不宜在萎缩病、细菌病疫区栽植。

6. 农桑8号

【来源】 由浙江省农业科学院蚕桑研究所用日本引进的一之濑(白桑)作母本,广东的伦教109号(广东桑)作父本杂交选育而成。二倍体。1991年通过浙江省农作物品种审定委员会审定(浙农品审第75号)。

【选育经过】 1980年采用人工有性杂交,1982年进入系统选育,1985年参加浙江省第2期桑树品种区域适应性鉴定,在浙江省平原、丘陵、溪滩、海涂4种不同类型土壤的10个点进行特征特性、生长发育、产质量及抗病性的观察与鉴定。1986—1990年5年的区试鉴定结果表明,农桑8号是一个早熟、高产、抗病的优良桑树品种。

【特征】 树形直立,发条数多,枝条粗长而稍弯曲,侧枝少,皮青灰色,节间较直,节距3.4 cm,叶序2/5或3/8,皮孔小而少。冬芽正三角形,赤褐色,贴生,副芽多。叶长心脏形,深绿色,叶尖短尾状,叶缘乳头齿,叶基浅心形,叶长21.5 cm,叶幅19.9 cm,叶片较厚,叶面平而光滑,光泽较强,叶片平伸。开雌雄花,同株异穗,雄花穗短而少,葚小而稍多,紫黑色,味甜。

【特性】 浙江省杭州市栽植,发芽期3月17日—22日,开叶期3月20日—4月11日,发芽率88.4%,生长芽率14.0%,成熟期4月16日—21日,属早熟品种。米条产叶量春130 g、秋163 g,叶梗比49.7%,叶片硬化较迟,10月5日可用叶率49.52%。

【产量、品质、抗逆性等表现】 产叶量高,叶质较优,浙江省桑树新品种区域性试验结果:农桑8号亩桑产叶量全年比对照品种荷叶白高17%,万蚕茧层量与对照品种荷叶白相仿;耐旱、耐瘠性强,着叶松脱,采叶容易。强抗细菌病,抗萎缩病力也较强。

【栽培技术要点】 生长势旺,需充足肥水供应才能发挥其高产优质的性能,要施足基肥,多施追肥,促进枝条生长粗壮,为养成丰产树形奠定基础。种植密度以亩栽800~1200株为宜。属早熟品种,栽培时宜搭配一定比例的中熟品种,如农桑12号或农桑14号等,以利提早饲养春蚕,充分发挥其高产优质特性。该品种春季发芽早,叶片成熟早,适宜于蚕种场和农村春季饲养小蚕。如果作为大蚕用桑,春蚕应适当提早饲育,提早采叶利用。由于发芽率高,生长芽率高,生长势旺盛,不论春、秋,后期常有黄叶发生,及时采叶饲蚕是提高本品种桑叶利用率的关键。除春期应适当提早采叶养蚕外,夏期疏芽叶适当多采,秋期必须分早、中、晚三秋收获,及时充分利用各期桑叶,避免黄叶发生。农桑8号发根能力强,可用扦插繁殖,扦插时配合使用发根剂和抑芽素,成活率可达80%以上。农桑8号的主要缺点是花葚较多,春叶叶形偏小,发芽早,在浙江省易受晚霜冻害,需注意做好早春晚霜的防冻工作,提早剪取接穗。需强剪梢,重施肥,以减少花果,增大叶形,进一步提高桑叶产量。

【适宜区域和推广应用情况】 适宜于长江流域和黄河中下游各种土壤类型栽植,该品种对桑疫病具有很强的抗性,很适宜于桑疫病疫区栽植。现在浙江省主要蚕区均有推广应用,推广种植面积达1000余亩,江苏、安徽、江西、福建等省有引种栽培。

7. 薪一圆

【来源】 是浙江省农业科学院蚕桑研究所以新一之濑为亲本的辐射突变体。属白桑系,二倍体。1996年6月通过全国农作物品种审定委员会审定(GS11016-1995)。

【选育经过】 1980年春,将新一之濑萌芽前嫁接苗剪成高约30.0 cm,根朝外,顶部向 ^{60}Co-γ源,照射辐照后,V$_1$(无性繁殖代)按常规种植。1981年3月发芽前将V$_1$无叶带段剪下,袋接进入V$_2$,7月在V$_2$苗地选出连续2株叶形为全缘叶的突变体,试验号为R81-2,经染色体倍性鉴定,为二倍体。此后,经繁殖选择,1984年培苗。1985年起以标准品种荷叶白和亲本新一之濑为对照品种,做产量、叶质、抗桑疫病等的鉴定。同时,在浙江省农村、蚕种场和四川江油等地做小规模的农村试验。1987年命名为薪一圆。

【特征】 树形直立,稍开展,发条多,枝条细长而直,部分枝条有纵沟。皮青灰色,节间直,节距约3.4 cm,皮孔灰白色,近橄榄形,大小不规则,8个/cm^2,叶序2/5。冬芽三角形,灰色,尖稍离,副芽大而多。叶长心形或卵圆形,全缘叶,深绿色,叶尖长锐头,叶缘钝齿,叶基浅心形,叶长19.0 cm,叶幅16.0 cm,叶面光滑,光泽较低,100 cm^{2}叶片重2.4 g,叶平伸,叶柄细短,与枝条间着生牢固。先叶后花,开雄花,花少。

【特性】 浙江省杭州市栽植,发芽与成熟期与新一之濑相仿,属晚生晚熟品种。发芽率在75.0%以上,叶片硬化迟。秋米条产叶量165 g,千克叶片数210~300片。

【产量、品质、抗逆性等表现】 亩桑产叶量与荷叶白相仿。叶质优,以秋季的叶质更优,秋季叶质显著超过荷叶白;春季养蚕受氟污染,由于受污染轻,迟眠淘汰率仅4.6%,荷叶白达48.7%,虽茧层量、全茧量相仿,100 kg桑产茧量显著超过荷叶白,制种良种数显著高于荷叶白。耐肥、耐剪伐,高抗黑枯型疫病,人工接种下的病情指数在3.5%以下。

【栽培技术要点】 为晚生迟熟品种,适用全年各季养蚕。该品种耐肥性强,加强肥水管理更能发挥它的高产优质性能。枝条细直,节距密,叶形中小又耐剪伐,适宜条桑收获和条桑育,还能用扦插繁殖育苗。由于叶柄着生牢,秋叶采摘要注意防止损伤或剥皮。

【适宜区域和推广应用情况】　适宜于长江流域蚕区和黄淮地区栽植。在氟污染严重地区和桑疫病流行地区可栽植。

8.农桑10号

【来源】　由浙江省农业科学院蚕桑研究所用浙江的桐乡青（鲁桑）作母本,广东的伦教109号（广东桑）作父本杂交选育而成。二倍体。 1996年通过浙江省农作物品种审定委员会审定（浙农品审第148号）。

【选育经过】　于1981年采用人工有性杂交,1986年进入系统选择,1989年春、秋进行养蚕、化学测试叶质、抗黑枯型细菌病的人工接菌鉴定,选出综合性状达到或超过预期育种指标,在产叶量、叶质、抗性等各方面均优良的株系,于1991年参加浙江省第3期桑树品种区域适应性鉴定,在全省4个代表性土壤类型,即平原、丘陵坡地、溪河滩地、滨海滩涂地和病害疫区共10个点鉴定,同时在农村进行较大面积的生产鉴定。经过5年的鉴定,农桑10号的各项成绩名列7个参鉴品种之首。

【特征】　树形直立,树冠紧凑,生长势旺,发条数多,枝条长而直,侧枝少,皮青灰色,节形突出,根原体多而明显,节距3.7 cm,叶序3/8,皮孔小而多,圆形或椭圆形,黄褐色。冬芽正三角形,棕褐色,副芽大而多。叶长椭圆形,深绿色,叶尖短尾状,叶缘小乳头齿,叶基浅心形,叶面平而光滑,光泽较强,叶长23.5 cm,叶幅18.9 cm,100 cm²叶片重3.5 g,叶柄粗。开雄花,花穗少。

【特性】　浙江省杭州市栽植,发芽期3月14日—18日,开叶期3月24日—28日,叶片成熟期4月16日—23日,发芽率75%~80%,主芽受冻害后副芽即可萌发,不影响产叶量,属早生早熟品种。秋季叶片硬化迟,桑叶利用率高,叶片采摘容易。米条产叶量春177 g、秋143 g,千克叶片数春277片、秋182片,叶梗比54%。

【产量、品质、抗逆性等表现】　全年亩桑产叶量比对照品种荷叶白高17%,万蚕茧层量比对照品种荷叶白高2.79%。抗黄化型萎缩病和疫病力强于荷叶白。在生产试验中还表现出桑蓟马、红蜘蛛、桑粉虱的为害明显轻于荷叶白。抗旱,耐瘠,适应性广。

【栽培技术要点】 生长势旺,需充足肥水供应才能发挥其高产优质的性能,要施足基肥,多施追肥,促进枝条生长粗壮,为养成丰产树形奠定基础。种植密度以亩栽800株为宜。属早熟品种,栽培时宜搭配一定比例的中熟品种,如农桑12号或农桑14号等,以利提早饲养春蚕,充分发挥其高产优质特性。春季发芽较早,剪梢、整枝、修拳、剪取穗条宜于立春前结束。苗木繁殖容易,适合于扦插和嫁接繁殖。扦插繁殖的插穗条可在树液流动时剪取或稍提早剪取。遭受冻害年份,要加强对桑树的肥培管理,无须剪梢。适应性广,抗性强,农艺性状优,各地均可种植。

【适宜区域和推广应用情况】 适宜于长江流域和黄河中下游各种土壤类型栽植,现在浙江省各蚕区均有推广应用。

9. 大中华

【来源】 浙江省农业科学院蚕桑研究所用 ^{60}Co-γ 射线辐照白桑系三倍体品种新一之濑萌动前的冬芽,诱导出四倍体突变体R811,将该四倍体父本与鲁桑系母本大种桑杂交,培育出了人工桑三倍体品种大中华。1996年通过浙江省农作物品种审定委员会审定(浙农品审第147号)。

【选育经过】 1980年4月初,采用新一之濑(2X)嫁接苗为材料,在苗木冬芽萌动前,剪成高30.0 cm,用 ^{60}Co-γ 射线辐照顶芽,而后用常规培育管理,待照射芽长成枝条后,就可见到典型三段枝。1981年3月初,将上述枝条在离基部12.0～15.0 cm处剪下,母树基部任其生长,但未见变异枝出现。剪下的枝条用袋接法做单芽嫁接进入 V_2。同年7月,在 V_2 苗木中,连续出现无叶带段芽嫁接的5棵苗表现出枝叶肥大、叶色变深、叶面粗糙、裂叶较浅(亲本裂叶较深)和枝条节距较密的突变体,其中2棵长势较旺盛,经细胞染色体检查,确定为四倍体。2棵长势较旺的突变株再经选择,选出了试验号为R811的优良株系。栽植2年后开雄花。1985年春,采用二倍体大种桑为母本,四倍体R811为父本,进行人工杂交。1986年从初选的 F_1 杂交苗中选出若干单株,进入繁殖观察调查,养蚕生物试验和细胞染色体鉴定,最后选出试验号为8510的三倍体优良株系,它是我国第一个人工培育出的高产桑树三倍体品种,命名为大中华。

【特征】 树形高大稍开展,长势旺,发条数中等。枝条粗,较直,侧枝较少,稍有卧伏枝,皮色青灰带褐,节距3.2 cm,叶序2/5,皮孔小,圆形或椭圆形,平均7个/cm²。冬芽短三角形,较小,灰白色,尖稍离,副芽小而多。叶形大,浅三裂,深绿色,叶尖锐头,叶缘乳头齿,叶基心形,叶长22.5 cm,叶幅18.5 cm,100 cm²叶片重2.4 g,叶面平而稍粗糙,光泽较弱,平伸着生,叶柄较粗长。至今未见花果。

【特性】 浙江省杭州市栽植,发芽期3月30日—4月7日,开叶期4月14日—20日,叶片成熟期4月28日—5月5日,属晚生晚熟品种。米条产叶量高,春秋产叶量均显著高于荷叶白。叶片成熟度均匀,叶质较好,在光照充足的条件下叶质更优,叶片硬化迟,利用率高。

【产量、品质、抗逆性等表现】 产叶量高,叶质较优,与荷叶白相比,年产叶量增产幅度在27%～33%,养蚕成绩与对照品种荷叶白相比,全茧量相仿或略增;茧层量春、秋分别增加3.4%和8.2%;茧层率春、秋分别提高1.06%和0.49%;收茧量春基本持平,秋增2.7%;健蛹率春高秋低;万蚕茧层量春、秋分别增加4.4%和4.7%;100 kg叶产茧量和茧层量显著增加,100 kg叶产茧量春、秋分别增加14.7%和7.1%,100 kg叶茧层量春、秋分别增加19.7%和9.4%。化学分析结果,含水率、全氮和可溶糖的含量,均高于对照品种荷叶白,而氟化物含量却较低。抗旱、耐涝、抗桑疫病能力强。

【栽培技术要点】 为晚生迟熟品种,适用全年各季养蚕。生长势旺,需充足肥水供应才能发挥其高产优质的性能,多施有机肥。种植定干后,宜连续2年春伐,促进支干生长粗壮,为养成丰产树形奠定基础,种植密度以亩栽800～1000株为宜,剪取穗条宜于立春前结束。

【适宜区域和推广应用情况】 适宜于长江流域和黄河中下游各种土壤类型栽植。可在桑疫病区作为抗病品种种植。

10. 盛东1号

 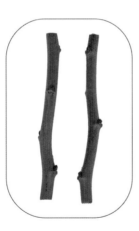  

【来源】 由浙江农业大学用浙江的湖桑201(鲁桑)作母本,四川的花桑(白桑)作父本杂交选育而成。二倍体。1997年通过浙江省农作物品种审定委员会审定(浙农品审第162号)。

【选育经过】 1984年采用人工有性杂交。1987年春,优中选优,筛选两个品系与荷叶白同条件栽植进行产量比较。1988年、1989年调查产叶量、养蚕成绩和其他生物学性状,最后确定符合杂交目的、比目前当家优良品种优质、高产的一单株。1991年投入区域性鉴定,分别在平原、丘陵、溪滩、海涂和两病疫区及太湖沿岸进行较大面积的生产试验鉴定。经多点鉴定,各项成绩均超过浙江省桑树品种鉴定指标,特别适合于平原和海涂地区种植。

【特征】 树形直立,树冠紧凑,发条数多,枝条粗长而直,侧枝少。皮紫褐色,节距3.7 cm,叶序2/5,皮孔小而多,圆形或椭圆形,黄褐色。冬芽正三角形,贴生,棕褐色,副芽少。叶椭圆形,墨绿色,叶尖短尾状,叶缘小乳头齿,叶基浅心形,叶长25.5 cm,叶幅19.0 cm,叶面平而光滑,光泽较强。雌雄同株,一般枝条顶端雌花,基部雄花,花较少。

【特性】 浙江省杭州市栽植,发芽期3月20日—26日,开叶期3月29日—4月8日,叶片成熟期4月25日—5月3日,属早生中熟品种。发芽率90.0%以上,叶片硬化迟。桑叶粗蛋白含量春20.45%、秋24.47%,可溶性糖含量春15.62%、秋11.84%。

【产量、品质、抗逆性等表现】 产叶量高,叶质较优,据浙江省桑树新品种区域性试验结果:盛东1号亩桑全年产叶量比对照品种荷叶白高14.48%,万蚕茧层量与对照品种荷叶白相仿;抗黄化型萎缩病力与抗细菌病力中等。

【栽培技术要点】 (1)生长势旺,需充足肥水供应才能发挥其高产优质的性能,多施有机肥。(2)种植密度以亩栽1000~1200株为宜,低、中干养成。(3)春季发芽较早,剪梢、整枝、修拳、剪取穗条宜于立春前结束。(4)发根力强,可用扦插繁殖。(5)叶子生长快,顶端优势明显,夏秋叶要及时采摘,以免基部叶黄化。(6)适应性广,农艺性状优,各地均可种植。

【适宜区域和推广应用情况】 适宜于长江流域和黄河中下游各种土壤类型栽植。

11. 农桑12号

【来源】 由浙江省农业科学院蚕桑研究所用广东的北区1号(广东桑)作母本,浙江的桐乡青(鲁桑)作父本杂交选育而成。二倍体。2000年通过浙江省农作物品种审定委员会审定(浙品审字第218号)和全国农作物品种审定委员会审定(国审桑蚕20000001)。

【选育经过】 于1984年采用人工有性杂交,1988年进入系统选择。1990年选出农桑14号。1992、1993年投入区域性鉴定,分别在平原、丘陵、溪滩、海涂和两病疫区及太湖沿岸进行较大面积的生产试验鉴定。1995年又在浙江省平原和丘陵及江西、安徽、四川等9个省区扩大鉴定,同时在浙江继续扩大生产试验鉴定,经多年多点鉴定,各项成绩均超过浙江省桑树品种鉴定指标。

【特征】 树形直立,树冠紧凑,发条数多,枝条长而直,无侧枝,皮黄褐色,节距4.0 cm,叶序2/5,皮孔较多,小圆形或椭圆形,黄褐色。冬芽长三角形,贴生,紫褐色,副芽大而多。叶心脏形,深绿色,叶尖短尾状,叶缘乳头齿,叶基浅心形,叶长23.3 cm,叶幅22.5 cm,100 cm² 叶片重3.0 g,叶面平而光滑,光泽较强,叶片向上斜伸。开雌雄花。

【特性】 浙江省杭州市栽植,发芽期3月19日—20日,开叶期3月23日—4月8日,叶片成熟期4月28日—5月4日,属早生中熟品种。米条产叶量春139 g、秋144 g,千克叶片数春260片、秋140片,叶梗比56%,封顶迟,叶片硬化迟。生长势旺,发根容易,扦插成活率高,农艺性状优良,适应性广。

【产量、品质、抗逆性等表现】 产叶量高,叶质较优,据浙江省桑树新品种区域性试验结果:农桑12号亩桑全年产叶量比对照品种荷叶白高31.76%,万蚕茧层量比对照品种荷叶白高8.03%。抗黄化型萎缩病和桑疫病力强于荷叶白。在生产试验中还表现出受桑蓟马、红蜘蛛、桑粉虱的为害明显轻于荷叶白。

【栽培技术要点】 (1)生长势旺,需充足肥水供应才能发挥其高产优质的性能,要施足基肥,多追肥,促进枝条生长粗壮,为养成丰产树形奠定基础。(2)种植密度以亩栽800株为宜。(3)属中熟品种,栽培时宜搭配一定比例的早熟品种,如农桑8号或农桑10号等,以利提早饲养春蚕,充分发挥其高产优质特性。(4)春季发芽较早,剪梢、整枝、修拳、剪取穗条宜于立春前结束。(5)苗木繁殖容易,适合于扦插和嫁接繁殖。(6)遭受冻害年份,要加强对桑树的肥培管理,无须剪梢。(7)适应性广,抗性强,农艺性状优,各地均可种植。(8)春季花期遇多雨天气应注意菌核病的防治。

【适宜区域和推广应用情况】 适宜于长江流域和黄河中下游各种土壤类型栽植,现在我国各主要蚕区均有较大面积推广应用。

12. 农桑14号

【来源】 由浙江省农业科学院蚕桑研究所以广东的北区1号(广东桑)作母本,浙江的实生桑1号(鲁桑)作父本杂交选育而成。二倍体。2000年通过浙江省农作物品种审定委员会审定(浙品审字第219号)和全国农作物品种审定委员会审定(国审桑蚕20000002)。

【选育经过】 1984年采用人工有性杂交,1988年进入系统选择,1991年选出。1992、1993年投入区域性鉴定,分别在平原、丘陵、溪滩、海涂和两病疫区及太湖沿岸进行较大面积的生产试验鉴定。1995年起在浙江省平原和丘陵及江西、安徽、四川等9个省区扩大鉴定,同时在浙江开展生产试验鉴定,经多年多点鉴定,各项成绩均超过浙江省桑树品种鉴定指标。

【特征】 树形直立,树冠紧凑,发条数多,枝条粗直而长,无侧枝,皮灰褐色,节距3.7 cm,叶序3/8,皮孔小而多,圆形或椭圆形,黄褐色。冬芽正三角形,贴生,棕褐色,副芽大而多。叶心脏形,墨绿色,叶尖短尾状,叶缘小乳头齿,叶基浅心形,叶长23.5 cm,叶幅20.5 cm,100 cm^{2}叶片重3.5 g,叶面稍平而光滑,光泽强,叶片向上斜伸。开雄花,花穗较多。

【特性】 浙江省杭州市栽植,发芽期3月19日—20日,开叶期4月1日—5日,发芽率76.6%,生长芽率22.7%,叶片成熟期4月25日—5月3日,属早生中熟品种。米条产叶量春159.0 g、秋178 g,千克叶片数春263片、秋135片,叶梗比52.0%,封顶迟,叶片硬化迟。

【产量、品质、抗逆性等表现】 产叶量高,叶质较优,据浙江省桑树新品种区域性试验结果:农桑14号亩桑全年产叶量比对照品种荷叶白高40.14%,万蚕茧层量比对照品种荷叶白高6.12%;抗黄化型萎缩病和桑疫病力强于荷叶白。在生产试验中还表现出受桑蓟马、红蜘蛛、桑粉虱的为害明显轻于荷叶白,具有桑叶采摘容易、扦插成活率高等特点。

【栽培技术要点】 (1)生长势旺,需充足肥水供应才能发挥其高产优质的性能,要施足基肥,多施追肥,促进枝条生长粗壮,为养成丰产树形奠定基础。(2)种植密度以亩栽800株为宜。(3)属中熟品种,栽培时宜搭配一定比例的早熟品种,如农桑8号或农桑10号等,以利提早饲养春蚕,充分发挥其高产优质特性。(4)春季发芽较早,剪梢、整枝、修拳、剪取穗条宜于立春前结束。(5)苗木繁殖容易,适合于扦插和嫁接繁殖。(6)遭受冻害年份,要加强对桑树的肥培管理,无须剪梢。(7)适应性广,抗性强,农艺性状优,各地均可种植。

【适宜区域和推广应用情况】 适宜于长江流域和黄河中下游各种土壤类型栽植,现在我国各主要蚕区均有较大面积的推广应用。

13. **丰田2号**

【来源】 由浙江省农业科学院蚕桑研究所用浙江的桐乡青诱导的四倍体(鲁桑)作母本,广东的伦教109号(广东桑)作父本杂交选育而成。三倍体。于2006年通过浙江省农作物品种审定委员会审定(浙认桑2006001)。

【选育经过】 1978年,用秋水仙碱溶液处理桐乡青嫁接苗的顶芽,确认为四倍体后,通过无性繁殖法分离固定,1984年起成林开花。1985年杂交,1985~1987年秋做实生桑选择。1988年,入选的实生株无性固定繁殖,种成实验园,并进行无性株选择。1991年,选出试验号为9101~9129的无性固定株,试验号为9102的无性株系有突出的经济和农艺性状。1992年起,按桑品种区组试验的要求,在浙江省农业科学院蚕桑研究所试验场建成实验园,以荷叶白为对照品种,做桑叶产量和质量的测试。1998年起,先后在浙江上虞、德清、安吉、桐乡和四川江油等地多点中试。经多年多点鉴定,各项成绩均超过浙江省桑树品种鉴定指标。

【特征】 树形高大,稍开展,枝条粗长直立、均匀,发条数中等,几无侧枝,长势旺盛,株间整齐。皮青灰色,节距3.9 cm,叶序2/5,皮孔小而多,圆形或椭圆形,黄褐色。冬芽正三角形,贴生或芽尖稍离,黄褐色,副芽小而多。叶心脏形,墨绿色,叶尖短尾状,叶缘小乳头状,叶基浅心形,叶长25.2 cm,叶幅22.3 cm,100 cm²叶片重2.9 g,最大单叶重9 g,叶面稍平而光滑,光泽强,叶片向上斜伸。成年树偶有雄花。

【特性】 浙江省杭州市栽植,发芽期3月15日—20日,开叶期3月18日—4月5日,叶片成熟期4月29日—5月6日,属早生中熟品种。发芽率约78.0%,秋叶硬化和停止生长在10月底,春米条产叶量240.0 g,秋米条产叶量230.0 g,秋千克叶片数95~100片。

【产量、品质、抗逆性等表现】 产叶量高,叶质较优,据浙江省桑树新品种区域性试验结果:丰田2号亩桑全年产叶量比对照品种荷叶白高36.9%,万蚕茧层量比对照品种荷叶白高10.8%,极显著和显著高于荷叶白。抗黄化型萎缩病力强于荷叶白,抗细菌病力中等,微型虫为害少。

【栽培技术要点】 栽植距离宜稍稀(亩栽700～800株),低、中干养成。种植前深耕土地,施足基肥,加强肥水管理以充分发挥高产优质性能。该品种嫁接繁殖性能好,接穗宜在2月上旬剪取,但不宜硬枝扦插育苗。可在平原和低丘缓坡种植,在平原种植春季多雨高湿时,要注意开沟排水。

【适宜区域和推广应用情况】 丰田2号适于浙江省各蚕区种植,适宜于长江流域和黄河流域蚕区的平原和缓坡地栽植。既适于农村丝茧育种植,又适于蚕种场种茧育种植,桑叶易采,收获省工,同时可作小蚕和壮蚕用桑。现已大面积在生产上推广应用。

14. 强桑1号

【来源】 由浙江省农业科学院蚕桑研究所用浙江的大种桑(鲁桑)作母本,以桐乡青(鲁桑)作父本,杂交选育而成。二倍体。 2009年通过浙江省农作物品种审定委员会审定[浙(非)审桑2009001],2013年通过国家林业局林业品种审定委员会审定(国S-SV-MM-026-2013)。

【选育经过】 于1989年采用人工有性杂交,2000年进入系统选育,于2005年选出强桑1号。 2005年投入区域性鉴定,分别在平原、丘陵、溪滩、海涂和两病疫区及太湖沿岸进行较大面积的生产试验鉴定。2006年在浙江省各主要蚕区及陕西、安徽、云南、湖北等省蚕区扩大种植鉴定,同时在浙江继续扩大生产试验鉴定。

【特征】 树形直立,树冠紧凑,枝条粗长而直,侧枝少,皮青绿色,节距3.6 cm,叶序2/5或3/8,皮孔小而少,圆形或椭圆形,黄褐色。冬芽长三角形,深褐色,副芽较多。叶长心脏形,深绿色,叶尖短尾状,叶缘小乳头齿,叶基深心形,叶面平而光滑,光泽强,叶长30.5 cm,叶幅24.0 cm,100 cm²叶片重3.9 g,叶片稍下垂,叶柄粗。先叶后花,开雌花,葚小而少,紫黑色,味甜。

【特性】 浙江省杭州市栽植,发芽期3月21日—25日,开叶期3月27日—4月10日,叶片成熟期4月28日—5月3日,属中生中熟品种。发芽率89.4%,生长芽率26.0%,春米条产叶量151 g,秋米条产叶量138 g。

【产量、品质、抗逆性等表现】 产叶量高,叶质优,据浙江省桑树新品种区域性试验结果:强桑1号亩桑全年产叶量比对照品种荷叶白高37.6%,极显著高于荷叶白。万蚕茧层量与对照品种荷叶白相仿。抗黄化型萎缩病力强于荷叶白,易感桑疫病。在生产试验中还表现出受桑蓟马、红蜘蛛、桑粉虱的为害明显轻于荷叶白。

【栽培技术要点】 (1)生长势旺,需充足肥水供应才能发挥其高产优质的性能,种植定干后,宜连续2年春伐,促进支干生长粗壮,为养成丰产树形奠定基础。(2)种植密度以亩栽800~1000株为宜。(3)剪取穗条宜于立春前结束。(4)适应性广,抗性强,农艺性状优,各地均可种植。(5)栽植新品种的桑园应加强对桑蛀虫的防治,在桑疫病发生严重地区谨慎栽植。

【适宜区域和推广应用情况】 适宜于长江流域和黄河中下游各种土壤类型栽植,现在我国浙江、陕西、云南、江苏等省均有栽植。

15. 强桑2号

【来源】 由浙江省农业科学院蚕桑研究所以塔桑为母本,农桑14号为父本杂交而成F_1的幼苗,用秋水仙碱处理育成人工四倍体桑品种,鲁桑系。2011年通过浙江省农作物品种审定委员会审定[浙(非)审桑2011001],2013年通过国家林业局林业品种审定委员会审定(国S-SV-MM-027-2013)。

【选育经过】 于1991年,以二倍体塔桑(♀,2x)×二倍体农桑14号 (♂,2x)的F₁等杂优苗为材料,用2 mg/kg的BA (6-苄基嘌呤) 溶液配制的0.2%秋水仙碱溶液,处理子叶开展期杂交实生幼苗,每天1次,连续3~6天。当年秋天,仔细观察判别,将外形多倍体的新梢枝条标明记号。翌年早春发芽前剪下穗条,将剪下的V₁的枝条单芽嫁接,进入V₂,V₂再依据多倍体的外形特征,做初步选择,进而做染色体检查,初选出试验号92-401~473,在经初步选择的实生幼苗诱导的四倍体中,有的有较高的产叶量,再结合其他性状,如农艺性状与对细菌性疫病的抗性,选定以塔桑×农桑14号的F₁(2x)杂优苗为材料加倍的试验号为465为入选品系,并进一步做染色体鉴定,确认为4x(2n=56)的四倍体,并扩大繁殖,做农村中试。1998年暂定名为丰田5号。2005年起,在四川江油等丘陵旱地、浙江平原的海宁和丘陵的建德以及绍兴蚕区进行桑品种区域性试验。

【特征】 树形矮壮开展,枝条和株间整齐,发条数和枝条长势中等,无侧枝,皮灰褐色,节间稍曲,节距3.6 cm,叶序2/5,皮孔小而多,椭圆形,灰褐色。冬芽正三角形,紫色,饱满。叶阔心脏形,翠绿色,叶尖短尾状,叶缘乳头齿,叶基浅心形,叶长25.0 cm,叶幅24.0 cm,100 cm²叶片重2.5 g,单叶平均质量9.0 g,叶面稍平而光滑,光泽强,叶片平伸。先叶后花,开雌花,葚小而少,紫黑色。

【特性】 浙江省杭州市栽植,发芽期3月24日—29日,开叶期3月21日—4月8日,发芽率79.6%,生长芽率28.7%,叶片成熟期4月28日—5月3日,属中生中熟品种,叶片硬化期在10月中旬,比湖桑32号迟15天左右。

【产量、品质、抗逆性等表现】 产叶量高,在不同地区,亩桑产叶量比对照品种荷叶白提高15.79%~30%;叶质优良,强桑2号的万蚕产茧量和万蚕茧层量分别比对照品种荷叶白提高4.49%和1.67%。收获系数高,叶片凋萎慢,易采摘,收获省工。高抗桑疫病和黄化型萎缩病,抗旱性、抗红蜘蛛和抗褐斑病能力强于对照品种荷叶白,在秋季对桑蓟马的抗性较弱。

【栽培技术要点】 由于该品种树形矮壮、开展,发条数和长势中等及枝条不是太长,叶形又大,建议栽植密度以亩栽700~800株为宜,低、中干养成,种植时施足基肥,剪伐后多留条。采用嫁接繁殖育苗,繁殖和栽植成活率高,培苗时应注意留苗均匀。夏伐栽培特别要重施夏肥,以提高秋条长度。四倍体品种在春季生长期的后期和晚秋期生长旺盛,推迟收获可增加产叶量,在8月施秋肥可增加晚秋蚕饲养。该种属大叶丰产型品种,须加强肥培管理才能获得增收效果,每季养蚕采叶后每枝上部应留叶5~7片,以发挥四倍体桑树品种叶形大、米条叶产量高的增产优势。

【适宜区域和推广应用情况】 适宜于长江流域和黄河中下游各种土壤类型栽植,现在我国浙江、云南、江苏等省均有栽植。

八、安徽省

1. 华明桑

【来源】 由安徽省农业科学院蚕桑研究所从自然杂交桑选育单株,经系统选育而成。属鲁桑种,二倍体。1994年通过国家农作物品种审定委员会审定(国审 GS 华明桑 11009-1994)。

【选育经过】 1982年从自然杂交桑中选育单株,1986年进入系统选育,1990年选出。1991、1992年投入区域性鉴定,1994年起在安徽各地扩大鉴定,同时在安徽开展生产试验鉴定,经多年多点鉴定,各项成绩均超过安徽省桑树品种鉴定指标。

【特征】 树形直立,枝条粗长而直,皮灰褐色,节间直,节距3.6 cm,叶序2/5。皮孔圆形或长椭圆形,12个/cm²。冬芽长三角形,褐色,尖离,副芽小而少。叶长心脏形,间有海螺口状扭曲叶,深绿色,叶尖锐头,叶缘钝齿,叶基心形,叶长21.5 cm,叶幅18.5 cm,叶片较厚,叶面光滑,光泽强,叶片稍下垂,叶柄粗长。开雌花,葚少而小,紫黑色。

【特性】 安徽省合肥市栽植,发芽期3月28日—4月4日,开叶期4月6日—17日,发芽率80%,生长芽率15%,成熟期5月10日左右,属中生中熟品种。米条产叶量春150 g、秋125 g,千克叶片数春400片、秋240片,叶片硬化期9月中旬,发条力强,侧枝少。

【产量、品质、抗逆性等表现】 根据桑园管理及施肥情况,一般成林桑园年均亩桑产叶量2500 kg,叶质优,耐贮藏。据安徽省桑树新品种区域性试验结果:桑叶养蚕万蚕茧层量比对照品种湖桑32号增产5.15%,100 kg叶产茧量增产4.32%,100 kg叶茧层量增产5.09%。中抗黄化型萎缩病、桑细菌病,抗旱、不耐涝。

【栽培技术要点】 (1)注意田间排水,桑园要多施有机肥、及时追肥,充分发挥其丰产性能。(2)种植密度以亩栽800～1000株为宜。(3)宜低、中干养成。(4)发芽前适当剪梢,全年夏伐一次。

【适宜区域和推广应用情况】 适宜于长江流域、淮河流域、黄河下游地区栽植。该品种于1994年开始在安徽省各地试验示范,1996年开始大面积推广应用,至2010年在安徽省累计种植面积5.34万亩。

2. **7707**

【来源】 由安徽省农业科学院蚕桑研究所从自然杂交桑中选育单株,经系统选育而成。属鲁桑种,二倍体。1994年通过国家农作物品种审定委员会审定(GS7707桑11008–1994)。

【选育经过】 1980年从自然杂交桑中选育单株,1984年进入系统选择,1988年选出。1989、1990年投入区域性鉴定,1991年起在安徽各地扩大鉴定,同时在安徽开展生产试验鉴定,经多年多点鉴定,各项成绩均超过安徽省桑树品种鉴定指标。

【特征】 树形稍开展,树冠较大,枝条粗长略弯曲,皮紫褐色,节间微曲,节距5.0 cm,叶序2/5,皮孔大,圆形,突出。冬芽正三角形,黄褐色,贴生,芽尖钝,有副芽。叶心脏形,较平展,翠绿色,叶尖双头,叶缘钝齿或乳头齿,叶基心形,叶长22.0 cm,叶幅20.0 cm,叶片较厚,叶面浅缩皱,光泽较弱,叶片稍下垂,叶柄粗长。开雌花,无花柱,葚较多,紫黑色。

【特性】 安徽省合肥市栽植,发芽期4月2日—8日,开叶期4月10日—18日,发芽率75.0%,生长芽率10.0%,成熟期5月14日—18日,属晚生晚熟品种。米条产叶量春135 g、秋120 g,千克叶片数春400片、秋200片,叶梗比50%,叶片硬化期9月中旬,发条力强,侧枝少。

【产量、品质、抗逆性等表现】 根据桑园管理及施肥情况,一般成林桑园年均亩桑产叶量2300 kg,叶质优,耐贮藏。据安徽省桑树新品种区域性试验结果:桑叶养蚕万蚕茧层量比对照品种湖桑32号增产4.75%,100 kg叶产茧量增产4.08%,100 kg桑茧层量增产5.01%。中抗黄化型萎缩病、桑细菌病、白粉病。

【栽培技术要点】 (1)桑园要多施有机肥、及时追肥,充分发挥其丰产性能。(2)种植密度以亩栽800～1000株为宜。(3)宜低、中干养成。(4)属晚熟品种,栽培时宜与早生品种搭配栽植,以免春季早采叶,影响产叶量。(5)发芽前适当剪梢,全年夏伐一次,秋季提早分批采叶。

【适宜区域和推广应用情况】 适宜于长江流域栽植。该品种于1994年开始在安徽省各地试验示范,1996年开始大面积推广应用,至2010年在安徽省累计栽植面积5.20万亩。

3. 红星5号

【来源】 由安徽省农业科学院蚕桑研究所从自然杂交桑中选育单株,经系统选育而成。属鲁桑种,二倍体。1995年通过国家农作物品种审定委员会审定(GS红星5号桑11014—1995)。

【选育经过】 1980年从自然杂交桑中选育单株,1984年进入系统选育,1988年选出。1989、1990年投入区域性鉴定,1991年起在安徽各地扩大鉴定,同时在安徽开展生产试验鉴定,经多年多点鉴定,各项成绩均超过安徽省桑树品种鉴定指标。

【特征】 树形稍开展,枝条粗长而直,皮灰褐色,节间微曲,节距3.5 cm,叶序2/5,皮孔小,圆形,12个/cm²。冬芽正三角形,淡褐色,尖离,副芽小而少。叶心脏形,间有海螺口状扭曲叶,偶有裂叶,深绿色,叶尖锐头,叶缘乳头齿,叶基心形,叶长22.5 cm,叶幅19.0 cm,叶片较厚,叶面光滑,光泽强,叶片稍下垂,叶柄粗长。开雌花,甚少而小,紫黑色。

【特性】 安徽省合肥市栽植,发芽期3月28日—4月2日,开叶期4月4日—13日,发芽率81%,生长芽率15%,成熟期5月6日—12日,属中生中熟品种。春米条产叶量140 g,春千克叶片数475片;秋米条产叶量120 g,秋千克叶片数250片。叶片硬化期9月中旬,发条力强,侧枝少。

【产量、品质、抗逆性等表现】 根据桑园管理及施肥情况,一般成林桑园年均亩桑产叶量2500 kg,叶质优,耐贮藏。据安徽省桑树新品种区域性试验结果:桑叶养蚕万蚕茧层量比对照品种湖桑32号增产4.75%,100 kg桑产茧量增产4.08%,100 kg桑茧层量增产5.01%。中抗黄化型萎缩病、桑细菌病、白粉病。

【栽培技术要点】 (1)桑园要多施有机肥、及时追肥,充分发挥其丰产性能。(2)种植密度以亩栽800～1000株为宜。(3)宜低、中干养成。(4)发芽前适当剪梢,全年夏伐一次。

【适宜区域和推广应用情况】 适宜于长江流域、淮河流域栽植。该品种于1994年开始在安徽省各地试验示范,1996年开始大面积推广应用,至2010年在安徽省累计栽植面积6.52万亩。

4. 皖桑一号

【来源】 由安徽省农业科学院蚕桑研究所以该所选育的7707(鲁桑)作母本,安徽省地方品种佛堂瓦桑(鲁桑)作父本杂交选育而成。二倍体。2005年通过安徽省蚕桑品种审定委员会认定(皖农蚕审[2005]第03号)。

【选育经过】 1990年采用人工有性杂交方法进行杂交,1992年进入系统选育,1993年选育出。1995~1998年在安徽省重点蚕区宣州、望江、合肥及河南商丘区试、比较试验及农村试栽推广,结果表明该品种综合性状评估较优。

【特征】 树形稍开展,枝条粗长而直,皮灰褐色,节间稍曲,节距3.5 cm,叶序2/5,皮孔小,圆形,12个/cm²。冬芽正三角形,褐色,贴生,副芽小而少。叶心脏形,间有海螺口状扭曲叶,深绿色,叶尖钝头或双头,叶缘乳头齿,叶基深心形,叶长23.0 cm,叶幅20.0 cm,叶片较厚,叶面光滑,光泽强,叶片稍下垂,叶柄粗长。开雌花,甚少而小,紫黑色。

【特性】 安徽省合肥市栽植,发芽期3月30日—4月5日,开叶期4月6日—17日,发芽率80%,生长芽率15%,成熟期5月10日左右,属中生中熟品种。春米条产叶量140 g,春千克叶片数369片;秋米条产叶量105 g,秋千克叶片数200片。叶片硬化期9月中旬,发条力强,侧枝少。

【产量、品质、抗逆性等表现】 根据桑园管理及施肥情况,一般成林桑园年均亩桑产叶量2500 kg,叶质优,耐贮藏。据安徽省桑树新品种区域性试验结果:桑叶养蚕万蚕茧层量比对照品种湖桑32号增产5.57%,100 kg桑产茧量增产4.32%,100 kg桑茧层量增产5.35%。中抗黄化型萎缩病、桑细菌病,抗旱、耐寒性较强。

【栽培技术要点】 (1)本品种耐肥,桑园要多施有机肥、及时追肥,充分发挥其丰产性能。(2)种植密度以亩栽800～1000株为宜。(3)宜低、中干养成。(4)发芽前适当剪梢,全年夏伐一次。

【适宜区域和推广应用情况】 适宜于长江流域、淮河流域、黄河下游地区栽植。该品种于2001年开始在安徽省各地试验示范,2006年开始大面积推广应用,至2010年在安徽省累计栽植面积7.10万亩。

5. 皖桑二号

【来源】 由安徽省农业科学院蚕桑研究所以该所选育的7707（鲁桑）作母本,日本引进品种新一之濑作父本杂交选育而成。二倍体。2005年通过安徽省蚕桑品种审定委员会认定（皖农蚕审［2005］第04号）。

【选育经过】 1990年采用人工有性杂交方法进行杂交,1992年进入系统选育,1996年选育出。1999—2002年以湖桑32号为对照品种,在安徽省重点蚕区宣州、望江、合肥及河南商丘区试、比较试验及农村试栽推广,结果表明该品种综合性状评估较优。

【特征】 树形稍开展,枝条粗长而直,皮灰褐色,节间稍曲,节距3.5 cm,叶序2/5,皮孔小,圆形,12个/cm²。冬芽正三角形,褐色,贴生,副芽小而少。叶心脏形,间有海螺口状扭曲叶,深绿色,叶尖钝头或双头,叶缘乳头齿,叶基深心形,叶长22.5 cm,叶幅20.5 cm,叶片较厚,叶面光滑有细皱,光泽强,叶片稍下垂,叶柄粗长。开雌花,葚少而小,紫黑色。

【特性】 安徽省合肥市栽植,发芽期3月30日—4月4日,开叶期4月6日—17日,发芽率78.0%,生长芽率15.0%,成熟期5月10日左右,属中生中熟品种。春米条产叶量142 g,春千克叶片数369片;秋米条产叶量102 g,秋千克叶片数200片。叶片硬化期9月中旬,发条力强,侧枝少。

【产量、品质、抗逆性等表现】 根据桑园管理及施肥情况,一般成林桑园年均亩桑产叶量2500 kg,叶质优,耐贮藏。据安徽省桑树新品种区域性试验结果:桑叶养蚕万蚕茧层量比对照品种湖桑32号增产5.37%,100 kg桑产茧量增产4.22%,100 kg桑茧层量增产5.26%。中抗黄化型萎缩病、桑细菌病,抗旱、耐寒性较强。

【栽培技术要点】 （1）本品种耐肥,桑园要多施有机肥、及时追肥,充分发挥其丰产性能。（2）种植密度以亩栽800～1000株为宜。（3）宜低、中干养成。（4）发芽前适当剪梢,全年夏伐一次。

【适宜区域和推广应用情况】 适宜于长江流域、淮河流域、黄河下游地区栽植。该品种于2001年开始在安徽省各地试验示范,2006年开始大面积推广应用,至2010年在安徽省累计种植面积6.06万亩。

九、山东省

1. 选792

【来源】 梨叶大桑,产地山东临朐。鲁桑种,三倍体。1989年通过国家审定[(1989)农(农)函字第30号]。

【选育经过】 20世纪80年代末育成品种,二倍体。从梨叶大桑中选出的芽变植株,历经株系选拔、小区试验、农村区试、扩大试验、全国鉴定等选育历程。

【特征】 树形直立,枝态稍扩散,条直而长,无侧枝,粗细中等,皮褐色,节间较密,节距3.5 cm左右,叶序2/5。皮孔大,4个/cm²,圆形,黄褐色。冬芽正三角形,贴生,深褐色,鳞片包被较紧,副芽较少,单侧生,芽褥较突出。叶长卵圆形,大小中等,深绿色,叶尖锐头近短尾状,叶缘钝齿,叶基截形,稍下垂着生,一般叶长23.0 cm,叶幅17.0 cm,叶片厚,叶柄粗细中等而略长,光泽强,叶面平滑,叶脉较突出。开雌花,先叶后花,葚较少,紫黑色。

【特性】 山东省烟台市栽植,发芽期4月24日—28日,开叶期5月1日—10日,发芽率73.0%,生长芽率15.0%,成熟期5月16日左右,属晚生中熟品种。米条产叶量春112.0 g、秋138.0 g,千克叶片数春410片、秋190片,叶梗比49.79%。叶片硬化期在9月上旬末。

【产量、品质、抗逆性等表现】 产叶量高,单位面积产叶量比湖桑32号春季高20%～30%,夏秋季高5%～15%,全年高15%～18%。叶质优,用该品种桑叶喂蚕,万蚕收茧量与万蚕茧层量比湖桑32号提高5%左右,100 kg叶产茧量提高10%以上。用该品种饲育原蚕,单蛾产卵量等多项成绩也都优于湖桑32号。另外鲜茧茧层率可提高0.6%,鲜毛茧出丝率、上茧率、解舒率等项目也有提高。抗寒、抗风、抗旱能力强,较抗黄化型萎缩病。

【栽培技术要点】 (1)春季产叶量高,要施足春肥,春肥施入量可占全年的40%。晚秋蚕期若水肥不足,会造成硬化早,落叶多,因此要晚施多施秋肥,最后一次秋肥可在8月下旬至9月上旬施入。薄岭山区、低产桑园或水肥难以保证的地块,要谨慎选择。(2)叶片厚,秋蚕期采摘,稚蚕用叶困难,最好与30%的8033、7946配合栽植,既便于小蚕用叶,又保证了大蚕叶质。要注意桑疫病的防治。(3)选792树形紧凑,枝条直立,栽植密度应适当密一些,一般亩栽1200~1800株。行距1.2~1.5 m,株距0.25~0.40 m。栽植密度与丰产速度呈正相关,即栽植越密,丰产速度越快,所以应当苗贱密栽,苗贵稀栽,以栽植时投资到第三、四年仍有效益为度。另外,土地肥沃的高产桑园应适当稀栽,中低产桑园适当密栽。

【适宜区域和推广应用情况】 适宜于长江流域和黄河中下游各种土壤类型栽植,现在我国各主要蚕区均有较大面积推广应用。

2. 7946

【来源】 母本为湖桑32号,鲁桑种,二倍体;父本为黑鲁采桑,山东临朐地方品种,鲁桑种,二倍体。1998年通过全国农作物品种审定委员会审定(国审号98009)。

【选育经过】 1979年经过人工有性杂交,获得种子后精心培育和管理,次年淘汰不良个体后,定植于选种圃中,经两年的调查统计选拔出优良单株。1982年春将优良单株嫁接繁育成株系,1983年建成株系选拔圃,又经三年选拔培育而成,二倍体。

【特征】 树形稍开展,枝条粗细中等,直而长,皮暗褐色,节距3.8 cm左右,皮孔大小中等,4个/cm²。冬芽正三角形,赤褐色,贴生,副芽少。叶卵圆形,深绿色,叶尖短尾状,叶缘乳头齿,叶基浅心形,叶长23.0 cm,叶幅22.0 cm,叶片较厚,叶面光滑,光泽较强。开雌花,葚少。

【特性】 山东省烟台市栽植,发芽期比湖桑32号早1天左右,成熟期早2天左右,发芽率77.3%,生长芽率21.0%,属中生中熟品种。发条力强,耐剪伐,适合条桑收获。

【产量、品质、抗逆性等表现】 春季产叶量高,经山东、山西、陕西、河北等北方蚕区数省协作鉴定,比对照品种湖桑32号单位面积产叶量全年提高19.87%,其中春季提高29.66%。单位面积产茧量提高22.13%,茧层量提高21.4%。

【栽培技术要点】 （1）栽植密度，一般片叶收获园，以亩栽1200～1600株为宜；条桑收获园，以亩栽1500～2200株为宜。或者以宽窄行栽植，宽行1.4～1.8 m，窄行0.3～0.5 m，株距0.3～0.5 m，亩栽1600～2300株。（2）根据7946的品种特性，施肥要做到春肥足，秋肥活。春肥在冬春施足基肥的基础上进行追肥，春季追肥量应占全年施肥量的30%～45%。秋肥除了要考虑气候、地力、桑树长势等因素外，还要参考收获方式、施肥量及次数等因素。片叶收获应在8月中、下旬施入最后一次秋肥，施入量可占全年的20%～25%。施入次数，可按年4～5次施入，一般春肥2次，夏肥1次，秋肥1～2次。

【适宜区域和推广应用情况】 适宜于长江流域和黄河中下游各种土壤类型栽植。现在北方各省各主要蚕区均有较大面积推广应用。

3. 鲁诱1号

【来源】 诱变亲本为选792。鲁桑种，二倍体。2005年通过山东省林业厅审定（鲁S-SV-MM-015-2005）。

【选育经过】 对成龄二倍体桑树选792进行细胞染色体诱变，诱导选育出以四倍体细胞为主，并混有少量二倍体细胞的混倍体。初选：1991年对变异材料进行细胞核内染色体数目检查，从而对染色体发生变化的材料进行繁殖、培育、观察、选拔。小区试验：1993年对表现较好的6个材料进行了小区对比试验，经多年试验调查，选出了性状优良的鲁诱1号，四、二混倍体。

【特征】 树形较开展，枝条较粗，长度中等，无侧枝，皮褐色，节间较密，节距3.3 cm左右。皮孔较稀少，圆形，黄褐色。冬芽小三角形，深褐色，贴生，副芽较少，芽褥较突出。叶心脏形，深绿色，叶尖锐头近短尾状，叶缘钝锯齿，叶基截形，叶片较大，一般叶长24.0 cm，叶幅22.0 cm，叶片厚，光泽强，叶面平滑，叶脉粗壮突出，稍下垂着生，叶柄较粗。开雌花，先叶后花，桑葚较少，紫黑色。

【特性】 山东省烟台市栽植，发芽期、成熟期比湖桑32号早1～2天，属中生中熟品种。春米条产叶量209 g，秋米条产叶量135 g，秋千克叶片数157片。

【产量、品质、抗逆性等表现】 产叶量高,比湖桑32号春季提高17.10%,夏秋季提高7.81%,全年提高12.47%。米条产叶量春季高84.53%,夏秋季高55.8%。叶质优,是优良的种茧育桑品种,饲育原蚕的制种成绩比湖桑32号单蛾产卵量高13%以上。万蚕产茧量、万蚕茧层量、100 kg叶茧层量均比湖桑32号高6%以上。

【栽培技术要点】 (1)适合低干养成。栽植密度,一般亩栽1300~2000株为宜,行距1.2~1.5 m,株距0.25~0.4 m。(2)枝条充实,发芽率较高,冬春剪梢要轻,以1/10~1/5为宜。(3)发条力较差,耐瘠薄能力较差,需要中等肥力以上的土质,以及较好的肥水管理,尤其中晚秋要加强肥水管理。(4)叶片厚,小蚕期采叶困难,最好与其他品种搭配栽植。

【适宜区域和推广应用情况】 适宜于黄河流域各种土壤类型栽植。山东蚕区均有应用。

4. 鲁插1号

【来源】 又名茂桑。母本为鲁诱1号,鲁桑种,四、二混倍体;父本为育2号,白桑,二倍体。2007年通过北方蚕业科研协作区鉴定,2011年通过山东省农作物品种审定委员会审定(鲁农审2011053)。

【选育经过】 1996年,经鲁诱1号与育2号杂交,获得优良单株,染色体鉴定为三倍体,历经株系培育、繁殖、小区试验、北方蚕业科研协作区鉴定等选择培育而成,三倍体。

【特征】 树形直立、较扩展,枝条粗直而长,侧枝少,皮褐色,节间较直,节距4.2 cm左右,叶序2/5。皮孔大小中等,椭圆形或圆形,灰白色,4个/cm²。冬芽正三角形,褐色,尖离,副芽少。叶长心脏形,墨绿色,叶尖短尾状,叶缘乳头齿,叶基浅心形,叶长30.5 cm,叶幅26.5 cm,100 cm²叶片重2.3 g,叶面光滑,光泽较强。开雌花,葚极小而少。

【特性】 山东省烟台市栽植,发芽期4月中旬,开叶期4月下旬,与同类主栽品种湖桑32号相仿,属中生中熟品种。叶片硬化期9月中旬,米条产叶量春176 g、秋131 g,千克叶片数春398片、秋132片。

【产量、品质、抗逆性等表现】 产叶量高,北方蚕业科研协作区鉴定成绩:比湖桑32号春季高22.92%,夏秋季高14.55%,全年高18.21%。单位面积产茧量提高25.86%。鲁插1号叶质优良,养蚕四项鉴定成绩(万蚕产茧量、万蚕茧层量、100 kg叶产茧量、100 kg叶茧层量)比湖桑32号分别高6.50%、3.53%、6.82%和3.87%。抗寒性强,较抗黄化型萎缩病。

【栽培技术要点】 (1)鲁插1号叶片厚,叶面积系数相对较小,栽植密度应相对增大。以亩栽1300～1600株为宜。(2)枝条充实,发芽率较高,冬春剪梢要轻,以1/10～1/5为宜。(3)丰产性品种,耐瘠薄能力较差,需要中等肥力以上的土质,以及较好的肥水管理,尤其中晚秋要加强肥水管理。(4)叶片厚,小蚕期采叶困难,最好与8033、7946等品种搭配栽植。(5)不定根发根力强,扦插成活率高,适合硬枝扦插育苗。

【适宜区域和推广应用情况】 适宜于黄河流域及长江流域栽植。现在我国各主要蚕区均有较大面积推广应用。

十、湖北省

1. 鄂桑1号

【来源】 湖北省农科院经济作物研究所选育。三倍体。母本为竹山3号(二倍体,地方桑品种),鲁桑种;父本为粤诱78号(人工诱导四倍体,广东所引进花粉),广东桑种。2003年通过湖北省农作物品种审定委员会审(认)定(鄂种审证字第327号)。

【选育经过】 1994年开始在杂交F₁群体苗木中进行系统观察和选择,由选出的优良三倍体单株培育而成。1996年建立以湖桑32号为对照品种的品比桑园。在桑树未成形前,重点调查生物学特性;成形后进行生物鉴定、叶质分析、经济性状比较及抗性调查等,并同步进行区域试验。

【特征】 树形直立,树冠较紧凑,生长快而旺盛,发条数较多,枝条长而直,上部易发侧枝,皮紫灰色,节距3.5~5.0 cm,叶序2/5或3/8。皮孔圆形或椭圆形,灰白色,分布均匀。冬芽长三角形,紫红色,贴生,副芽少而显。叶椭圆形,绿色,叶尖短尾状,叶缘锯齿状,叶基浅心形,茸毛较密,叶长20.0~25.0 cm,叶幅18.0~22.0 cm。开雌雄花,同株同穗,雄花多,雌花少。

【特性】 湖北省武汉市栽植,3月上中旬发芽,开叶期在3月下旬,桑叶成熟期在5月上旬,叶片硬化期在10月中旬,属早生早熟品种。春季发芽率95.0%以上,生长芽率约4.2%,春米条产叶量88.0 g,春千克叶片数405~429片;秋米条产叶量114.0 g,秋千克叶片数204~240片。

【产量、品质、抗逆性等表现】 产叶量高、叶质优。品比鉴定时,亩桑产叶量达2382 kg,比湖桑32号增产17.1%;干物质中粗蛋白含量达24.8%,可溶性糖含量达11%;5龄蚕100 kg桑产茧量达9.16 kg,比湖桑32号增产12.7%;耐寒、耐旱,中抗黄化型萎缩病。

【栽培技术要点】 可适当密植,每亩栽植800~1000株较宜,低、中干养成。该品种发芽较早,冬季管理工作宜在12月底前完成;早春发芽前应及时重剪梢,夏伐桑园应适时疏芽;秋季养蚕时要注意分批采叶及利用侧枝叶养蚕,以提高桑叶利用率和桑园通风透光性。

【适宜区域和推广应用情况】 适宜于长江流域各种土壤类型栽植,在长江中游蚕区有一定推广应用。

2. 鄂桑2号

【来源】 湖北省农科院经济作物研究所选育。四倍体。母本为竹山3号(二倍体地方品种),鲁桑种;父本为伦教109号(二倍体品种),广东桑种。2003年通过湖北省农作物品种审定委员会审(认)定(鄂种审证字第328号)。

【选育经过】 1990年利用二倍体地方桑品种竹山3号作母本,以二倍体广东桑伦教109号作父本,经套袋人工授粉后,采成熟的桑种子播种,对实生苗利用秋水仙素处理,从诱导获得的多倍体材料中,经系统观察和选择,选育出高产优质的四倍体桑品种。1996年建立以湖桑32号为对照品种的品比桑园。在桑树未成形前,重点调查生物学特性;成形后进行生物鉴定、叶质分析、经济性状比较及抗性调查等,并同步进行区域试验。

【特征】 树形开展,枝条粗长且直,皮淡紫褐色,节距3.1~4.2 cm,叶序3/8。皮孔大而少,椭圆形,灰白色。冬芽正三角形,紫褐色,尖离,副芽多且明显。叶长心脏形,深绿色,叶尖短尾状,叶缘锯齿状,叶基浅心形,茸毛较密,叶长28.0~31.0 cm,叶幅24.0~27.0 cm,叶片厚,叶面较粗糙,光泽弱。雄花为主,极少雌花,花多。

【特性】 湖北省武汉市栽植,发芽期在2月底至3月初,开叶期在3月15日左右,桑叶成熟期在5月初,叶片硬化期为10月中旬,属早生早熟品种。春发芽率95.0%以上,生长芽率约6.1%,春米条产叶量111.0 g,春千克叶片数400~420片;秋米条产叶量137.0 g,秋千克叶片数202~227片。

【产量、品质、抗逆性等表现】 产叶量高、叶质优。品比鉴定时亩桑产叶量达3071 kg,比湖桑32号增产50.9%;干物质中粗蛋白含量达24.4%,可溶性糖含量达10.1%;5龄蚕100 kg叶产茧量达9.18 kg,比湖桑32号增产13.0%;耐寒、耐旱,中抗黄化型萎缩病。

【栽培技术要点】 可适当密植,每亩栽植800~1000株较宜,低、中干养成,养成期要适当多留枝干。因叶片过大,枝条生长迅速,木栓化低,易下弯或被风折断,为此,应适当延缓疏芽,增施磷钾肥;该品种春季开花较多,枝条中下部三眼叶较多,每年9月份应适当控制肥水,抑制生长,增强枝条充实度和春季重剪梢等。

【适宜区域和推广应用情况】 适宜于长江流域各种土壤类型栽植,在长江中游蚕区有一定推广应用。

十一、湖南省

1. 湘7920

【来源】 湖南省蚕桑科学研究所育成。鲁桑种,二倍体。用中桑5801作母本,澧桑24号作父本。

【选育经过】 1979年进行人工有性杂交,单株选择,1981年经系统选育而成。1986年通过湖南省科技成果鉴定。1990—1995年参加全国桑树品种区域性试验鉴定,1996年通过全国农作物品种审定委员会审定(GS11015-1995)。

【特征】 树形直立紧凑,枝条粗长,发条数多,无侧枝,皮黄褐色,节间直,节距3.0 cm,叶序2/5。皮孔圆形或椭圆形,7个/cm²。冬芽长三角形,灰褐色,贴生,副芽少。叶卵圆形,翠绿色,叶尖短尾状,叶缘钝齿,叶基截形,叶长22.0 cm,叶幅18.0 cm,叶片较厚,叶面光滑,光泽强,叶片稍向下垂。开雌花,葚紫黑色。

【特性】 湖南省澧县栽植,发芽期2月下旬至3月上旬,开叶期3月中下旬,叶片成熟期5月上旬,属早生早熟品种。发芽率达80%以上,生长芽率30%以上。叶片硬化迟,枝叶生长旺盛。

【产量、品质、抗逆性等表现】 经参加1990—1995年全国桑树品种区域性试验鉴定,湘7920全年亩桑产叶量比对照品种湖桑32号高26.2%,亩桑产茧量比对照品种高19.14%,万蚕产茧量、万蚕茧层量、100 kg叶产茧量比对照品种略低,叶质稍差。感黄化型萎缩病和叶枯病,抗湿性强,抗旱性稍弱,是一个生长势极旺、产叶量高的丰产型桑品种。

【栽培技术要点】 (1)发条数多,种植密度以亩栽800株为宜,低干养成。(2)生长势旺,需施足肥料,充足的肥水条件能充分发挥其高产特性。(3)生长芽多,春季注意提早摘芽,促进叶质成熟。(4)抗逆性较弱,注意病虫害防治。

【适宜区域和推广应用情况】 适宜于长江流域、西部地区及云贵高原各种土壤类型栽植。现已在我国湖南、重庆、四川、湖北、江西、浙江、贵州、云南等地区大面积推广应用,推广面积4万公顷以上。

2. 湘杂桑1号

【来源】 湖南省蚕桑科学研究所育成,二倍体,杂交组合。用澧桑24号(鲁桑)作母本,苗33号(广东桑)作父本。

【选育经过】 1981年进行人工有性杂交组配,1982年进入系统选育,1984年经复选而成优良杂交组合,1985—1987年进行新品种区域性试验,1988年通过湖南省科技成果鉴定,1998年通过湖南省农作物品种审定委员会审定(品审证字第420号)。

【特征】 树形直立,枝条粗长,发条数多,皮青灰色,侧枝少,节间密,叶序2/5。皮孔大,黄褐色。冬芽长三角形,贴生,副芽少。叶卵圆形,叶尖短尾或双头状,叶缘钝齿,叶基截形,叶面光滑,光泽较强。开雄花。

【特性】 湖南省澧县栽植,发芽期为3月上中旬,开叶期3月中下旬,叶片成熟期为5月上中旬,属早生中熟品种。发芽整齐,生长芽多,秋叶硬化迟,生长势旺。

【产量、品质、抗逆性等表现】 经1985—1987年湖南省桑品种区域性试验鉴定,全年亩桑产叶量比对照品种湖桑32号高21.0%~34.3%,产叶量高,桑叶粗蛋白含量比对照品种高1.09个百分点,万蚕产茧量、万蚕茧层量略高于对照品种,100 kg叶产茧量比对照品种高3%,全年亩桑产茧量比对照品种高20.0%,叶质较优。中抗黄化型萎缩病,抗涝抗寒性较强,适应性强。

【栽培技术要点】 (1)采用种子繁殖。可当年播种育苗,当年移栽建园,也可直播建园。(2)发条数多,亩栽1200~1500株为宜。(3)生长势旺,需充足的肥水条件才能发挥其高产性能。(4)耐剪伐,可采片叶,也可条桑收获养蚕。

【适宜区域和推广应用情况】 适宜于长江流域及西部地区各种土壤类型栽植。湖南、湖北、江西、贵州、四川、重庆等省市蚕区均有推广应用。

3. 湘桑6号

【来源】 湖南省蚕桑科学研究所育成。鲁桑种,三倍体。用湘7920(鲁桑)作母本,桑诱59号(广东桑)作父本。

【选育经过】 1996年进行人工有性杂交,单株选择,1999年经系统选育而成,2001—2005年进行品种区域性试验和生产试验鉴定,2006年通过湖南省农作物品种审定委员会现场评议,2007年通过湖南省农作物品种审定委员会非主要农作物品种登记(XPD009-2007)。

【特征】 树形稍开展,枝条直立粗长,木质较疏松,上部有少量分枝,皮褐色,节间直,节距5.0 cm,叶序2/5。皮孔粗大突出,椭圆形或线形。冬芽长三角形,褐色,贴生,副芽少。叶长心脏形,墨绿色,叶尖长尾状,叶缘锐齿,叶基截形,叶长30.4 cm,叶幅24.8 cm,叶片厚,叶面微糙,光泽较弱,上斜着生,叶背密被柔毛,叶柄粗短。开雄花。

【特性】 湖南省澧县栽植,发芽期2月下旬至3月上旬,开叶期3月中旬,叶片成熟期4月底至5月上旬,属早生早熟品种。发芽率80%,生长芽率30%,叶片硬化期10月上中旬,枝叶生长旺盛。发条数中等,米条产叶量春231 g、秋169.0 g,千克叶片数春156片、秋118片,叶梗比47.3%。

【产量、品质、抗逆性等表现】 产叶量高,叶质优。经2001—2005年湖南省桑品种区域性试验和生产试验鉴定,湘桑6号全年亩桑产叶量比对照品种湖桑32号高30.4%,亩桑产叶量2000 kg以上,万蚕产茧量、万蚕茧层量、100 kg叶产茧量分别比对照品种高6.5%、6.0%、6.5%。桑叶干物质可溶性糖含量13.11%~15.07%,粗蛋白含量26.96%~27.56%,比对照品种高2.35个百分点,叶质优良。中抗黄化型萎缩病,对桑蓟马、桑螟抗性较强,抗旱性中等,适应性强。

【栽培技术要点】 (1)适应性广,在长江流域平湖区和山丘均适宜栽植。(2)发条数中等,应适当密植,亩栽800~1000株为宜,低干养成。(3)生长势旺,需充足的肥水条件才能发挥其高产性能。注意N、P、K等配比施肥,木质疏松,适当增施P、K肥。(4)生长快,枝条长,冬季宜留枝条1.0~1.2 m,水平剪梢。

【适宜区域和推广应用情况】 适宜于长江流域及西部地区各种土壤类型栽植。湖南、湖北、江西、四川、云南等省蚕区有推广应用,推广面积达15万亩。

十二、广东省

1. 抗青10号

【来源】 由广东省湛江市蓖麻蚕科学研究所从湛02×化53(广东桑)的杂交后代中选拔单株,经多年人工病圃添菌筛选死剩株培育而成。二倍体。1988年通过广东省农作物品种审定委员会审定。

【选育经过】 1976年对抗病单株进行收集,1978年采用抗桑青枯病能力较强的桑树品种进行有性杂交,1980年选出;1981年投入区域性鉴定,在青枯重病地进行生产试验鉴定。1985年参加广东省的桑树抗青枯病品种的鉴定,进行人工病圃诱发和病地添菌种植鉴定,经多年多点鉴定,抗青枯病力均超过广东省桑树品种鉴定指标。

【特征】 树形稍开展,发条力强,枝条粗直而长,侧枝多,皮灰褐色,节距4.9 cm,叶序1/2。皮孔圆形。冬芽三角形,尖离,灰褐色。叶心脏形,偶有裂叶,淡绿色,叶尖锐头,叶缘钝齿,叶基截形,叶长27.3 cm,叶幅24.4 cm,叶面光滑无皱,光泽较强,叶片稍下垂,叶柄粗短。开雄花,花穗多而长,偶有雌雄同株。

【特性】 广东省广州市栽植,发芽期1月26日—2月5日,开叶期2月11日—24日,发芽率80.0%,生长芽率15.0%,叶片成熟期2月16日—3月5日,属早生早熟品种。春米条产叶量130 g,秋米条产叶量100 g,秋千克叶片数190片。

【产量、品质、抗逆性等表现】 产叶量高,叶质中等,据广东省桑树新品种区域性试验结果:成林桑园亩桑产叶量2470 kg,万蚕茧层量3.79 kg,壮蚕100 kg叶产茧量6.5 kg。高抗青枯病,抗白粉病,中抗赤锈病;易受桑粉虱、桑蓟马等虫害;根原体发达,插条成活率高,耐贫瘠,耐寒性较弱。

【栽培技术要点】 (1)生长势旺,需充足肥水供应才能发挥其高产优质的性能,要施足基肥,多追肥,促进枝条生长粗壮。(2)根原体发达,可插条繁殖。(3)适当密植,华南地区种植密度以亩栽4000株为宜。(4)属中生中熟品种,栽培时宜搭配一定比例的早熟品种。(5)叶片水分含量较低,成熟快,易老化,宜适熟偏嫩收获,叶桑收获间隔20~25天,条桑收获间隔35~40天。(6)由于副芽少,新桑冬根刈需留2~3个芽,不宜造造降枝。

【适宜区域和推广应用情况】 适宜于珠江流域青枯病疫区栽植,在华南蚕区有大面积推广应用。

2. 试11

【来源】 由华南农业大学以镇江选育的优良品种中桑5801(湖桑38号×广东荆桑)作母本,广东的地方品种选拔的优良单株四209(广东桑)作父本杂交选育而成。二倍体。1989年通过全国农作物品种审定委员会认定。

【选育经过】 1973年采用人工有性杂交,1974年进入系统选育,1976年建立复选圃,1978年选出,1978、1979年投入区域性鉴定,分别在广东的南海、顺德等地进行较大面积的生产试验鉴定,经多年多点鉴定,各项成绩均超过广东省桑树品种鉴定指标。

【特征】 树形稍开展,发条力强,发条数多,枝条粗直而长,皮青灰色,节距4.6 cm,叶序2/5。皮孔圆形或椭圆形。冬芽长三角形,贴生,灰褐色,有副芽。叶心脏形,绿色,叶尖长尾状,叶缘锯齿,叶基心形,叶长21.5 cm,叶幅19.0 cm,叶面光滑无皱,光泽较强,叶片稍下垂。开雌花,无花柱,甚较少。

【特性】 广东省广州市栽植,发芽期2月1日—7日,开叶期2月12日—27日,发芽率73.0%,生长芽率23.0%,叶片成熟期3月25日—4月5日,属中生中熟品种。春米条产叶量130 g,秋米条产叶量110 g,秋千克叶片数135片。

【产量、品质、抗逆性等表现】 产叶量高,叶质中等,据广东省桑树新品种区域性试验结果:成林桑园亩桑产叶量2560 kg,万蚕茧层量春3.39 kg、秋3.65 kg,壮蚕100 kg叶产茧量春6.63 kg、秋7.35 kg。抗赤锈病、白粉病,中抗黑枯型细菌病、花叶病,轻感青枯病。较耐旱耐贫瘠,耐寒性较弱。

【栽培技术要点】 (1)生长势旺,需充足肥水供应才能发挥其高产优质的性能,要施足基肥,多施追肥,促进枝条生长粗壮。(2)适当密植,华南地区种植密度以亩栽5000株为宜。(3)属中生中熟品种,栽培时宜搭配一定比例的早熟品种。(4)可采叶片或收获条桑,收获片叶为每隔25天采一次,不宜超过30天;收获条桑为每隔45～50天伐一次,不宜超过50天。(5)宜冬低中刈或留大树尾,提早摘芯,促进侧枝生长,由于发芽较迟,适壮蚕用叶。

【适宜区域和推广应用情况】 适宜于珠江流域北部地区各种土壤类型栽植,在广东省蚕区有大面积推广应用。

3. 伦教40号

【来源】 由广东省农业科学院蚕业与农产品加工研究所、华南农业大学、广东省农业厅和佛山地区伦教蚕种场共同从桑园的广东桑系统中选拔的优良单株培育而成。三倍体。1989年通过全国农作物品种审定委员会认定。

【选育经过】 1956年采用大田选种方法进行选种,1960年选出伦教40号等十个优良桑树品种,经多年多点鉴定,伦教40号各项成绩均超过桑树品种鉴定指标。

【特征】 树形稍开展,发条数多,侧枝少,枝条粗直而长,皮褐色,节距3.8 cm,叶序2/5或3/8。皮孔圆形或椭圆形。冬芽扁卵形,尖离,棕褐色。叶心脏形,翠绿色,叶尖短尾状,叶缘乳头齿,叶基浅心形,叶长24.5 cm,叶幅17.0 cm,叶片厚,叶面光滑无皱,光泽较强,叶片稍下垂。开雌花,葚大而多。

【特性】 广东省广州市栽植,发芽期1月16日—28日,开叶期2月2日—15日,发芽率80.0%,生长芽率17.0%,叶片成熟期2月18日—3月10日,属早生早熟品种。米条产叶量春175 g、秋120 g,千克叶片数春160片、秋178片,封顶偏早,叶片硬化偏早。

【产量、品质、抗逆性等表现】 产叶量高,叶质中等,据广东省桑树新品种区域性试验结果:成林桑园亩桑产叶量3100 kg,同等条件下产量比对照品种增产37.7%,万蚕茧层量春3.51 kg、秋3.86 kg,壮蚕100 kg叶产茧量春7.06 kg、秋7.74 kg。较耐旱耐贫瘠,易感青枯病,对污叶病、赤锈病、青枯病抵抗力弱,对花叶病抵抗力强。

【栽培技术要点】 (1)生长势旺,需充足肥水供应才能发挥其高产优质的性能,要施足基肥,多施追肥,促进枝条生长粗壮。(2)适当密植,华南地区种植密度以亩栽6000株为宜。(3)属早生早熟品种,栽培时宜搭配一定比例的中熟品种。 (4)可采叶片或收获条桑,收获片叶为每隔25天采一次,不宜超过30天;收获条桑为每隔45~50天伐一次,不宜超过50天。(5)由于其潜伏芽萌发力较弱,根刈剪枝时,宜留高1~2个芽,以增加发条数。(6)不宜在青枯病疫区种植。

【适宜区域和推广应用情况】 适宜于珠江流域及长江以南等热带、亚热带地区各种土壤类型栽植,在我国主要蚕区曾均有大面积推广应用。

4. 塘10×伦109

【来源】 由广东省农业科学院蚕业与农产品加工研究所以从广东桑杂交材料中选拔单株塘10作母本,伦109作父本杂交选育而成。二倍体。1989年通过全国农作物品种审定委员会审定。

【选育经过】 1974年采用人工有性杂交,1978年建立复选圃,1984年育成;1987年投入区域性鉴定,经多点鉴定,各项成绩均超过桑树品种鉴定指标。

【特征】 树形直立,群体整齐,发条数多,枝条细长而直,皮灰褐色及青灰色,节距3.5 cm,叶序2/5。皮孔圆形或椭圆形。冬芽短三角形,尖离,褐色,副芽少。叶心脏形或长心脏形,翠绿色,叶尖长尾状,叶缘钝齿,叶基浅心形,叶长18.0 cm,叶幅15.0 cm,叶片较薄,叶面光滑无皱,光泽性较弱,叶片平伸或稍下垂。雄株多,雌株少。

【特性】 广东省广州市栽植,发芽期1月20日—28日,开叶期2月2日—21日,发芽率80.0%,生长芽率15.0%,叶片成熟期2月26日—3月15日,属早生早熟品种,春米条产叶量142 g,秋米条产叶量12 g,秋千克叶片数162片,封顶偏早,叶片硬化偏早。

【产量、品质、抗逆性等表现】 产叶量高,叶质中等,据广东省桑树新品种区域性试验结果:塘10×伦109成林桑园亩桑产叶量2540 kg,同等条件下产量比对照品种荆桑增产18.9%~33.2%,万蚕茧层量比对照品种高11.3%,该品种易感青枯病,较耐旱耐贫瘠。

【栽培技术要点】 (1)用种子繁殖,华南地区种植密度以亩栽5000株为宜,大小苗分类种植,方便管理。(2)种植前开挖种植沟,施足基肥,可施农家肥或土杂肥,一般亩施2000 kg。(3)平时桑园应多施有机肥,有利于提高桑叶质量,充分发挥品种高产优质的性能。(4)可采叶片或收获条桑,收获片叶为每隔25天采一次,不宜超过30天;收获条桑为每隔45~50天伐一次,不宜超过50天。(5)在夏季多雨季节,雨后及时排除积水,保持排水沟畅通,避免桑园浸水引起桑根腐烂。(6)不宜在青枯病疫区种植。

【适宜区域和推广应用情况】 适宜于珠江流域及长江以南等热带、亚热带地区各种土壤类型栽植。现在全国近20个省市(区)有大面积种植,被越南、泰国等东南亚国家引进应用。

5. 沙2×伦109

【来源】 由广东省顺德区农科所以从广东桑中选拔单株沙2作母本,伦109作父本杂交选育而成。二倍体。1988年广东省农作物品种审定委员会审定,1990年通过全国农作物品种审定委员会审定。

【选育经过】 1974年春季采用人工有性杂交,1974年秋季进入系统选育,1978年建立复选圃,1982年投入区域性鉴定,1985年育成,经多点鉴定,各项成绩均超过桑树品种鉴定指标。

【特征】 树形稍开展,群体整齐,发条数多,枝条中粗,长而直,皮褐色及青灰色,节距3.8 cm,叶序1/2。皮孔圆形。冬芽短三角形,尖离,灰褐色,副芽少。叶心脏形或长心脏形,淡绿色,叶尖长尾状或短尾状,叶缘钝齿,叶基浅心形,叶长18.0 cm,叶幅15.0 cm,叶片较薄,叶面光滑微皱,光泽较弱,叶片平伸。雄株多,雌株少。

【特性】 广东省广州市栽植,发芽期1月20日—28日,开叶期2月2日—28日,发芽率80.0%,生长芽率35.7%,叶片成熟期2月26日—3月15日,属早生早熟品种。春米条产叶量138.0 g,秋米条产叶量122.0 g,秋千克叶片数168片,封顶偏早,叶片硬化偏早。

【产量、品质、抗逆性等表现】 产叶量高,叶质中等,据广东省桑树新品种区域性试验结果:沙2×伦109成林桑园亩桑产叶量2500 kg以上,同等条件下产叶量比对照品种荆桑增产24.86%,发条数增加32%,叶面积增加94.2%,叶片重增加85.6%,万蚕产茧量、万蚕茧层量与对照品种普通荆桑相仿。较耐旱耐贫瘠,易感青枯病。

【栽培技术要点】 (1)用种子繁殖,华南地区种植密度以亩栽7000～8000株为宜,大小苗分类种植,方便管理。(2)种植前开挖种植沟,施足基肥,可施农家肥或土杂肥,一般亩施2000 kg。(3)平时桑园应多施有机肥,有利于提高桑叶质量,充分发挥品种高产优质的性能。(4)可采叶片或收获条桑,收获片叶为每隔25天采一次,不宜超过30天;收获条桑为每隔45～50天伐一次,不宜超过50天。(5)在夏季多雨季节,雨后及时排除积水,保持排水沟畅通,避免桑园浸水引起桑根腐烂。(6)不宜在青枯病疫区种植。

【适宜区域和推广应用情况】 适宜于珠江流域及长江以南等热带、亚热带地区各种土壤类型栽植,现在我国主要蚕区均有大面积推广应用。

6. **抗青**283×**抗青**10

【来源】 由广东省湛江市蓖麻蚕科学研究所筛选出的抗病性较强的品种抗青283(广东桑)作母本,抗青10号(广东桑)作父本杂交选育而成。二倍体。1994年通过广东省农作物品种审定委员会审定。

【选育经过】 1986年春季利用筛选出的抗桑青枯病能力较强的桑树品种进行有性杂交,育苗后进行人工病圃鉴定,1987年在青枯重病地进行生产试验鉴定;1990—1993年参加广东省的桑树抗青枯病品种的鉴定,进行人工病圃诱发和病地添菌种植鉴定,经多年多点鉴定,认定抗青283×抗青10抗青枯病能力强、叶质好、产量高,可在桑青枯病区推广。

【特征】 树形高大,树冠紧凑,发条数多,枝条长,微弯曲,皮灰褐色,节间密,叶序2/5。皮孔多,圆形。冬芽三角形,贴生,褐色,有副芽。叶心脏形,绿色,叶尖锐头,叶缘乳头齿,叶基截形,叶长18.0 cm,叶幅14.0 cm,叶面光滑微皱,光泽较强,叶片稍向上斜伸,叶柄较短。雄花多,雌花少,甚少,紫色。

【特性】 广东省广州市栽植,发芽期1月20日—2月6日,开叶期2月9日—25日,发芽率43.4%,生长芽率42.0%,叶片成熟期2月25日—3月15日,属中生中熟品种。米条产叶量春126 g、秋98 g。

【产量、品质、抗逆性等表现】 产叶量高,叶质较好,据广东省桑树新品种区域性试验结果:抗青283×抗青10在未发病或轻微发病情况下参试组合的产桑量均低于对照品种沙2×伦109,但当发病严重时则极显著高于对照品种。抗青283×抗青10干物质粗蛋白含量春24.2%、秋29.3%,可溶性糖含量春26.4%、秋16.9%,养蚕鉴定,万蚕茧层量3.65 kg。中抗青枯病,对桑蓟马、桑粉虱、浮尘子、叶螨等刺吸式昆虫的抵抗能力较弱。

【栽培技术要点】 (1)发芽早,长势旺,发条多,产量高,需充足肥水供应才能发挥其高产优质的性能,要施足基肥,多施追肥,促进枝条生长粗壮。(2)适当密植,华南地区种植密度以亩栽6000～8000株为宜,大小苗分级种植分类管理。(3)对桑蓟马、粉虱、叶螨等刺吸式昆虫的抵抗能力比较弱,要经常观察虫情,及时喷药除虫。(4)一般宜行冬根刈,翌年头二造采叶片,第三造后剪留60 cm,促进分枝,形成空中密植,以增强树势,提高产量。(5)在夏季多雨季节,雨后及时排除积水,保持排水沟畅通,避免桑园浸水引起桑根腐烂。(6)合理采伐,在严重病区,不可在夏秋高温季节进行造造降枝,以免桑树伤流过多,营养物质消耗过大,削弱树势。

【适宜区域和推广应用情况】 适宜于珠江流域青枯病疫区栽植,在华南蚕区有大面积推广应用。

7. 桑抗1号

【来源】 由广东省农业科学院蚕业与农产品加工研究所筛选出的抗病性较强的品种冬9 (广东桑)作母本,湛江市蓖麻蚕科学研究所选育出的抗青10号(广东桑)作父本杂交选育而成, 二倍体杂交组合,1994年通过广东省桑蚕品种审定小组审定。

【选育经过】 1987年春季利用筛选出的抗桑青枯病能力较强的桑树品种进行有性杂交, 育苗后进行人工病圃鉴定,1987年秋季进行大田病地鉴定,1990年选出;1990、1991年投入区域 性鉴定,在青枯重病地进行生产试验鉴定。经多年多点鉴定,抗青枯病力均超过广东省桑树品 种鉴定指标。

【特征】 树形直立,发条力强,枝条粗度中等,皮青灰色或灰褐色,节距5.3 cm,叶序1/2和 2/5。皮孔圆形或椭圆形。冬芽三角形或球形,贴生,灰褐色。叶心脏形,淡绿色,叶尖短尾状, 叶缘锐齿,叶基浅心形或截形,叶长16.0 cm,叶幅13.0 cm,叶面光滑无皱,光泽较弱,叶片平伸,叶柄 较短。雄花多,雌花少,葚中大,紫色。

【特性】 广东省广州市栽植,发芽期1月19日—2月15日,开叶期1月27日—2月22日,发 芽率45.0%,生长芽率25.0%,叶片成熟期3月4日—26日,属中生中熟品种。春米条产叶量110 g,秋 米条产叶量96 g,秋千克叶片数192片。

【产量、品质、抗逆性等表现】 产叶量高,叶质较好,据广东省桑树新品种区域性试验结 果:桑抗1号亩桑全年产叶量比对照品种塘10×伦109增产16.7%,万蚕茧层量3.7 kg,壮蚕100 kg 叶产茧量7.4 kg。中抗青枯病,轻染花叶病,易感微型虫(粉虱、桑蓟马)。

【栽培技术要点】 (1)生长势旺,需充足肥水供应才能发挥其高产优质的性能,要施足基肥, 多施追肥,促进枝条生长粗壮。(2)适当密植,华南地区种植密度以亩栽6000株为宜,大小苗分级 种植分类管理。(3)属中生中熟品种,栽培时宜搭配一定比例的早熟品种。(4)可采叶片或收获条 桑,收获片叶为每隔25天采一次,不宜超过30天;收获条桑为每隔45~50天伐一次,不宜超过50天。 (5)在夏季多雨季节,雨后及时排除积水,保持排水沟畅通,避免桑园浸水引起桑根腐烂。(6)冬留 大树尾可减少花叶病为害。

【适宜区域和推广应用情况】 适宜于珠江流域青枯病疫区栽植,在广东省蚕区有大面积推 广应用。

8.顺农2号

【来源】 由广东省顺德区农科所以育成的顺合2号(广东桑)作母本,以湛江市蓖麻蚕科学研究所育成的抗青10号(广东桑)作父本杂交选育而成。二倍体。1994年通过广东省农作物品种审定委员会审定。

【选育经过】 1984年春季采用人工有性杂交,1984年进入系统选育,1987年选出;1987、1988年投入区域性鉴定,在广东省内的青枯病发病地进行较大面积的生产试验鉴定。1990—1993年参加广东省抗青枯病杂交组合品比试验,经多年多点鉴定,认定顺农2号抗青枯病能力强、叶质好、产量高,可在桑青枯病疫区推广。

【特征】 树形高大,枝长而直,发条数多,枝条整齐,皮褐色,节间密,叶序2/5。皮孔少,圆形。冬芽长三角形,离生,青褐色,有副芽。叶长心脏形,淡绿色,叶尖短尾状,叶缘乳头齿,叶基浅心形,叶片厚,叶面光滑,光泽较强,叶片平伸,叶柄中等。雌雄同株,雄花70%以上。

【特性】 广东省广州市栽植,发芽期1月12日—2月2日,开叶期1月26日—2月12日,发芽率57.6%,生长芽率24.0%,叶片成熟期2月25日—3月12日,属早生早熟品种。米条产叶量春122 g、秋98 g。

【产量、品质、抗逆性等表现】 产叶量高,叶质较好,据广东省桑树新品种区域性试验结果:顺农2号在未发病或轻微发病情况下参试组合的产桑量均低于对照品种沙2×伦109,但当发病严重时则极显著高于对照品种。可溶性糖及粗蛋白含量与对照品种相仿,万蚕收茧量及5龄蚕100 kg桑产茧量均与对照品种相仿或略高于对照品种。中抗青枯病。

【栽培技术要点】 (1)生长势旺,需充足肥水供应才能发挥其高产优质的性能,要施足基肥,多施追肥,促进枝条生长粗壮,为养成丰产树形奠定基础。(2)种植密度以亩栽8000～8500株为宜。(3)收获与整枝形式应注意冬期留芽剪枝不宜剪得过低而影响新梢的发芽生长,以留大树尾为好,到翌年春采头造桑时,进行定枝去弱留强,每株留2～3条壮枝,以后每次采叶,到

5月底降枝,枝高约40 cm,下半年的收获和整枝同上半年,当年冬期降枝,枝高约45 cm,第3年上半年的采叶及整枝与第2年上半年相同,但到8月底9月初则进行秋根刈,可促进桑树秋期旺盛生长。(4)可采叶片或收获条桑,收获片叶为每隔25天采一次,不宜超过30天;收获条桑为每隔45~50天伐一次,不宜超过50天。(5)在夏季多雨季节,雨后及时排除积水,保持排水沟畅通,避免桑园浸水引起桑根腐烂。(6)适合于珠江流域青枯病疫区种植。

【适宜区域和推广应用情况】 适宜于珠江流域青枯病疫区栽植,在广东蚕区有大面积推广应用。

9.顺农3号

【来源】 由广东省顺德区农科所以育成的顺合2号(广东桑)作母本,以顺抗3号(广东桑)作父本杂交选育而成。二倍体。1994年通过广东省农作物品种审定委员会审定。

【选育经过】 1984年春季采用人工有性杂交,1984年秋季进入系统选育,1987年选出;1987、1988年投入区域性鉴定,在广东省内的青枯病发病地进行较大面积的生产试验鉴定。1990—1993年参加广东省抗青枯病杂交组合品比试验,经多年多点鉴定,认定顺农3号抗青枯病能力强、叶质好、产量高,可在桑青枯病区推广。

【特征】 树形直立,树形高大,发条数多,枝条直,枝条整齐,皮灰白色,节间密,皮孔圆形。冬芽三角形,有副芽。叶心脏形,绿色,叶缘锯齿状,叶基截形。雌雄同株,雄花90%以上。

【特性】 广东省广州市栽植,发芽期1月12日—2月2日,开叶期1月26日—2月12日,发芽率61.9%,叶片成熟期2月25日—3月12日,属早生早熟品种。米条产叶量春112 g、秋82 g。

【产量、品质、抗逆性等表现】 产叶量高,叶质较好,据广东省桑树新品种区域性试验结果:顺农3号在未发病或轻微发病情况下参试组合的产桑量均低于对照品种沙2×伦109,但当发病严重时则极显著高于对照品种。顺农3号还原糖含量春叶14.8%,秋叶13.0%;粗蛋白含量春叶24.8%,秋叶27.6%。中抗青枯病。

【栽培技术要点】 (1)生长势旺,需充足肥水供应才能发挥其高产优质的性能,要施足基肥,多追肥,促进枝条生长粗壮,为养成丰产树形奠定基础。(2)种植密度以亩栽8000~8500株为宜。(3)收获与整枝形式应注意冬期留芽剪枝不宜剪得过低而影响新梢的发芽生长,以留大树尾为好,到翌年春采头造桑时,进行定枝去弱留强,每株留2~3条壮枝,以后每次采叶,到5月底降枝,枝高约40 cm,下半年的收获和整枝同上半年,当年冬期降枝,枝高约45 cm,第3年上半年的采叶及整枝与第2年上半年相同,但到8月底9月初则进行秋根刈,可促进桑树秋期旺盛生长。(4)可采叶片或收获条桑,收获片叶为每隔25天采一次,不宜超过30天;收获条桑为每隔45~50天伐一次,不宜超过50天。(5)在夏季多雨季节,雨后及时排除积水,保持排水沟畅通,避免桑园浸水引起桑根腐烂。

【适宜区域和推广应用情况】 适宜于珠江流域青枯病疫区栽植,在广东蚕区有大面积推广应用。

10.粤桑2号

【来源】 由广东省农业科学院蚕业与农产品加工研究所以二倍体广东桑种19号作母本,人工诱导广东桑实生幼苗选出的四倍体桑11号作父本杂交选育而成,全国首个高产、优质多倍体杂交组合,1998年通过全国农作物品种审定委员会审定(国审蚕980010)。

【选育经过】 1988年采用人工有性杂交,1989年进入系统选育,1991年选出,1993年建立复选圃,1994年参加广东省桑树新品种鉴定试验,同期在广东、湖南、湖北、广西等省区进行区域性鉴定和生产试验鉴定,经多年多点鉴定,各项成绩均超过广东省桑树品种鉴定指标。

【特征】 群体整齐,树形稍开展,发条数多,枝条直而长,皮褐色,节距5.0 cm,叶序2/5。皮孔多,圆形或椭圆形,4.5个/cm²。冬芽三角形,灰褐色,副芽少。叶心脏形或卵圆形,深绿色,叶尖短尾状,叶缘乳头齿,叶基浅心形,叶长20.4 cm,叶幅17.5 cm,100 cm² 叶片重2.1 g,叶面光泽强,叶片向上斜生。

【特性】 广东省广州市栽植,发芽期1月20日—28日,开叶期2月3日—21日,发芽率44.6%,生长芽率11.0%,叶片成熟期2月24日—3月12日,属早生早熟品种。春米条产叶量139 g,秋米条产叶量112 g,秋千克叶片数168片,封顶偏早,叶片硬化偏早。

【产量、品质、抗逆性等表现】 产叶量高,叶质较优,据广东省桑树新品种区域性试验结果:成林桑园亩桑产叶量2300～3000 kg,同等条件下产量比对照品种塘10×伦109增产11.1%,万蚕茧层量比对照品种塘10×伦109高10.2%,养蚕熟蚕快,熟蚕整齐,全龄经过时间比对照品种塘10×伦109缩短8～12小时。该品种弱抗青枯病,抗桑青枯病力强于塘10×伦109。

【栽培技术要点】 (1)生长势旺,需充足肥水供应才能发挥其高产优质的性能,要施足基肥,多追肥,促进枝条生长粗壮。(2)种植密度珠江流域以亩栽4000株为宜,长江流域以亩栽2500株为宜。(3)属早生早熟品种,栽培时宜搭配一定比例的中熟品种,以利充分发挥其高产优质特性。(4)宜适熟偏嫩收获,叶片收获间隔25天左右,条桑收获间隔40～45天,不宜超过50天。(5)下半年更要注意保水保肥,以促进桑树旺盛生长。

【适宜区域和推广应用情况】 适宜于长江以南地区各种土壤类型栽植,但不宜在青枯病疫区种植,现在我国华南蚕区均有较大面积的推广应用。

11. 粤桑10号

【来源】 出广东省农业科学院蚕业与农产品加工研究所以二倍体广东桑种伦408作母本，人工诱导广东桑实生幼苗选出的四倍体桑粤诱162作父本杂交选育而成，多倍体杂交组合，2006年通过广东省农作物品种审定委员会审定（粤审桑2006002）。

【选育经过】 1993年采用人工有性杂交，1994年进入系统选育，1996年建立复选圃，1999年选出；2000年参加广东省农作物品种审定委员会蚕桑专业组组织的区域试验，分别在广东省的粤北和粤西蚕区进行较大面积的生产试验鉴定，经多年多点鉴定，各项成绩均超过广东省桑树品种鉴定指标。

【特征】 群体整齐，树形稍开展，发条数多，枝条直而长，再生能力强，皮深褐色，节距4.0～5.4 cm，叶序2/5。皮孔圆形、椭圆形或纺锤形，黄褐色。冬芽长三角形，尖歪贴生，棕褐色。叶心脏形或长心脏形，深绿色，叶尖长尾状，叶缘钝齿或乳头齿，叶基心形或肾形，叶长22.0～25.5 cm，叶幅20.0～24.0 cm，叶片厚，叶面粗糙有波皱，光泽较弱，叶片平伸或稍下垂。顶芽壮，黄绿色。

【特性】 广东省广州市栽植，发芽期1月16日—28日，开叶期2月2日—15日，发芽率63.2%，生长芽率16.0%，叶片成熟期2月20日—3月10日，属早生早熟品种。米条产叶量春148 g、秋122 g。封顶偏早，叶片硬化偏早。

【产量、品质、抗逆性等表现】 产叶量高，叶质较优，据广东省桑树新品种区域性试验结果：粤桑10号成林桑园亩桑产叶量2800～3800 kg，同等条件下产量比对照品种塘10×伦109增产10.0%～24.8%，万蚕茧层量比对照品种塘10×伦109高3.5%～6.5%，万蚕产茧量提高3.2%～5.6%。该品种弱抗青枯病，抗桑青枯病力强于塘10×伦109。

【栽培技术要点】 （1）生长势旺，需充足肥水供应才能发挥其高产优质的性能，要施足基肥，多追肥，促进枝条生长粗壮。（2）种植密度以亩栽4000株为宜，大小苗分类种植，方便管理。（3）属早生早熟品种，栽培时宜搭配一定比例的中熟品种，以利充分发挥其高产优质特性。（4）宜适熟偏嫩收获，叶片收获间隔25天左右，不宜超过30天；条桑收获间隔40～45天，不宜超过50天。(5)下半年更要注意保水保肥,以促进桑树旺盛生长。(6)注意保持桑园通风,及时排除积水。(7)不宜在青枯病疫区种植。

【适宜区域和推广应用情况】 适宜于珠江流域及长江以南等热带、亚热带地区各种土壤类型种植,现在我国华南蚕区均有较大面积的推广应用。

12. 粤桑11号

【来源】 由广东省农业科学院蚕业与农产品加工研究所以二倍体广东桑种69作母本,人工诱导广东桑实生幼苗选出的四倍体桑粤诱162作父本杂交选育而成,多倍体杂交组合,2006年通过广东省农作物品种审定委员会审定(粤审桑2006003)。

【选育经过】 1997年春季采用人工有性杂交,秋季进入系统选育,2002年建立复选圃,2003年选出;2004年参加广东省农作物品种审定委员会蚕桑专业组组织的区域试验,分别在广东省和广西壮族自治区进行较大面积的生产试验鉴定,经多年多点鉴定,各项成绩均超过广东省桑树品种鉴定指标。

【特征】 树形稍开展,群体整齐,发条数多,枝条直,再生能力强,耐剪伐,皮灰褐色,节距4.5～6.0 cm,叶序2/5。皮孔圆形、椭圆形或纺锤形,黄褐色。冬芽长三角形,尖歪离生。叶心脏形或长心脏形,翠绿色,叶尖长尾状,叶缘钝齿或乳头齿,叶基心形或肾形,叶长25.0～33.5 cm,叶幅22.0～30.0 cm,叶片厚,叶面粗糙有波皱,光泽较弱,叶片平伸或稍下垂。顶芽壮,黄绿色。

【特性】 广东省广州市栽植,发芽期1月12日—24日,开叶期1月31日—2月16日,发芽率68.2%,生长芽率15.0%,叶片成熟期2月22日—3月12日,属早生早熟品种。米条产叶量春146 g、秋118 g。封顶偏早,叶片硬化偏早。

【产量、品质、抗逆性等表现】 产叶量高,叶质较优,据广东省桑树新品种区域性试验结果:粤桑11号成林桑园亩桑产叶量3100～4200 kg,同等条件下产量比对照品种塘10×伦109增产15.0%～30.3%,万蚕茧层量比对照品种塘10×伦109高5.8%～7.0%,万蚕产茧量提高6.1%～10.4%。该品种弱抗青枯病,抗桑青枯病力强于塘10×伦109。

【栽培技术要点】 （1）生长势旺，需充足肥水供应才能发挥其高产优质的性能，要施足基肥，多追肥，促进枝条生长粗壮。（2）种植密度以亩栽4000株为宜，大小苗分类种植，方便管理。（3）属早生早熟品种，栽培时宜搭配一定比例的中熟品种，以利充分发挥其高产优质特性。（4）用种子繁殖，播种量0.75~1.00 kg/亩为宜，苗龄4~6个月出圃为佳，苗木出圃前20天应停止施肥。（5）宜适熟偏嫩收获，叶片收获间隔25天左右，不宜超过30天；条桑收获间隔40~45天，不宜超过50天。（6）下半年更要注意保水保肥，以促进桑树旺盛生长。（7）易受微型害虫如桑蓟马、桑粉虱等侵害，应及时收获桑叶，保持桑园通风透气。（8）不宜在青枯病疫区种植。

【适宜区域和推广应用情况】 适宜于珠江流域及长江以南等热带、亚热带地区各种土壤类型栽植，现在我国各大蚕区均有较大面积的推广应用，还被印度、越南、泰国、埃及等国家引进栽植。

13. 粤桑51号

【来源】 由广东省农业科学院蚕业与农产品加工研究所以二倍体广东桑种优选02作母本，人工诱导广东桑实生幼苗选出的四倍体桑A03-112作父本杂交选育而成，多倍体杂交组合，2013年通过广东省农作物品种审定委员会审定（粤审桑2013001）。

【选育经过】 2004年春季采用人工有性杂交，秋季进入系统选育，2007年建立复选圃，2010年选出；2011年参加广东省农作物品种审定委员会蚕桑专业组组织的区域试验，分别在广东省的粤西和粤北地区进行较大面积的生产试验鉴定，经多点鉴定，各项成绩均超过广东省桑树品种鉴定指标。

【特征】 树形稍开展,群体整齐,发条数多,枝条直,再生能力强,耐剪伐,皮灰褐色,节距4.0～6.0 cm,叶序2/5或3/8。皮孔圆形、椭圆形或纺锤形,黄褐色。冬芽长三角形,尖离。叶心脏形或长心脏形,翠绿色,叶尖长尾状,叶缘钝齿或乳头齿,叶基心形或肾形,叶长25.0～31.0 cm,叶幅20.0～27.0 cm,叶片厚,叶面粗糙有波皱,光泽较弱,叶片平伸或稍下垂。顶芽壮,黄绿色或淡紫色。

【特性】 广东省广州市栽植,发芽期1月20日—28日,开叶期2月2日—2月21日,发芽率70.0%,生长芽率15.0%,叶片成熟期2月26日—3月15日,属早生早熟品种。米条产叶量春142.0 g、秋120.0 g。封顶偏早,叶片硬化偏早。

【产量、品质、抗逆性等表现】 产叶量高,叶质较优,据广东省桑树新品种区域性试验结果:粤桑51号成林桑园亩桑产叶量3650～4270 kg,同等条件下产量比对照品种塘10×伦109增产15.0%以上,万蚕茧层量比对照品种塘10×伦109高6.6%,万蚕产茧量提高7.1%。该品种弱抗青枯病,抗桑青枯病力强于塘10×伦109。

【栽培技术要点】 (1)华南地区种植密度以亩栽4000株为宜,大小苗分类种植,方便管理。(2)种植前开挖种植沟,施足基肥,可施农家肥或土杂肥,一般亩施2000 kg。(3)平时桑园应多施有机肥,有利于提高桑叶质量。(4)可采叶片或收获条桑,收获片叶为每隔25～30天采一次,不宜超过30天;收获条桑为每隔45～50天伐一次,不宜超过50天。(5)在夏季多雨季节,雨后及时排除积水,保持排水沟畅通,避免桑园浸水引起桑根腐烂。

【适宜区域和推广应用情况】 适宜于珠江流域及长江以南等热带、亚热带地区各种土壤类型栽植,现在广东省和广西壮族自治区蚕区均有较大面积的推广应用。

十三、广西壮族自治区

1.桂桑优12

【来源】 广西壮族自治区蚕业技术推广总站育成。桂桑优12为杂交组合,亲本组合:沙2×桂7722,母本沙2为原广东省顺德区农科所提供;父本桂7722为广西壮族自治区蚕业技术推广总站用青皮台湾桑×伦109,从其F₁选育的优良株系。

【选育经过】 1990—1994年配制杂交组合建立初选圃、复选圃,进行初试筛选和复试筛选,于2005年选育出优良组合桂桑优12,于1995—1998年进行新品种区域性试验和生产试验,2000年2月通过广西农作物品种审定委员会的审定[桂审(桑)2000002号]。

【特征】 种子籽粒中等,千粒重1.8~2.1 g。树形高大,枝态直立,发条较多,枝条较高,细长、较直,皮青灰褐色,节距3.7 cm,叶序1/2。皮孔较圆、较小,中密。冬芽长三角形或正三角形,灰棕色,尖离,有副芽但不多。全叶长心脏形,极少裂叶,深绿色,较平展,叶尖为尾状,大多较长,叶缘齿为乳头齿,中等大小,叶基直线至浅心状,叶片大而厚,叶长25.6 cm,叶幅20.1 cm,100 cm² 叶片重约2.25 g,叶面光滑无皱,光泽较强,叶多为上斜着生,叶柄较细短。新梢顶端芽及幼叶多为淡棕绿色。植株开雌花的和开雄花的约各半,葚中等粗长,中等数量,紫黑色。

【特性】 有较明显的冬眠期,在广西南宁市冬芽萌芽时间为12月下旬至1月上旬,生长期长,11月底才盲顶收造。群体整齐,生长旺,长叶快;壮枝多,节间密;发芽早、落叶晚;枝条再生能力强,一年可多次剪伐;适合采片叶,也适合条桑收获和草本化栽植。

【产量、品质、抗逆性等表现】 区域性试验,新种桑园当年亩桑产叶量1699.8 kg,比对照品种沙2×伦109增产8.53%,成林桑园亩桑产叶量2722.5 kg,比对照品种增产15.64%。在宜州、横县、象州等7个示范区测产验收的平均成绩,新种桑园当年亩桑产叶量1789 kg,亩桑产茧量111.8 kg,比对照品种沙2×伦109增产19.6%;成林桑园亩桑产叶量3142 kg,亩桑产茧量196.4 kg,比对照品种增产21.76%。叶质较优,100 kg桑产茧量8.23~9.60 kg,比对照品种沙2×伦109增产2.5%~5.6%,万蚕茧层量3.26~4.22 kg,比对照品种增产4.44%~8.38%。耐高温性较强、耐旱性强,适应性广。

【栽培技术要点】 采用种子繁殖。可以先播种育实生苗后移栽建园,也可直播成园。适宜密植,亩栽6000株为宜,全年以采片叶为主的桑园每年夏伐和冬伐各1次,夏伐宜低刈或根刈,冬伐宜留长枝(留下半年生枝条高30~50 cm),促进冬芽早发快长,提高产量和叶质,还可防治花叶病。叶片较大,适合采摘片叶收获桑叶养蚕,也适合条桑收获养蚕,条桑收获要保持桑园肥水充足,使枝叶生长旺盛。桑园要多施有机肥、及时追肥,促进枝繁叶茂,发挥丰产性能。

【适宜区域和推广应用情况】 适宜于珠江流域等热带、亚热带地区栽植。该品种于2002年起在广西大面积推广种植,至2012年广西的种植面积达108.5万亩。除此之外,国内的云南、贵州、广东、四川、新疆等地也有种植。国外的越南已大面积应用,古巴、老挝、印度尼西亚也有种植。

2. 桂桑优62

【来源】 广西壮族自治区蚕业技术推广总站育成。桂桑优62为杂交组合,亲本组合:7862×桂7722,母本7862为原广东省顺德区农科所提供;父本桂7722为广西壮族自治区蚕业技术推广总站用青皮台湾桑×伦109,从其F_1选育的优良株系。

【选育经过】 1992—1994年配制杂交组合建立初选圃、复选圃,进行初试筛选和复试筛选,于1995年选育出优良组合"桂桑优62",于1995—1998年进行新品种区域性试验和生产试验,2000年2月通过广西农作物品种审定委员会的审定[桂审(桑)2000001号]。

【特征】 籽粒较粗,千粒重2.2 g左右。树形高大,枝态直立,发条较多,枝条较高,细长、较直,皮青灰褐色,节距3.5～4.2 cm,叶序2/5。皮孔椭圆形,较小,中密。冬芽正三角形,灰棕色,尖离,有副芽但不多。全叶阔心脏形,翠绿色,较平展,叶尖多为双头,叶缘齿为乳头齿,中等大小,叶基直线或浅心形,叶片大而厚,叶长26.4 cm,叶幅24.8 cm,100 cm² 叶片重2.5 g,叶面光滑,无皱或微皱,光泽较强,叶多为上斜着生,叶柄较细短。新梢顶端芽及幼叶淡翠绿色。植株开雌花的多于开雄花的,葚中等粗长,中等数量,紫黑色。

【特性】 有较明显的冬眠期,在广西南宁市冬芽萌芽时间为1月上旬,生长期长,如水肥充足可到11月底才盲顶收造。群体整齐,生长势旺,长叶较快;春发芽较早,落叶休眠较晚;耐剪伐,再生能力强;一年可多次剪伐;叶片大,叶片厚,采片叶较省工,综合经济性状优良,适合采片叶,也适合条桑收获。

【产量、品质、抗逆性等表现】 区域性试验,新种桑园当年亩桑产叶量1958.0 kg,比对照品种沙2×伦109增产25.01%,成林桑园亩桑产叶量2722.5 kg,比对照品种增产17.86%。在宜州、横县、象州等7个示范区测产验收的平均成绩,新种桑园当年亩桑产叶量1851 kg,亩桑产茧量115.7 kg,比对照品种沙2×伦109增产19.81%。桑园投产后的第二年进入丰产期,成林桑园亩桑产叶量3254 kg,亩桑产茧量203.4 kg,比对照品种增产26.1%。叶质较优,4次叶质养蚕测试平均成绩:100 kg桑产茧量8.63 kg,万蚕茧层量3.51 kg。耐高温性较强,对花叶病抗性较强,适应性广。

【栽培技术要点】 采用种子繁殖。可以先播种育实生苗后移栽建园,也可直播成园。适宜密植,亩栽6000株为宜,全年以采片叶为主的桑园每年夏伐和冬伐各1次,夏伐宜低刈或根刈,冬伐宜留长枝(留下半年生枝条高30~50 cm),促进冬芽早发快长,提高产量和叶质,还可防治花叶病。叶片较大,适宜采摘片叶,也适合条桑收获,条桑收获要保持桑园肥水充足,使枝叶生长旺盛。桑园要多施有机肥、及时追肥,促进枝繁叶茂,发挥丰产性能。春季桑叶宜适当偏老再收获,以增加桑叶营养量,提高叶质。

【适宜区域和推广应用情况】 该组合适宜于珠江流域等热带、亚热带地区栽植。该品种于2002年起在广西大面积推广栽植,至2012年广西的种植面积达76.34万亩。除此之外,云南、贵州、广东等省也有种植。国外的越南已大面积应用,古巴、老挝、印度尼西亚也有栽植。

3. 桑特优2号

【来源】 广西壮族自治区蚕业技术推广总站育成。桑特优2号为三倍体杂交组合,亲本组合为:7862×桂诱P58,母本7862为二倍体,由广东省农科院蚕业与农产品加工研究所提供;父本桂诱P58为四倍体,广西壮族自治区蚕业技术推广总站利用化场2×桂7722的F_1植株进行多倍体诱导培育而成。

【选育经过】 1997年配制杂交组合进行初选,后经复选,于2002年育成,2002—2006年进行新品种区域性试验和生产试验,2007年5月通过广西农作物品种审定委员会的审定(桂审桑2007001号)。

【特征】 籽粒较粗,千粒重2.25 g左右。植株群体整齐,树形高大,枝态直立,发条较多,枝条较高,中等粗,较直,皮青灰褐色,节距3.9~4.9 cm,叶序1/2。皮孔椭圆形或圆形,中等大小,中等密度。冬芽正三角形,尖离,灰褐色,有副芽但不多。全叶阔心脏形,深绿色,较平展,叶尖多为短尾、锐尖状,但有部分为双头钝头,叶缘齿为乳头齿,中等大小,叶基浅心形,叶片大而厚,叶长可达30.9 cm,叶幅可达28.0 cm,单叶重可达12.2 g,100 cm² 叶片重可达3.0 g,叶面光滑,波皱或微皱,光泽较强,叶多为平伸着生,叶柄中长。新梢顶端芽及幼叶棕绿色,较粗壮。F_1群体开雌花的植株和开雄花的植株约各半,葚较粗长,中等数量,紫黑色。

【特性】 种植易成活,生长势旺,桑叶成熟快;植株有较明显的冬眠期,在广西南宁市冬芽萌芽时间为1月上旬,生长期长,如水肥充足可到11月底才盲顶收造。其生长势旺,长叶较快,再生能力强,耐剪伐,一年可多次剪伐。

【产量、品质、抗逆性等表现】 新种桑当年投产亩桑产叶量1698.5~2173.6 kg,平均1838.1 kg,比对照品种沙2×伦109增产15.40%;投产第2年进入丰产期,亩桑产叶量2734.2~4311.8 kg,平均3600.8 kg,比对照品种增产19.65%;投产第3年亩桑产叶量3123.4~4047.8 kg,平均3666.6 kg,比对照品种增产24.10%。万蚕茧层量比对照品种增产5.29%,100 kg桑产茧量增产4.71%,100 kg桑茧层量增产8.44%。种子繁殖,育苗与移栽简易,新种桑园投产快。叶片大,采叶省工。耐旱性较强、耐高温性较强,适应性广。

【栽培技术要点】 采用种子繁殖。可以先播种育实生苗后移栽建园,也可直播成园。适宜密植,亩栽5000~6000株为宜,全年以采片叶为主的桑园每年夏伐和冬伐各1次,夏伐宜低刈或根刈,冬伐宜留长枝(留下半年生枝条高30～50 cm),促进冬芽早发快长,提高产量和叶质,还可防治花叶病。叶片较大,可采摘片叶,也适合条桑收获,条桑收获要保持桑园肥水充足,使枝叶生长旺盛。桑园要多施有机肥,及时追肥,促进枝繁叶茂,发挥丰产性能。

【适宜区域和推广应用情况】 适宜于珠江流域等热带、亚热带地区栽植。2004年在广西等地试验示范,2007年开始大面积推广应用,至2012年在广西的种植面积达18.5万亩。此外,在广东、云南、贵州、浙江等省及越南、古巴等地也有栽植。

4. 桑特优1号

【来源】 广西壮族自治区蚕业技术推广总站育成。桑特优1号为三倍体杂交组合,亲本组合为:试11×桂诱P58,母本试11为二倍体,由华南农业大学杂交育成;父本桂诱P58为四倍体,广西壮族自治区蚕业技术推广总站利用化场2×桂7722的F_1植株进行多倍体诱导培育而成。

【选育经过】 1997年配制杂交组合进行初选,后经复选,于2002年育成,2002—2006年进行新品种区域性试验和生产试验,2009年5月通过广西农作物品种审定委员会的审定(桂审桑2009001号)。

【特征】 籽粒较粗,千粒重2.2 g左右。植株群体整齐,树形高大,枝态直立,发条较多,枝条较高,中等粗,较直,皮青灰色,节间直,节距3.6～4.6 cm,叶序1/2。皮孔椭圆形或圆形,中等大小,中等密度。冬芽正三角形,贴生,灰褐色,有副芽但不多。全叶阔心脏形,深绿色,较平展,叶尖短尾状,叶缘齿为钝齿,中等大小,叶基浅心形,叶片大而厚,叶长可达 29.8 cm,叶幅可达 28.5 cm,单叶重可达 11.9 g ,100 cm² 叶片重可达 2.8 g,叶面光滑,波皱或无皱,光泽较强,叶多为平伸着生,叶柄中长。新梢顶端芽及幼叶棕绿色。F₁群体开雌花和开雄花约各半,葚较粗长,中等数量,紫黑色。

【特性】 有较明显的冬眠期,在广西南宁市冬芽萌芽时间为 1 月上旬,生长期长,如水肥充足可到 11 月底才盲顶收造。植株生长势旺,长叶较快,再生能力强,耐剪伐,一年可多次剪伐。

【产量、品质、抗逆性等表现】 新种桑当年投产亩桑产叶量达 1675.7 ~ 2257.0 kg,平均 1829.6 kg,比对照品种沙 2×伦 109 增产 14.87%;投产第 2 年进入丰产期,亩桑产叶量 2714.9 ~ 4357.5 kg,平均 3637.3 kg,比对照品种增产 20.87%;投产第 3 年亩桑产叶量 3188.6 ~ 4008.1 kg,平均 3711.7 kg,比对照品种增产 25.62%。春季叶质显著优于对照品种,桑叶养蚕 100 kg 叶茧层量比对照品种增产 4.52%;秋季养蚕叶质成绩与对照品种没有差异。进行四年对桑花叶病抗性测定,桑特优 1 号病情指数平均比对照品种沙 2×伦 109 降低 23.84%。该组合用种子繁殖,育苗与移栽简易,新种桑园投产快;叶片大,采叶省工;耐旱性较强,耐高温性较强,适应性广。

【栽培技术要点】 采用种子繁殖。可以先播种育实生苗后移栽建园,也可直播成园。适宜密植,亩栽 5000 ~ 6000 株为宜,全年以采片叶为主的桑园每年夏伐和冬伐各 1 次,夏伐宜低刈或根刈,冬伐宜留长枝(留下半年生枝条高 30 ~ 50 cm),促进冬芽早发快长,提高产量和叶质,还可防治花叶病。叶片较大,可采摘片叶收获,也适合条桑收获,条桑收获要保持桑园肥水充足,使枝叶生长旺盛。桑园要多施有机肥、及时追肥,促进枝繁叶茂,发挥丰产性能。

【适宜区域和推广应用情况】 适宜于珠江流域等热带、亚热带地区栽植。2004 年在广西等地试验示范,2009 年以后扩大繁育与推广。

5. 桑特优 3 号

【来源】 广西壮族自治区蚕业技术推广总站育成。桑特优 3 号为三倍体杂交组合,亲本组合为:7862×粤诱 30,母本 7862 为二倍体,由广东省农科院蚕业与农产品加工研究所提供;父本

粤诱30为四倍体,为广东省农科院蚕业与农产品加工研究所利用塘10×伦109的F₁植株进行多倍体诱导培育而成。

【选育经过】 1997年配制杂交组合进行初选,后经复选,于2002年育成,2002—2006年进行新品种区域性试验和生产试验,2009年5月通过广西农作物品种审定委员会的审定(桂审桑2009002号)。

【特征】 籽粒较粗,千粒重2.2 g左右。植株群体整齐,树形高大,枝态直立,发条较多,枝条较高,中等粗,较直,皮青灰褐色,节间直,节距为3.8～5.1 cm,叶序1/2。皮孔椭圆形或圆形,中等大小,中等密度。冬芽正三角形或长三角形,灰褐色,贴生,副芽较多。全叶多为长心脏形,基部叶偶有浅裂叶,深绿色,较平展,叶尖短尾至长尾状,叶缘齿为乳头齿,中等大小,叶基浅心形,叶片大而厚,叶长、叶幅分别可达28.5 cm和26.2 cm,单叶重可达10.5 g,100 cm² 叶片重可达2.5 g,叶面光滑,波皱或微皱,光泽较强,叶多为平伸着生,叶柄中长。新梢顶端芽及幼叶淡棕绿色。植株开雌花和开雄花约各半,葚中等粗长,中等数量,紫黑色。

【特性】 有较明显的冬眠期,在广西南宁市冬芽萌芽时间为1月上旬,生长期长,如水肥充足可到11月底才盲顶收造。生长势旺,长叶较快,再生能力强,耐剪伐,一年可多次剪伐。

【产量、品质、抗逆性等表现】 新种桑当年投产亩桑产叶量达1841.6 kg,比对照品种沙2×伦109增产15.61%;投产第2年进入丰产期,亩桑产叶量2549.4～4072.0 kg,平均3324.2 kg,比对照品种增产10.46%;投产第3年亩桑产叶量3212.9～4072.0 kg,平均3338.0 kg,比对照品种增产12.98%。养蚕叶质鉴定的结果表明:桑特优3号的叶质显著优于对照品种,其中:春季,桑特优3号养蚕的万蚕茧层量达3.45 kg,比对照品种增加4.29%,100 kg桑产茧量6.55 kg,比对照品种增加3.90%,100 kg叶茧层量1.50 kg,比对照品种增加5.61%;秋季,桑特优3号桑叶养蚕的万蚕茧层量达3.73 kg,比对照品种增加2.26%,100 kg叶茧层量1.79 kg,比对照品种增加2.24%。进行4年对桑花叶病抗性的调查测定,桑特优3号病情指数平均比对照品种沙2×伦109降低35.66%。抗青枯病力较强。

【栽培技术要点】 采用种子繁殖。可以先播种育实生苗后移栽建园,也可直播成园。适宜密植,亩栽5000～6000株为宜,全年以采片叶为主的桑园每年夏伐和冬伐各1次,夏伐宜低刈或根刈,冬伐宜留长枝(留下半年生枝条高30～50 cm),促进冬芽早发快长,提高产量和叶质,还可防治花叶病。叶片较大,可采摘片叶收获,也适合条桑收获,条桑收获要保持桑园肥水充足,使枝叶生长旺盛。桑园要多施有机肥、及时追肥,促进枝繁叶茂,发挥丰产性能。

【适宜区域和推广应用情况】 适宜于珠江流域等热带、亚热带地区栽植。该品种还没有大面积推广。

6. 桂桑5号

【来源】　为杂交组合：试11×桂诱93251，由广西壮族自治区蚕业技术推广总站育成。属广东桑种。母本：试11，为二倍体品种，由华南农业大学杂交育成；父本：桂诱93251，为四倍体品种，由广西蚕业技术推广总站利用化场2×桂7722的F_1植株进行多倍体诱导培育而成。2015年6月通过广西农作物品种审定委员会的审定（桂审桑2015001号）。

【选育经过】　1993年，对化场2×桂7722的F_1小苗进行秋水仙碱人工诱变，经过定向培育和筛选，育成父本品种桂诱93251。1999年组配101个杂交组合进行选育试验，初选出一批优良杂交组合；2005年配制其中的试11×桂诱93251等18个杂交组合进行复选试验，优中选优，于2011年育成桂桑5号（原名桑特优5号，试11×桂诱93251），参加2012—2014年广西桑树品种区域性试验。2015年3月申请品种审定。

【特征】　其籽粒较粗，千粒重2.2 g左右。植株群体整齐，树形高大，枝态直立，发条较多，枝条较高，中等粗，较直，皮青灰色，节间直，节距4.4～5.6 cm，叶序1/3。皮孔椭圆形或圆形，中等大小，中等密度。冬芽长三角形，灰褐色，贴生，有副芽但不多。全叶阔心脏形，深绿色，较平展，叶尖长尾状，叶缘齿为乳头齿，中等大小，叶基浅心形，叶片大而厚，春叶叶长、叶幅分别可达29.5 cm和27.3 cm，单叶重可达10.1 g，叶面光滑，波皱或无皱，光泽较强，叶着生态多为平伸，叶柄中长。新梢顶端芽及幼叶淡绿色。F₁群体植株开雌花和开雄花的植株约各半,葚较粗长,中等数量,紫黑色。

【特性】　有较明显的冬眠期,冬芽萌芽时间在广西南宁市为12月底至1月初,在广西宜州市为1月上旬。生长期长,如水肥充足可到11月底才盲顶收造,12月初才落叶休眠。生长势旺,长叶较快,耐剪伐,再生能力强,适合摘片叶收获,也适合全年条桑收获和草本化栽植。

【产量、品质、抗逆性等表现】　2013—2014年在南宁西乡塘区、宜州市、环江、柳城、那坡、昭平县进行桑树新品种的区域性试验,新种桑投产当年亩桑产叶量6区试点平均2389.0 kg,比对照品种沙2×伦109增产13.55%;投产第2年进入丰产期,亩桑产叶量6区试点平均3378.8 kg,比对照品种沙2×伦109增产15.61%,增产达显著水平。春夏秋4批次测试叶片营养成分结果:叶片干物质含粗蛋白26.1%～28.4%,粗脂肪3.91%～6.76%,可溶性糖8.41%～9.96%,碳水化合物总量54.80%～56.20%;春季第一造条桑收获,枝叶干物质含粗蛋白20.7%、粗脂肪2.59%、粗纤维28.7%、可溶性糖6.08%,碳水化合物总量66.1%。综合春夏秋桑叶养蚕的叶质鉴定成绩,桑叶养蚕的万蚕茧层量达3.54～3.67 kg,春叶比沙2×伦109增产5.04%,达极显著水平;5龄蚕100 kg桑产茧量达7.50～8.63 kg,夏叶、秋叶比沙2×伦109增产4.29%～9.80%,达极显著水平。对桑花叶病的抗性较强,花叶病的发病率,比对照品种沙2×伦109降低6.97百分点,达显著水平。耐旱性较强,适应性较广。

【栽培技术要点】　采用种子繁殖。可以先播种育实生苗后移栽建园,也可直播成园。适宜密植,亩栽4500～5500株为宜。冬伐宜留长枝,高位剪伐(剪留下半年生枝条高30.0～50.0 cm),促进冬芽早发快长,多枝多叶,还可防治花叶病,提高桑叶产量和叶质。采片叶和条桑收获均可,条桑收获要保持桑园肥水充足,使枝叶生长旺盛。应及时采叶,防止倒伏。桑园要增施有机肥,及时追肥,促进枝繁叶茂,发挥其丰产性能。

【适宜区域和推广应用情况】　适宜于珠江流域等热带、亚热带地区栽植,可作为养蚕用桑,也适合畜牧养殖的饲料用桑。正在繁育推广。

7. 桂桑6号

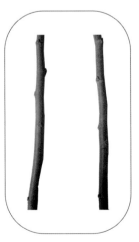

【来源】 为杂交组合:7862×桂诱94168,由广西壮族自治区蚕业技术推广总站育成。属广东桑种。母本:7862为二倍体品种,从广东省农科院蚕业与农产品加工研究所引进;父本:桂诱94168为四倍体品种,由广西壮族自治区蚕业技术推广总站利用"试11×桂7722"的F₁植株进行多倍体诱导培育而成。2015年6月通过广西农作物品种审定委员会的审定(桂审桑2015002号)。

【选育经过】 1994年,对试11×桂7722的F₁小苗进行秋水仙素人工诱变,经过定向培育和筛选,育成父本品种桂诱94168。1999年组配101个杂交组合进行选育试验,初选出一批优良杂交组合;2005年配制其中的7862×桂诱94168等18个杂交组合进行复选试验,优中选优,于2011年育成桂桑6号(原名桑特优6号,7862×桂诱94168),参加2012—2014年广西桑树品种区域性试验,2015年3月申请品种审定。

【特征】 籽粒较粗,千粒重2.2 g左右。植株群体表现整齐。树形高大,枝态直立,发条较多,枝条较高,中等粗,较直,皮青灰色,节间直,节距4.9～5.3 cm,叶序2/5。皮孔椭圆形或圆形,较小,中等密度。冬芽正三角形或长三角形,灰黄色,尖离、贴生均有,有副芽但不多。全叶阔心脏形,深绿色,较平展,叶尖短尾状,少量为双头,叶缘齿为乳头状锯齿,中等大小,叶基浅心形,叶片大而厚,叶长、叶幅分别可达30.2 cm和26.8 cm,单叶重10.9 g,叶面光滑,有波皱或无皱,光泽较强,叶着生态多为平伸,叶柄较短。新梢顶端芽及幼叶棕绿色。大部分植株开雌花,葚较粗长,中等数量,紫黑色。

【特性】 有较明显的冬眠期,冬芽萌芽时间在广西南宁市为12月底至1月初,在广西宜州市为1月上旬。生长期长,如水肥充足到11月底才盲顶收造,12月初才落叶休眠。生长势旺,长叶较快,耐剪伐,再生能力强,适合摘片叶收获,也适合全年条桑收获和草本化栽培。适应性较广。

【产量、品质、抗逆性等表现】 2013—2014年在南宁西乡塘区、宜州市、环江县、柳城县、那坡县、昭平县进行桑树新品种的区域性试验,种植3个多月就可投产采叶养蚕,新种桑投产当年亩桑产叶量平均2390.1 kg,比对照品种沙2×伦109增产13.60%;投产第2年桑园进入丰产期,亩桑产叶量平均3316.5 kg,比对照品种沙2×伦109增产13.48%,达显著水平。春夏秋4批次测试叶片营养成分结果,叶片干物质含粗蛋白25.4%～27.2%,粗脂肪3.02%～7.15%,碳水化合物总量 55.5% ~ 55.7%；春季第一造条桑收获枝叶干物质含粗蛋白 21.3%、粗脂肪 2.49%、粗纤维 27.4%、可性溶糖 7.08%，碳水化合物总量 65.5%。综合春夏秋桑叶养蚕叶质鉴定成绩，万蚕茧层量达 3.39 ~ 3.66 kg，与沙 2×伦 109 没有显著差异；5 龄蚕 100 kg 桑产茧量达 7.45 ~ 8.38 kg，其中秋叶比沙 2×伦 109 增产 6.74%，达极显著水平。桑叶养家蚕原种制种，单蛾良卵数达 604 粒，比对照品种沙 2×伦 109 增产 3.42%，达显著水平。对桑花叶病的抗性较强，花叶病的发病率比对照品种沙 2×伦 109 降低 14.27 个百分点，达极显著水平；病情指数仅 9.71%，比对照品种沙 2×伦 109 降低 6.44 个百分点，达极显著水平。

【栽培技术要点】 采用种子繁殖。可以先播种育实生苗后移栽建园，也可直播成园。适宜密植，亩栽 4500 ~ 5500 株为宜。冬伐宜留长枝高位剪伐（剪留下半年生枝条高 30.0 ~ 50.0 cm），促进冬芽早发快长，多枝多叶，还可防治花叶病，提高桑叶产量和叶质。采片叶和条桑收获均可，条桑收获要保持桑园肥水充足，使枝叶生长旺盛。桑园要增施有机肥，及时追肥，促进枝繁叶茂，发挥其丰产性能。

【适宜区域和推广应用情况】 适宜于珠江流域等热带、亚热带地区栽植，可作为养蚕用桑，也适合畜牧养殖的饲料用桑，正在繁育推广。

十四、重庆市

1. 北桑 1 号

【来源】 本品种又名北场荆桑，是原四川省北碚蚕种场（现重庆市北碚蚕种场）从实生桑中选成的优良品种。属白桑种。分布于川东一带。1986 年通过四川省农作物品种审定委员会审定，1996 年通过全国农作物品种审定委员会审定（GS11018—1995）。

【选育经过】 不详。

【特征】 树形直立，枝条中粗而长，枝态直，皮紫褐色，节间微曲，节距 4.0 cm，叶序 2/5。皮孔椭圆形，9 个/cm²。冬芽三角形，褐色，贴生，副芽少。叶心脏形，较平展，深绿色，叶尖锐头，叶缘钝齿，叶基浅心形，叶长 22.5 cm，叶幅 19.5 cm，叶片较厚，叶面光滑无皱，光泽强，叶片稍下垂，叶柄粗长。开雌花，甚较多，中大，紫黑色。

【特性】 四川省三台县栽培，发芽期 3 月 20 日—27 日，开叶期 3 月 29 日—4 月 7 日，发芽率 71%，生长芽率 29%，成熟期 4 月 25 日—30 日，属中生中熟品种。叶片硬化期 9 月下旬。发条力强，侧枝少，米条产叶量春 234 g、秋 109 g，千克叶片数春 320 片、秋 220 片，叶梗比 59%，亩桑产叶量 1500 kg，亩产葚 360 kg。

【产量、品质、抗逆性等表现】 叶质较优，含粗蛋白 18.77% ~ 22.98%，可溶性糖 14.1% ~ 15%。经养蚕鉴定，万蚕茧层量春 4.77 kg、秋 4.50 kg，壮蚕 100 kg 叶产茧量春 7.396 kg、秋 6.386 kg。中抗黑枯型细菌病、白粉病、污叶病。

【栽培技术要点】 宜"四边"栽培或成片种植，可合理密植。因发条力强，可作条桑收获。

【适宜区域和推广应用情况】 适宜于长江中游地区栽植。

2.嘉陵16号

【来源】 原西南农业大学(现西南大学)育成,三倍体。用四倍体桑品种西庆一号(白桑)作母本、二倍体桑品种育2号(杂交品种:湖桑39号×广东桑)作父本。

【选育经过】 1986年进行人工有性杂交、单株选育,1987年进行系统选育而成,属于白桑。1992年通过四川省农作物品种审定委员会审定,1997年通过重庆市农作物品种审定委员会审定,1998年通过全国桑树品种审定委员会审定(国审蚕980007)。为国内育成的第一个三倍体桑品种。

【特征】 枝条直立粗长,树形紧凑,皮青灰色,节间密,节距3.6 cm,叶序2/5。皮孔突出,大而多,圆形或椭圆形,黄褐色。冬芽正三角形,紧贴枝条,芽褥突出,有副芽。裂叶,深绿色,叶尖锐头,叶缘锐锯齿,叶基心形,叶形大,叶长23.0 cm,叶幅21.0 cm,叶片肥厚。叶面稍有皱缩,有光泽,叶片向下斜伸。不育。

【特性】 重庆市栽植,发芽期3月9日—16日,开叶期3月17日—29日,叶片成熟期4月19日—30日,属中熟偏早品种。发芽率达80.0%以上。

【产量、品质、抗逆性等表现】 产叶量高,叶质优。据四川省和重庆市桑树品种区域性试验鉴定,嘉陵16号全年亩桑产叶量比对照品种湖桑32号高20%。万蚕产茧量比对照品种湖桑32号高13%,万蚕茧层量比对照品种湖桑32号高12%,壮蚕100 kg叶产茧量比对照品种湖桑32号高16%。桑叶干物质粗蛋白含量28.08%,比对照品种湖桑32号高1.18个百分点,可溶性糖含量4.67%,比对照品种湖桑32号高1.45%。抗旱性和抗桑细菌性黑枯病均优于对照品种。

【栽培技术要点】 (1)该品种因为裂叶,枝条直立,适宜丘陵、山地密植桑园和间作桑园栽植,种植密度以亩栽800~1000株为宜。(2)宜低、中干养成,采叶时,新梢顶端宜多留嫩叶。(3)适合冬季重剪或夏伐采收。(4)生长旺、叶质优,加强肥培管理,可充分发挥其丰产特性。(5)叶质优良,亦可作为蚕种场种茧育用桑品种。(6)春季发芽较早,剪梢、整枝、剪取穗条宜于立春前结束。(7)适合于嫁接繁殖。

【适宜区域和推广应用情况】 适宜于西部地区、长江流域和黄河流域各种土壤类型栽植。在四川省和重庆市40多个区县栽培推广,种植面积达近万公顷。新疆、贵州、河南、陕西等地也有栽植。

3. 嘉陵20号

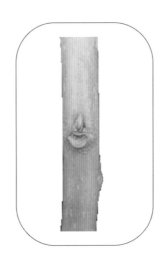

【来源】 原西南农业大学(现西南大学)育成,三倍体。用二倍体桑品种7920(杂交品种:中桑5801号×澧桑24号)作母本、人工四倍体桑品种桐乡青(鲁桑)作父本。

【选育经过】 1993年进行人工有性杂交、单株选育,1994年进行系统选育而成,属于鲁桑。1996—2002年参加四川省和重庆市的桑树品种区域鉴定试验,2002年通过四川省农作物品种审定委员会审定,2003年通过重庆市农作物品种审定委员会审定,2006年通过国家林木良种审定(国S-SC-MA-019-2006)。为超高产人工三倍体桑品种。

【特征】 树形直立,树冠紧凑,枝条直立粗长,发条数多,无侧枝,枝叶生长速度快,皮灰白色,节间密,节距3.1 cm,叶序2/5。皮孔椭圆形居多,黄褐色。冬芽饱满,三角形,芽尖,稍歪斜,芽褥突出,有副芽。全叶,深绿色,叶尖锐头,叶缘圆锯齿,叶基心形,叶长26.0 cm,叶幅22.0 cm,叶片肥厚。叶面微皱,光泽强,叶片向下斜伸。开雄花,不育。

【特性】 重庆市栽植,发芽期为3月2日—9日,开叶期3月11日—17日,叶片成熟期4月10日—25日,属中熟偏早品种。发芽率达85.0%以上。夏秋叶硬化迟,树体休眠迟,枝叶营养器官生长特别旺盛。

【产量、品质、抗逆性等表现】 产叶量高,叶质优。据四川省和重庆市桑树品种区域性试验鉴定,嘉陵20号全年亩桑产叶量比对照品种湖桑32号高31.81%;万蚕产茧量比对照品种湖桑32号高4.89%,万蚕茧层量比对照品种湖桑32号高5.84%,壮蚕100 kg叶产茧量比对照品种湖桑32号高7.45%。桑叶(干物质)蛋白质含量27.52%,比对照品种湖桑32号高4.14个百分点,可溶性糖含量5.53%,比对照品种湖桑32号高1.04个百分点。抗旱性和抗桑细菌性黑枯病均优于对照品种。该品种产叶量高、叶质优、枝叶农艺性状优良,桑叶好采摘,可节省采叶劳力。

【栽培技术要点】 (1)适合平坝、丘陵、山区密植桑园,间作桑园或四边桑栽植,种植密度以亩栽800～1000株为宜。(2)宜低、中干养成,可进行冬季重剪式或夏伐式采收。(3)生长旺、叶质优,加强肥培管理,可充分发挥该品种的丰产特性。(4)叶质优良,亦可作为蚕种场种茧育用桑品种。(5)春季发芽较早,剪梢、整枝、剪取穗条宜于立春前结束。(6)适合于嫁接繁殖。

【适宜区域和推广应用情况】 适宜于西部地区、长江流域和黄河流域各种土壤类型栽植。现已在重庆、四川、云南、贵州、山东、陕西、北京、广西和宁夏的70多个区县栽培推广,种植面积达近4万公顷。

4. 北三号

 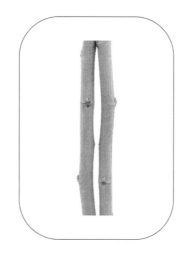 

【来源】 北碚蚕种场从栽培桑中选优繁育而成。于2002年5月通过四川省品种审定委员会审定(川审桑2002003)。

【选育经过】 从四川省地方品种中选拔而来。

【特征】 树形开展,发条能力强,枝条粗而直,侧枝少,皮黄褐色,节间微曲,平均节距3.8 cm,叶序1/3。皮孔椭圆形或圆形,较小,8个/cm²。冬芽正三角形,稍离生,深褐色,副芽少。叶片椭圆形,深绿色,叶尖尖头,叶缘乳头状,叶基深心形,叶长25.0 cm,叶幅19.4 cm,叶片较厚,叶面有光泽,无皱缩,叶片下垂。雌花少,花柱短,先花后叶,甚少,紫色。

【特性】 四川省栽植,发芽期与湖桑32号相近,发芽脱苞期3月上旬,开叶期3月下旬。发芽率50.87%,叶片成熟偏早,秋叶硬化稍早,9月上旬硬化率25%～35%,11月下旬停止生长,属晚熟品种。北三号米条产叶量176.38 g,比对照品种高8.31%。

【产量、品质、抗逆性等表现】 亩桑产叶量1542.6 kg,比对照品种高10.99%;万蚕产茧量为17.73 kg,比对照品种高2.33%;万蚕茧层量为4.426 kg,比对照品种高3.88%;100 kg叶产茧量9.85 kg,比对照品种高8.77%;亩桑产茧量、亩桑茧层量分别为48.614 kg、12.103 kg,比对照品种高20.88%、23.44%。对污叶病和桑疫病有较强的抵抗力。发条力强,耐剪伐。

【栽培技术要点】 适宜平坝、丘陵区栽植,肥水条件充足地区栽培产叶量较高。宜中干养成,夏伐式修剪。

【适宜区域和推广应用情况】 适宜于长江流域地区栽植。现分布于重庆的北碚、合川、梁平等地。

5.嘉陵30号

 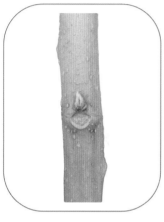 

【来源】 原西南农业大学(现西南大学)育成。四倍体。用二倍体桑品种中桑5801号(杂交品种:湖桑38号×广东桑)的果叶优选单株为亲本材料,再采用化学诱育成的果叶兼用多倍体新桑品种。

【选育经过】 1999—2002年进行果叶优良单株选择,2003—2004年进入化学诱变选择选育而成。2005—2009年参加重庆市的桑树品种区域鉴定试验,2009年11月通过重庆市蚕桑品种审定委员会审定(渝审桑2009001)。为果叶兼用人工多倍体新桑品种。

【特征】 树形开展,枝条长而直,发条数多,皮青灰色,节间密,节距3.0 cm,叶序紊乱。冬芽三角形,芽尖,稍歪斜,有副芽。皮孔圆形或椭圆形,大而较多,黄褐色。全叶,绿色,叶尖锐头,叶缘锐齿,叶基截形或浅心形,叶长24.0 cm,叶幅22.0 cm,叶片肥厚,叶面有1~3个较大的纵向折皱,叶面有光泽,叶片平伸或向下斜伸。开雄花,葚多,紫黑色。

该品种桑葚比亲本大,平均果长4.0 cm,果横径1.5 cm,单果重4.5 g左右,桑葚圆筒形,果肉肥厚;单芽平均坐果数为4粒,少籽。单株产果量平均较亲本提高16.1%。

【特性】 重庆市栽植,发芽期为2月20日—27日,开叶期3月1日—7日,叶片成熟期3月15日—25日,属早熟品种。发芽率达85.0%以上,发芽整齐。桑葚成熟期为4月23日—5月12日,盛熟期为4月27日—5月8日。

【产量、品质、抗逆性等表现】 产果量,据重庆市桑树品种区域性试验鉴定,嘉陵30号亩产果794 kg,较二倍体对照品种红果2号高45.89%;年平均亩桑产叶量为2168.9 kg,较对照品种红果2号高39.95%,比叶用二倍体对照品种湖桑32号增产13%。该品种桑叶养蚕成绩中的万蚕产茧量、万蚕茧层量和4~5龄蚕100 kg叶产茧量均比对照品种红果2号高6%以上,比叶用二倍体对照品种湖桑32号高5%。嘉陵30号桑葚甜度为9,比对照品种红果2号高2度,桑葚还原糖含量为7.03%,比对照品种红果2号高1.35个百分点,桑葚汁总酸度为2.66%,较对照品种红果2号低2.91%,桑葚的榨汁率为59.5%,较对照品种红果2号高2.5%。易受桑葚肥大性菌核病侵染。

【栽培技术要点】 (1)本品种树形开展,又为果叶兼用,以稀植为宜,种植密度以亩栽400~600株为宜。(2)宜低、中干养成,树形养成后可进行夏伐式采收,以利春季产果。(3)为了提高桑葚品质,宜多施有机肥和复合肥。(4)春季发芽较早,剪梢、整枝、剪取穗条和嫁接宜于立春前结束。(5)适合于嫁接繁殖。(6)注意桑葚菌核病的防治。

【适宜区域和推广应用情况】 适宜于西部地区、长江流域各种土壤类型栽植。现已在重庆市、四川省、云南省、北京市扩繁推广。

十五、四川省

1. 实钴11-6

【来源】 由四川省三台蚕种场、四川省农业科学院蚕业研究所育成,二倍体,叶用桑品种。用^{60}Co-γ照射处理桑种子,选优的桑苗再用γ射线2000 R处理其枝条选育而成,于1990年1月通过四川省农作物品种审定委员会审定(川审桑4号),1996年通过全国农作物品种审定委员会审定。

【选育经过】 1975年,采用当春新鲜桑种子作为照射材料,用^{60}Co-γ射线处理桑种子,并在半干旱黏土条件下进行苗圃育选优,当年秋季发现10000 R、剂量率1000 R/h处理组中第6变异单株向优变异,故定名实钴11-6。1975—1984年进一步进行繁殖。1989—1994年参加全国第二批桑品种试验,1984年推荐给四川省丝绸公司和四川省桑树品种审定委员会提请鉴定。

【特征】 树形开展,发条力强,枝条中粗而长,枝条直,侧枝少,皮灰色,节间直,节距3.0 cm,叶序2/5。皮孔椭圆形,6个/cm^2。冬芽长、正三角形、深黄色,贴生,副芽多。叶心脏形,较平展,翠绿色,叶尖锐头,叶缘乳头齿,叶基截形,叶长20.0 cm,叶幅17.0 cm,叶面光滑无皱,光泽较强,叶片平伸,叶柄粗长。开雌花,葚小而少,紫黑色。

【特性】 四川省三台县栽植,发芽期3月16日—22日,开叶期3月28日—4月4日,发芽率73.0%,生长芽率27.0%,叶片成熟期5月6日—15日,属中生中熟品种。叶片硬化期9月下旬。米条产叶量春289.0 g、秋157.0 g,千克叶片数春216片、秋199片,叶梗比55%。

【产量、品质、抗逆性等表现】 产叶量高,叶质中等,据四川省桑树品种区域性试验结果:平均亩桑产叶量1647 kg;含粗蛋白22.06%~22.13%,可溶性糖11.16%~13.55%。经养蚕鉴定,万蚕茧层量春5.054 kg、秋5.07 kg。壮蚕100 kg叶产茧量春7.20 kg、秋7.15 kg。中抗黑枯型细菌病、白粉病和污叶病。

【栽培技术要点】 宜作多种形式栽植,对"四边桑"和间作桑更能充分发挥增产优势。由于桑叶成熟一致,萌发力强,宜条桑收获。

【适宜区域和推广应用情况】 适宜于长江中游地区栽植。主要分布于四川省主要蚕区和蚕种场。

2. 川7637

【来源】 由四川省农业科学院蚕业研究所培育。以中桑5801为母本,6031为父本进行人工杂交系统选育而成。二倍体。1995年6月通过四川省桑树品种审定委员会审定和省级技术鉴定(川审桑12号),1999年通过全国农作物品种审定委员会审定(国审桑990001)。

【选育经过】 是国内第一个采用人工杂交与辐射处理相结合的方法育成的新桑品种。1976年,对获得的杂交种子用^{60}Co-γ射线进行照射,从剂量为1600 R、剂量率为30000 R/h处理组合中选出编号为7637的优良单株,进行定向培育而成。

【特征】 树形直立、开展,发条力强,枝条粗长而直,侧枝少,皮黄褐色,节距3.8 cm,叶序2/5或3/8。皮孔圆形,大小不匀。冬芽正三角形,尖离,褐色,副芽较多。叶心脏形,较平展,翠绿色,叶尖锐头,叶缘乳头齿,叶基浅心形,叶长23.5 cm,叶幅21.5 cm,叶片较厚,叶面光滑微皱,有光泽,叶片稍下垂,叶柄粗短。雌雄同株或异株,桑葚少。

【特性】 四川省南充市栽植,发芽期3月15日—19日,开叶期3月20日—25日,发芽率80.0%,生长芽率30.0%,叶片成熟期5月上旬,属中生中熟品种。叶片硬化期10月上旬。千克叶片数春310片、秋298片,叶梗比54.5%。

【产量、品质、抗逆性等表现】 四川省南充市栽植,平均亩桑产叶量1650 kg,比对照品种高15%～19%;万蚕产茧量比对照品种高8.81%,亩桑产茧量高19.2%,亩桑茧层量高17.8%,100 kg叶产茧量高19.78%;粗蛋白含量23%～24.7%,比对照品种高1.045%,可溶性糖含量14%～14.5%,19种氨基酸含量比对照品种高2.16%;桑疫病发病率为9.95%。

【栽培技术要点】 该品种适应性广,宜低、中干养成,壮蚕用桑。嫁接在肥水条件良好地区更能发挥其高产优势,冬重修或夏伐式修剪。

【适宜区域和推广应用情况】 适宜于丘陵、浅丘地区栽植。在四川各蚕区均有种植,累计推广面积达50万亩。

3. 转阁楼

【来源】 由四川省农业科学院蚕业研究所、汉源县农业局从四川省汉源县地方品种中选拔而来。鲁桑种,二倍体。于1984年7月通过四川省农作物品种审定委员会审定。

【选育经过】 从四川省地方品种中选拔而来。

【特征】 树形直立,枝条细长而直,匀整,皮青灰色,节间直,节距3.8 cm,叶序3/8或2/5。皮孔小、圆形,16个/cm²。冬芽长三角形,腹离或尖离,副芽少。叶心脏形,平展,叶尖锐头,叶缘钝齿,叶基浅心形,叶长17.0 cm,叶幅16.4 cm,叶片较厚,叶面光滑,无皱,光泽强,叶片下垂,叶柄细短。葚小而少,紫黑色。

【特性】 原产地栽植,发芽期3月19日—24日,开叶期3月30日—4月6日,发芽率78.0%,生长芽率15.0%,成熟期5月11日—20日,属中生中熟品种。叶片硬化期9月下旬。发条力强,侧枝少,米条产叶量春113.0 g、秋125.0 g,千克叶片数春504片、秋373片,叶梗比50%。

【产量、品质、抗逆性等表现】 平均亩桑产叶量1150 kg。叶质中等,粗蛋白含量17.47%～22.15%,可溶性糖含量14.5%～15.5%。经养蚕鉴定,万蚕茧层量春4.28 kg、秋4.17 kg,壮蚕100 kg叶产茧量春6.9 kg、秋6.65 kg。抗黑枯型细菌病,抗旱、抗寒性中等。

【栽培技术要点】　宜夏伐或中干剪定,"四边"栽桑,宜高干养成。丘陵山地和"四边"栽培,养成中干桑。

【适宜区域和推广应用情况】　适宜于长江中游地区栽植。

4. 南一号

【来源】　由四川省农业科学院蚕业研究所从三台县选出的地方品种。鲁桑种,二倍体。于1984年7月通过四川省农作物品种审定委员会审定。

【选育经过】　从四川省地方品种中选拔而来。

【特征】　树形较开展,枝条粗长而直,皮赤褐色,皮纹略粗,节间直,节距2.8 cm,叶序2/5。皮孔椭圆形,6个/cm²。冬芽椭圆形,赤褐色,腹离,副芽少。叶心脏形,基部有少数裂叶,叶缘微翘,深绿色,叶尖锐头,叶缘乳头齿,叶基浅心形,叶长21.0 cm,叶幅18.0 cm,叶片厚,叶面略粗,无缩皱,叶片下垂,叶柄粗长。雌雄同株、同穗,雄花穗短,数量中等,葚小而少,紫黑色。

【特性】　原产地栽植,发芽期3月16日—26日,开叶期3月30日—4月7日,发芽率73.0%,生长芽率30.0%,成熟期5月4日—10日,属中生中熟品种。叶片硬化期9月中旬。发条力中等,无侧枝,米条产叶量春201.0 g、秋272.0 g,千克叶片数春203片、秋156片,叶梗比58%。

【产量、品质、抗逆性等表现】　据四川省桑树新品种区域性试验结果:南一号平均亩桑产叶量1303 kg。叶质中等,粗蛋白含量21.44%,可溶性糖含量14.60%。经养蚕鉴定,万蚕茧层量春4.26 kg、秋3.99 kg,壮蚕100 kg叶产茧量春6.38 kg、秋5.69 kg。耐肥、耐剪伐,抗黑枯型细菌病,易染灰霉病。

【栽培技术要点】　宜中干养成,多留拳条,加强水肥管理,冬修短稍宜重,早摘芯。

【适宜区域和推广应用情况】　适宜于长江中下游地区栽植。

5. 充场桑

【来源】 由四川省农业科学院蚕业研究所育成。山桑系优质高产抗病桑品种,二倍体。于1986年12月通过四川省农作物品种审定委员会审定。

【选育经过】 1955年从南充蚕种场土门坝桑园的实生桑中选出的优良单株,经10多年系统选育而成。

【特征】 树形直立,发条数多,枝条微曲、粗壮,侧枝少,皮赤褐色,皮纹较粗,节距4.2～4.5 cm,叶序2/5。皮孔圆点状,大小及分布不匀。冬芽正三角形,贴生,较肥大,有副芽1～2个,多覆盖于芽鳞片内,褐色,叶痕半圆形,芽褥平。叶心脏形,浓绿色,叶尖尾状,叶缘乳头齿,叶基深入,叶长23.5 cm,叶幅21.5 cm,叶片厚,叶面微皱,有光泽。开雌花,花叶同开,甚多,紫黑色。

【特性】 四川省南充市栽培,脱苞期约在3月中旬,燕口期约在3月20日左右,比对照品种湖桑32号早2天,冬芽萌发率高达70.0%～80.0%,生长芽率27.71%。

【产量、品质、抗逆性等表现】 亩桑产叶量春802 kg、夏秋1762 kg,全年产叶量达2564 kg。春万蚕茧层量4.78 kg,较对照区蚕高5.75%;万蚕产茧量18.39 kg,较对照区蚕高4.25%。秋万蚕茧层量3.80 kg,较对照品种高8.26%;万蚕产茧量15.35 kg,较对照品种高2.40%。

【栽培技术要点】 该品种对水肥需求高,应栽植于土层厚、肥力好、pH为7左右的土壤里,如田埂、地埂、平缓山坡、塘堰坝和水渠堤等,蔬菜地内及其他无毒无害经济作物地内间作更好。土壤瘠薄,对充场桑生长不利。芽接成活率高,繁殖容易。

【适宜区域和推广应用情况】 适宜于四川盆地栽植,重庆、云南、贵州、陕西也适宜栽植。

6. 保坎61号

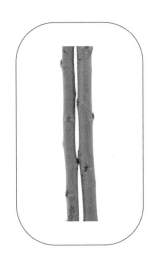

【来源】 本品种系四川省阆中蚕种场从实生桑中选优培育而成的。白桑种,二倍体。于1990年1月通过四川省农作物品种审定委员会审定(川审桑5号)。

【选育经过】 从四川省地方品种中选拔而来。

【特征】 树形直立,枝条直而粗长,发条力强,生长整齐,侧枝少,皮褐色,节间直,节距3.3 cm,叶序2/5。皮孔小,椭圆形,10个/cm²。冬芽正三角形或球形,紫褐色,贴生,副芽多。叶卵圆形,平展,翠绿色,叶尖短尾状,叶缘乳头齿,叶基浅心形,叶长17.0 cm,叶幅12.0 cm,叶片厚,叶面光滑无皱,光泽强,叶片平伸或稍下垂,叶柄粗长。开雌花,甚小而多,紫红色。

【特性】 四川省三台县栽植,发芽期3月24日—4月1日,开叶期4月3日—12日,发芽率42.1%,生长芽率23.86%,叶片成熟期4月26日左右,属中生早熟品种。叶片硬化期10月上旬。米条产叶量春146.8 g、秋105.0 g,千克叶片数春335片、秋305片,叶梗比41.7%。

【产量、品质、抗逆性等表现】 产叶量中等,叶质优,据四川省桑树新品种区域性试验结果:平均亩桑产叶量1209 kg,亩产桑葚500 kg,粗蛋白含量18.78%～23.24%,可溶性糖含量12.01%～13.29%。经养蚕鉴定,万蚕茧层量春5.03 kg、秋5.43 kg,壮蚕100 kg叶产茧量春6.44 kg、秋7.01 kg。抗黑枯型细菌病,抗旱,耐瘠。

【栽培技术要点】 宜低、中干养成,条桑收获时,应加施肥料。叶片成熟期早,宜稚蚕用叶。葚多,可作果、叶两用桑。

【适宜区域和推广应用情况】 适宜于长江流域栽植。分布于四川省各蚕区和蚕种场。

7.川 852

【来源】 由四川省农业科学院蚕业研究所从一之濑×桐乡青的杂交组合中选出的优良单株培育而成。白桑种,二倍体。1991年1月通过四川省农作物品种审定委员会审定(川审桑7号)。

【选育经过】 川852系从一之濑×桐乡青的杂交组合中选出的优良单株,于1986—1990年参加了四川省第三批桑品种鉴定试验。

【特征】 树形直立,发条力强,枝条粗长而直,侧枝少,皮青黄色,皮纹细,节距3.3 cm,叶序2/5。皮孔小,分布较匀,14个/cm²。冬芽正三角形,浅褐色,尖离,副芽较多,芽褥突出,叶痕半圆形。叶心脏形,深绿色,叶尖锐头,叶缘钝齿,叶基心形,叶长19.5 cm,叶幅18.0 cm,叶片较厚,叶面光滑微皱,有光泽,叶片上斜或平伸,叶柄较短。开雄花,花穗短而少。

【特性】 四川省南充市栽植,发芽期3月13日—18日,开叶期3月20日—24日,发芽率80.0%,生长芽率22.0%,成熟期5月上旬,属中生中熟品种。叶片硬化期10月下旬,米条产叶量春164.0 g、秋180.0 g,千克叶片数春286片、秋260片,叶梗比54.4%。

【产量、品质、抗逆性等表现】 产叶量高,叶质较优,据四川省桑树新品种区域性试验结果:平均亩桑产叶量1400 kg。粗蛋白含量25%～29%,可溶性糖含量13.5%～14%;经养蚕鉴定,万蚕茧层量春5.5 kg、秋4.8 kg,壮蚕100 kg叶产茧量春6.6 kg、秋5.8 kg。抗黑枯型细菌病、污叶病、白粉病。抗旱性强,耐寒性中等。

【栽培技术要点】 适宜于丘陵山地栽培,低、中干养成,冬季剪梢宜重,稚壮兼用桑。

【适宜区域和推广应用情况】 适宜于长江流域栽植。四川绵阳、南充、宜宾等蚕区累计推广20多万亩。

8. **激** 7681

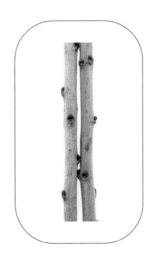

【来源】 本品种是四川省农业科学院蚕业研究所用苍溪49号×育2号培育而成。白桑种，二倍体。于1992年5月通过四川省农作物品种审定委员会审定(川审桑8号)。

【选育经过】 1976年,利用苍溪49号×育2号的 F_1 杂交种子以氮分子激光处理后从实生苗群体中单株选择培育而成。

【特征】 树形开展,枝条粗长而直,生长势旺,侧枝少,皮褐色,节距3.5 cm,叶序2/5或1/2。皮孔不规则,分布不匀。冬芽盾形,贴生,赤褐色,副芽少。叶椭圆形,较平展,深绿色,叶尖圆头或双头,叶缘乳头齿,叶基浅心形,叶长19.5 cm,叶幅16.2 cm,有光泽,叶片较厚,叶片平伸,叶柄细长。开雄花,花穗中长而多。

【特性】 四川省南充市栽植,发芽期3月15日—19日,开叶期3月20日—25日,发芽率75.0%,生长芽率30.0%,成熟期5月上旬,属中生中熟品种。叶片硬化期10月下旬。米条产叶量春160.0 g、秋185.0 g,千克叶片数春256片、秋230片,叶梗比55.6%。

【产量、品质、抗逆性等表现】 根据四川省桑树新品种区域性试验结果:平均亩桑产叶量1620 kg,粗蛋白含量25.16%～25.72%,可溶性糖含量12.0%～14.0%。经养蚕鉴定,万蚕茧层量春5.5 kg、秋5.0 kg。抗黑枯型细菌病、污叶病,抗旱性中等。

【栽培技术要点】 宜养成中干树形,在肥水条件好的地区栽培更能发挥其高产性能,适壮蚕用桑,也可作稚蚕用叶。

【适宜区域和推广应用情况】 适宜于长江流域栽植。在四川各蚕区均有栽培,累计推广40万亩。

9. 川 7657

【来源】 四川省农业科学院蚕业研究所以甜桑作为母本,华东6号作为父本,采用人工有性杂交方法,经过群体比较,个体选优,从杂交实生苗中选出优良单株培育而成。于1996年4月通过四川省农作物品种审定委员会审定(川审桑13号)。

【选育经过】 甜桑×华东6号后代系统选育而成。

【特征】 树形紧凑,枝条直立,粗细匀整,有少量侧枝,皮青灰色,节距3.0 cm。皮孔细。冬芽三角形,贴生,鳞片青灰色,副芽少。叶心脏形,叶色较绿,叶尖锐头,叶缘锐齿,叶基浅心形,叶长18.3 cm,叶幅18.2 cm,叶片厚,叶片有光泽。开雌花,甚多而甜,紫黑色。

【特性】 四川省南充市栽植,3月中旬脱苞,发芽期与湖桑32号接近,发芽率74.0%,桑叶凋萎速度慢,属晚生桑。

【产量、品质、抗逆性等表现】 亩桑产叶量比对照品种湖桑32号高12%,万蚕茧层量高4.64%,5龄蚕100 kg叶产茧量高5.31%,亩桑产茧量高22.05%,亩桑茧层量高22.27%。抗逆性较强。

【栽培技术要点】 加强肥培管理,采摘上注意留叶保尖保条可有效防止侧枝生长。

【适宜区域和推广应用情况】 适宜于四川省丘陵、浅丘地区栽植。

10. 川 8372

 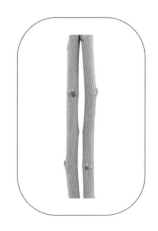 

【来源】 本品种是四川省农业科学院蚕业研究所从桐乡青×川1039的杂交组合中选出的优良单株培育而成。白桑种,二倍体。于1996年4月通过四川省农作物品种审定委员会审定(川审桑14号)。

【选育经过】 从桐乡青×川1039的杂交后代中系统选育而成。

【特征】 树形直立,发条数多,枝条细长而直,侧枝少,皮黄褐色,节距3.8 cm,叶序2/5。皮孔圆形或椭圆形,11个/cm²。冬芽正三角形,黄褐色,尖离,副芽较少。叶长心脏形,平展,深绿色,叶尖锐头,叶缘钝齿,叶基浅心形,叶长21.5 cm,叶幅17.5 cm,叶片较厚,叶面光滑无皱,有光泽,叶片稍下垂,叶柄细长。雌雄异株或同株,花葚少。

【特性】 四川省南充市栽植,发芽期3月13日—15日,开叶期3月17日—22日,发芽率80.0%,生长芽率30.0%,叶片成熟期5月上旬,属中生中熟品种。叶片硬化期10月下旬。米条产叶量春150 g、秋165 g,千克叶片数春358片、秋324片,叶梗比57%。

【产量、品质、抗逆性等表现】 产叶量高,叶质优,据四川省桑树新品种区域性试验结果:川8372平均亩桑产叶量1750 kg,粗蛋白含量23.56%～26.69%,可溶性糖含量13.4%～14.2%;经养蚕鉴定,万蚕茧层量春5.5 kg、秋5.0 kg,壮蚕100 kg叶产茧量春6.4 kg、秋6.1 kg。抗污叶病、白粉病,中抗黑枯型细菌病,抗旱性中等。

【栽培技术要点】 宜低、中干养成,丘陵山地栽培,壮蚕用桑。

【适宜区域和推广应用情况】 适宜于长江流域栽植。在四川各蚕区、蚕种场均有栽植。

11. 盘2号

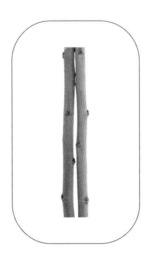

【来源】 本品种是四川省三台蚕种场从实生桑中优选而成。白桑种。分布于川中地区及部分蚕种场。于1996年4月通过四川省农作物品种审定委员会审定(川审桑15号)。

【选育经过】 从四川省三台县地方品种中选拔而来。

【特征】 树形直立,发条力中等,枝条中粗而长,枝态直,无侧枝,生长整齐,皮黄褐色,节间直,节距3.5 cm,叶序2/5。皮孔椭圆形,5个/cm²,较突出,表皮稍糙。冬芽正三角形,褐色,腹离,对生芽较多,副芽少。叶心脏形,有少量裂叶,深绿色,叶尖短锐头,叶缘锐齿,叶基截形,叶长20.0 cm,叶幅l6.0 cm,叶片厚,叶面光滑无缩皱,光泽强,叶片平伸,叶柄中粗长。雌雄同株,雌花多,雄花少,甚小而多,紫黑色。

【特性】 四川省三台县栽植,发芽期3月23日—4月1日,开叶期4月15日—25日,发芽率65.0%,生长芽率25.0%,成熟期5月11日—20日,属晚生晚熟品种。叶片硬化期10月上旬。米条产叶量春200.0 g、秋114.0 g,千克叶片数春308片、秋240片,叶梗比61%。

【产量、品质、抗逆性等表现】 产叶量中等,叶质优,据四川省桑树新品种区域性试验结果:盘2号平均亩桑产叶量1470 kg。粗蛋白含量22.25%~24.31%,可溶性糖含量14.00%~14.89%。经养蚕鉴定,万蚕茧层量春4.31 kg、秋4.07 kg,壮蚕100 kg叶产茧量春6.18kg、秋6.12 kg。抗细菌病、白粉病、污叶病,抗旱性中等,耐瘠。

【栽培技术要点】 宜养成中、高干树形,可作多季养蚕和条桑收获。

【适宜区域和推广应用情况】 适宜于长江中游地区栽植。在四川主要蚕区、各蚕种场有栽植。

12. 台90-4

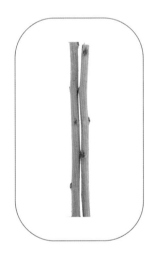

【来源】 该品种是四川省三台蚕种场1989年以桐乡青×台481进行杂交,从F₁中选出的优良个体,用无性繁殖培育的优良新品种。于2002年5月通过四川省农作物品种审定委员会审定(川审桑2002001)。

【选育经过】 从桐乡青×台481的F₁中系统选育而成。

【特征】 树形紧凑,发条力强,生长较旺,枝条均匀而直立,无侧枝,皮青灰褐色,节间直,节距3~3.5 cm,叶序2/5。皮孔点圆状,稍多。冬芽三角形,浅褐色,离生。叶心脏形兼有卵圆形,稍下叶色翠绿,叶尖锐头,叶缘大乳头齿,叶基平,光泽较强,叶面光滑,无缩皱,叶柄细长。生长时先叶后花,雌雄同株,甚小而少,紫黑色,味甜。

【特性】 四川省三台县栽植,转青期在3月5日左右,开第七叶在4月12日左右,属中生桑类型。春发芽率在71.4%左右,比对照品种高11%,止芯芽率28.48%,千克叶片数春生长芽比对照品种少10%左右,止芯芽少20%左右。米条产叶量比对照品种高20%~37%,叶梗比50.72%,比对照品种高11.08%。

【产量、品质、抗逆性等表现】 平均亩桑产叶量1745 kg,比对照品种湖桑32号高17%~22%,生物养蚕试验全茧量、茧层量比对照品种高3%~8%,万蚕产茧量、万蚕茧层量比对照品种高5%~9%,5龄蚕100 kg叶产茧量比对照品种高8%~11%,亩桑产茧量、亩桑茧层量比对照品种高25.5%~30%。属中生中熟品种。稚、壮蚕兼用品种。对桑红叶螨、稻绿蝽抗性特强。

【栽培技术要点】 宜肥沃土壤成片大行栽植或密植。可进行春伐、芽伐或冬季重剪,中、低干有拳式或无拳式养成。

【适宜区域和推广应用情况】 适宜于平坝、丘陵成片四边栽植。

13. 台14-1

【来源】 该品种是四川省三台蚕种场1986年以桐乡青×荆30系统选育而成。于2002年5月通过四川省农作物品种审定委员会审定(川审桑2002002)。

【选育经过】 对桐乡青×荆30子代进行系统选育而成。

【特征】 树形直立、紧凑,发条力强,生长旺盛,皮棕灰褐色,节距3.5 cm,叶序2/5。皮孔点少,椭圆形或圆形。冬芽长三角形,较饱满,贴生,鳞片赤褐色,有少量副芽。叶卵圆形稍有扭转,浓绿色,叶尖尖头,叶缘浅乳头齿,叶基浅心形,叶较大,叶片较厚,光泽较强,叶面光滑,无缩皱,叶片平下斜,叶柄较长。

【特性】 四川省三台县栽植,发芽期3月5日左右,开第七叶在4月13日左右,属中生晚熟品种。春发芽率高达79.0%,平均条长比对照品种长22.44%。

【产量、品质、抗逆性等表现】 亩桑产叶量达1651 kg,比对照品种高20%左右,作稚蚕用桑蚕体发育快而整齐,壮蚕用桑时五龄经过缩短15小时左右,四龄结茧率高达96.53%,虫蛹生命率达95.72%,千克茧粒数平均达470粒,万蚕产茧量达20.77 kg,万蚕茧层量达5.01 kg,5龄蚕100 kg叶产茧量达5.057 kg。对叶部病害及桑天牛、桑红叶螨等害虫抗性较强。

【栽培技术要点】 夏伐时因春雄花特多,先花后叶,所以在4月上旬应加强肥水管理,促进桑叶快速生长,用叶宜偏迟。

【适宜区域和推广应用情况】 本品种适宜于平坝、丘陵成片或四边桑栽植,如土层深厚、肥水条件好的栽植,更能发挥其优质高产特性。

14. 川799

 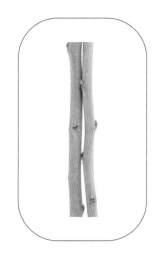 

【来源】 四川省农业科学院蚕业研究所以油桑自然杂交种子经 ^{60}Co-γ 射线照射后经群体比较、个体选优培育而成。2002年5月通过四川省农作物品种审定委员会审定(川审桑2002005)。

【选育经过】 油桑杂交种经 ^{60}Co-γ 辐射后群体系统选育而成。

【特征】 树形紧凑,枝条直立,皮黄青色,枝条粗细匀整。冬芽椭圆形,贴生,灰白色。叶椭圆形,叶色浓绿,叶尖钝头,叶缘乳头齿,叶基浅心形,叶长20.4 cm,叶幅20.9 cm,叶面有光泽。开雌花,甚少,紫黑色。

【特性】 3月上旬转青脱苞,发芽率48.2%。叶片硬化迟,属晚生品种。

【产量、品质、抗逆性等表现】 亩桑产叶量1551.53 kg,比对照品种高11.13%,万蚕茧层量比对照品种高7.88%,亩桑产茧量、亩桑茧层量分别比对照品种高13.05%、14.59%;5龄蚕100 kg叶产茧量比对照品种高7.15%。抗干旱、抗黑枯型细菌病能力强。

【栽培技术要点】 在加强肥培管理、栽植在肥水条件好的情况下更能发挥其高产优势。

【适宜区域和推广应用情况】 适宜于四川丘陵、浅丘地区栽植。在四川南充、绵阳、乐山、宜宾及凉山等蚕区有栽植。

15. 川826

【来源】 由四川省农业科学院蚕业研究所育成。二倍体,叶用桑。1974年以中桑5801、6031和纳溪桑为亲本材料,采用辐射与复合杂交相结合的育种方法,于1995年育成,2006年通过四川省农作物品种审定委员会审定(川审桑2006001)。

【选育经过】 选用5801×6031人工杂交种子经γ射线照射,从中选出优良单株763-3作母本,纳溪桑作父本,从杂交后代中选育而成。

【特征】 树形较紧凑,枝条直立,皮红褐色,枝条粗细匀整,秋梢有的呈鸡冠状,节距4.0 cm。皮孔细。冬芽三角形,紧贴枝条,红色,有对生芽或斜对芽。叶长椭圆形,叶片下垂,深绿色,叶尖短尾状,叶缘乳头齿,叶基深凹,叶长24.3 cm,叶幅16.6 cm,叶片厚,叶面光滑,光泽强。开雌花,甚多而大,紫黑色。

【特性】 四川省南充市栽植,发芽期3月15日—19日,开叶期3月20日—25日,夏伐式修剪生长芽率21.39%,止芯芽率37.29%,叶片成熟期5月上旬,属晚生品种。桑叶凋萎速度平均每小时失水率2.09%,耐贮藏;叶片硬化期10月上旬。

【产量、品质、抗逆性等表现】据四川省农科院中心实验室春季测试:川826叶片中粗蛋白含量为21.4%,可溶性糖含量为8.86%,脂肪含量为6.6%;全年平均亩桑产叶量为1820 kg,叶片养蚕试验万蚕收茧量16.66 kg,万蚕茧层量4.45 kg,100 kg叶产茧量7.30 kg。抗病虫害能力强,黑枯型细菌病发病率低于5%。

【栽培技术要点】 适合四川各个蚕区,特别是蚕种场嫁接繁殖,有利于提高蚕种质量,如在土质肥沃、水肥条件好的地方更能发挥其丰产性能和提高叶质。在剪伐形式上以冬季重修最宜,也可以夏伐式修剪,宜中、低干养成,注意适当多留条和防治红蜘蛛为害。

【适宜区域和推广应用情况】 适宜于四川省各个蚕区,特别是蚕种场嫁接繁殖。在川东北、攀西、川西、川南等主要蚕区栽植,累计推广35万亩。

16. **川桑** 98-1

【来源】 由四川省三台蚕种场与四川省农业科学院蚕业研究所育成。叶用桑品种,二倍体。1996年以激761、激7681和丰产型鲁桑品种湘7920为亲本,经杂交和系统选育,于2003年育成,2008年12月通过四川省农作物品种审定委员会审定(川审桑2008001)。

【选育经过】 1988年3月从苍溪49号的激光芽变中选出激761;1994年以湘7920为母本,激7681为父本进行有性杂交,单株选优培育出红芽792;1996年3月底对激761雌花进行套袋,4月初收集红芽792雄花花粉,并进行有性杂交,当年5月收获杂交种子2350粒,室内恒温催芽育苗,获F₁杂交苗1944株;1997年春二级苗圃扩繁,同年秋选育出优良株系13个;1998年春对13个优良株系进行无性繁殖,并于2000—2003年以湖桑32号为对照品种进行品比试验,对其生物学特征、特性、经济性状、叶质、抗性等进行鉴定,2003年选出遗传性状稳定的优质、高产新桑品系川桑98-1。2006年新品种进入区域性试验鉴定。

【特征】 树形稍开展,枝条直立,枝条生长较旺,发条力较强,无侧生枝,皮淡棕色,平均节距3.6 cm,叶序2/5。皮孔稀少,长椭圆形。冬芽正三角形,紫褐色,有对生或三生芽,芽鳞紧抱,芽褥较小而平。叶卵圆形,浓绿色,叶尖锐头,叶缘乳头齿,叶基浅心形兼有深心形,叶长24.8 cm,叶幅17.8 cm,叶片较厚,叶面光滑,光泽较强。叶态扭转,叶柄上斜,叶面全部斜垂于枝条。花叶同开,开雌花,花柱短,葚较多而小,球形兼长筒形,紫黑色,肉较厚,味酸甜,成熟期中,结实性强。

【特性】 发条力强,枝条直立,节间密,叶片大,发芽期比湖桑32号早4～7天,在原产地一般在3月3日左右,属早生中熟品种。发芽率71.0%～83.0%,生长芽率在16.5%以上,止芯芽多,生长芽生长较快,叶片成熟较快,枝条和叶片着生角度合理,叶大,节密,叶片硬化迟。

【产量、品质、抗逆性等表现】四川省栽植,全年平均亩桑产叶量达2354 kg,粗蛋白含量21.9%,可溶性糖含量8.3%;该品种叶质优良,叶片养蚕试验的万蚕收茧量18.38 kg,万蚕茧层量4.475 kg,100 kg叶产茧量7.30 kg,作为种茧育用桑能显著提高单蛾产卵量及良卵率。

【栽培技术要点】 品种应在水肥条件较好的地区,成片、大行间作或密植小桑园种植。以春伐或冬季重修最宜,在肥水条件好的地方可进行夏伐式剪定,宜低、中干养成。夏伐桑春季应提前采用止芯芽叶(在4月底为宜),发条后尽量控制成条数,以确保上林枝丰产。

【适宜区域和推广应用情况】 适宜于长江中下游地区栽植。已在四川、重庆、贵州、云南等地大面积应用。

17. 川桑7431

【来源】 由四川省农业科学院蚕业研究所育成。叶用桑品种,二倍体。选用苍溪49×6031人工杂交种子,0.1%秋水仙碱浸种24 h,用清水冲洗后再用^{60}Co-γ射线辐射处理,最后选出优良单株743-1,2010年通过四川省农作物品种审定委员会审定(川审桑树2010001)。

【选育经过】 1974年选用苍溪49×6031的杂交种子,0.1%秋水仙碱浸种24小时,用清水冲洗后,再用^{60}Co-γ射线15000 R、剂量率3000 R/h辐射处理,1977年选出优良单株743-1,经过多年观察比较后进一步扩大繁殖。20世纪80年代,在与其他品种一起鉴定的同时,以湖桑32号作对照品种进行了田间比较,经过了二年四季养蚕试验,三年五季叶质生化分析和江油、蓬安、武胜和平昌等七个农村基地示范种植,表现出长势旺、叶片大而厚、节间密、高产、叶质较好等优点,其遗传性状稳定。2006年被正式列为"十一五"省农作物重点攻关项目"蚕桑新品种选育研究"桑主攻品种进一步做区域性比较试验,经过2007—2009年三台、乐山、蚕研所三个区试点的区试,各项指标均优于对照品种湖桑32号,达到预期育种目标,完成品种选育研究。

【特征】 枝条直立,侧枝少,发条数中等,平均条长1.66 m,皮褐色。皮孔粗。冬芽三角形,芽鳞棕褐色,少副芽。叶卵圆形,深绿色,叶尖短尾状或双头,叶缘乳头齿,叶基深凹,叶长21.2 cm,叶幅17.3 cm,叶片厚,叶面稍粗糙,有光泽,无缩皱,叶片着生略下垂。开雄花,花少,花叶同开。

【特性】 原产地栽植,发芽期3月下旬,与湖桑32号相近,发芽率48.3%,桑叶成熟整齐,硬化迟,耐贮藏。夏伐式修剪的川桑7431春生长芽率31.7%,比对照品种高9.43%;叶占叶条总量的52.73%,比对照品种高0.85%。

【产量、品质、抗逆性等表现】亩桑产叶量1041.37 kg,比对照品种高13.4%。秋季米条产叶量149.8 g,比对照品种高47.7%;平均条长1.66 m,与对照品种接近;千克叶片数171.5片,比对照品种多3.19%;亩桑产叶量1160.9 kg,比对照品种高43.9%;全年亩桑产叶量2202.3 kg,比对照品种高16.2%。春伐剪定的川桑7431单株发条数比对照品种少8%左右,而平均条长2.34 m,比对照品种长5.88%左右;米条产叶量达190.5 g,比对照品种高36.11%;亩桑产叶量达1033.75 kg,比对照品种高16.5%。春伐或夏伐均未发生黑枯型细菌病害,有红蜘蛛为害,秋季叶片硬化迟,抗旱能力较强。

【栽培技术要点】 宜低、中干养成,通过冬季芽接无性繁殖方法保持品种种性。采叶时易撕皮,应注意保芽。宜作壮蚕用叶。

【适宜区域和推广应用情况】 适宜于四川省平坝、丘陵,特别是容易发生干旱的蚕区栽植,如在土质肥沃、水肥条件好的地方更能体现品种特点。在四川省大部分蚕区均有栽植。

18. 川桑48-3

 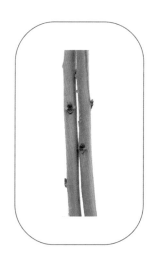 

【来源】 四川省三台蚕种场、四川省农业科学院蚕业研究所利用远缘抗性实生材料北一号作母本,川桑6031作父本进行有性杂交,经连续多年单株定向无性繁殖培育而成。2013年12月通过四川省农作物品种审定委员会审定(川审桑2013005)

【选育经过】 1991年,以北一号作为母本,川桑6031作父本进行有性杂交,当年5月收集杂交种子850粒,采用室内恒温催芽,获得739株F_1杂交苗。1992年春进行二级苗圃扩繁,同年秋选出优良株系13个,1993年对13个优良株系进行无性繁殖栽植,从1996年开始以湖桑32号为对照品种进行比较试验,对其特征、特性、经济性状、叶质、抗性等进行全面鉴定,1998年在大量试验中发现第48杂交编号的第三优良单株叶片大、枝条生长旺盛、形态特征独特、遗传性状稳定的优质高产抗性强的新桑品系川桑48-3。2005—2009年参加四川省桑树新品种区域试验鉴定,2013年8月通过四川省农作物品种审定委员会田间技术鉴定。

【特征】 树形稍开展,枝条直立,无侧枝,皮红褐色,节距3.8~4.1 cm,叶序2/5。皮孔稀少,长椭圆形,冬芽上部球形,棕褐色,芽褥较突,呈肾形。叶长卵圆形兼有心形,深绿色,叶缘乳头齿,叶基浅心形、直线形混生,偶有圆形,叶面光滑,叶片较厚,光泽较强。花叶同开,开雌花,花柱短,葚较小而少,圆形兼长筒形,紫黑色。

【特性】 四川省三台县栽植,发芽期比湖桑32号早4~5天,是中早生偏迟熟品种。发芽率75.0%,止芯芽较多,新梢生长快,叶片成熟快。春米条产叶量达305.76 g,秋米条产叶量达194.9 g;秋千克叶片数130片。

【产量、品质、抗逆性等表现】 据四川省桑树新品种区域性试验结果:川桑48-3春、秋季及全年平均亩桑产叶量分别为1389.2 kg、1481.3 kg和2870.5 kg,分别比对照品种湖桑32号高5.19%、22.39%和13.42%。叶质鉴定:两年四季平均四龄万蚕产茧量14.79 kg、万蚕茧层量3.17 kg、100 kg桑产茧量3.32 kg,分别比对照品种湖桑32号高2.28%、3.32%和4.80%。

【栽培技术要点】 低、中干养成,宜在水肥条件较好的地方栽植,更能表现出优良丰产性能;本品种生长势较旺,在四边或小桑园栽植皆可进行冬季重剪或春伐;叶柄较脆,采摘性能良好,由于春蚕前期生殖生长较多,故叶片成熟和营养生长高峰期延后,所以夏伐剪定宜在5月中旬作为5龄蚕用叶。

【适宜区域和推广应用情况】 适宜于平坝、丘陵山区的大行间作桑或四边桑。在四川省主要蚕区累计推广10万亩。

19. 川桑83-5

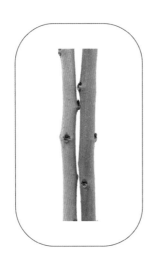

【来源】 以744-2×6031人工杂交种子经^{60}Co-γ射线45000R、剂量率3000 R/h处理,获得后代经过多年观察比较后选出优良单株83-5,继续系统培育而成。2014年12月通过四川省农作物品种审定委员会审定(川审桑2014001)。

【选育经过】 1995年以744-2为母本,6031为父本,采用人工有性杂交的方法,进行有性杂交,当年5月上旬得到杂交种子1852粒,并送往四川省农科院生物技术核技术研究所采用^{60}Co-γ射线45000R、剂量率3000 R/h间歇式慢照射方式处理,经过处理的种子进行室内恒温催芽育苗,获F_1代杂交苗615株。2000年秋季从中筛选出55株优良单株进行繁殖观察,2002年秋选育出优良株系13个;于2003—2005年以湖桑32号为对照品种进行比较筛选试验,对其生物学特征、特性、经济性状、叶质、抗性等进行鉴定,2006年选出遗传性状稳定的优质、高产新桑品系83-5。2011—2013年参加四川省区域试验,2010—2012年参加四川省生产试验。

【特征】 树形直立,较开展,发条数多,枝条粗长而直,无侧枝,皮黄褐色,节距4.2 cm,叶序3/6。皮孔线形或圆形,12个/cm²。冬芽离生,有斜纹,无副芽。叶心形,浅绿色,叶尖尖头,叶缘乳头齿,叶基浅心形,叶面光滑,稍泡皱,叶长23.4 cm,叶幅15.6 cm,叶片斜生,叶柄较长。开雌花,甚较少,成熟桑葚呈圆筒形,紫黑色。

【特性】 四川省南充市栽植,发芽期比对照品种湖桑32号晚8~11天,一般在5月下旬开始成熟,属中晚熟品种。发芽率为57.71%,比对照品种湖桑32号高16.59%;米条产叶量春106.3 g,比对照品种湖桑32号高25.56%,秋148.24 g,比对照品种湖桑32号高11.25%;春千克叶片数227片,比对照品种湖桑32号低7.16%;秋千克叶片数156片,比对照品种湖桑32号低4.58%;春平均叶条比为61.74%,比对照品种湖桑32号高17.26%;秋平均单株条长为19.7 m,比对照品种低0.28%。叶片硬化期在10月中下旬。

【产量、品质、抗逆性等表现】 据四川省桑树新品种区域性试验结果:川桑83-5春平均亩桑产叶量1117.68 kg,比对照品种湖桑32号高8.91%;秋季平均亩桑产叶量为1364.92 kg,比对照品种湖桑32号高13.51%;全年平均亩桑产叶量2582.60 kg,比对照品种湖桑32号高11.39%。粗蛋白含量20.5%,比对照品种湖桑32号高3.02%;粗脂肪含量比对照品种低1.93%,粗纤维含量比对照品种高1.96%,18种氨基酸含量比对照品种高1.68%。全年平均100 kg叶产茧量7.24 kg,较对照品种湖桑32号高1.89%;平均万蚕收茧量19.07 kg,较对照品种湖桑32号高4.05%;万蚕茧层量4.46 kg,较对照品种湖桑32号高2.87%;亩桑茧层量81.47 kg,比对照品种湖桑32号高7.89%。24小时内平均失水量为16.44 g,较对照品种湖桑32号低32.43%;24小时内平均失水率为10.39%,较对照品种湖桑32号的19.06%低45.49%。多年在南充、三台、乐山等鉴定点均未发现黑枯型细菌病,但易受桑螟虫、红蜘蛛的为害。

【栽培技术要点】 每亩栽植750~1000株,一般以株距0.66 m,行距1~1.33 m为宜;也可以栽植成6215(宽行6尺,窄行2尺,株距1.5尺,后同)的宽窄行模式。在温暖多雨地区,适应采取夏伐形式,夏伐宜早不宜迟,以免影响秋叶产量。在高寒山区,可进行春伐,以延长当年桑树新条的生长时间。

【适宜区域和推广应用情况】 适宜四川平坝、丘陵等地区,特别是容易发生干旱的蚕区栽植。如在土质肥沃、水肥条件好的地方更能体现品种特点。在四川省累计推广5万亩。

20. 川桑 83-6

【来源】 该品种是 743-1×激 7681 的 F_1 杂交苗经过 0.2% 的秋水仙素处理其茎尖生长点后，通过系统选育出优良株系 83-6，对其抗病性、抗虫性、品质、产量等进行鉴定评价和定向提高选育而成。2013 年 12 月通过四川省农作物品种审定委员会审定（川审桑 2013002）。

【选育经过】 1996 年以 743-1 为母本，7681 为父本，采用人工有性杂交的方法，进行有性杂交，当年 5 月收获杂交种子 2125 粒，室内恒温催芽育苗，获 F_1 杂交苗 1723 株，并从中筛选出 68 株优良单株进行繁殖观察，并于 1998 年 3 月对其中顶端生长点用 0.2% 秋水仙素 +0.0002% 6-BA 液进行化学诱导，同年秋选育出优良株系 11 个；1999 年春对 11 个优良株系进行无性繁殖，并于 2000—2003 年以湖桑 32 号为对照品种进行比较筛选试验，对其生物学特征、特性、经济性状、叶质、抗性等进行鉴定，2004 年选出遗传性状稳定的优质、高产新桑品系 83-6。2011—2013 年参加四川省区域试验，2010—2012 年参加四川省生产试验。

【特征】 树形直立，稍开展，发条数多，枝条粗长而直，无侧枝，皮青灰色，节距 3.9 cm，叶序 3/6，皮孔 13 个/cm²。冬芽长三角形，离生，褐色，无副芽，有斜纹。叶卵圆形，深绿色，叶尖长尾状，叶缘乳头齿，叶基深心形，叶长 24.2 cm，叶幅 16.5 cm，叶片厚，叶面光泽强，光滑无皱，叶面、叶背无毛，叶片下垂，叶柄 4.0 cm。开雌花，葚较少，成熟桑葚圆筒形，紫黑色。

【特性】 四川省南充市栽植，脱苞期一般在 3 月 14 日—18 日，比对照品种湖桑 32 号晚 7～10 天；开叶期在 3 月 22 日—26 日。叶片成熟期 5 月中旬，属于中晚熟品种。耐贮藏。春平均发芽率 48.1%，米条产叶量春 108.4 g、秋 150.1g，千克叶片数春 231 片、秋 147 片。叶片硬化期在 10 月上中旬。

【产量、品质、抗逆性等表现】 据四川省新桑品种区域性试验结果：川桑 83-6 春平均亩桑产叶量 1140.50 kg，比对照品种湖桑 32 号高 11.13%；秋平均亩桑产叶量为 1392.77 kg，比对照品种湖桑 32 号高 15.83%；全年平均亩桑产叶量为 2533.27 kg，比对照品种湖桑 32 号高 13.67%。干物质粗蛋白含量 20.8%，比对照品种湖桑 32 号高 4.52%；粗脂肪含量 4.50%，比对照品种湖桑 32 号低13.29%；粗纤维含量10.5%，比对照品种湖桑32号高11.11%；17种氨基酸总含量为17.9%，比对照品种湖桑32号高2.29%。全年平均100 kg叶产茧量7.54 kg，较对照品种湖桑32号高6.12%；平均万蚕收茧量18.87 kg，比对照品种湖桑32号高2.92%；万蚕茧层量4.63 kg，较对照品种湖桑32号高6.86%；亩桑茧层量92.37 kg，较对照品种湖桑32号高18.64%。多年在南充、三台、乐山等地栽植，均未发现黑枯型细菌病。川桑83-6与湖桑32号一样，易受桑螟虫为害。

【栽培技术要点】 每亩栽植750～1000株，一般以株距0.66 m、行距1～1.33 m为宜；也可以栽植成6215的宽窄行模式。为发挥川桑83-6的丰产性，亩桑园年需保证施入氮肥22.5 kg、磷肥8.5 kg、钾肥13.0 kg，人畜粪尿1500～2000 kg。肥料可分3次施入。春肥在3月施入，以速效性氮肥为主；夏肥在夏伐或者6月中旬施入；冬肥在桑树落叶后结合冬耕施入。结合施肥的同时，应及时灌溉和排水，适时中耕除草，秋冬注意剪梢。在温暖多雨地区，适宜采取夏伐形式，夏伐宜早不宜迟，以免影响秋叶产量。在高寒山区，可进行春伐，以延长当年桑树新条的生长时间。

【适宜区域和推广应用情况】 适宜于四川省平坝、丘陵等地区，特别是容易发生干旱的蚕区栽植。如在土质肥沃，水肥条件好的地方更能体现品种特点。在四川省各蚕区、蚕种场有栽植。

十六、云南省

1. 云桑798号

【来源】 云桑798号是云南省农业科学院蚕桑蜜蜂研究所从苍溪49号×育2号的杂交组合中选育的优良单株,二倍体,经多年品比试验、叶质鉴定,为早生优质品种。属白桑种。1992年通过云南省农作物品种审定委员会的审定。

【选育经过】 不详。

【特征】 树形稍开展,枝条长而直,皮青灰色,节间直,节距5.5 cm,叶序2/5或3/8。皮孔小圆或横向椭圆形,7个/cm²。冬芽球形,边缘褐色,基部黄褐色,尖离,副芽多。叶卵圆形,平展,墨绿色,叶尖锐头或短尾状,叶缘钝齿,叶基截形,叶长19 cm,叶幅14 cm,叶片较厚,叶面光滑,光泽较强,叶片稍下垂,叶柄中粗长。雄花特多且大,花穗可开发蔬菜品种。

【特性】 云南省蒙自市栽植,发芽期1月25日—2月10日,开叶期2月13日—18日,发芽率80%,生长芽率15%,成熟期3月15日—20日,属早生中熟品种。叶片硬化期10月初。发条力强,侧枝少,米条产叶量春133 g、秋120 g。

【产量、品质、抗逆性等表现】亩桑产叶量1800 kg。叶质较优,经养蚕鉴定,万蚕茧层量春5.03 kg、秋5.12 kg。

【栽培技术要点】 嫁接繁殖。亩栽1500株左右为宜。抗旱性较强,耐寒性中等。宜低、中干养成。发芽早,可作稚蚕用叶。

【适宜区域和推广应用情况】 适宜于云南省海拔2000 m以下地区栽植。本品种适宜滇中高原的曲靖、楚雄、大理、保山、普洱栽植,发芽早,晚霜重灾区注意冻害,饲养稚蚕效果好。

2. 云桑3号

【来源】 曾用名：云丰1号。由云南省农业科学院蚕桑蜜蜂研究所育成，叶用品种，二倍体。1993年从女桑×云桑798号杂交后代中选择的优良单株，经定向培育，于2000年育成，2013年通过云南省农作物品种审定委员会的鉴定。（云种鉴定2013015）。

【选育经过】 不详。

【特征】 枝条直，树形稍开展，皮色青灰带绿，节间微曲，节距3.5～4.4 cm，叶序2/5。皮孔细圆形或椭圆形，7个/cm²。冬芽圆形肥大，尖离，副芽多。叶深绿色，叶尖尖头，叶缘三角形，叶基浅心形，叶长20.0 cm，叶幅15.0 cm，叶片较厚，叶面光滑，光泽较强，叶片平伸，叶柄中粗长。雄花特多且大。

【特性】 云南省蒙自市栽植，脱苞期在1月下旬至2月上旬，属早生中熟品种。叶片硬化迟。

【产量、品质、抗逆性等表现】 发芽率高，发条数多，耐剪伐，叶片成熟整齐，病虫害少，单株产叶量高，抗旱性强，对桑褐斑病、桑白粉病有较强的抗性。

【栽培技术要点】 嫁接繁殖。栽培以中低干为宜，每亩1200株。春季疏芽留健壮芽，桑园行向选择当地主风向，推广繁育以培育嫁接苗为主，枝条发根能力差，扦插育成活率低。冬芽饱满离生易受损，嫁接用穗条要注意保护冬芽。春季发芽时间早，叶片成熟快，应提早养蚕时间，及时采用成熟桑叶，夏季及时采用适熟桑叶能有效减少桑褐斑病的危害。本品种大水大肥可充分发挥其优质丰产特性。

【适宜区域和推广应用情况】 适宜于云南省海拔2000 m以下地区栽植。适宜春季重剪，夏季剪伐萌发较迟。

十七、陕西省

1. 陕桑305

【来源】 西北农林科技大学蚕桑丝绸研究所以二倍体新一之濑为亲本，通过人工化学诱变选育而成。白桑种，三倍体。1999年通过陕西省品种审定（陕品审367），2001年通过全国桑蚕品种审定（国审蚕桑2001002）。

【选育经过】 1988年春季,以叶质优、发芽率高的二倍体品种新一之濑为亲本,对其当年嫁接苗(苗高30 cm左右)的茎尖进行秋水仙碱处理,当年获得8个突变株。1989年春季发芽前将突变株按株系进行单芽分离嫁接,获得若干个四倍体和混倍体,对获得的混倍体进行连续定向嫁接分离,发现其中部分单株节间密、叶片大,生长旺盛,符合育种目标,经细胞学鉴定为三倍体,分别编号为305-1和305-2,其中305-1更加突出。1991—1995年进行株系和品种比较试验,1994—1998年进行多点区域试验,并参加北方协作区第二批桑品种协作鉴定,同时进行了农村中试和示范推广,并定名为陕桑305。

【特征】 树形稍开展,枝条粗长而直,皮棕褐色,节间直,节距3.3 cm,叶序2/5或3/8。皮孔椭圆形,淡褐色,6～8个/cm²。冬芽短锥形,淡赤褐色,尖离。叶长心脏形,多浅裂,翠绿色,叶尖尖头,叶缘乳头齿,叶基心形,叶长25.2 cm,叶幅23.9 cm,叶片稍厚,叶面微糙,有光泽。雌花球形,不实早落。

【特性】 陕西省周至县栽植,发芽期4月5日前后,开叶期4月中旬,发芽率86.9%,成熟期5月上旬,属晚生中熟品种。叶片硬化期9月下旬。发条数中等,米条产叶量春284 g、秋169 g,千克叶片数春256片、秋118片,新梢片叶率74.5%。

【产量、品质、抗逆性等表现】 多年区域试验,桑叶产量比全国统一对照品种湖桑32号提高23.84%,万蚕茧层量提高1.38%,100 kg叶产茧量提高1.19%。抗旱耐寒性较强,抗桑疫病优于对照品种。

【栽培技术要点】 一般每亩栽植1500株左右,低、中干养成,留足枝干。早春剪梢不超过条长的1/5,并重施春肥。发条后适时疏芽,使枝条分布均匀,夏肥分2～3次施入。

【适宜区域和推广应用情况】 适宜于长江以北以及黄河中下游地区栽植。现在陕西各主要蚕区均有较大面积的推广应用。

2. 陕桑402

【来源】 西北农林科技大学蚕桑丝绸研究所以二倍体新一之濑为亲本,采用人工化学诱变培育而成。白桑种,四倍体。2008年通过陕西省农作物品种审定委员会组织的品种鉴定登记(陕鉴桑2008001号)。

【选育经过】 1988年春季,以叶质优、发芽率高的二倍体品种新一之濑为亲本,对其当年嫁接苗(苗高30 cm左右)的茎尖进行秋水仙碱处理,当年获得8个突变株。1989年春季发芽前将突变株按株系进行单芽分离嫁接,获得若干个四倍体和混倍体,对四倍体突变株系进一步观察,发现编号为402-3的株系节间密、生长迅速、经济性状良好,符合育种目标。1991—1995年进行株系和品种比较试验,1996—2000年进行多点区域试验,并参加北方协作区第三批桑品种协作鉴定。同时在陕西、宁夏等地进行了农村中试和示范推广,并定名为陕桑402。

【特征】 树形稍开展,枝条直,皮青褐色,节间直,节距2.7 cm,叶序3/8。皮孔多圆形,10个/cm²。冬芽球形,灰色,尖离。叶阔心脏形,深绿色,多2裂叶,叶尖锐头,叶缘乳头齿,叶基浅心形,叶长20.8 cm,叶幅21.3 cm,叶片厚,叶面微糙,有光泽。开雄花。

【特性】 陕西省周至县栽植,发芽期4月1日前后,开叶期4月中旬,发芽率79.5%,成熟期5月上旬,属晚生中熟品种。叶片硬化期9月下旬。发条数较多,生长势较强,米条产叶量春232.0 g、秋152.0 g,千克叶片数春408片、秋199片,新梢片叶率84.3%。

【产量、品质、抗逆性等表现】 区域试验与对照品种湖桑32号相比,单位面积产叶量增产26.9%,生产试验示范表现良好。万蚕茧层量比对照品种湖桑32号提高5.4%,100 kg桑产茧量提高1.3%。叶质优于对照品种。抗旱耐寒性较强,适应性广。

【栽培技术要点】 (1)该品种枝条直,节间密,一般每亩1000～1500株,低、中干养成,因发条数中等,因而要留足支干。(2)早春剪梢一般不超过条长的1/5,并要重施春肥(占全年40%左右)。伐条后适时疏芽,使枝条分布均匀,夏秋肥分2～3次施入。亩桑产叶量超过2000 kg的桑园,应加大施肥量,并注意配合施入P、K肥和有机肥,加强水肥管理和病虫防治,以利丰产性能的充分发挥和叶子质量的提高。(3)春伐、夏伐或轮伐收获均可。夏季和早秋采叶宜"间隔采叶",并适当增加收获次数,做到壮条多采,弱条少采,促使枝条健壮整齐,以减少黄落叶和卧伏枝。

【适宜区域和推广应用情况】 适宜于长江以北以及黄河中下游地区栽植。现在陕西各主要蚕区均有较大面积的推广应用。

十八、新疆维吾尔自治区

和田白桑

【来源】 20世纪60年代初从新疆和田洛浦县玉龙喀什镇农村优良的白桑中单株选拔,经连续定向培育方法选育而成。1996年经自治区品审会审定。

【选育经过】　不详。

【特征】　树形开展,枝条较细长,发条数多,有下垂枝和侧枝,皮棕褐色,节间稍直,长6.2 cm,叶序2/5。皮孔中等,多为椭圆形,6个/cm²。冬芽饱满,褐色,长三角形,贴生,副芽多而明显。叶心脏形,圆叶、裂叶混生,裂叶缺刻深浅中等,1～10裂叶,深绿色叶,叶尖短尾状,叶缘钝齿,叶基深心形,叶长14.3 cm,叶幅13.9 cm,叶片厚0.2 mm,光泽较弱,叶面平滑,叶片着生斜向下,叶柄粗而短。开雄花。甚多而大,味甜,含糖量19.69%~22.69%。

【特性】　新疆和田地区栽植,发芽期为4月14日—17日,开叶期为4月23日—28日,叶片成熟期为6月10日—15日,叶片硬化期一般为8月中下旬。米条产叶量春86.6 g、秋103.6 g,千克叶片数春356片、秋333片。

【产量、品质、抗逆性等表现】　和田白桑平均单株条数、条长和平均条长均比我国统一对照品种荷叶白多,产叶量平均增产18.51%,其中春增47.2%,秋增3.7%,经方差分析,和田白桑全年产叶量、春产叶量都极显著高于荷叶白,秋产叶量也显著高于荷叶白。耐旱、抗寒能力较强。

【栽培技术要点】　(1)和田白桑发条数多,适合中干养成,栽植密度一般为亩栽1200～1500株为宜,叶片中等,栽植时应加强疏芽,适时整枝、剪稍以增大叶片,提高产叶量。(2)适宜条桑育和春夏蚕全龄用桑,秋季因叶片硬化较早,对壮蚕饲育有影响。

【适宜区域和推广应用情况】　适宜于新疆干旱地区栽植。

第三章

地方品种

一、河北省

1. 桲椤桑

【来源及分布】 又名关东桑,来源于河北省宽城县桲椤古桑,是河北省宽城、青龙两县的地方品种。属鲁桑种,二倍体。已广泛应用于河北省蚕区及黑龙江、吉林、辽宁、宁夏、内蒙古等地。浙江、江苏、山东、河南、山西、陕西等地也有栽植。

【特征特性】 树形开展,发条数较少,枝条粗,略弯曲,有卧伏枝,平均条长150 cm,皮灰褐色,节间微曲,节距4.5 cm,叶序2/5。皮孔稍大,圆形或纺锤形,棕色。冬芽小,盾形或三角形,红褐色,稍离生,副芽小而少。叶心脏形,较平展,枝条下部偶有少数浅裂叶,深绿色,叶尖锐头,叶缘乳头齿,叶基心形,叶长21 cm,叶幅17 cm,100 cm²叶片重2.5 g,叶面略粗糙,稍有光泽,叶背粗糙,叶脉隆起,脉基多毛,叶柄中粗,长6.5 cm,叶片稍下垂。雌雄同株,雌花无花柱,雄花穗多,葚小而少,紫黑色。河北省承德市栽植,发芽期5月5日—9日,开叶期5月11日—17日,成熟期5月20日—30日,属中生中熟品种。叶片硬化期9月上旬。亩桑产叶量980 kg,叶质较优。中抗黄化型萎缩病,易感黑枯型细菌病,抗风、抗寒性强。适宜于华北地区和黄河中下游地区栽植。

2. 黄鲁桑

【来源及分布】 河北省深州市的地方品种。属鲁桑种,二倍体。曾分布于河北省和北京市各蚕区,河北省邢台市和北京市良乡栽植最多。现保存于河北省承德医学院蚕业研究所桑树种质资源圃和中国农科院蚕业研究所国家级桑树品种种质资源圃等地。

【特征特性】 树形稍开展,枝条粗而直,有卧伏枝,皮黄褐色,节间微曲,节距5.1 cm,叶序2/5,皮孔小而多,分布均匀,圆形,棕色。冬芽长三角形,棕褐色,贴生或尖离,副芽小而少。叶椭圆形,较平展,绿色,叶尖锐头,叶缘乳头齿,叶基心形,叶长22.5 cm,叶幅17.4 cm,100 cm²叶片重2.5 g,叶面光滑,有泡状缩皱,光泽较强,叶柄粗,长7.2 cm,叶片稍下垂。开雌花,无花柱,葚少,大小中等,紫黑色。 河北省承德市栽植,发芽期5月10日—13日,开叶期5月16日—22日,成熟期5月25日—30日,属晚生晚熟品种。叶片硬化期9月10日—15日。亩桑产叶量650 kg,叶质中等。易感黑枯型细菌病、缩叶型细菌病,中抗白粉病,易受风害。适宜于华北地区和黄河中下游地区栽植,但不宜在风大地区栽植。

3. 铁把

【来源及分布】 又名碗桑,原产于河北省深州市,是深州市的地方品种。属鲁桑种,二倍体。曾分布于河北省各蚕区,山东、山西、新疆、吉林等都有栽植。现保存于河北省承德医学院蚕业研究所桑树种质资源圃和中国农科院蚕业研究所国家级桑树品种种质资源圃等地。

【特征特性】 树形开展,枝条中粗而直,侧枝少,平均条长141 cm,皮青灰色,节间直,节距3.5 cm,叶序2/5,皮孔小,圆形或纺锤形,灰白色。冬芽小,正三角形,米黄色,贴生,主芽左右各一副芽,主芽有背生副芽。叶心脏形或椭圆形,深绿色,叶尖渐尖或锐头,叶缘乳头齿,叶基浅心形,叶长17.5 cm,叶幅16 cm,100 cm²叶片重2.0 g,叶面光滑微波皱,光泽较强,叶背略粗糙,叶片较平展,叶柄中粗,平伸,长5.1 cm。雌雄同株,雌花多,无花柱,葚小而少,紫黑色。河北省承德市栽植,发芽期5月9日—13日,开叶期5月14日—20日,成熟期5月25日—6月8日,属中生晚熟品种。叶片硬化期9月上旬。亩桑产叶量700 kg,叶质中等。中抗黑枯型细菌病、白粉病及炭疽病,抗寒抗旱性强,耐瘠薄,耐剪伐,抗风能力强。适宜于华北地区和黄河中下游地区栽植。

二、山西省

1. 阳鲁一号

【来源及分布】 原产于山西省阳城县。属白桑种,二倍体。曾分布于山西省阳城、沁水、泽州等地。现保存于山西省蚕业科学研究院。

【特征特性】 树形开展,枝条细直,皮灰黄褐色,节间直,节距3.6 cm,叶序2/5,皮孔大,圆形或椭圆形。冬芽正三角形,棕褐色,稍离生。叶心脏形或浅裂形,叶尖短尾状,叶缘乳头齿,叶基肾形,叶面泡皱,稍光滑,光泽较强,叶柄粗壮。先叶后花,开雄花,穗极少。山西省运城市栽植,发芽期3月27日—4月1日,开叶期4月4日—15日,发芽率76%,成熟期5月上旬,属中生中熟品种。叶片硬化较迟,一般在10月上旬。亩桑产叶量春810 kg、夏秋1150 kg。桑叶粗蛋白含量春18.35%、秋20.1%,可溶性糖含量春11.33%、秋14.7%。耐旱性较弱,耐寒性强,抗桑疫病,轻感黄化型萎缩病。适宜于黄河流域栽植。

2. 阳桑一号

【来源及分布】 原产于山西省阳城县。属白桑种,二倍体。曾分布于山西省阳城、沁水、陵川等地。现保存于山西省蚕业科学研究院。

【特征特性】 树形开展,枝条中粗而直立,皮棕褐色,节间直,节距3.5 cm,叶序2/5,皮孔大,圆形或椭圆形。冬芽三角形,褐色,贴生。叶长心脏形,叶尖锐头或短尾状,叶缘乳头齿间有锐齿,叶基浅心形,叶面泡皱,粗糙,叶柄较细。先叶后花,开雌花,甚短,紫黑色。山西省运城市栽植,发芽期3月30日—4月3日,开叶期4月6日—16日,发芽率68.8%,成熟期5月上旬,属晚生中熟品种。叶片硬化较早,一般在9月下旬。亩桑产叶量春480 kg、夏秋900 kg。桑叶粗蛋白含量春19.07%、秋22.64%,可溶性糖含量春10.17%、秋13.14%。耐旱性较强,耐寒性强,中抗桑疫病,轻感黄化型萎缩病。适宜于黄河流域栽植。

3. 端氏一号

【来源及分布】 原产于山西省沁水县。属白桑种,二倍体。曾分布于山西沁水、阳城等地。现保存于山西省蚕业科学研究院等地。

【特征特性】 树形稍开展,枝条细长而直立,皮灰黄褐色,节间直,节距3.9 cm,叶序2/5,皮孔较大,椭圆形。冬芽短三角形,淡褐色,贴生。叶卵圆形,叶尖短尾状,叶缘钝齿,叶基浅心形,叶面泡皱,叶柄中粗。先叶后花,开雌花,甚短,较少,紫黑色。山西省运城市栽植,发芽期3月29日—4月1日,开叶期4月4日—16日,发芽率61.86%,成熟期5月上旬,属中生中熟品种。叶片硬化较早,一般在9月下旬。亩桑产叶量春589 kg、夏秋945 kg。桑叶粗蛋白含量春23.43%、秋20.53%,可溶性糖含量春10.03%、秋14.04%。耐旱性较强,耐寒性强,抗桑疫病,轻感黄化型萎缩病。适宜于黄河流域丘陵、沟边、山区、河滩等地栽植。

4. 桑花桑

【来源及分布】 原产于山西省沁水县。属鲁桑种,二倍体。曾分布于山西沁水、阳城、泽州等地。现保存于山西省蚕业科学研究院等地。

【特征特性】 树形开展,枝条直立而粗壮,皮灰青褐色,节间微曲,节距4.2 cm,叶序2/5,皮孔较小,圆形或椭圆形。冬芽盾形,淡褐色,饱满,稍离生。叶长心脏形,叶尖短尾状,叶缘钝齿,叶基截形,叶面波皱,光滑,叶柄较细。先花后叶,开雄花。山西省运城市栽植,发芽期3月27日—30日,开叶期4月1日—14日,发芽率82.59%,成熟期5月上旬,属早生中熟品种。叶片硬化较早,一般在9月下旬。亩桑产叶量春720 kg、夏秋1240 kg。桑叶粗蛋白含量春19.8%、秋21.84%,可溶性糖含量春10.08%、秋13.95%。耐旱性较弱,耐寒性强,中抗褐斑病,抗桑疫病,轻感黄化型萎缩病。适宜于黄河流域栽植。

5. 白格鲁8号

【来源及分布】 原产于山西省阳城县。属白桑种,二倍体。曾分布于山西阳城、沁水、泽州等地。现保存于山西省蚕业科学研究院。

【特征特性】 树形开展,枝条直立而粗长,皮灰棕褐色,节间直,节距5.8 cm,叶序2/5,皮孔小,圆形或椭圆形。冬芽长三角形,褐色,稍离生。叶心脏形,叶尖锐头,叶缘乳头齿,叶基截形,叶面波皱,叶柄中粗。先花后叶,开雌花,葚短而多,紫黑色。山西省运城市栽植,发芽期3月28日—4月1日,开叶期4月4日—16日,发芽率83.4%,成熟期5月上旬,属中生中熟品种。叶片硬化较迟,一般在10月上旬。亩桑产叶量春560 kg、夏秋652 kg。桑叶粗蛋白含量春22.29%、秋23.64%,可溶性糖含量春8.75%、秋10.88%。耐旱性强,耐寒性较强,中抗桑疫病,高抗黄化型萎缩病。适宜于黄河流域栽植。

6. 陵川19号

【来源及分布】 原产于山西省陵川县。属鲁桑种,二倍体。曾分布于山西陵川、高平等地。现保存于山西省蚕业科学研究院等地。

【特征特性】 树形开展,枝条微曲,皮青灰色,节间直,节距4.3 cm,叶序2/5,皮孔小,圆形或椭圆形,灰褐色。冬芽三角形,黄褐色,贴生。叶心脏形,叶尖尾状,叶缘乳头齿,叶基深心形,叶面泡状波皱,叶柄粗。开雌花,甚紫黑色。山西省运城市栽植,发芽期3月27日—4月1日,开叶期4月4日—15日,发芽率66.1%,成熟期5月上旬,属中生中熟品种。叶片硬化较迟,一般在10月上旬。亩桑产叶量春680 kg、夏秋1365 kg。桑叶粗蛋白含量春22.16%、秋22.31%,可溶性糖含量春11.7%、秋12.45%。耐寒性弱,耐旱性较强,抗虫性、抗桑疫病力较强,易感黄化型萎缩病。适宜于黄河流域以南地区栽植。

7. 圪堆桑

【来源及分布】 原产于山西省沁水县。属白桑种,二倍体。曾分布于沁水、阳城、高平、长治等地。现保存于山西省蚕业科学研究院等地。

【特征特性】 树形稍开展,枝条细直,发条数多,侧枝较少,皮灰褐色,节间直,节距4.3 cm,叶序3/8,皮孔小而少,圆形。冬芽短三角形,紫褐色,贴生,副芽少而大。叶全裂混生,心脏形或浅裂形,叶尖短尾状,叶缘大乳头齿,叶基心形,叶面多泡皱,微糙,光泽较强,叶柄中粗。山西省运城市栽植,发芽期4月1日—4日,开叶期4月7日—16日,发芽率77.32%,成熟期5月上中旬,属晚生中熟品种。叶片硬化较迟,一般在10月上旬。亩桑产叶量春580 kg、夏秋910 kg。桑叶粗蛋白含量春21.07%、秋21.82%,可溶性糖含量春10.65%、秋12.48%。耐旱性和耐寒性强,中抗桑疫病和黄化型萎缩病。适宜于黄河流域栽植。

8. 白格鲁

【来源及分布】 原产于山西省阳城县。属白桑种,二倍体。曾分布于山西阳城、沁水等地。现保存于山西省蚕业科学研究院等地。

【特征特性】 树形稍开展,枝条中粗而直立,侧枝少,发条数多,皮青灰色,节间直,节距3.9 cm,叶序2/5,皮孔小,圆形或椭圆形。冬芽卵圆形,黄色,尖离。叶长心脏形,叶尖短尾状,叶缘钝齿,叶基浅心形,叶面微皱,叶柄粗。先花后叶,雌雄同株,雄花极少,葚较多,紫黑色。山西省运城市栽植,发芽期3月27日—4月1日,开叶期4月4日—15日,发芽率80.49%,成熟期5月上旬,属中生中熟品种。叶片硬化较早,一般在9月下旬。亩桑产叶量春540 kg、夏秋1040 kg。桑叶粗蛋白含量春23.07%、秋21.77%,可溶性糖含量春10.17%、秋12.69%。耐旱性、耐寒性较强,抗桑疫病,中抗黄化型萎缩病。适宜于黄河流域栽植。

9. 黑格鲁

【来源及分布】 原产于山西省阳城县。属白桑种,二倍体。曾分布于山西阳城等地。现保存于山西省长治市蚕桑试验场等地。

【特征特性】 树形向外扩展,枝条中粗长,直立,皮棕褐色,节间直,节距3.4 cm,叶序2/5,皮孔小,圆形。冬芽正三角形,褐色,稍离生,副芽少。叶卵圆形,叶尖锐头,叶缘钝齿,叶基浅心形,叶面平滑,叶柄较细长。雌雄同株,葚少,紫黑色。山西省长治市栽植,发芽期4月20日—25日,开叶期4月27日—5月6日,发芽率80%,成熟期5月20日—26日,属中生中熟品种。叶片硬化期9月中旬末。亩桑产叶量1350 kg。桑叶粗蛋白含量春23.4%、秋24.7%,可溶性糖含量春11.4%、秋13.2%。耐旱、耐寒、耐瘠力较强,易感黑枯型细菌病和褐斑病,抗黄化型萎缩病力强。适宜于黄河流域栽植。

10. 黄格鲁

【来源及分布】 原产于山西省沁水县。属白桑种,二倍体。曾分布于山西阳城、沁水等地。现保存于山西省长治市蚕桑试验场等地。

【特征特性】 树形稍开展,枝条较粗长,直立,皮灰褐色,节间直,节距3.4 cm,叶序2/5,皮孔圆形。冬芽三角形,浅褐色,稍离生,副芽较少。叶卵圆形间有浅裂形,叶尖短尾状,叶缘乳头齿,叶基截形或浅心形,叶面平滑,微皱,叶柄较细长。雌雄同株,葚少,紫黑色。山西省长治市栽植,发芽期4月18日—26日,开叶期4月28日—5月6日,发芽率78%,成熟期5月20日—26日,属中生中熟品种。叶片硬化期9月中旬末。亩桑产叶量1180 kg。桑叶粗蛋白含量春22.8%、秋24.4%,可溶性糖含量春11.8%、秋13.4%。耐旱性、耐寒性较强,轻感黑枯型细菌病,中抗黄化型萎缩病。适宜于黄河流域栽植。

11. 红格鲁

【来源及分布】 原产于山西省阳城县。属白桑种,二倍体。曾分布于山西阳城、高平等地。现保存于山西省长治市蚕桑试验场等地。

【特征特性】 树形开展,枝条较粗长,直立,发条力中等,皮棕褐色,节间直,节距3.4 cm,叶序2/5,皮孔小,圆形或椭圆形。冬芽正三角形,赤褐色,稍离生,有副芽而不明显。叶心脏形,叶尖短尾状,叶缘钝齿,叶基截形,叶面光滑,微皱,叶柄细长。开雌花,甚小而少,紫黑色。山西省长治市栽植,发芽期4月18日—24日,开叶期4月26日—5月4日,发芽率82%,成熟期5月18日—24日,属中生中熟品种。叶片硬化期9月中旬。亩桑产叶量1300 kg。桑叶粗蛋白含量春25.8%、秋26.3%,可溶性糖含量春12.8%、秋14.6%。耐旱性、耐寒性较强,轻感黑枯型细菌病,中抗黄化型萎缩病。适宜于黄河流域栽植。

12. 鸡爪桑

【来源及分布】 原产于山西省阳城县。属白桑种,二倍体。曾分布于山西阳城、长治等地。现保存于山西省长治市蚕桑试验场等地。

【特征特性】 树形向外开展,枝条较粗长,稍弯曲,皮稍粗,青灰色,节间微曲,节距3.8 cm,叶序2/5,皮孔圆形。冬芽三角形,黄褐色,稍离生。叶心脏形,叶尖锐头,叶缘为不规则锯齿,叶基浅心形,叶面平滑,光泽较强,叶柄较短。开雌花,甚少,紫黑色。山西省长治市栽植,发芽期4月20日—25日,开叶期4月27日—5月2日,发芽率75%,成熟期5月20日—26日,属中生中熟品种。叶片硬化迟。耐旱性较强,耐寒性强,抗黑枯型细菌病力较强,抗黄化型萎缩病力强。适宜于黄河流域的丘陵、山区栽植。

13. 奴桑

【来源及分布】 原产于山西省阳城县。属白桑种,二倍体。曾分布于山西阳城、泽州等地。现保存于山西省长治市蚕桑试验场等地。

【特征特性】 树形高大且向四周开展,枝条较粗长,稍弯曲,皮稍粗,青灰色,节间微曲,节距3.6 cm,叶序2/5,皮孔圆形。冬芽三角形,黄褐色,稍离生,副芽少而不明显。叶椭圆形,叶尖锐头,叶缘乳头齿,叶基浅心形,叶面平滑,无缩皱,光泽强。雌雄同株,甚小而少,紫黑色。山西省长治市栽植,发芽期4月12日—18日,开叶期4月22日—28日,发芽率85%,成熟期5月20日—26日,属早生中熟品种。叶片硬化较迟。耐旱性、耐寒性强,抗病虫害力较强。适应性较强,适宜于丘陵、山区、沟边、河滩等地栽植。

14. 牛耳桑

【来源及分布】 原产于山西省阳城县。属白桑种,二倍体。曾分布于山西阳城、沁水等地。现保存于山西省长治市蚕桑试验场等地。

【特征特性】 树形稍开展,枝条较长,多卧伏枝,皮青灰色,节间微曲,节距5.0 cm,叶序1/2,皮孔稀少。冬芽小三角形,棕褐色,稍离生。叶心脏形,叶尖锐头,叶缘钝齿,叶基深心形,叶面光滑,无缩皱,光泽强,叶柄细短。开雄花,穗短而少。山西省长治市栽植,发芽期4月20日—25日,开叶期4月27日—5月6日,发芽率85%,成熟期5月20日—26日,属中生中熟品种。叶片硬化较早。耐旱性、耐寒性强,抗桑疫病和黄化型萎缩病力较强。适应性较强,可在较旱、多风的山区栽植。

15. 端氏青

【来源及分布】 原产于山西省沁水县。属白桑种,二倍体。曾分布于山西沁水等地。现保存于中国镇江国家级桑品种种质资源圃等地。

【特征特性】 树形稍开展,枝条直立细长,皮青灰色,节间微曲,节距4.0 cm,叶序2/5,皮孔多为圆形。冬芽三角形,黄褐色,稍离生,副芽小而少。叶心脏形,叶尖锐头,叶缘乳头齿,叶基浅心形,叶面光滑微皱,光泽强,叶柄细短。雌雄同株,甚多而大,紫黑色。山西省长治市栽植,发芽期4月18日—24日,开叶期4月26日—5月4日,发芽率82%,成熟期5月20日—26日,属中生中熟品种。叶片硬化期9月中旬末。亩桑产叶量1270 kg。桑叶粗蛋白含量23.4%,可溶性糖含量12.5%。耐旱性、耐寒性较强,轻感黄化型萎缩病。 适宜于黄河以南地区栽植。

16. 南河20号

【来源及分布】 原产于山西省沁水县。属鲁桑种,二倍体。曾分布于山西沁水、泽州等地。现保存于山西省长治市蚕桑试验场等地。

【特征特性】 树形较紧凑,枝条直立粗长,皮灰褐色,节间微曲,节距3.5 cm,叶序3/8,皮孔圆形。冬芽三角形,饱满,淡黄褐色,贴生,副芽少。叶心脏形,叶尖双头,叶缘乳头齿,叶基浅心形,叶面光滑无皱,光泽强,叶柄中粗长。开雄花。山西省长治市栽植,发芽期4月18日—24日,开叶期4月26日—5月4日,发芽率54%,成熟期5月18日—24日,属中生偏早熟品种。叶片硬化较迟。亩桑产叶量1540 kg。桑叶粗蛋白含量23.6%,可溶性糖含量10.5%。耐旱性较强,耐寒性强,抗黑枯型细菌病力较弱,抗黄化型萎缩病力强。适宜于黄河以南地区栽植。

17. 黄克桑

【来源及分布】 原产于山西省泽州县。属白桑种,二倍体。曾分布于山西泽州县区域。现保存于山西省长治市蚕桑试验场等地。

【特征特性】 树形稍开展,枝条中粗,直立,皮棕黄色,节间微曲,节距4 cm,叶序3/8,皮孔较少而小,圆形或椭圆形。冬芽正三角形,棕褐色,稍离生,副芽较多。叶阔心脏形,叶尖短尾状,叶缘乳头齿,叶基深心形,叶面光滑微皱,光泽较强,叶柄细长,叶片稍下垂。雌雄同株,雄穗较短,甚小而少,紫黑色。山西省长治市栽植,发芽期4月20日—26日,开叶期4月28日—5月6日,发芽率77.5%,成熟期5月20日—26日,属中生偏中熟品种。叶片硬化早,落叶早。亩桑产叶量1870 kg。耐旱性、耐寒性较强,抗黑枯型细菌病力较弱,抗黄化型萎缩病力强。适宜于黄河流域栽植。

18. 荆子桑

【来源及分布】 原产于山西省阳城县。属白桑种,二倍体。曾分布于山西阳城、高平等地。现保存于山西省长治市蚕桑试验场等地。

【特征特性】 树形稍开展,枝条直立细长,皮灰黄色,节间直,节距3.4 cm,叶序2/5,皮孔较小而少,圆形或椭圆形。冬芽正三角形,棕褐色,贴生,副芽少而不明显。叶卵圆形间有浅裂,叶尖短尾状,叶缘钝齿,叶基截形,叶面微皱稍光滑,光泽弱,叶柄细短。开雌花,甚小,紫黑色。山西省长治市栽植,发芽期4月15日—20日,开叶期4月18日—28日,发芽率77.5%,成熟期5月18日—24日,属早生晚熟品种。叶片硬化早。亩桑产叶量1696 kg。耐旱性、耐寒性较强,抗黑枯型细菌病力较弱,抗黄化型萎缩病力强。适宜于黄河流域栽植,不宜在细菌病疫区栽植。

19. 摘桑

【来源及分布】 原产于山西省泽州县。属白桑种,二倍体。曾分布于山西晋城、长治等地。现保存于山西省长治市蚕桑试验场等地。

【特征特性】 树形高大,枝条直立中粗,有卧伏枝,皮赤褐色,节间直,节距4.0 cm,叶序2/5,皮孔小且少,圆形。冬芽近球形,褐色,尖离,无副芽。叶心脏形,叶尖短尾状,叶缘乳头齿,叶基深心形,叶面光滑有波皱,光泽较强,叶柄中粗。开雄花。山西省长治市栽植,发芽期4月15日—21日,开叶期4月18日—27日,发芽率77.5%,成熟期5月22日—27日,属早生晚熟品种。叶片硬化期9月中下旬。亩桑产叶量1936 kg。桑叶粗蛋白含量春20.4%、秋23.6%,可溶性糖含量春10.2%、秋12.5%。耐旱性、耐寒性较强,抗黑枯型细菌病力较弱,抗黄化型萎缩病力较强。适宜于黄河流域栽植。

20. 陵川8号

【来源及分布】 原产于山西省陵川县。属白桑种,二倍体。曾分布于山西陵川等地。现保存于山西省蚕业科学研究院。

【特征特性】 树形稍开展,枝条直立细长,侧枝多,皮灰青褐色,节间直,节距3.6 cm,叶序2/5,皮孔小而少,圆形或椭圆形。冬芽长三角形,棕褐色,贴生,副芽较多。叶心脏形间有浅裂形,叶尖锐头,叶缘乳头齿,叶基深心形,叶面泡皱,微糙,光泽较强,叶柄较细。开雄花。山西省运城市栽植,发芽期3月28日—30日,开叶期4月1日—14日,发芽率81.19%,成熟期5月上旬,属早生中熟品种。叶片硬化较迟,一般在10月上旬。亩桑产叶量春790 kg、夏秋1250 kg。桑叶粗蛋白含量春20.89%、秋24.00%,可溶性糖含量春11.07%、秋12.37%。耐旱性较强,耐寒性强,抗桑疫病,中抗黄化型萎缩病。适宜于黄河流域栽植。

21. 长治黑格鲁

【来源及分布】 原产于山西省长治市。属白桑种,二倍体。曾分布于山西长治、高平等地。现保存于山西省蚕业科学研究院等地。

【特征特性】 树形稍开展,枝条直立中粗,皮灰褐色,节间较直,节距4.2 cm,叶序2/5,皮孔小,圆形或椭圆形。冬芽盾形,褐色,稍离生,副芽较少。叶卵圆形,叶尖锐头,叶缘乳头齿,叶基浅心形,叶面微皱,光滑,光泽强,叶柄较细。先花后叶,雌雄同株、同穗,甚多,紫黑色。山西省运城市栽植,发芽期3月26日—30日,开叶期4月1日—13日,发芽率83.86%,成熟期5月上旬,属早生中熟品种。叶片硬化较迟,一般在10月上旬。亩桑产叶量春510 kg、夏秋940 kg。桑叶粗蛋白含量春20.16%、秋21.46%,可溶性糖含量春11.29%、秋13.66%。耐旱性、耐寒性强,抗桑疫病力强,抗黄化型萎缩病力较强。适宜于黄河流域栽植。

22. 高平黑格鲁

【来源及分布】 原产于山西省高平市。属白桑种,二倍体。曾分布于山西高平、长治等地。现保存于山西省蚕业科学研究院等地。

【特征特性】 树形开展,枝条细直,发条数较多,侧枝多,皮灰褐色,间间直,节距4.3 cm,叶序2/5,皮孔大,圆形或椭圆形。冬芽长三角形,紫色,稍离生。叶长心脏形,叶尖锐头,叶缘乳头齿,叶基浅心形,叶面皮状泡皱,稍光滑,光泽较强,叶柄细短。开雌花,甚少而小,紫黑色。山西省运城市栽植,发芽期3月27日—4月1日,开叶期4月4日—16日,发芽率78.79%,成熟期5月上旬,属中生中熟品种。叶片硬化较早,一般在9月下旬。亩桑产叶量春728 kg、夏秋646 kg。桑叶粗蛋白含量春20.4%、秋21.17%,可溶性糖含量春9.54%、秋11.95%。耐旱性强,耐寒性较强,轻感桑疫病,中抗黄化型萎缩病。适宜于黄河流域栽植。

23. 黄格鲁1号

【来源及分布】 原产于山西省沁水县。属白桑种,二倍体。曾分布于山西阳城、沁水等地。现保存于山西省蚕业科学研究院等地。

【特征特性】 树形开展,枝条细直,发条数多,皮灰棕褐色,节间直,节距4.0 cm,叶序2/5,皮孔大,圆形或椭圆形。冬芽三角形,红褐色,贴生,副芽少。叶长心脏形,叶尖锐头,叶缘乳头齿,叶基心形,叶面泡状波皱,微糙,光泽较强,叶柄细。开雄花。山西省运城市栽植,发芽期3月27日—30日,开叶期3月31日—4月13日,发芽率87.1%,成熟期5月上旬,属早生中熟品种。叶片硬化早,一般在9月中旬。亩桑产叶量春1090 kg、夏秋1055 kg。桑叶粗蛋白含量春21.71%、秋23.73%,可溶性糖含量春8.93%、秋12.13%。耐旱性、耐寒性强,抗黄化型萎缩病力强,抗黑枯型细菌病力稍弱。适宜于黄河流域栽植。

24. **黑桑**

【来源及分布】 原产于山西省阳城县。属白桑种,二倍体。曾分布于山西阳城、高平等地。现保存于山西省蚕业科学研究院。

【特征特性】 树形稍开展,枝条细而直,有效条数较多,皮灰褐色,节间直,节距5.2 cm,叶序2/5,皮孔大,圆形或椭圆形。冬芽长三角形,紫褐色,尖离,副芽少。叶心脏形,叶尖锐头,叶缘乳头齿,叶基心形,叶面波皱,微糙,光泽较强,叶柄细。开雌花,甚小,极少,紫黑色。山西省运城市栽植,发芽期3月27日—4月1日,开叶期4月3日—17日,发芽率80.43%,成熟期5月上旬,属中生中熟品种。叶片硬化较早,一般在9月下旬。亩桑产叶量春810 kg、夏秋1100 kg。桑叶粗蛋白含量春18.25%、秋21.86%,可溶性糖含量春8.57%、秋11.02%。耐旱性、耐寒性较强,轻感黑枯型细菌病和黄化型萎缩病。适宜于黄河流域栽植。

25. **白格鲁4号**

【来源及分布】 原产于山西省阳城县。属白桑种,二倍体。曾分布于山西阳城、沁水等地。现保存于山西省蚕业科学研究院。

【特征特性】 树形开展,枝条直立中粗,皮青灰色,节间直,节距3.2 cm,叶序2/5,皮孔小而多,点状、椭圆形或梭形。冬芽卵圆形,芽大饱满,黄色,尖离,副芽较少。叶卵圆形,叶尖短尾状,叶缘乳头齿,叶基截形,叶面泡状波皱,叶柄中粗。开雄花。山西省运城市栽植,发芽期3月27日—4月1日,开叶期4月4日—16日,发芽率89.22%,成熟期5月上旬,属中生中熟品种。叶片硬化较迟,一般在10月上旬。亩桑产叶量春660 kg、夏秋1190 kg。桑叶粗蛋白含量春19.44%、秋23.66%,可溶性糖含量春11.29%、秋13.25%。耐旱性、耐寒性较强,抗桑疫病力强,抗黄化型萎缩病力较强。适宜于黄河流域栽植。

26. **交口1号**

【来源及分布】 原产于山西省交口县。属白桑种,二倍体。曾分布于山西交口、石楼等地。现保存于山西省蚕业科学研究院。

【特征特性】 树形开展,枝条细直,皮灰褐色,节间直,节距4.3 cm,叶序3/8,皮孔小,圆形或椭圆形。冬芽球形,淡褐色,腹离,副芽少。叶心脏形,叶尖锐头或短尾状,叶缘乳头齿,叶基浅心形,叶面波皱,叶柄细。雌雄同株,雄花多,雌花极少,甚紫黑色。山西省运城市栽植,发芽期3月26日—4月1日,开叶期4月4日—16日,发芽率81.17%,成熟期5月上旬,属中生中熟品种。叶片硬化较早,一般在9月下旬。亩桑产叶量春400 kg、夏秋1050 kg。桑叶粗蛋白含量春21.25%、秋23.75%,可溶性糖含量春9.79%、秋7.9%。耐旱性、耐寒性较强,抗桑疫病力强,轻感黄化型萎缩病。适宜于黄河流域栽植。

27. 交口4号

【来源及分布】 原产于山西省交口县。属鲁桑种,二倍体。曾分布于山西交口、石楼等地。现保存于山西省蚕业科学研究院。

【特征特性】 树形稍开展,枝条粗而直,皮青灰色,节间较直,节距4.3 cm,叶序2/5,皮孔大小不匀,圆形或椭圆形。冬芽盾形,黄褐色,尖离,副芽多。叶长心脏形,叶尖短尾状,叶缘乳头齿间有钝齿,叶基浅心形,叶面光滑有波皱,光泽强,叶柄中粗。开雄花。山西省运城市栽植,发芽期3月26日—29日,开叶期3月31日—4月14日,发芽率81.58%,成熟期5月上旬,属早生中熟品种。叶片硬化较早,一般在9月中旬。亩桑产叶量春380 kg、夏秋900 kg。桑叶粗蛋白含量春18.53%、秋21.29%,可溶性糖含量春10.07%、秋12.4%。耐旱性较强,耐寒性强,抗桑疫病力强,抗黄化型萎缩病力较强。适宜于黄河流域栽植。

28. 交口5号

【来源及分布】 原产于山西省交口县。属鲁桑种,二倍体。曾分布于山西交口、中阳等地。现保存于山西省蚕业科学研究院。

【特征特性】 树形开展,枝条直立粗壮,皮青灰色,节间微曲,节距4.8 cm,叶序2/5,皮孔大,圆形或椭圆形。冬芽盾形,黄色,稍离生。叶卵圆形,叶尖短尾状,叶缘乳头齿,叶基浅心形,叶面波皱而光滑,叶柄中粗。雌雄同株、同穗,雌花相对较多,甚短,紫黑色。山西省运城市栽植,发芽期3月27日—3月30日,开叶期3月31日—4月14日,发芽率77.11%,成熟期5月上旬,属早生中熟品种。叶片硬化较早,一般在9月中旬。亩桑产叶量春360 kg、夏秋710 kg。桑叶粗蛋白含量春18.89%、秋23.35%,可溶性糖含量春10.28%、秋10.44%。耐旱性较强,耐寒性强,抗桑疫病力强,抗黄化型萎缩病力较强。适宜于黄河流域栽植。

29. 交口7号

【来源及分布】 原产于山西省交口县。属鲁桑种,二倍体。曾分布于山西吕梁等地。现保存于山西省蚕业科学研究院。

【特征特性】 树形较开展,枝条粗短稍弯曲,皮灰黄色,节间微曲,节距3.6 cm,叶序2/5,皮孔大,圆形或椭圆形。冬芽长三角形,大而饱满,淡褐色,尖离,副芽较多。叶长心脏形,叶尖短尾状,叶缘乳头齿,叶基浅心形,叶面光滑有波皱,叶柄粗。雌雄同株、同穗,雌花较多,甚短,紫黑色。山西省运城市栽植,发芽期3月26日—4月1日,开叶期4月4日—16日,发芽率90.16%,成熟期5月上旬,属中生中熟品种。叶片硬化较早,一般在9月下旬。亩桑产叶量春550 kg、夏秋860 kg。桑叶粗蛋白含量春19.25%、秋22.45%,可溶性糖含量春10.43%、秋10.98%。耐旱性较强,耐寒性强,抗桑疫病力强,抗黄化型萎缩病力较强。适宜于黄河流域栽植。

30. 交口8号

【来源及分布】 原产于山西省交口县。属白桑种,二倍休。曾分布于山西吕梁等地。现保存于山西省蚕业科学研究院。

【特征特性】 树形较开展,枝条直立而细长,皮黄褐色,节间直,节距3.2 cm,叶序2/5,皮孔小,圆形或椭圆形。冬芽长三角形,深褐色,尖离,副芽少。叶阔心脏形,叶尖钝头或短尾状,叶缘乳头齿,叶基浅心形,叶面泡皱,叶柄粗。开雄花。山西省运城市栽植,发芽期3月27日—4月1日,开叶期4月4日—14日,发芽率78.68%,成熟期5月上旬,属中生中熟品种。叶片硬化较早,一般在9月下旬。亩桑产叶量春510 kg、夏秋880 kg。桑叶粗蛋白含量春20.71%、秋22.27%,可溶性糖含量春11.53%、秋12%。耐旱性较弱,耐寒性强,抗桑疫病力强,抗黄化型萎缩病力较强。适宜于黄河流域栽植。

31. 陵川1号

【来源及分布】 原产于山西省陵川县。属鲁桑种,二倍体。曾分布于山西陵川县区域。现保存于山西省蚕业科学研究院等地。

【特征特性】 树形开展,枝条直立,粗细均匀,皮灰褐色,节间微曲,节距3.9 cm,叶序3/8,皮孔小,圆形或椭圆形。冬芽正三角形,紫褐色,稍离生,副芽多。叶心脏形,叶尖锐头,叶缘乳头齿,叶基深心形,叶面泡皱,叶柄细。先叶后花,雌雄同株,雄穗少,葚短而多,紫黑色。山西省运城市栽植,发芽期3月28日—30日,开叶期4月1日—15日,发芽率92.1%,成熟期5月上旬,属早生中熟品种。叶片硬化较早,一般在9月下旬。亩桑产叶量春490 kg、夏秋750 kg。桑叶粗蛋白含量春23.8%、秋21.52%,可溶性糖含量春10.08%、秋11.17%。耐旱性较强,耐寒性强,抗桑疫病力较强,抗黄化型萎缩病力较弱。适宜于黄河流域栽植。

32. 陵川2号

【来源及分布】 原产于山西省陵川县。属白桑种,二倍体。曾分布于山西陵川县区域。现保存于山西省蚕业科学研究院等地。

【特征特性】 树形较紧凑,枝条细直,皮灰棕色,节间直,节距3.3 cm,叶序2/5,皮孔大,圆形或椭圆形。冬芽长三角形,紫红色,斜生,副芽多。叶全裂混生,长心脏形或浅裂形,叶尖短尾状,叶缘钝齿,叶基截形或浅心形,叶面微皱,叶柄细。雌雄同株、同穗,葚少,紫黑色。山西省运城市栽植,发芽期3月28日—30日,开叶期4月1日—15日,发芽率73.51%,成熟期5月上旬,属早生中熟品种。叶片硬化早,一般在9月中旬。亩桑产叶量春280 kg、夏秋670 kg。桑叶粗蛋白含量春20.89%、秋23.47%,可溶性糖含量春12.9%、秋13.02%。耐旱性较强,耐寒性强,抗桑疫病和黄化型萎缩病力较强。适应性较强,可在黄土高原等地栽植。

33. **陵川3号**

【来源及分布】 原产于山西省陵川县。属白桑种,二倍体。曾分布于山西陵川县区域。现保存于山西省蚕业科学研究院等地。

【特征特性】 树形开展,枝条直立而细长,有卧伏枝,下部侧枝多,皮灰褐色,节间直,节距3.4 cm,叶序2/5,皮孔大,圆形、椭圆形或梭形。冬芽三角形,紫褐色,稍离生,副芽多。叶浅裂形,叶尖锐头,叶缘乳头齿,叶基浅心形,叶面微皱,叶柄细。开雌花,甚较多,紫黑色。山西省运城市栽植,发芽期3月27日—30日,开叶期4月1日—15日,发芽率84.1%,成熟期5月上旬,属早生中熟品种。叶片硬化早,一般在9月中旬。亩桑产叶量春520 kg、夏秋1070 kg。桑叶粗蛋白含量春19.07%、秋20.66%,可溶性糖含量春11.52%、秋12.05%。耐旱性、耐寒性强,抗桑疫病和黄化型萎缩病力较强。可在黄土高原等地栽植。

34. **陵川4号**

【来源及分布】 原产于山西省陵川县。属白桑种,二倍体。曾分布于山西陵川县区域。现保存于山西省蚕业科学研究院。

【特征特性】 树形较开展,枝条直立而细长,皮灰褐色,节间直,节距3.9 cm,叶序2/5,皮孔大,圆形或椭圆形。冬芽三角形,深褐色,稍离生,副芽较少。叶卵圆形,叶尖锐头,叶缘钝齿,叶基截形,叶面光滑有波皱,叶柄细。开雌花,甚多,紫黑色。山西省运城市栽植,发芽期3月29日—4月1日,开叶期4月4日—17日,发芽率80.48%,成熟期5月上旬,属中生中熟品种。叶片硬化早,一般在9月中旬。亩桑产叶量春360 kg、夏秋900 kg。桑叶粗蛋白含量春22.71%、秋22.3%,可溶性糖含量春11.32%、秋12.34%。耐旱性、耐寒性较弱,抗桑疫病力强,抗黄化型萎缩病力较强。适宜于黄河流域及气候暖和、土质肥沃的地区栽植。

35. **陵川6号**

【来源及分布】 原产于山西省陵川县。属山桑种,二倍体。曾分布于山西陵川县区域。现保存于山西省蚕业科学研究院等地。

【特征特性】 树形外阔,枝条细长,多卧伏枝,皮黄褐色,节间直,节距4.5 cm,叶序1/2,皮孔大,椭圆形或梭形。冬芽长锥形,紫红色,尖离。叶深裂形,叶尖长尾状,叶缘锐齿,有芒刺,叶基心形,叶面粗糙,叶柄细。开雄花。山西省运城市栽植,发芽期3月27日—31日,开叶期4月2日—14日,发芽率73.5%,成熟期5月上旬,属中生中熟品种。叶片硬化较早,一般在9月下旬。亩桑产叶量春390 kg、夏秋560 kg。桑叶粗蛋白含量春21.07%、秋21.51%,可溶性糖含量春10.19%、秋9.36%。耐旱性较强,耐寒性强,抗桑疫病力强,抗黄化型萎缩病力较弱。适宜于黄河流域山区栽植。

36. 陵川7号

【来源及分布】 原产于山西省陵川县。属白桑种,二倍体。曾分布于山西陵川县区域。现保存于山西省蚕业科学研究院。

【特征特性】 树形开展,枝条细短,稍弯,发条数多,皮灰褐色,节间直,节距5.3 cm,叶序2/5,皮孔小,圆形或椭圆形。冬芽三角形,棕褐色,贴生,副芽多。叶长心脏形间有浅裂形,叶尖锐头,叶缘钝齿,叶基浅心形,叶面微皱,微糙,光泽较强,叶柄细。开雄花。山西省运城市栽植,发芽期3月27日—30日,开叶期4月1日—15日,发芽率88%,成熟期5月上旬,属早生中熟品种。叶片硬化较早,一般在9月下旬。亩桑产叶量春450 kg、夏秋970 kg。桑叶粗蛋白含量春21.25%、秋20.73%,可溶性糖含量春11.48%、秋12.45%。耐旱性、耐寒性强,抗桑疫病和黄化型萎缩病力强。适应性强,栽植范围广。

37. 陵川9号

【来源及分布】 原产于山西省陵川县。属白桑种,二倍体。曾分布于山西陵川县区域。现保存于山西省蚕业科学研究院等地。

【特征特性】 树形开展,枝条细,稍弯曲,皮灰棕色,节间较直,节距3.3 cm,叶序2/5或3/8,皮孔大,圆形或椭圆形。冬芽盾形,紫褐色,贴生,副芽多。叶长心脏形间有浅裂形,深绿色,叶尖锐头,叶缘乳头齿间有钝齿,叶基浅心形,叶面微皱,叶柄细。开雄花。山西省运城市栽植,发芽期3月27日—30日,开叶期4月1日—15日,发芽率93.37%,成熟期5月上旬,属早生中熟品种。叶片硬化早,一般在9月中旬。亩桑产叶量春430 kg、夏秋830 kg。桑叶粗蛋白含量春20.89%、秋20.05%,可溶性糖含量春11.31%、秋11.47%。耐旱性较强,耐寒性强,抗桑疫病力强,抗黄化型萎缩病力较强。可在黄土高原等地栽植。

38. 陵川11号

【来源及分布】 原产于山西省陵川县。属白桑种,二倍体。曾分布于山西陵川县区域。现保存于山西省蚕业科学研究院等地。

【特征特性】 树形开展,枝条细直,皮浅灰褐色,节间直,节距3.8 cm,叶序2/5,皮孔小,圆形。冬芽三角形,紫褐色,稍离生,副芽少。叶卵圆形,叶尖锐头,叶缘乳头齿,叶基心形,叶面光滑,微皱,光泽强,叶柄细。开雌花,甚短而少,紫黑色。山西省运城市栽植,发芽期3月27日—4月1日,开叶期4月4日—17日,发芽率82.36%,成熟期5月上旬,属中生中熟品种。叶片硬化较早,一般在9月下旬。亩桑产叶量春500 kg、夏秋590 kg。桑叶粗蛋白含量春19.25%、秋22.7%,可溶性糖含量春11.55%、秋12.13%。耐旱性较强,耐寒性强,抗桑疫病力强,抗黄化型萎缩病力较强。适应性较强,可在黄土高原、丘陵、山区等地栽植。

39. 陵川12号

【来源及分布】 原产于山西省陵川县。属白桑种,二倍体。曾分布于山西陵川县区域。现保存于山西省蚕业科学研究院等地。

【特征特性】 树形开展,枝条直立而细长,稍弯曲,皮灰棕色,节间直,节距3.9 cm,叶序3/8,皮孔大,圆形或椭圆形。冬芽长三角形,棕褐色,尖离,副芽多。叶卵圆形,叶尖短尾状,叶缘钝齿,叶基截形,叶面微皱,叶柄细。开雌花,葚中等长,多,紫黑色。山西省运城市栽植,发芽期3月26日—29日,开叶期4月1日—16日,发芽率84.37%,成熟期5月上旬,属早生中熟品种。叶片硬化早,一般在9月中旬。亩桑产叶量春320 kg、夏秋790 kg。桑叶粗蛋白含量春17.08%、秋23.95%,可溶性糖含量春10.87%、秋12.78%。耐旱性较强,耐寒性强,抗桑疫病力强,抗黄化型萎缩病力较强。适应性较强,可在黄土高原、丘陵、山区等地栽植。

40. 陵川13号

【来源及分布】 原产于山西省陵川县。属白桑种,二倍体。曾分布于山西陵川县区域。现保存于山西省蚕业科学研究院。

【特征特性】 树形开展,枝条直立而细长,发条数多,皮青灰色,节间直,节距3.9 cm,叶序2/5,皮孔小,圆形或椭圆形。冬芽三角形,黄褐色,尖离。叶长心脏形,叶尖锐头或短尾状,叶缘乳头齿,叶基浅心形,叶面稍光滑有泡皱,叶柄较细。开雌花,葚中等长,多,紫黑色。山西省运城市栽植,发芽期3月27日—4月1日,开叶期4月2日—16日,发芽率57.48%,成熟期5月上旬,属中生中熟品种。叶片硬化早,一般在9月中旬。亩桑产叶量春430 kg、夏秋890 kg。桑叶粗蛋白含量春21.98%、秋19.14%,可溶性糖含量春9.22%、秋9.97%。耐旱性较强,耐寒性强,抗桑疫病,中抗黄化型萎缩病。适应性较强,可在黄土高原等地栽植。

41. 陵川14号

【来源及分布】 原产于山西省陵川县。属白桑种,二倍体。曾分布于山西陵川县区域。现保存于山西省蚕业科学研究院等地。

【特征特性】 树形较开展,枝条细直,皮灰黄褐色,节间直,节距3.7 cm,叶序1/3,皮孔大,椭圆形。冬芽三角形,大而饱满,深褐色,尖离,副芽较多。叶心脏形间有浅裂形,叶尖锐头,叶缘乳头齿,叶基心形,叶面粗糙,叶柄粗壮。无花。山西省运城市栽植,发芽期3月28日—4月4日,开叶期4月8日—20日,发芽率73.44%,成熟期5月上中旬,属晚生中熟品种。叶片硬化较早,一般在9月下旬。亩桑产叶量春795 kg、夏秋1535 kg。桑叶粗蛋白含量春20.16%、秋20.23%,可溶性糖含量春8.27%、秋10.95%。耐旱性、耐寒性较强,抗桑疫病力强,抗黄化型萎缩病力较强。适宜于黄河流域栽植。

42. 陵川15号

【来源及分布】 原产于山西省陵川县。属白桑种,二倍体。曾分布于山西陵川县区域。现保存于山西省蚕业科学研究院等地。

【特征特性】 树形开展,枝条直立,侧枝多,皮灰褐色,节间微曲,节距3.9 cm,叶序2/5,皮孔大,圆形或椭圆形。冬芽正三角形,尖离,副芽较少。叶心脏形,叶尖锐头,叶缘乳头齿,叶基浅心形,叶面波皱,叶柄粗壮。无花。山西省运城市栽植,发芽期3月28日—4月1日,开叶期4月9日—20日,发芽率78.11%,成熟期5月上中旬,属晚生中熟品种。叶片硬化较早,一般在9月下旬。亩桑产叶量春765 kg、夏秋1045 kg。桑叶粗蛋白含量春18.89%、秋20.39%,可溶性糖含量春8.47%、秋10.46%。耐旱性较强,耐寒性强,抗桑疫病力强,抗黄化型萎缩病力较强。适宜于黄河流域栽植。

43. 陵川16号

【来源及分布】 原产于山西省陵川县。属白桑种,二倍体。曾分布于山西陵川县区域。现保存于山西省蚕业科学研究院。

【特征特性】 树形开展,枝条细直,皮灰棕色,节间较直,节距3.9 cm,叶序2/5间有1/3,皮孔大,圆形或椭圆形。冬芽盾形,黄褐色,贴生,副芽多。叶长心脏形,叶尖锐头,叶缘乳头齿,叶基浅心形,叶面泡皱,叶柄细。开雄花。山西省运城市栽植,发芽期4月2日—4日,开叶期4月8日—20日,发芽率94.0%,成熟期5月上中旬,属晚生晚熟品种。叶片硬化早,一般在9月中旬。亩桑产叶量春500 kg、夏秋595 kg。桑叶粗蛋白含量春19.07%、秋21.62%,可溶性糖含量春10.97%、秋11.77%。耐旱性较强,耐寒性强,抗桑疫病力强,抗黄化型萎缩病力较弱。适宜于黄河流域栽植。

44. 陵川17号

【来源及分布】 原产于山西省陵川县。属白桑种,二倍体。曾分布于山西陵川县区域。现保存于山西省蚕业科学研究院。

【特征特性】 树形开阔,枝条细长,皮灰棕色,节间直,节距3.8 cm,叶序3/8,皮孔小,圆形或椭圆形。冬芽盾形,棕褐色,贴生。叶心脏形,叶尖锐头,叶缘乳头齿,叶基浅心形,叶面微糙有泡皱,叶柄细。开雌花,极少。山西省运城市栽植,发芽期3月27日—4月4日,开叶期4月8日—19日,发芽率64.04%,成熟期5月上中旬,属晚生晚熟品种。叶片硬化早,一般在9月中旬。亩桑产叶量春395 kg、夏秋990 kg。桑叶粗蛋白含量春23.61%、秋22.39%,可溶性糖含量春11.32%、秋11.15%。耐旱性、耐寒性较强,抗桑疫病力强,抗黄化型萎缩病力较弱。适宜于黄河流域栽植。

45. 陵川18号

【来源及分布】 原产于山西省陵川县。属白桑种,二倍体。曾分布于山西陵川县区域。现保存于山西省蚕业科学研究院。

【特征特性】 树形开展,枝条直立,侧枝多,皮黄褐色,节间直,节距3.5 cm,叶序2/5,皮孔小,圆形或椭圆形。冬芽正三角形,棕褐色,尖离。叶卵圆形,叶尖锐头,叶缘乳头齿,叶基截形,叶面微皱,微糙,叶柄较细。开雄花。山西省运城市栽植,发芽期3月27日—4月1日,开叶期4月4日—18日,发芽率79.61%,成熟期5月上中旬,属中生晚熟品种。叶片硬化较迟,一般在10月上旬。亩桑产叶量春450 kg、夏秋830 kg。桑叶粗蛋白含量春19.07%、秋20.39%,可溶性糖含量春9.79%、秋9.44%。耐旱性较强,耐寒性强,抗桑疫病力强,抗黄化型萎缩病力较强。适宜于黄河流域栽植。

46. 陵川20号

【来源及分布】 原产于山西省陵川县。属鲁桑种,二倍体。曾分布于山西陵川县区域。现保存于山西省蚕业科学研究院等地。

【特征特性】 树形稍开展,枝条粗短,皮青褐色,节间微曲,节距3.3 cm,叶序2/5,皮孔大,圆形或椭圆形。冬芽正三角形,褐色,贴生,副芽少。叶心脏形,叶尖锐头,叶缘乳头齿,叶基浅心形,叶面光滑有波皱,叶柄较细。雌雄同株,雄穗长而多,甚少,紫黑色。山西省运城市栽植,发芽期3月27日—4月4日,开叶期4月8日—20日,发芽率76.5%,成熟期5月上中旬,属晚生中熟品种。叶片硬化较迟,一般在10月上旬。亩桑产叶量春555 kg、夏秋805 kg。桑叶粗蛋白含量春22.71%、秋21.71%,可溶性糖含量春10.55%、秋11.94%。耐旱性较强,耐寒性强,抗桑疫病力强,抗黄化型萎缩病力较弱。适宜于黄河流域栽植。

47. 陵川21号

【来源及分布】 原产于山西省陵川县。属白桑种,二倍体。曾分布于山西陵川县区域。现保存于山西省蚕业科学研究院。

【特征特性】 树形向外开展,枝条细直,发条数多,皮灰褐色,节间直,节距3.6 cm,叶序2/5,皮孔小,圆形或椭圆形。冬芽三角形,棕褐色,稍离生。叶心脏形,叶尖锐头或短尾状,叶缘乳头齿,叶基心形,叶面微糙,微皱,叶柄细。开雄花。山西省运城市栽植,发芽期3月27日—4月4日,开叶期4月7日—19日,发芽率93.42%,成熟期5月上中旬,属晚生中熟品种。叶片硬化较早,一般在9月下旬。亩桑产叶量春460 kg、夏秋790 kg。桑叶粗蛋白含量春22.34%、秋20.70%,可溶性糖含量春11.32%、秋12.60%。耐旱性较强,耐寒性强,中抗桑疫病和黄化型萎缩病。适宜于黄河流域栽植。

48. 陵川22号

【来源及分布】 原产于山西省陵川县。属白桑种,二倍体。曾分布于山西陵川县区域。现保存于山西省蚕业科学研究院。

【特征特性】 树形开展,枝条细直,有侧枝,皮灰褐色,节间直,节距3.5 cm,叶序2/5,皮孔小,圆形或椭圆形。冬芽三角形,紫褐色,尖离,副芽多。叶心脏形,叶尖锐头或短尾状,叶缘乳头齿,叶基浅心形,叶面微皱,叶柄细。开雄花。山西省运城市栽植,发芽期3月26日—4月4日,开叶期4月7日—19日,发芽率91.06%,成熟期5月上中旬,属晚生中熟品种。叶片硬化较迟,一般在10月上旬。亩桑产叶量春490 kg、夏秋730 kg。桑叶粗蛋白含量春21.07%、秋21.22%,可溶性糖含量春7.45%、秋11.36%。耐旱性、耐寒性较强,抗桑疫病和黄化型萎缩病力较强。适宜于黄河流域栽植。

49. 陵川23号

【来源及分布】 原产于山西省陵川县。属白桑种,二倍体。曾分布于山西陵川县区域。现保存于山西省蚕业科学研究院。

【特征特性】 树形开展,枝条细,微弯曲,皮灰棕色,节间直,节距4 cm,叶序2/5,皮孔小,圆形或椭圆形。冬芽三角形,紫褐色,稍离生。叶长心脏形,叶尖锐头或短尾状,叶缘乳头齿,叶基浅心形,叶面光滑有泡皱,叶柄细。雌雄同株、同穗,雄穗少,葚中等长,较多,白色。山西省运城市栽植,发芽期3月27日—4月4日,开叶期4月8日—20日,发芽率87.8%,成熟期5月上中旬,属晚生中熟品种。叶片硬化早,一般在9月中旬。亩桑产叶量春460 kg、夏秋885 kg。桑叶粗蛋白含量春22.16%、秋20.91%,可溶性糖含量春10.14%、秋11.41%。耐旱性较强,耐寒性强,抗桑疫病力强,抗黄化型萎缩病力较强。适应性较强,在黄土高原等地均可栽植。

50. 柳林1号

【来源及分布】 原产于山西省柳林县。属白桑种,二倍体。曾分布于山西柳林等地。现保存于山西省蚕业科学研究院。

【特征特性】 树形开展,枝条细直,侧枝多,皮灰褐色,节间直,节距3.3 cm,叶序3/8,皮孔小,圆形或椭圆形。冬芽长三角形,紫褐色,稍离生,副芽多。叶浅裂形,间有少数全叶,叶尖短尾状,叶缘乳头齿,叶基心形,叶面微皱,叶柄细。雌雄同株、同穗,雄穗中等长,较多,葚少,紫黑色。山西省运城市栽植,发芽期3月27日—30日,开叶期4月1日—14日,发芽率92.71%,成熟期5月上旬,属早生中熟品种。叶片硬化早,一般在9月中旬。亩桑产叶量春470 kg、夏秋745 kg。桑叶粗蛋白含量春17.98%、秋21.16%,可溶性糖含量春10.89%、秋10.68%。耐旱性较强,耐寒性强,抗桑疫病力强,抗黄化型萎缩病力较强。适宜于黄河流域栽植。

51. 柳林2号

【来源及分布】 原产于山西省柳林县。属白桑种,二倍体。曾分布于山西柳林县区域。现保存于山西省蚕业科学研究院等地。

【特征特性】 树形开展,枝条细直,发条数多,侧枝多,皮灰褐色,节间直,节距3.5 cm,叶序2/5,皮孔小而少,圆形。冬芽正三角形,紫褐色,稍离生,副芽多。叶浅裂形,间有少数心脏形全叶,叶尖锐头,叶缘乳头齿间有钝齿,叶基心形,叶面微皱,叶柄细。开雄花。山西省运城市栽植,发芽期3月27日—3月30日,开叶期4月1日—14日,发芽率92.32%,成熟期5月上旬,属早生中熟品种。叶片硬化早,一般在9月中旬。亩桑产叶量春460 kg、夏秋710 kg。桑叶粗蛋白含量春24.16%、秋21.09%,可溶性糖含量春12.86%、秋12.69%。耐旱性较强,耐寒性强,抗桑疫病,中抗黄化型萎缩病。适宜于黄河流域栽植。

52. 柳林3号

【来源及分布】 原产于山西省柳林县。属白桑种,二倍体。曾分布于山西柳林县区域。现保存于山西省蚕业科学研究院等地。

【特征特性】 树形开展,枝条细短,微弯,侧枝多,皮灰白褐色,节间直,节距3.5 cm,叶序2/5,皮孔小而少,圆形。冬芽正三角形,紫褐色,稍离生,副芽多。叶心脏形间有少数浅裂形,叶尖锐头或短尾状,叶缘乳头齿,叶基浅心形,叶面微皱,叶柄较粗。开雄花。山西省运城市栽植,发芽期3月26日—29日,开叶期3月31日—4月13日,发芽率75.37%,成熟期5月上旬,属早生中熟品种。叶片硬化早,一般在9月中旬。亩桑产叶量春478 kg、夏秋685 kg。桑叶粗蛋白含量春21.43%、秋20.78%,可溶性糖含量春12.16%、秋13.91%。耐旱性较强,耐寒性强,抗桑疫病力强,抗黄化型萎缩病力较强。适应性较强,可在黄土高原等地栽植。

53. 红皮窝桑

【来源及分布】 原产于山西省万荣县。属白桑种,二倍体。曾分布于山西万荣、临县等地。现保存于山西省蚕业科学研究院等地。

【特征特性】 树形开展,枝条细直,发条数多,皮棕褐色,节间直,节距3.7 cm,叶序3/8,皮孔小,圆形。冬芽短三角形,棕褐色,贴生,副芽多。叶卵圆形间有少数浅裂形,叶尖钝头,叶缘钝齿,叶基浅心形,叶面微皱,叶柄细。开雌花,甚多,紫黑色。山西省运城市栽植,发芽期3月28日—4月4日,开叶期4月7日—19日,发芽率77.95%,成熟期5月上中旬,属晚生中熟品种。叶片硬化早,一般在9月中旬。亩桑产叶量春220 kg、夏秋530 kg。桑叶粗蛋白含量春24.52%、秋23.72%,可溶性糖含量春9.86%、秋11.82%。耐旱性、耐寒性强,抗桑疫病和黄化型萎缩病力较强。适宜于黄河流域栽植。

54. 多果桑

【来源及分布】 原产于山西省万荣县。属白桑种,二倍体。曾分布在山西万荣县区域。现保存于山西省蚕业科学研究院等地。

【特征特性】 树形开展,枝条细直,皮灰白褐色,节间直,节距3.4 cm,叶序2/5,皮孔大小不匀,梭形、圆形或椭圆形。冬芽正三角形,棕褐色,尖离生。叶心脏形,叶尖短尾,叶缘乳头齿,叶基截形,叶面微皱,叶柄细。开雌花,结果时间长,葚多,紫红色。山西省运城市栽植,发芽期3月27日—4月2日,开叶期4月4日—19日,发芽率79.4%,成熟期5月上中旬,属中生晚熟品种。叶片硬化较早,一般在9月下旬。亩桑产叶量春330 kg、夏秋480 kg。桑叶粗蛋白含量春23.43%、秋23.77%,可溶性糖含量春9.82%、秋12.16%。耐旱性较强,耐寒性强,抗桑疫病力强,抗黄化型萎缩病力较强。适应性较强,在黄土高原等地均可栽植。

55. 阳白1号

【来源及分布】 原产于山西省阳城县。属白桑种,二倍体。曾分布于山西阳城、泽州等地。现保存于山西省蚕业科学研究院等地。

【特征特性】 树形较开展,枝条细直,发条数少,皮棕褐色,节间较直,节距4.0 cm,叶序2/5,皮孔小,圆形或椭圆形。冬芽正三角形,棕褐色,稍离生,副芽多而大。叶长心脏形,叶尖锐头或短尾状,叶缘钝齿,叶基浅心形,叶面泡皱,叶柄细。开雌花,甚短而少,紫黑色。山西省运城市栽植,发芽期3月27日—4月1日,开叶期4月4日—16日,发芽率78.4%,成熟期5月上旬,属中生中熟品种。叶片硬化较早,一般在9月下旬。亩桑产叶量春480 kg、夏秋780 kg。桑叶粗蛋白含量春18.89%、秋22.70%,可溶性糖含量春11.68%、秋12.45%。耐旱性、耐寒性强,抗病力强。适应性强,栽植范围广。

56. 阳白2号

【来源及分布】 原产于山西省阳城县。属白桑种,二倍体。曾分布于山西阳城、泽州等地。现保存于山西省蚕业科学研究院。

【特征特性】 树形稍开展,枝条直立中粗,皮浅灰褐色,节间较直,节距3.2 cm,叶序2/5,皮孔小,圆形或椭圆形。冬芽三角形,贴生,副芽大而较少。叶心脏形,间有少数浅裂形,叶尖短尾状,叶缘钝齿,叶基心形,叶面波皱,叶柄细。开雄花。山西省运城市栽植,发芽期3月27日—30日,开叶期4月1日—13日,发芽率75.94%,成熟期5月上旬,属早生中熟品种。叶片硬化较迟,一般在10月上旬。亩桑产叶量春595 kg、夏秋1200 kg。桑叶粗蛋白含量春17.26%、秋21.64%,可溶性糖含量春12.90%、秋13.27%。耐旱性较强,耐寒性强,抗桑疫病和黄化型萎缩病力较强。适宜于黄河流域栽植。

57. **阳白3号**

【来源及分布】 原产于山西省阳城县。属白桑种,二倍体。曾分布于山西阳城、沁水等地。现保存于山西省蚕业科学研究院。

【特征特性】 树形开展,枝条直立细短,皮灰褐色,节间微曲,节距4.2 cm,叶序2/5,皮孔小,圆形或椭圆形。冬芽短三角形,褐色,贴生,副芽较少。叶心脏形,叶尖锐头,叶缘乳头齿间有钝齿,叶基浅心形,叶面波皱,叶柄粗。开雌花,葚短而多,紫黑色。山西省运城市栽植,发芽期3月27日—4月2日,开叶期4月4日—19日,发芽率94.6%,成熟期5月上中旬,属中生晚熟品种。叶片硬化较迟,一般在10月上旬。亩桑产叶量春545 kg、夏秋600 kg。桑叶粗蛋白含量春17.98%、秋18.49%,可溶性糖含量春13.79%、秋14.07%。耐旱性较强,耐寒性强,抗桑疫病力较强,抗黄化型萎缩病力弱。适宜于黄河流域栽植。

58. **阳鲁2号**

【来源及分布】 原产于山西省阳城县。属鲁桑种,二倍体。曾分布于山西阳城、泽州等地。现保存于山西省蚕业科学研究院等地。

【特征特性】 树形较开展,枝条粗壮,微弯,皮褐色,节间直,不匀,节距2.9 cm,叶序2/5,皮孔小,圆形或椭圆形。冬芽短三角形,褐色,贴生,副芽多。叶心脏形,叶尖短尾状,叶缘乳头齿,叶基心形,叶面波皱,光滑,光泽强,叶柄较细。开雌花,极少,甚紫黑色。山西省运城市栽植,发芽期3月27日—4月4日,开叶期4月8日—20日,发芽率70.31%,成熟期5月上中旬,属晚生中熟品种。叶片硬化较早,一般在9月下旬。亩桑产叶量春625 kg、夏秋1125 kg。桑叶粗蛋白含量春21.62%、秋21.25%,可溶性糖含量春10.4%、秋11.45%。耐旱性较强,耐寒性强,抗桑疫病力较强,抗黄化型萎缩病力较弱。适宜于黄河流域栽植。

59. **阳鲁4号**

【来源及分布】 原产于山西省阳城县。属鲁桑种,二倍体。曾分布于山西阳城、沁水等地。现保存于山西省蚕业科学研究院。

【特征特性】 树形开展,枝条直立而粗短,发条数少,皮灰褐色,节间微曲,节距3.6 cm,叶序2/5,皮孔小,圆形。冬芽三角形,褐色,稍离生,副芽多。叶心脏形,叶尖锐头,叶缘乳头齿,叶基心形,叶面波皱,光滑,光泽强,叶柄细。开雌花,葚极少,紫黑色。山西省运城市栽植,发芽期3月27日—30日,开叶期4月1日—13日,发芽率72.78%,成熟期5月上旬,属早生中熟品种。叶片硬化早,一般在9月中旬。亩桑产叶量春545 kg、夏秋750 kg。桑叶粗蛋白含量春17.80%、秋19.60%,可溶性糖含量春8.25%、秋11.40%。耐旱性强,耐寒性较强,抗桑疫病力较强,抗黄化型萎缩病力较弱。适宜于黄河流域栽植。

60. 阳鲁5号

【来源及分布】 原产于山西省阳城县。属白桑种,二倍体。曾分布于山西阳城、沁水等地。现保存于山西省蚕业科学研究院。

【特征特性】 树形开展,枝条直立而细短,侧枝多,皮稍粗,灰黄色,节间直,节距3.3 cm,叶序3/8,皮孔大,椭圆形。冬芽短三角形,褐色,贴生,副芽少。叶心脏形,叶尖短尾状,叶缘乳头齿间有钝齿,叶基深心形,叶面泡皱,微糙,光泽较强,叶柄细。开雌花,甚极少,紫黑色。山西省运城市栽植,发芽期3月28日—30日,开叶期3月31日—4月13日,发芽率70.48%,成熟期5月上旬,属早生中熟品种。叶片硬化较早,一般在9月下旬。亩桑产叶量春455 kg、夏秋740 kg。桑叶粗蛋白含量春19.80%、秋21.28%,可溶性糖含量春12.02%、秋12.90%。耐旱性、耐寒性强,抗桑疫病和黄化型萎缩病力强。适宜于黄河流域栽植。

61. 阳鲁6号

【来源及分布】 原产于山西省阳城县。属鲁桑种,二倍体。曾分布于山西阳城、沁水等地。现保存于山西省蚕业科学研究院。

【特征特性】 树形开展,枝条直立中粗,发条数少,皮黄褐色,节间微曲,节距3.9 cm,叶序2/5,皮孔大,圆形。冬芽三角形,黄褐色,稍离生,副芽少。叶心脏形,叶尖短尾状,叶缘钝齿间有乳头齿,叶基浅心形,叶面波皱,叶柄较细。开雄花。山西省运城市栽植,发芽期3月27日—4月1日,开叶期4月4日—18日,发芽率84.57%,成熟期5月上中旬,属中生晚熟品种。叶片硬化较迟,一般在10月上旬。亩桑产叶量春555 kg、夏秋750 kg。桑叶粗蛋白含量春23.43%、秋20.62%,可溶性糖含量春9.53%、秋10.21%。耐旱性较强,耐寒性强,抗桑疫病力较强,抗黄化型萎缩病力较弱。适宜于黄河流域栽植。

62. 阳鲁8号

【来源及分布】 原产于山西省阳城县。属鲁桑种,二倍体。曾分布于山西阳城、泽州等地。现保存于山西省蚕业科学研究院。

【特征特性】 树形较开展,枝条直立,皮灰褐色,节间直,节距3.8 cm,叶序2/5,皮孔小,圆形或椭圆形。冬芽三角形,褐色,稍离生,副芽少。叶长心脏形,叶尖锐头,叶缘乳头齿间有锐齿,叶基心形,叶面波皱,叶柄较细。雌雄同株,花穗极少。山西省运城市栽植,发芽期3月27日—30日,开叶期3月31日—4月13日,发芽率85.1%,成熟期5月上旬,属早生中熟品种。叶片硬化较早,一般在9月下旬。亩桑产叶量春690 kg、夏秋970 kg。桑叶粗蛋白含量春22.71%、秋20.32%,可溶性糖含量春10.24%、秋11.95%。耐旱性较强,耐寒性强,抗桑疫病力强,抗黄化型萎缩病力较强。适宜于黄河流域栽植。

63. 阳鲁9号

【来源及分布】 原产于山西省阳城县。属鲁桑种,二倍体。曾分布于山西阳城、泽州等地。现保存于山西省蚕业科学研究院等地。

【特征特性】 树形开展,枝条直立中粗,皮黄褐色,节间较直,节距2.8 cm,叶序2/5,皮孔大,圆形。冬芽长三角形,褐色,尖离,副芽少。叶心脏形,叶尖锐头,叶缘乳头齿,叶基心形,叶面微皱,叶柄细。开雄花,穗短,极少。山西省运城市栽植,发芽期3月27日—4月2日,开叶期4月4日—16日,发芽率76.61%,成熟期5月上旬,属中生中熟品种。叶片硬化早,一般在9月中旬。亩桑产叶量春510 kg、夏秋600 kg。桑叶粗蛋白含量春17.98%、秋23.31%,可溶性糖含量春12.46%、秋12.43%。耐旱性、耐寒性强,抗桑疫病和黄化型萎缩病力强。适宜于黄河流域栽植。

64. 阳山3号

【来源及分布】 原产于山西省阳城县。属白桑种,二倍体。曾分布于山西阳城、泽州等地。现保存于山西省蚕业科学研究院。

【特征特性】 树形开展,枝条细而直,皮灰褐色,节间直,节距3.4 cm,叶序2/5,皮孔大,椭圆形。冬芽锥形,紫褐色,尖离,副芽少。叶全裂混生,心脏形或浅裂形,叶尖短尾状,叶缘乳头齿,叶基深心形,叶面泡皱,微糙,叶柄较细。开雄花,穗中等长,极少。山西省运城市栽植,发芽期3月27日—29日,开叶期4月1日—13日,发芽率80.44%,成熟期5月上旬,属早生中熟品种。叶片硬化早,一般在9月中旬。亩桑产叶量春600 kg、夏秋930 kg。桑叶粗蛋白含量春20.16%、秋20.23%,可溶性糖含量春8.0%、秋10.35%。耐旱性、耐寒性强,抗桑疫病和黄化型萎缩病力强。适宜于黄河流域栽植。

65. 折桑

【来源及分布】 原产于山西省泽州县。属鲁桑种,二倍体。曾分布于山西泽州县区域。现保存于山西省蚕业科学研究院等地。

【特征特性】 树形开展,枝条直立而粗壮,皮灰褐色,节间直,节距4.9 cm,叶序2/5,皮孔小,圆形或椭圆形。冬芽正三角形,深褐色,尖离,副芽多。叶心脏形,叶尖短尾状,叶缘乳头齿,叶基心形,叶面波皱,叶柄细。开雄花,穗中等长,极少。运城栽植,发芽期3月28日—4月1日,开叶期4月4日—14日,发芽率71.59%,成熟期5月中旬,属中生中熟品种。叶片硬化较早,一般在9月下旬。亩桑产叶量春645 kg、夏秋700 kg。桑叶粗蛋白含量春22.89%、秋22.85%,可溶性糖含量春10.32%、秋12.64%。耐旱性较强,耐寒性强,抗桑疫病和黄化型萎缩病力较强。适宜于黄河流域栽植。

66. 晋城黄鲁头

【来源及分布】 原产于山西省泽州县。属鲁桑种,二倍体。曾分布于山西泽州等地。现保存于山西省蚕业科学研究院等地。

【特征特性】 树形开展,枝条稍弯曲,粗短,皮灰褐色,节间微曲,节距3.0 cm,叶序2/5间有1/2,皮孔大,圆形或椭圆形。冬芽三角形,褐色,稍离生,副芽多而大。叶心脏形,叶尖短尾状,叶缘乳头齿,叶基深心形,叶面微皱,叶柄粗。开雄花。山西省运城市栽植,发芽期3月27日—4月2日,开叶期4月4日—15日,发芽率80.21%,成熟期5月上旬,属中生中熟品种。叶片硬化较早,一般在9月下旬。亩桑产叶量春680 kg、夏秋940 kg。桑叶粗蛋白含量春22.16%、秋19.19%,可溶性糖含量春10.95%、秋12.25%。耐旱性较强,耐寒性强,抗桑疫病力强,抗黄化型萎缩病力较强。适宜于黄河流域栽植。

67. 黄枝桑

【来源及分布】 原产于山西省泽州县。属鲁桑种,二倍体。曾分布于山西泽州、高平等地。现保存于山西省蚕业科学研究院。

【特征特性】 树形开展,枝条直而粗壮,皮黄褐色,节间直,节距4.0 cm,叶序3/8,皮孔大,椭圆形。冬芽短三角形,棕褐色,贴生,副芽小。叶长心脏形,叶尖锐头,叶缘钝齿,叶基心形,叶面泡皱,叶柄粗。无花。山西省运城市栽植,发芽期3月28日—4月2日,开叶期4月4日—14日,发芽率68.69%,成熟期5月上旬,属中生中熟品种。叶片硬化早,一般在9月中旬。亩桑产叶量春470 kg、夏秋1250 kg。桑叶粗蛋白含量春22.89%、秋19.61%,可溶性糖含量春10.88%、秋13.94%。耐旱性强,耐寒性较强,抗桑疫病和黄化型萎缩病力强。适宜于黄河流域栽植。

68. 黑垂山桑

【来源及分布】 原产于山西省泽州县。属山桑种,二倍体。曾分布于山西省泽州县区域。现保存于山西省蚕业科学研究院。

【特征特性】 树形向外开展,枝条直而细长,卧伏枝多,皮粗糙,紫褐色,节间较直,节距4.8 cm,叶序1/2,皮孔大,椭圆形或梭形。冬芽长三角形,大而饱满,红褐色,尖离。叶浅裂形,叶尖长尾状,叶缘乳头齿,有芒刺,叶基深心形,叶面泡皱,叶柄细。开雄花,雄穗中等长,极少。山西省运城市栽植,发芽期3月27日—4月1日,开叶期4月4日—14日,发芽率76.34%,成熟期5月上旬,属中生中熟品种。叶片硬化较早,一般在9月下旬。亩桑产叶量春520 kg、夏秋900 kg。桑叶粗蛋白含量春21.43%、秋20.80%,可溶性糖含量春12.40%、秋13.14%。耐旱性较强,耐寒性强,抗桑疫病力强,抗黄化型萎缩病力较弱。适宜于黄河流域栽植。

69. **白格鲁7号**

【来源及分布】 原产于山西省阳城县。属白桑种,二倍体。曾分布于山西阳城、沁水等地。现保存于山西省蚕业科学研究院。

【特征特性】 树形较开阔,枝条细长而直立,侧枝多,发条数多,皮灰黄褐色,节间直,节距4.5 cm,叶序3/8,皮孔大小不匀,圆形或椭圆形。冬芽长三角形,黄褐色,贴生,副芽少。叶阔心脏形,叶尖锐头,叶缘乳头齿间有锐齿,叶基浅心形,叶面微皱,叶柄细。开雄花。山西省运城市栽植,发芽期3月27日—4月1日,开叶期4月4日—14日,发芽率84.9%,成熟期5月上旬,属中生中熟品种。叶片硬化早,一般在9月中旬。亩桑产叶量春625 kg、夏秋1180 kg。桑叶粗蛋白含量春20.53%、秋21.47%,可溶性糖含量春12.24%、秋13.36%。耐旱性较强,耐寒性强,抗桑疫病力强,抗黄化型萎缩病力较强。适宜于黄河流域栽植。

70. **石楼1号**

【来源及分布】 原产于山西省石楼县。属鲁桑种,二倍体。曾分布于山西石楼、陵川等地。现保存于山西省蚕业科学研究院。

【特征特性】 树形开展,枝条直立而粗壮,皮青灰色,节间微曲,节距3.6 cm,叶序2/5,皮孔小,圆形或椭圆形。冬芽三角形,黄褐色,尖离,副芽少。叶心脏形,叶尖锐头,叶缘乳头齿,叶基心形,叶面波皱,光滑,光泽强,叶柄细。开雌花,葚中等长,多,紫黑色。山西省运城市栽植,发芽期3月26日—4月1日,开叶期4月4日—18日,发芽率84.81%,成熟期5月上中旬,属中生晚熟品种。叶片硬化较早,一般在9月下旬。亩桑产叶量春565 kg、夏秋1200 kg。桑叶粗蛋白含量春20.34%、秋20.96%,可溶性糖含量春11.95%、秋13.26%。耐旱性强,耐寒性较强,抗桑疫病力强,抗黄化型萎缩病力较强。适宜于黄河流域栽植。

71. **石楼2号**

【来源及分布】 原产于山西省石楼县。属鲁桑种,二倍体。曾分布于山西石楼、陵川等地。现保存于山西省蚕业科学研究院。

【特征特性】 树形开展,枝条较粗直,皮棕褐色,节间微曲,节距3.2 cm,叶序2/5,皮孔小,圆形或椭圆形。冬芽卵圆形,紫褐色,尖离,副芽多。叶长心脏形,叶尖锐头,叶缘锐齿间有乳头齿,叶基心形,叶面波皱,光滑,光泽强,叶柄细。开雌花,葚中等长,多,紫黑色。山西省运城市栽植,发芽期3月28日—4月1日,开叶期4月4日—18日,发芽率93.96%,成熟期5月上中旬,属中生晚熟品种。叶片硬化早,一般在9月中旬。亩桑产叶量春630 kg、夏秋825 kg。桑叶粗蛋白含量春23.61%、秋20.31%,可溶性糖含量春9.52%、秋10.45%。耐旱性较强,耐寒性强,抗桑疫病力强,抗黄化型萎缩病力较强。适宜于黄河流域等地栽植。

72. 石楼3号

【来源及分布】 原产于山西省石楼县。属白桑种,二倍体。曾分布于山西石楼、兴县等地。现保存于山西省蚕业科学研究院。

【特征特性】 树形开展,枝条细直,发条数多,皮灰褐色,节间直,节距3.9 cm,叶序2/5,皮孔小,圆形或椭圆形。冬芽卵圆形或三角形,深褐色,尖离,副芽少。叶长心脏形,叶尖锐头,叶缘钝齿间有乳头齿,叶基浅心形,叶面波皱,微糙,光泽较强,叶柄细。开雄花,穗中长,较少。山西省运城市栽植,发芽期3月27日—30日,开叶期4月1日—13日,发芽率91.06%,成熟期5月上旬,属早生中熟品种。叶片硬化早,一般在9月中旬。亩桑产叶量春520 kg、夏秋835 kg。桑叶粗蛋白含量春17.08%、秋20.63%,可溶性糖含量春12.43%、秋14.48%。耐旱性较强,耐寒性强,抗病力强。适应性强,平地、丘陵等地均可栽植。

73. 石楼4号

【来源及分布】 原产于山西省石楼县。属白桑种,二倍体。曾分布于山西石楼、兴县等地。现保存于山西省蚕业科学研究院。

【特征特性】 树形较开展,枝条细,稍弯曲,皮灰褐色,节间较直,节距2.6 cm,叶序2/5,皮孔小,圆形。冬芽盾形,褐色,贴生,副芽少。叶心脏形,叶尖锐头或短尾状,叶缘钝齿,叶基浅心形,叶面微皱,叶柄细。开雄花,穗中等长,多。山西省运城市栽植,发芽期3月28日—4月1日,开叶期4月4日—19日,发芽率90.42%,成熟期5月上旬,属中生中熟品种。叶片硬化早,一般在9月中旬。亩桑产叶量春260 kg、夏秋530 kg。桑叶粗蛋白含量春19.98%、秋20.02%,可溶性糖含量春12.79%、秋13.18%。耐旱性较强,耐寒性强,抗桑疫病和黄化型萎缩病力强。适应性强,平地、丘陵等地均可栽植。

74. 石楼5号

【来源及分布】 原产于山西省石楼县。属鲁桑种,二倍体。曾分布于山西石楼县区域。现保存于山西省蚕业科学研究院。

【特征特性】 树形开展,枝条直立较粗壮,皮灰黄色,节间微曲,节距3.1 cm,叶序2/5,皮孔大小不匀,圆形或椭圆形。冬芽盾形,黄色,贴生,副芽少。叶心脏形,叶尖锐头,叶缘乳头齿,叶基心形,叶面波皱,叶柄粗。花少,雌雄同株、同穗,甚短,紫黑色。山西省运城市栽植,发芽期3月27日—30日,开叶期4月1日—14日,发芽率59.15%,成熟期5月上旬,属早生中熟品种。叶片硬化早,一般在9月中旬。亩桑产叶量春495 kg、夏秋1030 kg。桑叶粗蛋白含量春22.16%、秋22.46%,可溶性糖含量春10.75%、秋12.71%。耐旱性较强,耐寒性强,抗桑疫病力强,抗黄化型萎缩病力较强。适应性较强,黄河流域均可栽植。

75. **石楼7号**

【来源及分布】 原产于山西省石楼县。属白桑种,二倍体。曾分布于山西石楼、中阳等地。现保存于山西省蚕业科学研究院。

【特征特性】 树形开展,枝条中粗而直立,皮青褐色,节间微曲,节距5.9 cm,叶序2/5,皮孔小,圆形或椭圆形。冬芽正三角形,褐色,稍离生,副芽多。叶心脏形,叶尖短尾状,叶缘乳头齿,叶基浅心形,叶面微皱,叶柄细。雌雄同株、同穗,葚紫红色。山西省运城市栽植,发芽期3月28日—4月1日,开叶期4月4日—17日,发芽率90.72%,成熟期5月中上旬,属中生晚熟品种。叶片硬化较早,一般在9月下旬。亩桑产叶量春350 kg、夏秋775 kg。桑叶粗蛋白含量春18.35%、秋20.34%,可溶性糖含量春11.07%、秋12.9%。耐旱性较强,耐寒性强,抗桑疫病力较强,抗黄化型萎缩病力较弱。适宜于黄河流域栽植。

76. **石楼8号**

【来源及分布】 原产于山西省石楼县。属鲁桑种,二倍体。曾分布于山西石楼、中阳等地。现保存于山西省蚕业科学研究院。

【特征特性】 树形开展,枝条直立而粗壮,皮青灰色,节间微曲,节距4.2 cm,叶序2/5,皮孔小,圆形或椭圆形。冬芽盾形,褐色,贴生,副芽多。叶长心脏形,叶尖短尾状,叶缘乳头齿,叶基心形,叶面波皱,叶柄粗。雌雄同株、同穗,雄穗长而多,葚少,紫黑色。山西省运城市栽植,发芽期3月27日—30日,开叶期4月1日—15日,发芽率84.02%,成熟期5月上旬,属早生中熟品种。叶片硬化早,一般在9月中旬。亩桑产叶量春650 kg、夏秋1130 kg。桑叶粗蛋白含量春17.62%、秋21.15%,可溶性糖含量春12.62%、秋12.82%。耐旱性较强,耐寒性强,抗病性强。适应性强,黄河流域等地均可栽植。

77. **石楼9号**

【来源及分布】 原产于山西省石楼县。属白桑种,二倍体。曾分布于山西石楼、交口等地。现保存于山西省蚕业科学研究院。

【特征特性】 树形稍开展,枝条直立而细长,皮棕褐色,节间直,节距4.8 cm,叶序2/5,皮孔小,椭圆形或圆形。冬芽盾形,棕褐色,稍离生,副芽多而大。叶卵圆形,叶尖短尾状,叶缘锐齿,叶基截形,叶面微皱,叶柄细。开雄花。山西省运城市栽植,发芽期3月27日—4月4日,开叶期4月9日—22日,发芽率86.8%,成熟期5月上中旬,属晚生中熟品种。叶片硬化较早,一般在9月下旬。亩桑产叶量春345 kg、夏秋845 kg。桑叶粗蛋白含量春22.71%、秋20.95%,可溶性糖含量春11.93%、秋13.61%。耐旱性强,耐寒性较强,抗桑疫病力强,抗黄化型萎缩病力较强。适宜于黄河流域栽植。

78. 石楼10号

【来源及分布】 原产于山西省石楼县。属鲁桑种,二倍体。曾分布于山西石楼、交口等地。现保存于山西省蚕业科学研究院。

【特征特性】 树形稍开展,枝条直立而粗短,发条数少,皮棕褐色,节间微曲,节距3.5 cm,叶序2/5,皮孔小,圆形或椭圆形。冬芽三角形,紫褐色,尖离,副芽多而大,球形。叶长心脏形,叶尖锐头,叶缘乳头齿,叶基心形,叶面微皱,叶柄较细。雌雄同株,雄穗中等长,葚紫黑色。山西省运城市栽植,发芽期3月27日—4月1日,开叶期4月4日—18日,发芽率89.94%,成熟期5月上旬,属中生中熟品种。叶片硬化较早,一般在9月下旬。亩桑产叶量春532 kg、夏秋565 kg。桑叶粗蛋白含量春19.07%、秋21.34%,可溶性糖含量春9.08%、秋11.07%。耐旱性较强,耐寒性强,抗桑疫病力强,抗黄化型萎缩病力较强。适宜于黄河流域栽植。

79. 黑格鲁1号

【来源及分布】 原产于山西省阳城县。属白桑种,二倍体。曾分布于山西阳城、沁水等地。现保存于山西省蚕业科学研究院等地。

【特征特性】 树形开展,枝条中粗而直立,皮深灰褐色,节间较直,节距3.7 cm,叶序2/5,皮孔大小不匀,圆形或椭圆形。冬芽正三角形,棕褐色,贴生,副芽较多。叶长心脏形,叶尖尾状,叶缘乳头齿,叶基截形,叶面波皱,叶柄粗。开雌花,甚少,紫黑色。山西省运城市栽植,发芽期3月27日—4月1日,开叶期4月4日—16日,发芽率67.59%,成熟期5月上旬,属中生中熟品种。叶片硬化早,一般在9月中旬。亩桑产叶量春600 kg、夏秋1500 kg。桑叶粗蛋白含量春22.52%、秋21.15%,可溶性糖含量春12.43%、秋13.33%。耐旱性较强,耐寒性强,抗病力强。适宜于黄河流域栽植。

80. 白格鲁1号

【来源及分布】 原产于山西省阳城县。属白桑种,二倍体。曾分布于山西阳城、沁水等地。现保存于山西省蚕业科学研究院等地。

【特征特性】 树形开阔,枝条细直,侧枝多,皮灰黄褐色,节间直,节距3.9 cm,叶序2/5,皮孔小,圆形或椭圆形。冬芽长三角形,淡褐色,贴生,副芽较少。叶心脏形,叶尖短尾状,叶缘锐齿,叶基截形,叶面波皱,叶柄较粗。花少,雌雄同株、同穗,雄穗短,葚紫黑色。山西省运城市栽植,发芽期3月27日—29日,开叶期3月31日—4月13日,发芽率80.76%,成熟期5月上旬,属早生中熟品种。叶片硬化早,一般在9月中旬。亩桑产叶量春600 kg、夏秋1560 kg。桑叶粗蛋白含量春16.17%、秋22.80%,可溶性糖含量春11.65%、秋12.72%。耐旱性较强,耐寒性强,抗桑疫病和黄化型萎缩病力强。适应性强,黄河流域等地均可栽植。

81. **白格鲁2号**

【来源及分布】 原产于山西省高平市。属白桑种,二倍体。曾分布于山西高平等地。现保存于山西省蚕业科学研究院等地。

【特征特性】 树形较紧凑,枝条直立较粗壮,发条数少,皮青黄色,节间较直,节距4.1 cm,叶序2/5,皮孔小,圆形或椭圆形。冬芽卵圆形,黄色,尖离,副芽较多。叶卵圆形,叶尖短尾状,叶缘锐齿,叶基浅心形,叶面波皱,叶柄细。开雄花。山西省运城市栽植,发芽期3月27日—30日,开叶期4月1日—15日,发芽率85.1%,成熟期5月上旬,属早生中熟品种。叶片硬化早,一般在9月中旬。亩桑产叶量春430 kg、夏秋2485 kg。桑叶粗蛋白含量春23.25%、秋22.6%,可溶性糖含量春10.58%、秋10.96%。耐旱性强,耐寒性较强,抗桑疫病力强,抗黄化型萎缩病力较弱。适宜于黄河流域栽植。

82. **黄格鲁2号**

【来源及分布】 原产于山西省沁水县。属白桑种,二倍体。曾分布于山西阳城、沁水等地。现保存于山西省蚕业科学研究院等地。

【特征特性】 树形稍开展,枝条细长稍弯曲,皮灰白褐色,节间较直,节距3.2 cm,叶序2/5,皮孔小,圆形或椭圆形。冬芽短三角形,棕褐色,贴生,副芽少。叶阔心脏形,叶尖短尾状,叶缘乳头齿间有钝齿,叶基浅心形,叶面波皱,叶柄细。开雌花,甚极少,紫黑色。山西省运城市栽植,发芽期3月27日—30日,开叶期4月1日—13日,发芽率80.29%,成熟期5月上旬,属早生中熟品种。叶片硬化早,一般在9月中旬。亩桑产叶量春510 kg、夏秋1520 kg。桑叶粗蛋白含量春23.80%、秋21.73%,可溶性糖含量春11.99%、秋12.80%。耐旱性较强,耐寒性强,抗桑疫病和黄化型萎缩病力强。适宜于黄河流域栽植。

83. **白格鲁9号**

【来源及分布】 原产于山西省沁水县。属白桑种,二倍体。曾分布于山西阳城、沁水等地。现保存于山西省蚕业科学研究院。

【特征特性】 树形开展,枝条直立中粗,侧枝多,皮灰棕色,节间直,节距3 cm,叶序2/5,皮孔大,椭圆形。冬芽长三角形,棕色,尖离,副芽较少。叶长心脏形,叶尖短尾状,叶缘乳头齿间有锐齿,叶基浅心形,叶面波皱,叶柄细。开雄花。山西省运城市栽植,发芽期3月27日—30日,开叶期4月1日—13日,发芽率89.37%,成熟期5月上旬,属早生中熟品种。叶片硬化早,一般在9月中旬。亩桑产叶量春610 kg、夏秋1970 kg。桑叶粗蛋白含量春20.89%、秋19.84%,可溶性糖含量春12.65%、秋14.00%。耐旱性强,耐寒性较强,抗桑疫病和黄化型萎缩病力强。适宜于黄河流域栽植。

84. 黑鲁桑

【来源及分布】 原产于山西省高平市。属白桑种,二倍体。曾分布丁山西高平、陵川等地。现保存于山西省蚕业科学研究院。

【特征特性】 树形开展,枝条细直,皮灰青褐色,节间微曲,节距 3.2 cm,叶序 2/5,皮孔小,圆形或椭圆形。冬芽三角形,深褐色,贴生,副芽大而多。叶长心脏形,叶尖短尾状,叶缘钝齿,叶基心形,叶面泡皱,粗糙,光泽较弱,叶柄细。开雌花,甚极少,紫黑色。山西省运城市栽植,发芽期 3 月 26 日—4 月 2 日,开叶期 4 月 4 日—17 日,发芽率 76.05%,成熟期 5 月上旬,属中生中熟品种。叶片硬化早,一般在 9 月中旬。亩桑产叶量春 490 kg、夏秋 1745 kg。桑叶粗蛋白含量春 19.07%、秋 21.23%,可溶性糖含量春 11.51%、秋 11.34%。耐旱性较强,耐寒性强,抗桑疫病和黄化型萎缩病力强。适宜于黄河流域栽植。

85. 黑鲁 2 号

【来源及分布】 原产于山西省高平市。属鲁桑种,二倍体。曾分布于山西高平、陵川等地。现保存于山西省蚕业科学研究院。

【特征特性】 树形开展,枝条直立而粗壮,皮灰青褐色,节间直,节距 2.8 cm,叶序 2/5,皮孔小,圆形或椭圆形。冬芽正三角形,紫褐色,贴生,副芽较少。叶长心脏形,叶尖短尾状,叶缘乳头齿,叶基心形,叶面微皱,叶柄较细。花少,雌雄同株、同穗,雄穗短,甚紫黑色。山西省运城市栽植,发芽期 3 月 27 日—4 月 2 日,开叶期 4 月 3 日—16 日,发芽率 86.09%,成熟期 5 月上旬,属中生中熟品种。叶片硬化早,一般在 9 月中旬。亩桑产叶量春 490 kg、夏秋 2135 kg。桑叶粗蛋白含量春 19.80%、秋 20.96%,可溶性糖含量春 10.69%、秋 11.22%。耐旱性强,耐寒性较强,抗桑疫病和黄化型萎缩病力强。适宜于黄河流域栽植。

86. 红鲁 2 号

【来源及分布】 原产于山西省阳城县。属鲁桑种,二倍体。曾分布于山西阳城、沁水等地。现保存于山西省蚕业科学研究院等地。

【特征特性】 树形开展,枝条直立较粗长,皮灰褐色,节间微曲,节距 2.8 cm,叶序 2/5,皮孔小,圆形或椭圆形。冬芽正三角形,紫褐色,尖离。叶心脏形,叶尖锐头,叶缘乳头齿,叶基心形,叶面泡皱,叶柄细短。无花。山西省运城市栽植,发芽期 3 月 27 日—4 月 1 日,开叶期 4 月 4 日—15 日,发芽率 87.94%,成熟期 5 月上旬,属中生中熟品种。叶片硬化较早,一般在 9 月下旬。亩桑产叶量春 1050 kg、夏秋 2090 kg。桑叶粗蛋白含量春 19.80%、秋 20.31%,可溶性糖含量春 9.65%、秋 10.45%。耐旱性强,耐寒性较强,抗病力强。适宜于黄河流域栽植。

87. 大黑桑

【来源及分布】 原产于山西省高平市。属白桑种,二倍体。曾分布于山西高平、泽州等地。现保存于山西省蚕业科学研究院。

【特征特性】 树形开展,枝条细而直,皮灰黄褐色,节间较直,节距2.8 cm,叶序2/5,皮孔小,圆形。冬芽短三角形,紫黄色,贴生。叶心脏形,间有少数浅裂形,叶尖锐头,叶缘乳头齿,叶基深心形,叶面波皱,微糙,叶柄细。雌雄同株、同穗,雌花少,穗短,葚紫黑色。山西省运城市栽植,发芽期3月27日—4月1日,开叶期4月4日—16日,发芽率84.14%,成熟期5月上旬,属中生中熟品种。叶片硬化早,一般在9月中旬。亩桑产叶量春780 kg、夏秋2038 kg。桑叶粗蛋白含量春20.16%、秋20.16%,可溶性糖含量春10.17%、秋11.44%。耐旱性较强,耐寒性强,抗桑疫病和黄化型萎缩病力较强。适宜于黄河流域栽植。

88. 大黑莲

【来源及分布】 原产于山西省高平市。属白桑种,二倍体。曾分布于山西高平等地。现保存于山西省蚕业科学研究院等地。

【特征特性】 树形稍开展,枝条细直,皮灰青褐色,节间直,节距3.5 cm,叶序2/5,皮孔小,圆形或椭圆形。冬芽短三角形,紫褐色,贴生。叶心脏形,间有少数浅裂形,叶尖尾状,叶缘锐齿,叶基浅心形,叶面微皱,叶柄较细。开雌花,葚短而少,紫黑色。山西省运城市栽植,发芽期3月27日—31日,开叶期4月2日—16日,发芽率65.56%,成熟期5月上旬,属中生中熟品种。叶片硬化较早,一般在9月下旬。亩桑产叶量春330 kg、夏秋590 kg。桑叶粗蛋白含量春23.43%、秋20.75%,可溶性糖含量春11.37%、秋12.35%。耐旱性较强,耐寒性强,抗桑疫病和黄化型萎缩病力强。适应性强,宜在丘陵山区栽植或黄河流域栽植。

89. 小黑莲

【来源及分布】 原产于山西省高平市。属白桑种,二倍体。曾分布于山西高平、泽州等地。现保存于山西省蚕业科学研究院等地。

【特征特性】 树形紧凑,枝条直立而细长,皮灰白褐色,节间微曲,节距3.5 cm,叶序2/5,皮孔大,圆形或椭圆形。冬芽正三角形,红褐色,贴生,副芽多。叶心脏形,叶尖短尾状,叶缘钝齿,叶基心形,叶面波皱,叶柄中粗。开雌花,葚中等长,多,紫黑色。山西省运城市栽植,发芽期3月27日—30日,开叶期4月1日—14日,发芽率83.88%,成熟期5月上旬,属早生中熟品种。叶片硬化早,一般在9月中旬。亩桑产叶量春360 kg、夏秋1820 kg。桑叶粗蛋白含量春26.34%、秋21.96%,可溶性糖含量春11.73%、秋13.60%。耐旱性较强,耐寒性强,抗桑疫病力强,抗黄化型萎缩病力较强。适宜于黄河流域栽植。

90. 大叶黑鲁1号

【来源及分布】 原产于山西省高平市。属白桑种,二倍体。曾分布于山西高平市区域。现保存于山西省蚕业科学研究院。

【特征特性】 树形较开展,枝条直立中粗,发条数中等,皮灰黄褐色,节间直,节距4 cm,叶序2/5,皮孔小,圆形。冬芽正三角形,棕褐色,贴生,副芽多而大。叶全裂混生,心脏形或浅裂形,叶尖短尾状或锐头,叶缘乳头齿,叶基深心形,叶面泡皱,叶柄较细。雌雄同株、同穗,葚极少,紫黑色。山西省运城市栽植,发芽期4月1日—4日,开叶期4月8日—21日,发芽率82.42%,成熟期5月上中旬,属晚生中熟品种。叶片硬化较早,一般在9月下旬。亩桑产叶量春870 kg、夏秋2270 kg。桑叶粗蛋白含量春21.07%、秋20.04%,可溶性糖含量春13.26%、秋14.97%。耐旱性强,耐寒性较强,抗桑疫病和黄化型萎缩病力强。适宜于黄河流域等地栽植。

91. 黄叶鲁桑

【来源及分布】 原产于山西省高平市。属鲁桑种,二倍体。曾分布于山西高平市区域。现保存于山西省蚕业科学研究院等地。

【特征特性】 树形开展,枝条直立较粗壮,发条数中等,皮灰黄褐色,节间较直,节距4.3 cm,叶序2/5,皮孔小,圆形。冬芽长三角形,棕褐色,贴生,副芽小而少。叶心脏形,叶尖短尾状,叶缘乳头齿,叶基心形,叶面泡皱,叶柄较粗。开雌花,葚极少,紫黑色。山西省运城市栽植,发芽期3月27日—4月4日,开叶期4月8日—19日,发芽率63.9%,成熟期5月上中旬,属晚生中熟品种。叶片硬化早,一般在9月中旬。亩桑产叶量春645 kg、夏秋1940 kg。桑叶粗蛋白含量春18.71%、秋18.98%,可溶性糖含量春12.02%、秋11.15%。耐旱性较强,耐寒性强,抗桑疫病力强,抗黄化型萎缩病力较强。适宜于黄河流域等地栽植。

92. 大叶黑鲁2号

【来源及分布】 原产于山西省高平市。属鲁桑种,二倍体。曾分布于山西高平市区域。现保存于山西省蚕业科学研究院。

【特征特性】 树形开展,枝条直立而粗壮,皮灰棕色,节间较直,节距3.6 cm,叶序2/5,皮孔大,圆形。冬芽正三角形,深紫色,尖离,副芽少。叶心脏形,叶尖锐头,叶缘乳头齿间有钝齿,叶基心形,叶面波皱,叶柄较细。开雌花,葚极少,紫黑色。山西省运城市栽植,发芽期3月27日—30日,开叶期4月1日—13日,发芽率80.6%,成熟期5月上旬,属早生中熟品种。叶片硬化早,一般在9月中旬。亩桑产叶量春585 kg、夏秋1520 kg。桑叶粗蛋白含量春18.71%、秋17.58%,可溶性糖含量春11.85%、秋13.88%。耐旱性较强,耐寒性强,抗桑疫病力较强,抗黄化型萎缩病力较弱。适宜于黄河流域等地栽植。

93. **大叶鲁桑**

【来源及分布】 原产于山西省高平市。属鲁桑种,二倍体。曾分布于山西高平市区域。现保存于山西省蚕业科学研究院等地。

【特征特性】 树形开展,枝条直立粗壮,皮灰棕色,节间微曲,节距3.2 cm,叶序2/5,皮孔大,圆形或椭圆形。冬芽正三角形,紫褐色,副芽少。叶阔心脏形,叶尖锐头,叶缘乳头齿,叶基心形,叶面波皱,微糙,叶柄较细。开雌花,甚极少,紫黑色。山西省运城市栽植,发芽期3月27日—30日,开叶期4月1日—13日,发芽率78.01%,成熟期5月上旬,属早生中熟品种。叶片硬化早,一般在9月中旬。亩桑产叶量春690 kg、夏秋1115 kg。桑叶粗蛋白含量春16.89%、秋18.46%,可溶性糖含量春12.00%、秋12.42%。耐旱性较强,耐寒性强,抗桑疫病力强,抗黄化型萎缩病力较强。适宜于黄河流域栽植。

94. **需查1号**

【来源及分布】 原产于山西省高平市。属鲁桑种,二倍体。曾分布于山西高平市区域。现保存于山西省蚕业科学研究院。

【特征特性】 树形稍开展,枝条直立中粗,皮青灰色,节间稍曲,节距4.3 cm,叶序2/5,皮孔大,圆形或椭圆形。冬芽球形,黄色,腹离,副芽少而大。叶阔心脏形,叶尖短尾状,叶缘乳头齿间有锐齿,叶基心形,叶面波皱,光滑,光泽强,叶柄较细。开雌花,甚较多,紫黑色。山西省运城市栽植,发芽期3月27日—30日,开叶期4月1日—15日,发芽率72.82%,成熟期5月上旬,属早生中熟品种。叶片硬化较早,一般在9月下旬。亩桑产叶量春500 kg、夏秋720 kg。桑叶粗蛋白含量春21.07%、秋19.96%,可溶性糖含量春10.01%、秋12.10%。耐旱性和耐寒性较强,抗桑疫病力强。适宜于黄河以南地区栽植。

95. **长条桑**

【来源及分布】 原产于山西省高平市。属白桑种,二倍体。曾分布于山西高平市区域。现保存于山西省蚕业科学研究院。

【特征特性】 树形开展,枝条细直,发条数多,皮灰棕色,节间直,节距3.3 cm,叶序2/5,皮孔小,圆形或椭圆形。冬芽正三角形,黄褐色,贴生,副芽少。叶心脏形,叶尖短尾状,叶缘乳头齿,叶基浅心形,叶面泡皱,叶柄细。开雌花,甚多,紫黑色。山西省运城市栽植,发芽期3月28日—30日,开叶期4月1日—14日,发芽率71.6%,成熟期5月上旬,属早生中熟品种。叶片硬化早,一般在9月中旬。亩桑产叶量春625 kg、夏秋810 kg。桑叶粗蛋白含量春17.26%、秋18.83%,可溶性糖含量春13.03%、秋14.10%。耐旱性较强,耐寒性强,抗桑疫病力强。适宜于黄河流域栽植。

96. 五指桑

【来源及分布】 原产于山西省高平市。属白桑种,二倍体。曾分布于山西高平市区域。现保存于山西省蚕业科学研究院等地。

【特征特性】 树形稍开展,枝条细直,皮灰青褐色,节间直,节距4.0 cm,叶序2/5,皮孔大,圆形。冬芽三角形,黄褐色,贴生,副芽少。叶全裂混生,心脏形或浅裂形,叶尖短尾状,叶缘乳头齿,叶基浅心形,叶面微皱,叶柄细。开雌花,葚少,紫黑色。山西省运城市栽植,发芽期3月26日—31日,开叶期4月4日—18日,发芽率86.79%,成熟期5月中上旬,属中生晚熟品种。叶片硬化早,一般在9月中旬。亩桑产叶量春640 kg、夏秋790 kg。桑叶粗蛋白含量春19.80%、秋20.13%,可溶性糖含量春11.01%、秋12.09%。耐旱性较强,耐寒性强,抗桑疫病力强,抗黄化型萎缩病力较强。适宜于黄河流域栽植。

97. 梨叶桑

【来源及分布】 原产于山西省高平市。属白桑种,二倍体。曾分布于山西高平、平顺等地。现保存于山西省蚕业科学研究院等地。

【特征特性】 树形开展,枝条细直,发条数多,皮灰色,节间直,节距4.0 cm,叶序2/5,皮孔大,圆形或椭圆形。冬芽长三角形,黄褐色,尖离,副芽少。叶卵圆形,叶尖短尾状,叶缘钝齿,叶基浅心形,叶面微皱,叶柄细。开雌花,葚多,紫黑色。山西省运城市栽植,发芽期3月27日—30日,开叶期4月1日—15日,发芽率87.03%,成熟期5月上旬,属早生中熟品种。叶片硬化早,一般在9月中旬。亩桑产叶量春415 kg、夏秋645 kg。桑叶粗蛋白含量春25.79%、秋21.80%,可溶性糖含量春12.84%、秋14.51%。耐旱性较强,耐寒性强,抗桑疫病和黄化型萎缩病力强。适宜于黄河流域栽植。

98. 驴奶奶桑

【来源及分布】 原产于山西省沁水县。属白桑种,二倍体。曾分布于山西沁水县区域。现保存于山西省蚕业科学研究院等地。

【特征特性】 树形开展,枝条中粗而直立,发条数中等,侧枝少,皮灰褐色,节间直,节距3.1 cm,叶序2/5,皮孔大,圆形或椭圆形。冬芽长三角形,深紫色,稍离生,副芽少。叶卵圆形,叶尖短尾状,叶缘锯齿状,叶基截形,叶面波皱,叶柄细。开雌花,葚多,紫黑色。山西省运城市栽植,发芽期3月25日—29日,开叶期4月1日—15日,发芽率86.92%,成熟期5月上旬,属早生中熟品种。叶片硬化早,一般在9月中旬。亩桑产叶量春370 kg、夏秋830 kg。桑叶粗蛋白含量春21.43%、秋21.11%,可溶性糖含量春13.57%、秋13.84%。耐旱性强,耐寒性较强,抗桑疫病和黄化型萎缩病力强。适应性强,可在丘陵山区或黄河流域栽植。

99. 大叶花桑

【来源及分布】 原产于山西省沁水县。属白桑种,二倍体。现保存于山西省蚕业科学研究院。

【特征特性】 树形高大,树冠开展,枝条直立而粗壮,有卧伏枝,皮灰青褐色,节间直,节距3.4 cm,叶序2/5,皮孔小,圆形或椭圆形。冬芽长三角形,黄褐色,贴生,副芽多而大。叶长心脏形,叶尖尾状,叶缘乳头齿,叶基浅心形,叶面波皱,叶柄较粗。开雄花,穗长而多。山西省运城市栽植,发芽期3月26日—4月1日,开叶期4月3日—16日,发芽率81.39%,成熟期5月上旬,属中生中熟品种。叶片硬化较迟,一般在10月上旬。亩桑产叶量春648 kg、夏秋1340 kg。桑叶粗蛋白含量春18.35%、秋21.40%,可溶性糖含量春10.23%、秋11.16%。耐旱性强,耐寒性较强,抗桑疫病力强,抗黄化型萎缩病力较强。适宜于黄河流域栽植。

100. 临县4号

【来源及分布】 原产于山西省临县。属白桑种,二倍体。曾分布于山西临县区域。现保存于山西省蚕业科学研究院。

【特征特性】 树形向外开展,枝条细长,侧枝多,有卧伏枝,皮灰褐色,节间直,节距3.7 cm,叶序2/5,皮孔小,圆形或椭圆形。冬芽正三角形,褐色,稍离生,副芽少。叶心脏形,叶尖短尾状,叶缘钝齿间有锐齿,叶基浅心形,叶面波皱,边缘向内卷,叶柄粗。开雌花,葚极少,紫黑色。山西省运城市栽植,发芽期3月26日—31日,开叶期4月1日—13日,发芽率76.61%,成熟期5月上旬,属早生中熟品种。叶片硬化早,一般在9月中旬。亩桑产叶量春445 kg、夏秋1350 kg。桑叶粗蛋白含量春20.89%、秋20.83%,可溶性糖含量春12.31%、秋10.60%。耐旱性较强,耐寒性强,抗桑疫病力强,抗黄化型萎缩病力较强。适应性较强,适宜于黄河流域栽植。

101. 临县白桑

【来源及分布】 原产于山西省临县。属白桑种,二倍体。曾分布于山西临县区域。现保存于山西省蚕业科学研究院。

【特征特性】 树形开展,枝条细,稍弯曲,有侧枝,发条数多,皮灰棕色,节间较直,节距3.4 cm,叶序2/5,皮孔小,圆形或椭圆形。冬芽三角形,褐色,稍离生,副芽多而大。叶长心脏形,叶尖短尾状,叶缘乳头齿间有锐齿,叶基浅心形,叶面微皱,叶柄较细。开雄花。山西省运城市栽植,发芽期3月26日—29日,开叶期4月1日—14日,发芽率88.11%,成熟期5月上旬,属早生中熟品种。叶片硬化早,一般在9月中旬。亩桑产叶量春545 kg、夏秋890 kg。桑叶粗蛋白含量春18.35%、秋21.69%,可溶性糖含量春11.42%、秋12.48%。耐旱性较强,耐寒性强,抗桑疫病力强。适宜于黄河流域栽植。

102. **红莓桑**

【来源及分布】 原产于山西省临县。属白桑种,二倍体。曾分布于山西临县区域。现保存于山西省蚕业科学研究院。

【特征特性】 树形开展,枝条细直,有卧伏枝,发条数少,皮灰褐色,节间直,节距4.2 cm,叶序2/5,皮孔大,圆形或椭圆形。冬芽正三角形,紫褐色,尖离。叶心脏形,叶尖短尾状,叶缘乳头齿间有锐齿,叶基心形,叶面微皱,粗糙,叶柄细。开雄花。山西省运城市栽植,发芽期3月26日—30日,开叶期4月1日—14日,发芽率82.4%,成熟期5月上旬,属早生中熟品种。叶片硬化早,一般在9月中旬。亩桑产叶量春450 kg、夏秋555 kg。桑叶粗蛋白含量春22.34%、秋20.69%,可溶性糖含量春9.21%、秋10.37%。耐旱性较强,耐寒性强,抗桑疫病和黄化型萎缩病力强。适应性较强,可在丘陵山区或黄河流域栽植。

103. **漆叶桑**

【来源及分布】 原产于山西省阳城县。属白桑种,二倍体。曾分布于山西阳城县区域。现保存于山西省蚕业科学研究院。

【特征特性】 树形高大而紧凑,枝条中粗而直立,发条数多,皮粗糙,棕褐色,节间直,节距4.5 cm,叶序1/2,皮孔小,圆形或椭圆形。冬芽卵圆形,红褐色,稍离生,副芽小而少,叶长卵圆形,叶尖长尾状,叶缘钝齿,叶基截形,叶面无皱,粗糙,叶柄中粗。开雌花,葚小而少,有早落性。山西省运城市栽植,发芽期3月28日—31日,开叶期4月4日—17日。发芽率83.81%,成熟期5月上旬,属中生中熟品种。叶片硬化较早,一般在9月下旬。亩桑产叶量春480 kg、秋1030 kg。桑叶粗蛋白含量春21.89%、秋23.40%,可溶性糖含量春12.89%、秋13.20%。耐旱性和耐寒性较强,易感叶枯病,中抗桑疫病,轻感黄化型萎缩病。适宜于黄河流域栽植。

104. **泽州果桑**

【来源及分布】 原产于山西省泽州县。属白桑种,二倍体。曾分布于山西泽州县区域。现保存于山西省蚕业科学研究院。

【特征特性】 树形稍开展,枝条中粗,稍弯曲,皮青褐色,节间直,节距3.9 cm,叶序2/5,皮孔大,圆形或椭圆形。冬芽长三角形,棕褐色,尖离,副芽多而大。叶长心脏形,叶尖长尾状,叶缘锐齿,叶基肾形,叶面微皱,叶柄较粗。开雌花,葚中等长而多,紫黑色。山西省运城市栽植,发芽期3月25日—28日,开叶期3月30日—4月8日,发芽率93.93%,成熟期5月上旬,属早生中熟品种。叶片硬化较早,一般在9月下旬。亩桑产叶量春410 kg、夏秋1633 kg。桑叶粗蛋白含量春21.80%、秋20.02%,可溶性糖含量春10.28%、秋12.22%。耐旱性强,耐寒性较弱,抗桑疫病力强,抗黄化型萎缩病力较强。适宜于黄河流域以南地区栽植。

105. 黑绿桑

【来源及分布】 原产于山西省泽州县。属白桑种,二倍体。曾分布在山西泽州县区域。现保存于山西省蚕业科学研究院等地。

【特征特性】 树形稍开展,枝条直立而细长,发条数多,皮青灰色,节间微曲,节距4.0 cm,叶序2/5,皮孔较小,圆形或椭圆形。冬芽正三角形,棕褐色,稍离生,副芽少。叶全裂混生,心脏形或浅裂形,叶尖锐头,叶缘乳头齿,叶基截形,叶面波皱,粗糙,叶柄较粗。开雌花,甚紫黑色。山西省运城市栽植,发芽期3月27日—4月4日,开叶期4月8日—16日,发芽率76.5%,成熟期5月上中旬,属晚生中熟品种。叶片硬化较早,一般在9月下旬。亩桑产叶量春910 kg、夏秋1700 kg。桑叶粗蛋白含量春18.89%、秋19.13%,可溶性糖含量春9.47%、秋10.15%。耐旱性、耐寒性较强,抗桑疫病和黄化型萎缩病力较弱。适宜于黄河流域栽植。

106. 黄鲁桑

【来源及分布】 原产于山西省高平市。属鲁桑种,二倍体。曾分布于山西高平等地。现保存于山西省蚕业科学研究院。

【特征特性】 树形开展,枝条中粗,长而直,皮灰黄色,节间较直,节距4.1 cm,叶序2/5,皮孔小,圆形。冬芽长三角形,褐色,贴生,副芽小而少。叶心脏形,叶尖短尾状,叶缘乳头齿,叶基浅心形,叶面波皱,叶柄细。开雌花,甚极少,紫黑色。山西省运城市栽植,发芽期3月27日—30日,开叶期4月4日—14日,发芽率68.84%,成熟期5月上旬,属中生中熟品种。亩桑产叶量春340 kg、夏秋1260 kg。叶片硬化较早,一般在9月下旬。桑叶粗蛋白含量春24.7%、秋19.71%,可溶性糖含量春9.17%、秋10.70%。耐旱性较强,耐寒性强,抗桑疫病和黄化型萎缩病力强。适宜于黄河流域栽植。

107. 阳山5号

【来源及分布】 原产于山西省阳城县。属白桑种,二倍体。曾分布于阳城、泽州、沁水等地。现保存于山西省蚕业科学研究院。

【特征特性】 树形开展,枝条直立而细长,发条数多,皮灰褐色,节间较直,节距3.8 cm,叶序2/5,皮孔小,圆形或椭圆形。冬芽三角形,深褐色,稍离生,副芽少而大。叶全裂混生,长心脏形或浅裂形,叶尖短尾状,叶缘钝齿,叶基心形,叶面波皱,叶柄较细。开雌花,甚短,较多,紫黑色。山西省运城市栽植,发芽期3月27日—30日,开叶期4月1日—15日,发芽率53.42%,成熟期5月上中旬,属早生晚熟品种。叶片硬化较早,一般在9月下旬。亩桑产叶量春315 kg、夏秋870 kg。桑叶粗蛋白含量春17.26%、秋19.12%,可溶性糖含量春10.29%、秋12.14%。耐旱性较强,耐寒性强,抗桑疫病和黄化型萎缩病力强。适宜于黄河流域栽植。

108. 阳山12号

【来源及分布】 原产于山西省阳城县。属白桑种，二倍体。曾分布于阳城、泽州、沁水等地。现保存于山西省蚕业科学研究院等地。

【特征特性】 树形开展，枝条直立而细长，皮黄褐色，节间直，节距3.6 cm，叶序2/5，皮孔大，圆形或椭圆形。冬芽卵圆形，淡褐色，尖离，副芽少而大。叶全裂混生，卵圆形或深裂形，叶尖短尾状，叶缘乳头齿，叶基浅心形，叶面波皱，粗糙，叶柄细。开雌花，甚短，多，紫黑色。山西省运城市栽植，发芽期3月27日—30日，开叶期4月1日—15日，发芽率77.49%，成熟期5月上旬，属早生中熟品种。叶片硬化较早，一般在9月下旬。亩桑产叶量春350 kg、夏秋795 kg。桑叶粗蛋白含量春22.89%、秋19.66%，可溶性糖含量春10.98%、秋11.68%。耐旱性较强，耐寒性强，抗桑疫病和黄化型萎缩病力强。适宜于黄河流域栽植。

109 王家塔桑

【来源及分布】 原产于山西省阳城县。属白桑种，二倍体。曾分布于山西阳城县区域。现保存于山西省蚕业科学研究院等地。

【特征特性】 树形开展，枝条直立而细短，侧枝多，有卧伏枝，皮灰褐色，节间微曲，节距2.8 cm，叶序2/5，皮孔小而少，圆形或椭圆形。冬芽三角形，深褐色，稍离生，副芽较多。叶心脏形，间有少数浅裂形，叶尖短尾状，叶缘锐齿，叶基浅心形，叶面微皱，粗糙，叶柄细。开雄花。山西省运城市栽植，发芽期3月25日—28日，开叶期3月30日—4月11日，发芽率88.77%，成熟期5月上旬，属早生中熟品种。叶片硬化较早，一般在9月下旬。亩桑产叶量春710 kg、夏秋950 kg。桑叶粗蛋白含量春21.07%、秋17.85%，可溶性糖含量春10.10%、秋13.16%。耐旱性较强，耐寒性强，抗桑疫病力强，抗黄化型萎缩病力较强。适宜于黄河流域栽植。

110. 中阳1号

【来源及分布】 原产于山西省中阳县。属白桑种，二倍体。曾分布于山西中阳、石楼等地。现保存于山西省蚕业科学研究院等地。

【特征特性】 树形开展，枝条细直，皮棕褐色，节间微曲，节距3.5 cm，叶序2/5，皮孔小，圆形或椭圆形。冬芽正三角形，褐色，稍离生。叶心脏形，叶尖锐头，叶缘乳头齿，叶基心形，叶面微皱，微糙，叶柄细。开雌花，甚极少，紫黑色。山西省运城市栽植，发芽期3月25日—29日，开叶期4月1日—13日，发芽率83.9%，成熟期5月上旬，属早生晚熟品种。叶片硬化较早，一般在9月下旬。亩桑产叶量春475 kg、夏秋630 kg。桑叶粗蛋白含量春18.35%、秋20.29%，可溶性糖含量春11.28%、秋13.16%。耐旱性较强，耐寒性强，抗桑疫病和黄化型萎缩病力强。适宜于黄河流域等地栽植。

111. **中阳2号**

【来源及分布】 原产于山西省中阳县。属白桑种,二倍体。曾分布于山西中阳、石楼等地。现保存于山西省蚕业科学研究院等地。

【特征特性】 树形开展,枝条直立而细长,皮棕褐色,节间较直,节距3.0 cm,叶序2/5,皮孔小,圆形或椭圆形。冬芽长三角形,深褐色,尖离,副芽多而大。叶全裂混生,心脏形或浅裂形,叶尖短尾状,叶缘乳头齿,叶基浅心形,叶面波皱,叶柄细。花少,雌雄同株、同穗,穗短,葚紫黑色。山西省运城市栽植,发芽期3月26日—29日,开叶期3月31日—4月14日,发芽率89.03%,成熟期5月上旬,属早生中熟品种。叶片硬化早,一般在9月中旬。亩桑产叶量春650 kg、夏秋710 kg。桑叶粗蛋白含量春22.34%、秋20.07%,可溶性糖含量春13.61%、秋14.53%。耐旱性、耐寒性强,抗桑疫病和黄化型萎缩病力强。适宜于黄河流域等地栽植。

112. **中阳3号**

【来源及分布】 原产于山西省中阳县。属白桑种,二倍体。曾分布于山西中阳县区域。现保存于山西省蚕业科学研究院等地。

【特征特性】 树形开展,枝条细长略弯曲,皮灰棕色,节间直,节距3.3 cm,叶序2/5,皮孔小,圆形。冬芽长三角形,棕褐色,尖离,副芽多。叶心脏形,间有少数浅裂形,叶尖短尾状,叶缘乳头齿间有钝齿,叶基浅心形,叶面微皱,叶柄较细。开雄花。山西省运城市栽植,发芽期3月26日—29日,开叶期3月31日—4月13日,发芽率88.66%,成熟期5月上旬,属早生晚熟品种。叶片硬化早,一般在9月中旬。亩桑产叶量春660 kg、夏秋870 kg。桑叶粗蛋白含量春16.89%、秋17.11%,可溶性糖含量春11.50%、秋12.16%。耐旱性较强,耐寒性强,抗桑疫病和黄化型萎缩病力强。适宜于黄河流域等地栽植。

113. **中阳4号**

【来源及分布】 原产于山西省中阳县。属白桑种,二倍体。曾分布于山西中阳县区域。现保存于山西省蚕业科学研究院等地。

【特征特性】 树形开展,枝条细长稍弯曲,皮灰褐色,节间直,节距3.3 cm,叶序2/5,皮孔小,圆形或椭圆形。冬芽长三角形,棕褐色,贴生,副芽多而大。叶心脏形,叶尖短尾状,叶缘乳头齿,叶基浅心形,叶面波皱,叶柄粗。开雄花。山西省运城市栽植,发芽期3月27日—30日,开叶期3月31日—4月13日,发芽率88.7%,成熟期5月上旬,属早生中熟品种。叶片硬化早,一般在9月中旬。亩桑产叶量春660 kg、夏秋890 kg。桑叶粗蛋白含量春21.43%、秋19.12%,可溶性糖含量春13.74%、秋14.14%。耐旱性、耐寒性强,抗桑疫病和黄化型萎缩病力强。适宜于黄河流域等地栽植。

114. 中阳5号

【来源及分布】 原产于山西省中阳县。属白桑种,二倍体。曾分布于山西中阳县区域。现保存于山西省蚕业科学研究院等地。

【特征特性】 树冠开展,枝条直立而细长,有侧枝,皮灰褐色,节间较直,节距3.7 cm,叶序2/5,皮孔小,圆形。冬芽三角形,深褐色,稍离生,副芽多。叶长心脏形,叶尖短尾状,叶缘乳头齿,叶基浅心形,叶面微皱,稍光滑,光泽较强,叶柄粗。开雄花。山西省运城市栽植,发芽期3月26日—29日,开叶期3月31日—4月14日,发芽率88.11%,成熟期5月上旬,属早生中熟品种。叶片硬化早,一般在9月中旬。亩桑产叶量春710 kg、夏秋850 kg。桑叶粗蛋白含量春21.62%、秋20.60%,可溶性糖含量春10.14%、秋11.98%。耐旱性、耐寒性强,抗桑疫病力强,抗黄化型萎缩病力较强。适宜于黄河流域等地栽植。

三、辽宁省

1. 凤桑

【来源及分布】 又名凤桑1号,原产于辽宁省凤城市,是凤城市农家品种,由辽宁省蚕业科学研究所从乔木桑中选出单株,培育而成。属山桑种,二倍体。现保存于辽宁省蚕业科学研究所桑树品种种质资源圃。分布于辽宁省凤城市。

【特征特性】 枝条直立而细长,皮青灰色,节间直,节距4.1 cm,叶序2/5。冬芽长三角形,芽尖贴生,稍歪,副芽1～2个。叶心脏形,叶缘略翘,深绿色,叶尖尾状,叶缘乳头齿,叶基深心形,叶长18.0 cm,叶幅14.0 cm,叶片较薄,叶面光滑无皱,叶片平伸,叶柄细短。雌花,无花柱,葚多中大,玉白色带紫红。辽宁省凤城市栽植,发芽期5月1日—10日,开叶期5月10日—20日,成熟期6月上旬末,属中生中熟品种。叶片硬化期8月下旬至9月上旬。生长势强,木质坚硬。亩桑产叶量500～600 kg,叶质较优。耐寒性、耐旱性强,抗黑枯型细菌病,中抗褐斑病。枝条适宜于编筐。适宜于东北、华北和西北地区栽植。

2. 辽桑44号

【来源及分布】 又名盖桑、熊岳44号,原产于辽宁省大连市,是辽宁省熊岳植物标本园保存单株,经辽宁省蚕业科学研究所培育而成。属白桑种,二倍体。主要在辽宁省南部地区栽植。现保存于辽宁省蚕业科学研究所桑树品种种质资源圃和熊岳树木标本园。

【特征特性】 树形稍开展,枝条细长而匀整,发条数多,皮灰褐色,节间直,节距4 cm,叶序2/5,皮孔多为圆形。冬芽三角形,暗棕褐色,芽尖贴生,副芽小。叶长心脏形,叶缘微波翘,叶尖短尾状,叶缘钝齿,叶基浅心形,叶基深凹,叶长21.0 cm,叶幅18.0 cm,叶面光滑无皱,叶片平伸,叶柄细长。雌雄同株,雄花很少,中长,葚小而多,紫黑色。辽宁省凤城市栽植,发芽期5月15日—20日,开叶期5月20日—25日,属中生中熟品种。叶片硬化期9月上旬末。亩桑产叶量960 kg,叶质中等。耐寒性较强,抗褐斑病,中抗黑枯型细菌病,易发芽枯病。适宜于华北、东北地区栽植。

3. 辽桑19号

【来源及分布】 又名熊岳19号,原产于辽宁省大连市,是辽宁省熊岳树木标本园保存单株,经辽宁省蚕业科学研究所培育繁殖而成。属白桑种,二倍体。主要在辽宁省南部地区栽植。现保存于辽宁省蚕业科学研究所桑树品种种质资源圃和熊岳树木标本园。

【特征特性】 树形开展,枝条直立,皮棕褐色,节间直,节距4.0 cm,叶序2/5,皮孔大而稀,圆形或椭圆形。冬芽三角形,芽尖离生,副芽1~2个。叶椭圆形,小枝有少数裂叶,翠绿色,叶尖锐头或短尾状,叶缘钝齿,叶基截形,叶长16.0 cm,叶幅11.0 cm。叶面光滑无皱,光泽较强,叶片稍下垂,叶柄细长。开雄花,花穗短,较多。辽宁省凤城市栽植,发芽期5月10日—15日,开叶期5月15日—25日,属中生中熟品种。叶片硬化期9月中旬。发条力强,侧枝少。亩桑产叶量810 kg,叶质中等。耐寒性较强,中抗黑枯型细菌病、褐斑病,中感污叶病。适宜于东北和西北地区栽植。

4. 鲁11号

【来源及分布】 辽宁省蚕业科学研究所从山东省引进的鲁桑苗中选出的单株,经培育而成。属桑鲁种,二倍体。现保存于辽宁省蚕业科学研究所桑树品种种质资源圃。

【特征特性】 树形稍开展,枝条粗长而直,皮褐色,节间直,节距4 cm,皮孔多为圆形或椭圆形。冬芽三角形,棕褐色,尖离,副芽甚少或无。叶卵圆形,较平展,深绿色,叶尖锐头,叶缘乳头齿,叶基近截形,叶长19.0 cm,叶幅14.0 cm,光泽较强,叶面光滑无皱,叶片稍下垂,叶柄中粗长。开雄花,花穗短而少。辽宁省凤城市栽植,发芽期5月10日—15日,开叶期5月15日—25日,属中生中熟品种。叶片硬化期9月上中旬。发条数中等,侧枝甚少。亩桑产叶量980 kg,叶质中等。耐寒性较强,中抗黑枯型细菌病、黄化型萎缩病和白粉病,易感污叶病。适宜于黄河下游、华北和辽宁省栽植。

5. 辽桑1号

【来源及分布】 又名鲁6号,是辽宁省蚕业科学研究所从山东滕县引进的嫁接苗木中选出的单株,经培育而成。属鲁桑种,二倍体。分布于辽宁省西部、东部和南部各蚕区。吉林、黑龙江亦有少量栽植。

【特征特性】 树形稍开展,枝条粗长较直,皮棕褐色,节间直,节距3.2 cm,叶序3/8,皮孔圆形或椭圆形。冬芽三角形,棕色,副芽少。叶长心脏形,较平展,翠绿色,叶尖锐头,叶缘乳头齿,叶基近截形,叶长21.07 cm,叶幅15.84 cm,叶片较厚,叶面光滑无皱,光泽较强,叶片稍下垂,叶柄粗长。开雄花,花穗短而多。辽宁省凤城市栽植,发芽期5月10日—20日,开叶期5月25日—30日,属中生中熟品种。叶片硬化期8月下旬。发条力中等,侧枝少。亩桑产叶量780 kg,叶质中等。中抗黑枯型、缩叶型细菌病,中感褐斑病。耐旱性、耐寒性强。适宜于东北、华北地区栽植。

6.辽育16号

【来源及分布】 辽宁省蚕业科学研究所以引进朝鲜的秋雨桑(山桑)作母本,湖桑32号(鲁桑)作父本,同辽育8号一起通过花粉杂交系统选择培育而成。二倍体。1996—2000年参加第三批北方蚕业科研协作区桑树品种鉴定试验,2001年通过北方蚕区桑树品种审定小组审定(北桑审字0106),在辽宁省有较大面积推广应用。

【特征特性】 节距4.5 cm,皮灰褐色,芽尖稍离生。叶心脏形,稍有扭转,深绿色,叶面光滑,叶长22.5 cm,叶幅20.0 cm,叶片厚0.23 mm。辽宁省凤城市栽植,5月15日前后转青脱苞,5月25日前后开完第5片叶,发芽开叶期比湖桑32号略早,发芽率高,属中生中熟品种。发条数多,叶片较大,适宜于饲养夏秋蚕和晚秋蚕。抗桑疫病能力较弱。适宜于吉林省以南的北方地区栽植。

四、吉林省

1. 延边鲁桑

【来源及分布】 是原吉林省延边蚕业试验场从龙井市选出的优良单株,经培育而成。属鲁桑种,二倍体。曾分布于吉林省延吉、图们、和龙、珲春等地。现保存于吉林省蚕业科学研究所。

【特征特性】 树形较开展,枝条粗长稍弯曲,皮淡青灰色,节间微曲,节距4.3 cm,叶序2/5,皮孔多为圆形。冬芽三角形,黄褐色,贴生,副芽小而少,叶心脏形,叶边微翘扭,深绿色,叶尖短尾状,叶缘乳头齿,叶基深心形,叶长19.0 cm,叶幅17.5 cm,叶片较厚,叶面光滑微泡皱,光泽较强,叶片稍下垂,叶柄中粗长。开雌花,甚小而少,紫黑色。江苏省镇江市栽植,发芽期4月7日—13日,开叶期4月14日—21日,成熟期5月15日—20日,属中生晚熟品种。叶片硬化期9月中旬。发条力强,侧枝较少。亩桑产叶量1420 kg,叶质中等。抗污叶病和白粉病,中抗黑枯型细菌病,中感黄化型萎缩病,耐旱性、耐寒性较强。适宜于吉林省、辽宁省以及长江以北地区栽植。

2. 吉鲁桑

【来源及分布】 是吉林省蚕业科学研究所1978年以剑持作母本,黑鲁作父本进行室内沙培杂交,经培育而成。属鲁桑种。曾分布于吉林省桑蚕区。现保存于吉林省蚕业科学研究所。

【特征特性】 树形较开展,枝条粗长而直,皮棕褐色,节间微曲,节距3.7 cm,叶序2/5。冬芽长三角形,紫褐色,副芽小而较少。叶心脏形,较平展,深绿色,叶尖短尾状,叶缘乳头齿,叶基浅心形,叶长20 cm,叶幅18 cm,叶片较厚,叶面光滑微糙,光泽强,叶片稍下垂,叶柄中粗长。开雌花,甚少,中大,紫黑色。原产地栽植,发芽期5月10日前后,开叶期5月20日左右,成熟期6月中旬,属中生中熟品种。叶片硬化期9月上旬。发条力强,侧枝较少。亩桑产叶量700 kg,叶质中等。枝条易发根,扦插成活率80%。抗黑枯型细菌病,中抗褐斑病,耐旱性、耐寒性较强。适宜于东北地区栽植。

3. 小北鲁桑

【来源及分布】 是吉林省龙井市地方品种。属鲁桑种,二倍体。曾分布于吉林省延吉、龙井等地。现保存于吉林省蚕业科学研究所。

【特征特性】 树形开展,枝条中粗,长而直,皮黄褐色,节间直,节距4.5 cm,叶序2/5,皮孔多为圆形。冬芽三角形,黄褐色,尖离,副芽小而少。叶心脏形,较平展,翠绿色,叶尖锐头,叶缘乳头齿,叶基深心形,叶长17.0 cm,叶幅14.5 cm,叶面光滑无皱,光泽较强,叶片平伸,叶柄粗长。开雌花,甚小而少,紫黑色。江苏省镇江市栽植,发芽期4月8日—13日,开叶期4月14日—21日,成熟期5月11日—16日,属中生中熟品种。叶片硬化期9月中旬。发条力强,幼树侧枝较多。亩桑产叶量1140 kg,叶质较差。抗污叶病,中抗黑枯型细菌病和白粉病。耐旱性、耐寒性较强。适宜于吉林、辽宁以及黄河下游地区栽植。

五、黑龙江省

选秋1号

【来源及分布】 黑龙江省蚕业研究所于1977年从本省蚕桑试验场园中选出的优良单株培育而成。属白桑种,二倍体。曾分布于黑龙江省望奎、拜泉等地。现保存于黑龙江省蚕业研究所。

【特征特性】 树形较开展,枝条细长而直立,皮灰棕色,节间直,节距4.0 cm,叶序2/5,皮孔多为圆形。冬芽长三角形或盾形,暗棕色,尖离或腹离,副芽小而少。叶心脏形,平展,深绿色,叶尖锐头,叶缘钝齿,叶基深心形,叶长16.0 cm,叶幅12.0 cm,叶片较厚,叶面光滑无皱,叶片稍下垂或平伸,叶柄细,中长。雌雄同穗或异穗,雄花穗短而少,甚小较少,紫黑色。原产地栽植,发芽期5月13日—18日,开叶期5月20日—28日,成熟期6月中旬,属中生中熟品种。叶片硬化期8月下旬。发条力中等,侧枝少,木质坚实。亩桑产叶量800 kg,叶质优。抗黑枯型细菌病、褐斑病,耐旱性、耐寒性较强,较耐盐碱。适宜于东北、华北地区栽植。

六、江苏省

1. 丰驰桑

【来源及分布】 是中国农业科学院蚕业研究所育成的一代杂交组合(中桑5801号×育82号),二倍体,经多年栽植、评比试验和叶质鉴定,其成绩良好,是丰产的群系品种。分布于江苏、安徽、湖南、河南、四川、山东等省。

【特征特性】 树形稍开展或直立,枝条细长而直,皮灰褐色居多,节间直,节距3.3 cm,叶序2/5,皮孔圆形或椭圆形。冬芽长三角形,贴生居多,多为褐色和黄褐色,副芽少。叶卵圆形或心脏形,平展,翠绿色,叶尖短尾状或锐头,叶缘钝齿,叶基截形或浅心形,叶长20.0 cm,叶幅16.5 cm,叶片较薄,叶面光滑,微波皱,光泽较强,叶片稍下垂或平伸,叶柄较细长。雌雄同株或异株,雄花穗较多,中长,葚小而较少,紫红色或紫黑色。原产地栽植,发芽期4月4日—11日,开叶期4月13日—20日,成熟期5月10日—15日,属中生中熟偏早品种。叶片硬化期9月中旬。发条力强,侧枝较少。亩桑产叶量2000 kg,叶质中等。中抗黄化型萎缩病、黑枯型细菌病,耐旱性、耐寒性中等,耐湿。适宜于长江流域栽植。

2. 育82号

【来源及分布】 是中国农业科学院蚕业研究所从杂交组合(湖桑27号×混合)中选出单株,经培育而成。属鲁桑种,二倍体。

【特征特性】 树形稍开展,枝条粗长而直,皮淡棕褐色,节间直,节距4.3 cm,叶序2/5,皮孔较小,多为圆形。冬芽三角形,贴生,棕褐色,副芽较小而少。叶长心脏形,稍波扭,深绿色,叶尖锐头,叶缘乳头齿,叶基浅心形,叶长22.4 cm,叶幅17.2 cm,叶面光滑微泡皱,光泽强,叶片平伸,叶柄中粗长。雌雄同株,雄花穗多,中长,葚很少,中大,紫黑色。江苏省镇江市栽植,发芽期4月9日—15日,开叶期4月16日—20日,成熟期5月10日—15日,属中生中熟品种。叶片硬化期9月中旬。发条力强,侧枝少。亩桑产叶量1490 kg,叶质较优。轻感黄化型萎缩病,中抗黑枯型细菌病、污叶病,较耐旱,耐寒性中等。适宜于长江流域栽植。

3. 中桑5801

【来源及分布】 是中国农业科学院蚕业研究所从杂交组合(湖桑38号×广东荆桑)中选出优良单株,经培育而成。属广东桑种,二倍体。

【特征特性】　树形稍开展,枝条粗长而直,皮青灰色,节间直,节距3.7 cm,叶序2/5。冬芽长三角形,土黄色,尖离,副芽小而少。叶长心脏形或卵圆形,较平展,淡绿色,叶尖短尾状,叶缘钝齿,叶基截形或浅心形,叶长17.7 cm,叶幅14.5 cm,叶片较厚,叶面较光滑,无缩皱,有光泽,叶片平伸,叶柄粗长。开雌花,甚多,中大,紫黑色。原产地栽植,发芽期4月上旬,开叶期4月13日—21日,成熟期5月3日—9日,属中生中熟偏早品种。叶片硬化期9月中旬。发条力强,侧枝较少。亩桑产叶量1560 kg,叶质中等。抗黄化型萎缩病、黑枯型细菌病,易感白粉病和肥大性菌核病,较耐湿,耐寒性较弱。适宜于长江流域栽植。

4. 苏湖2号

【来源及分布】　是原江苏省无锡蚕丝试验场初选的单株,经中国农业科学院蚕业研究所多年栽植鉴定培育而成。属鲁桑种,二倍体。

【特征特性】　树形开展,枝条粗长,弧弯曲,有卧伏枝,皮淡棕褐色,节处根原体较发达,节间较曲,节距4.2 cm,叶序2/5,皮孔较小,多为圆形。冬芽长三角形,尖离,褐色,副芽小而少。叶心脏形,似海螺口状扭转,淡绿色,叶尖锐头,叶缘乳头齿,叶基心形,叶长19.5 cm,叶幅16.5 cm,叶片较厚,叶面光滑稍泡皱,有光泽,叶片稍下垂,叶柄粗长。开雄花,花穗较多,中长,雌花偶见,甚极少,紫黑色。江苏省镇江市栽植,发芽期4月12日—17日,开叶期4月18日—24日,成熟期5月中旬,属晚生晚熟品种。叶片硬化期9月中旬末。发条力强。亩桑产叶量1660 kg,叶质中等。抗黑枯型细菌病,易感黄化型萎缩病,较耐旱。适宜于黄河流域以南地区栽植。

5. 苏湖3号

【来源及分布】　是原江苏省无锡蚕丝试验场初选的单株,经中国农业科学院蚕业研究所多年培育鉴定而成。属鲁桑种,二倍体。

【特征特性】　树形开展,枝条粗长较弯曲,皮灰棕色,节间稍曲,节距4.1 cm,叶序2/5或3/8,皮孔较大,多为圆形。冬芽较大,正三角形,棕褐色,尖离,副芽较小而少。叶心脏形,平展,深绿色,叶尖锐头或短尾状,叶缘钝齿,叶基深心形,叶长22.4 cm,叶幅19.2 cm,叶片厚,叶面光滑稍泡皱,有光泽,叶片略下垂,叶柄粗长。开雌花,甚少,中大,紫黑色。江苏省镇江市栽植,发芽期4月8日—13日,开叶期4月15日—22日,成熟期5月10日左右,属中生中熟偏早品种。叶片硬化期9月中旬初。发条力中等,侧枝少。亩桑产叶量1860 kg,叶质中等。中抗黑枯型细菌病、黄化型萎缩病、白粉病,耐寒性中等。适宜于长江流域栽植。

6. 苏湖4号

【来源及分布】　是原江苏省无锡蚕丝试验场初选出单株,经中国农业科学院蚕业研究所培育而成。属鲁桑种,二倍体。

【特征特性】 树形较开展,枝条粗长较直,皮棕褐色,节间较曲,节距4.5 cm,叶序2/5,皮孔较小,多为圆形。冬芽盾形或三角形,褐色,副芽小而少。叶心脏形,较平展,翠绿色,叶尖锐头,叶缘钝齿,叶基心形,叶长17.5 cm,叶幅14.4 cm,叶片较厚,叶面光滑稍波皱,有光泽,叶片略下垂,叶柄中粗长。雌雄同株,雄花穗少,中长,葚小,较多,紫黑色。江苏省镇江市栽植,发芽期4月12日—17日,开叶期4月18日—23日,成熟期5月中旬,属晚生晚熟品种。叶片硬化期9月中旬初。发条数较少,侧枝很少。亩桑产叶量1550 kg,叶质中等。抗黄化型萎缩病,中抗黑枯型细菌病、污叶病、白粉病。适宜于长江以南各地栽植。

7. 苏湖16号

【来源及分布】 是原江苏省无锡蚕丝试验场初选出单株,经中国农业科学院蚕业研究所培育而成。属鲁桑种,二倍体。

【特征特性】 树形开展,枝条粗长稍弯曲,皮淡棕色,节间稍曲,节距3.9 cm,叶序2/5,皮孔较小,多为圆形。冬芽正三角形,贴生,棕褐色,副芽小而少。叶心脏形,较平展,翠绿色,叶尖锐头,叶缘乳头齿,叶基心形,叶长19.5 cm,叶幅15.9 cm,叶片较厚,叶面光滑微泡皱,光泽较强,叶片平伸,叶柄中粗长。雌雄同株,雄花穗较少,中长,葚小而少,紫黑色。江苏省镇江市栽植,发芽期4月11日—15日,开叶期4月17日—21日,成熟期5月10日—15日,属晚生中熟品种。叶片硬化期9月中旬。发条力中等,侧枝少。亩桑产叶量1820 kg,叶质中等。中抗炭疽病、黑枯型细菌病、白粉病,耐旱性中等,较耐寒。适宜于长江流域和黄河中下游地区栽植。

8. 湖桑8号

【来源及分布】 又名苏湖8号,是中国农业科学院蚕业研究所从本所桑园中选出,经培育而成。属鲁桑种,二倍体。

【特征特性】 树形稍开展,枝条粗长稍弯曲,皮青灰色,节间微曲,节距3.6 cm,叶序2/5,皮孔较小,多为圆形。冬芽三角形或盾形,腹离,黄褐色,副芽较小而少。叶卵圆形,较平展,翠绿色,叶尖锐头,叶缘钝齿,叶基浅心形,叶长20.3 cm,叶幅17.4 cm,叶片较厚,叶面光滑微泡皱,光泽较强,叶片平伸,叶柄中粗而长。葚小而较少,紫黑色。江苏省镇江市栽植,发芽期4月12日—16日,开叶期4月18日—23日,成熟期5月中旬,属晚生晚熟品种。叶片硬化期9月中旬末。发条力强,有细弱枝,侧枝少。亩桑产叶量1680 kg,叶质中等。中抗黑枯型细菌病、污叶病,耐旱性中等。适宜于长江流域栽植。

9. 苏湖13号

【来源及分布】 是原江苏省无锡蚕丝试验场初选的单株,经中国农业科学院蚕业研究所多年栽植鉴定,是抗病品种。属鲁桑种,二倍体。

【特征特性】 树形稍开展,枝条粗长稍弯曲,皮灰褐色,节间微曲,节距4.1 cm,叶序2/5,皮孔较小,多为圆形。冬芽卵圆形,贴生,芽尖稍歪,土黄色,副芽大而少。叶心脏形,较平展,翠绿色,叶尖锐头,叶缘乳头齿,叶基心形,叶长19.5 cm,叶幅17.0 cm,叶片较厚,叶面光滑有泡皱,光泽强,叶片平伸,叶柄中粗长。雌雄同株,雄花穗短,数量中等,葚小而少,紫黑色。发芽期4月12日—16日,开叶期4月17日—23日,成熟期5月中旬,属晚生晚熟品种。叶片硬化期9月中旬。发条力中等,侧枝少。亩桑产叶量1750 kg,叶质中等。抗黑枯型细菌病、污叶病,中抗褐斑病、黄化型萎缩病,耐旱性中等,较耐寒。适宜于长江流域和黄河中下游地区栽植。

10. 苏湖20号

【来源及分布】 是原江苏省无锡蚕丝试验场初选出单株,经中国农业科学院蚕业研究所培育而成。属鲁桑种,二倍体。

【特征特性】 树形稍开展,枝条粗长而直,皮灰棕色,节间微曲,节距4.4 cm,叶序2/5,皮孔较小,多为圆形。冬芽正三角形,褐色,贴生,副芽小而少。叶心脏形,较平展,翠绿色,叶尖锐头,叶缘钝齿,叶基心形,叶长21.0 cm,叶幅17.9 cm,叶片较厚,叶面光滑微泡皱,有光泽,叶片平伸,叶柄中粗长。雌雄同株,雄花穗少,中长,葚小而少,紫黑色。江苏省镇江市栽植,发芽期4月9日—15日,开叶期4月16日—21日,发芽率61%,成熟期5月10日—16日,属中生中熟品种。叶片硬化期9月中旬末。发条力中等,侧枝少。亩桑产叶量1650 kg,叶质较优。中抗黑枯型细菌病、黄化型萎缩病、叶枯病、白粉病、炭疽病。适宜于黄河以南各地栽植。

11. 苏湖24号

【来源及分布】 是原江苏省无锡蚕丝试验场初选出单株,经中国农业科学院蚕业研究所多年培育鉴定而成。属鲁桑种,二倍体。

【特征特性】 树形开展,枝条粗长,稍弯曲,皮灰褐色带黄,节间稍曲,节距4.2 cm,叶序2/5,皮孔较小,圆形或椭圆形。冬芽三角形,贴生,淡褐色,副芽较大而少。叶心脏形,较平展,翠绿色,叶尖锐头或短尾状,叶缘乳头齿或钝齿,叶基心形,叶长20.6 cm,叶幅17.2 cm,叶片较厚,叶面光滑稍泡皱,有光泽,叶片平伸,叶柄中粗长。雌雄同株,雄花穗较少,中长,葚少,中大,紫黑色。江苏省镇江市栽植,发芽期4月11日—15日,开叶期4月16日—23日,成熟期5月15日—20日,属晚生晚熟品种。叶片硬化期9月中旬末。发条力强,生长较整齐,侧枝少。亩桑产叶量1660 kg,叶质较优。抗黑枯型细菌病,中抗污叶病、白粉病,易感黄化型萎缩病,耐旱性中等,较耐寒。适宜于黄河以南各地栽植。

12. 苏湖36号

【来源及分布】 是原江苏省无锡蚕丝试验场初选出单株,经中国农业科学院蚕业研究所培育而成。属鲁桑种,二倍体。

【特征特性】 树形稍开展,枝条粗长而直,皮青灰色带黄,节间微曲,节距3.6 cm,叶序3/8,皮孔较大,圆形或椭圆形。冬芽盾形,贴生,黄褐色,副芽小而较少。叶长心脏形,稍波扭,深绿色,叶尖锐头或短尾状,叶缘乳头齿或钝齿,叶基心形,叶长17.0 cm,叶幅14.0 cm,叶片较厚,叶面光滑而波皱,光泽强,嫩叶淡紫红色,叶片平伸,叶柄中粗长。开雄花,花被带紫红色,花穗多,中长。江苏省镇江市栽植,发芽期4月11日—15日,先花后叶,开叶期4月17日—22日,属晚生晚熟品种。叶片硬化期9月中旬末。发条力强,侧枝少。亩桑产叶量1610 kg,叶质较优。易感黑枯型细菌病,中抗褐斑病、黄化型萎缩病、污叶病和白粉病,耐旱性、耐寒性中等。适宜于长江流域栽植。

13. 苏湖38号

【来源及分布】 是原江苏省无锡蚕丝试验场初选出单株,经中国农业科学院蚕业研究所培育而成。属白桑种。

【特征特性】 树形直立,枝条中粗,长而直,皮青灰白色,节间微曲,节距4.5 cm,叶序2/5,皮孔小,多为圆形。冬芽长三角形,土黄色,贴生,副芽大而稍多。叶卵圆形,平展,翠绿色,叶尖渐尖锐头,叶缘钝齿,叶基截形,叶长17.9 cm,叶幅14.2 cm,叶片厚度中等,叶面光滑无皱,有光泽,叶片平伸,叶柄中粗长。开雌花,甚小而少,紫黑色。江苏省镇江市栽植,发芽期4月9日—15日,开叶期4月16日—22日,成熟期5月15日—20日,属中生晚熟品种。叶片硬化期9月中旬末。发条力强,侧枝很少。亩桑产叶量1670 kg,叶质优。中抗黑枯型细菌病,轻感炭疽病,易受红蜘蛛为害,耐旱性较强。适宜于长江流域栽植。

14. 苏湖60号

【来源及分布】 是中国农业科学院蚕业研究所从本所湖桑园中选出的品种。属鲁桑种,二倍体。

【特征特性】 树形稍开展,枝条粗长而直,皮青灰色带褐,节间微曲,节距4.4 cm,叶序2/5,皮孔较小,多为圆形。冬芽三角形,土黄色,芽褥较突出,副芽较大而少。叶卵圆形,较平展,翠绿色,叶尖钝头,叶缘钝齿或乳头齿,叶基浅心形,叶长18.0 cm,叶幅14.3 cm,叶片较厚,叶面光滑稍有波皱,光泽较强,叶片较平伸,叶柄中粗长。开雄花,花穗较少,中长。江苏省镇江市栽植,发芽期4月12日—16日,开叶期4月17日—23日,成熟期5月10日—15日,属晚生晚熟品种。叶片硬化期9月中旬。发条力强,侧枝少。亩桑产叶量1460 kg,叶质较优。中抗细菌病、白粉病、污叶病,轻感褐斑病,耐旱性中等,较耐湿耐寒。适宜于长江流域和黄河中游地区栽植。

15. 苏湖96号

【来源及分布】 是中国农业科学院蚕业研究所从老湖桑园中选出的品种。属鲁桑种,二倍体。

【特征特性】 树形稍开展,枝条粗长而直,皮棕褐色,节间微曲,节距约3.8 cm,叶序2/5,皮孔较小,多为圆形。冬芽正三角形,贴生,棕褐色,副芽较大而稍多。叶长心脏形,较平展,翠绿色,叶尖锐头,叶缘钝齿或乳头齿,叶基浅心形,上部叶的叶基截形,叶长19.0 cm,叶幅15.5 cm,叶片较厚,叶面光滑,有光泽,叶片略下垂,叶柄粗长。开雌花,葚小,较多,紫黑色。江苏省镇江市栽植,发芽期4月10日—14日,开叶期4月15日—23日,成熟期5月10日—16日,属晚生中熟品种。叶片硬化期9月中旬末。发条力强,侧枝少。亩桑产叶量1800 kg,叶质较优。中抗细菌病、褐斑病、污叶病,感炭疽病,耐旱性中等,较耐寒。适宜于长江流域和黄河中下游地区栽植。

16. 苏湖136号

【来源及分布】 是中国农业科学院蚕业研究所从本所湖桑乔木桑中选出单株,经多年培育而成。属鲁桑种,二倍体。

【特征特性】 树形开展,枝条粗长,稍弯曲,皮黄褐色,节间稍曲,节距4.1 cm,叶序2/5,皮孔较小,圆形或椭圆形。冬芽三角形似球形,黄褐色,副芽较大而少。叶心脏形,较平展,深绿色,叶尖锐头,叶缘乳头齿,叶基深心形,叶长20.0 cm,叶幅17.0 cm,叶片较厚,叶面光滑,有泡皱,基脉五出或三出,叶片略下垂,叶柄粗长。雌雄同株,雄花穗短而少,葚小而少,紫黑色。江苏省镇江市栽植,发芽期4月11日—16日,开叶期4月17日—23日,成熟期5月11日—16日,属晚生中熟偏晚品种。叶片硬化期9月中旬末。发条力强,侧枝少。亩桑产叶量1780 kg,叶质中等。抗白粉病、污叶病,中抗黑枯型细菌病、炭疽病、褐斑病,耐旱性中等,较耐寒。适宜于长江流域和黄河下游地区栽植。

17. 苏湖31号

【来源及分布】 是原江苏省无锡蚕丝试验场初选出单株,经中国农业科学院蚕业研究所培育而成。属鲁桑种,二倍体。

【特征特性】 树形稍开展,枝条粗长,稍弯曲,皮青灰色,节间较曲,节距4.6 cm,叶序2/5,皮孔较小,圆形或椭圆形。冬芽正三角形,淡褐色,贴生,副芽小而少。叶心脏形,较平展或边稍翘,深绿色,叶尖锐头,叶缘乳头齿,叶基心形,叶长21.0 cm,叶幅19.0 cm,叶片较厚,嫩叶带紫红色,叶面光滑有波皱,有光泽,叶片平伸,叶柄粗长。雌雄同株,雄花穗较少,中长,葚少,中大,紫黑色。江苏省镇江市栽植,发芽期4月13日—17日,开叶期4月18日—23日,成熟期5月15日—20日,属晚生晚熟品种。叶片硬化期9月中旬末。发条力弱,侧枝很少。亩桑产叶量1440 kg,叶质中等。抗黑枯型细菌病,中抗黄化型萎缩病,轻感白粉病,耐旱性中等,较耐寒。适宜于黄河以南地区栽植。

18. 湖桑37号

【来源及分布】 是原江苏省无锡蚕丝试验场初选出单株,经中国农业科学院蚕业研究所培育而成。属鲁桑种,二倍体。

【特征特性】 树形开展,枝条粗长,稍弯曲,皮灰棕色,节间微曲,节距4.1 cm,叶序2/5。冬芽正三角形,褐色,副芽小而少。叶心脏形,稍扭转似海螺口,淡绿色,叶尖锐头或短尾状,叶缘钝齿或乳头齿,叶基心形,叶长18.7 cm,叶幅15.8 cm,叶片较厚,叶面光滑有微波皱,有光泽,叶片略向上或平伸,叶柄中粗长。开雌花,葚小而少,紫黑色。江苏省镇江市栽植,发芽期4月11日—15日,开叶期4月16日—22日,成熟期5月15日—20日,属晚生晚熟品种。叶片硬化期9月中旬末。发条力强。亩桑产叶量1720 kg,叶质中等。中抗黑枯型细菌病、污叶病和白粉病,耐旱性中等,较耐寒。适宜于长江流域和黄河中下游地区栽植。

19. 苏湖39号

【来源及分布】 是原江苏省无锡蚕丝试验场初选出单株,经中国农业科学院蚕业研究所培育而成。属鲁桑种,二倍体。

【特征特性】 树形直立,枝条粗长而直,皮灰褐色,节间微曲,节距3.8 cm,叶序3/8,皮孔较小,多为圆形。冬芽三角形,贴生,黄褐色,副芽较大而少。叶心脏形,平展,淡绿色,叶尖锐头或短尾状,叶缘钝齿,叶基浅心形,叶长22.0 cm,叶幅17.0 cm,叶片较厚,叶面光滑稍波皱,有光泽,叶片平伸,叶柄中粗长。开雌花,葚较少,中大,紫黑色。江苏省镇江市栽植,发芽期4月13日—17日,开叶期4月18日—22日,成熟期5月中旬,属晚生晚熟品种。叶片硬化期9月中旬末。发条力中等。亩桑产叶量1480 kg,叶质中等。中抗黑枯型细菌病、黄化型萎缩病,易受红蜘蛛为害,耐旱性、耐寒性中等。适宜于长江流域栽植。

20. 湖桑56号

【来源及分布】 是中国农业科学院蚕业研究所从湖桑园中选出的优良单株,经培育而成。属鲁桑种,二倍体。

【特征特性】 树形稍开展,枝条粗长而直,皮灰棕褐色,节间直,节距3.3 cm,叶序2/5。皮孔较大,圆形或椭圆形。冬芽较大,长三角形,紫褐色,尖离,副芽大而少。叶心脏形,叶边稍上翘,深绿色,叶尖锐头,叶缘乳头齿,叶基深心形,叶长19.5 cm,叶幅17.9 cm,叶片较厚,叶面光滑微泡皱,光泽较强,叶片平伸,叶柄中粗长。开雄花,花穗少,中长。江苏省镇江市栽植,发芽期4月12日—16日,开叶期4月17日—23日,成熟期5月中旬,属晚生晚熟品种。叶片硬化期9月中旬。发条力中等,侧枝少。亩桑产叶量1690 kg,叶质较差。中抗叶枯病、污叶病,轻感白粉病、炭疽病,耐旱性、耐寒性中等。适宜于长江流域栽植。

21. **湖桑**112**号**

【来源及分布】 是中国农业科学院蚕业研究所从本所湖桑园中选出的品种。属鲁桑种,二倍体。

【特征特性】 树形稍开展,枝条粗长稍弯曲,皮灰褐色带黄,节间微曲,节距4.3 cm,叶序2/5,皮孔较小,多为圆形。冬芽长三角形,贴生,淡紫褐色,副芽小而少。叶心脏形,较平展,翠绿色,叶尖锐头,叶缘乳头齿或钝齿,叶基深心形,叶长20.5 cm,叶幅17.0 cm,叶片较厚,叶面微糙而稍皱,有光泽,叶片平伸,叶柄中粗长。雌雄同株,雄花穗少,中长,葚少,中大,紫黑色。江苏省镇江市栽植,发芽期4月11日—16日,开叶期4月17日—22日,成熟期5月11日—16日,属晚生中熟品种。叶片硬化期9月中旬末。发条力中等,侧枝少。亩桑产叶量1610 kg,叶质中等。中抗细菌病、污叶病、白粉病,耐旱性中等。适宜于长江流域栽植。

22. **湖桑**130**号**

【来源及分布】 是中国农业科学院蚕业研究所从本所老湖桑园中选出的品种。属鲁桑种,二倍体。

【特征特性】 树形稍开展,枝条粗长而直,皮青灰色,节间微曲,节距4.7 cm,叶序2/5,皮孔较小,多为圆形。冬芽三角形,贴生,土黄色,副芽小而少。叶心脏形,平展,翠绿色,叶尖锐头,叶缘钝齿,叶基心形,叶长21 cm,叶幅18 cm,叶面光滑无皱,光泽较强,叶片平伸,叶柄中粗长。开雌花,葚较多,中大,紫黑色。江苏省镇江市栽植,发芽期4月11日—17日,开叶期4月18日—23日,成熟期5月15日—19日,属晚生晚熟品种。叶片硬化期9月中旬末。发条力较弱,侧枝少。亩桑产叶量1630 kg,叶质中等。抗污叶病,中抗黑枯型细菌病和白粉病,耐旱性中等,较耐湿。适宜于长江流域栽植。

23. **湖桑**135**号**

【来源及分布】 是中国农业科学院蚕业研究所从本所桑园中选出的单株,经培育而成。属鲁桑种,二倍体。

【特征特性】 树形稍开展,枝条中粗长而直,皮淡红褐色,节间微曲,节距4.2 cm,叶序2/5,皮孔较小,圆形或椭圆形。冬芽长三角形,贴生,紫褐色,副芽小而少。叶心脏形,平展,翠绿色,叶尖锐头,叶缘钝齿,叶基深心形,叶长23.0 cm,叶幅19.5 cm,叶片较厚,叶面光滑,有波皱,光泽较强,叶片平伸,叶柄粗,中长。雌雄同株,雄花穗少,中长,葚少,中大,紫黑色。江苏省镇江市栽植,发芽期4月10日—16日,开叶期4月17日—23日,成熟期5月10日—16日,属晚生中熟品种。叶片硬化期9月中旬末。发条力中等,侧枝少。亩桑产叶量1540 kg,叶质中等。轻感黄化型萎缩病,中抗黑枯型细菌病,耐旱性中等,较耐湿。适宜于长江流域栽植。

24. 火桑136号

【来源及分布】 是中国农业科学院蚕业研究所从本所桑园中选出的单株,经培育而成。属瑞穗桑种,三倍体。

【特征特性】 树形开展,枝条粗长而直,皮紫褐色,节间直,节距约4.0 cm,叶序2/5,皮孔大,圆形或椭圆形。冬芽大,长三角形,贴生,棕色,副芽小而少。叶心脏形,平展,深绿色,叶尖长尾状,叶缘锐齿,叶基心形,叶长22.5 cm,叶幅19.0 cm,叶片厚,叶面光滑,稍波皱,光泽强,叶片平伸,叶柄粗而较短。雌雄同株,雄花穗短而很少,葚小而少,结实性差,紫黑色。江苏省镇江市栽植,发芽期4月2日—10日,开叶期4月12日—20日,成熟期5月初,属早生早熟品种。叶片硬化期9月上旬,发条力强,生长整齐。亩桑产叶量1460 kg,叶质较差,不耐剪伐。易感黑枯型细菌病、黄化型萎缩病,耐旱性、耐寒性中等。适宜于长江流域栽植,在萎缩病和细菌病严重地区不宜栽植。

25. 凤尾桑

【来源及分布】 是江苏省南京市地方品种。属鲁桑种,二倍体。

【特征特性】 树形稍开展,枝条粗长,较直,皮灰褐色,节间微曲,节距3.7 cm,叶序2/5,皮孔较大,圆形或椭圆形。冬芽三角形,淡褐色,贴生或尖离,副芽小而少。叶卵圆形,少数浅裂形,叶边波扭似木耳,翠绿色,叶尖长尾状,叶缘乳头齿,大小不齐,叶基截形,叶长19.0 cm,叶幅16.0 cm,叶片较厚,叶面光滑微皱,有光泽,叶片略向上,叶柄中粗长。开雌花,葚小而少,紫黑色。江苏省镇江市栽植,发芽期4月12日—16日,开叶期4月17日—23日,成熟期5月16日—20日,属晚生晚熟品种。叶片硬化期9月中旬。发条力强,侧枝少。亩桑产叶量1260 kg,叶质较差。中抗黑枯型细菌病、白粉病、污叶病,感黄化型萎缩病,较耐湿。适宜于长江流域栽植。

26. 凤尾芽变

【来源及分布】 是由中国农业科学院蚕业研究所桑树资源圃保存的凤尾桑芽变枝条,经繁殖培育而成。属鲁桑种,二倍体。

【特征特性】 树形开展,枝条粗长,稍弯曲,皮青灰色,节间微曲,节距4.2 cm,叶序2/5,皮孔较小,圆形或椭圆形。冬芽三角形,黄褐色,尖离,副芽小而少。叶心脏形,稍翘扭,翠绿色,叶尖锐头,叶缘乳头齿或钝齿,叶基深心形,叶长22.0 cm,叶幅20.0 cm,叶片较厚,叶面光滑,微皱,光泽较强,叶片平伸,叶柄粗长。雌雄同株,雄花穗少,中长,葚小而少,紫黑色。原产地栽植,发芽期4月12日—17日,开叶期4月17日—23日,成熟期5月10日—16日,属晚生中熟品种。叶片硬化期9月中旬。发条力强,侧枝少。亩桑产叶量2260 kg,叶质中等。中抗黄化型萎缩病、黑枯型细菌病,轻感炭疽病,耐旱性、耐寒性较强。适宜于长江流域和黄河中下游地区栽植。

27. 溧阳红皮

【来源及分布】 是江苏省溧阳市地方品种。属鲁桑种,二倍体。

【特征特性】 树形开展,枝条粗长而稍弯,皮棕红色,节间微曲,节距3.6 cm,叶序3/8,皮孔小,多为圆形。冬芽三角形,棕红色,贴生,副芽小而少。叶心脏形,较平展,深绿色,叶尖锐头,叶缘乳头齿或钝齿,叶基心形,叶长18.0 cm,叶幅16.0 cm,叶面光滑,稍泡皱,光泽较强,叶片平伸,叶柄粗长。开雌花,甚少,中大,紫黑色。江苏省镇江市栽植,发芽期4月12日—16日,开叶期4月17日—23日,成熟期5月14日—18日,属晚生晚熟品种。叶片硬化期9月中旬。发条力强,侧枝少。亩桑产叶量1630 kg,叶质较差,压条发根力强。中抗黑枯型细菌病,轻感炭疽病,易感黄化型萎缩病,耐湿、耐旱性、耐寒性中等。适宜于长江中下游地区栽植。

28. 淮阴白桑1号

【来源及分布】 是江苏省淮安市农家品种。属白桑种,二倍体。

【特征特性】 树形稍开展,枝条细长而直,皮青灰色,节间直,节距4.5 cm,叶序2/5,皮孔小,多为圆形。冬芽卵圆形,黄褐色,尖离或贴生,副芽小而少。叶卵圆形,平展,深绿色,叶尖锐头,叶缘锐齿或钝齿,叶基近截形,叶长15.0 cm,叶幅11.0 cm,叶片较薄,叶面光滑无皱,光泽强,叶片向上,叶柄细短。开雌花,甚多,中大,玉白色带淡紫红。江苏省镇江市栽植,发芽期4月8日—15日,开叶期4月16日—22日,成熟期5月11日—16日,属中生中熟品种。叶片硬化期9月中旬。发条力强,生长整齐,侧枝多。亩桑产叶量1380 kg,叶质优。中抗污叶病、白粉病,中感黄化型萎缩病,耐旱性中等,较耐寒。适宜于长江流域和黄河下游地区栽植。

29. 淮阴白桑2号

【来源及分布】 是江苏省淮安市农家品种。属白桑种,二倍体。

【特征特性】 树形稍开展,枝条细长而直,皮棕褐色,节间直,节距3.8 cm,叶序2/5,皮孔小,多为圆形。冬芽三角形,棕红色,贴生,副芽大而较多。叶卵圆形,平展,深绿色,叶尖锐头,叶缘钝齿,叶基近截形,叶长14.0 cm,叶幅11.0 cm,叶片较薄,叶面光滑无皱,光泽强,叶片平伸,叶柄细短。开雌花,甚小而多,玉白色带微红。江苏省镇江市栽植,发芽期4月8日—16日,开叶期4月17日—23日,成熟期5月10日—15日,属中生中熟品种。叶片硬化期9月中旬。发条力强,侧枝多。亩桑产叶量1360 kg,叶质较优。中抗黑枯型细菌病、污叶病、白粉病,中感黄化型萎缩病,耐旱性中等,耐湿性较强,较耐寒。适宜于长江流域和黄河下游地区栽植。

30. 锡湖10号

【来源及分布】 是原江苏省无锡蚕丝试验场初选的单株,经中国农业科学院蚕业研究所培育而成。属鲁桑种,二倍体。

【特征特性】 树形稍开展,枝条粗长,较直,皮青灰色,节间微曲,节距 4.4 cm,叶序 2/5,皮孔较小,多为圆形。冬芽长三角形,土黄色,贴生或尖离,副芽小而少。叶长心脏形,较平展,翠绿色,叶尖锐头,叶缘乳头齿,叶基浅心形,叶长 21.0 cm,叶幅 16.5 cm,叶片较厚,叶面光滑,微波皱,光泽较强,叶片略向上,叶柄中粗长。开雄花,花穗较少,中长。江苏省镇江市栽植,发芽期 4 月 9 日—15 日,开叶期 4 月 16 日—22 日,成熟期 5 月 10 日—15 日,属中生中熟品种。叶片硬化期 9 月中旬。发条力中等,生长整齐,侧枝少。亩桑产叶量 1680 kg,叶质中等。中抗黑枯型细菌病、污叶病、白粉病,耐旱性中等,耐寒性较强。适宜于长江流域栽植。

31. 无锡短节湖

【来源及分布】 是江苏省无锡市地方品种。属鲁桑种,二倍体。

【特征特性】 树形直立,枝条中粗,长而直,皮青灰色,节间直,节距 4.1 cm,叶序 2/5 或 3/8,皮孔小,多为圆形。冬芽三角形,淡黄褐色,尖离,副芽较少。叶卵圆形,边缘略上翘,少数裂叶,深绿色,叶尖锐头,叶缘乳头齿或钝齿,叶基浅心形或截形,叶长 18.3 cm,叶幅 13.5 cm,叶面光滑无皱,光泽强,叶片稍向上,叶柄较粗长。雌雄同株,雄花穗少,中长,甚少,中大,紫黑色。江苏省镇江市栽植,发芽期 4 月 9 日—14 日,开叶期 4 月 15 日—22 日,成熟期 5 月 10 日—16 日,属中生中熟品种。叶片硬化期 9 月中旬。发条力强,生长整齐,侧枝少。亩桑产叶量 1520 kg,叶质较优。抗黑枯型细菌病、白粉病,中抗污叶病,中感黄化型萎缩病,耐旱性中等,较耐湿。适宜于长江流域和黄河下游地区栽植。

32. 梅村 1 号

【来源及分布】 是江苏省无锡市梅村镇沈菊根从乔木桑中选出的单株,经培育繁殖而成。属鲁桑种,二倍体。

【特征特性】 树形稍开展,枝条粗长,微弯曲,皮青灰色,节间微曲,节距 4.6 cm,叶序 2/5,皮孔小,多为圆形。冬芽三角形,黄褐色,贴生,副芽小而少。叶心脏形,较平展,翠绿色,叶尖大双头,叶缘乳头齿,叶基心形,叶长 23.5 cm,叶幅 21.5 cm,叶片较厚,叶面光滑,稍有泡皱,光泽较强,叶片平伸,叶柄粗长。开雌花,甚少,中大,紫黑色。江苏省镇江市栽植,发芽期 4 月 12 日—15 日,开叶期 4 月 16 日—22 日,成熟期 5 月 14 日—20 日,属晚生中熟品种。叶片硬化期 9 月中旬末。发条力中等,侧枝少或无。亩桑产叶量 2000 kg,叶质中等。抗污叶病,中抗白粉病,中感黄化型萎缩病,耐旱性较强,耐寒性中等。适宜于长江流域栽植。

33. 菜皮青

【来源及分布】 是江苏省无锡市地方品种。属鲁桑种,二倍体。

【特征特性】 树形稍开展,枝条粗长较直,皮青灰色,节间微曲,节距4.0 cm,叶序2/5,皮孔小,多为圆形。冬芽长三角形,黄褐色,贴生,副芽较小而少。叶长心脏形,较平展,翠绿色,叶尖锐头,叶缘钝齿,叶基心形,叶长18.0 cm,叶幅15.0 cm,叶面光滑,稍波皱,光泽较强,叶片平伸,叶柄中粗长。雌雄同株,雄花穗较多,中长,甚小而少,紫黑色。江苏省镇江市栽植,发芽期4月8日—15日,开叶期4月16日—23日,成熟期5月15日—20日,属中生晚熟品种。叶片硬化期9月中旬。发条力中等,侧枝少。亩桑产叶量1460 kg,叶质较优。中抗黑枯型细菌病、污叶病、白粉病,耐旱性中等,耐湿。适宜于长江流域栽植。

34. 洞庭1号

【来源及分布】 是中国农业科学院蚕业研究所从江苏省原吴县洞庭乡的乔木桑中选出单株,经多年培育而成。属鲁桑种。

【特征特性】 树形直立,枝条粗长而直,皮青灰色,节间直,节距3.3 cm左右,叶序2/5或3/8。皮孔较小,圆形或椭圆形。冬芽三角形,贴生,淡灰黄色,副芽大而较多。叶卵圆形,平展,深绿色,叶尖锐头,叶缘钝齿,叶基心形,叶长23.0 cm,叶幅16.0 cm,叶片厚,叶面光滑微泡皱,叶片平伸,叶柄粗长。开雄花,花穗多,中长。江苏省镇江市栽植,发芽期4月11日—17日,开叶期4月18日—25日,花芽多,先花后叶,成熟期5月10日—16日,属中生中熟品种。叶片硬化期9月中旬初。发条较弱。亩桑产叶量1560 kg,叶质较优。抗细菌病、白粉病、污叶病,中抗黄化型萎缩病,耐旱性中等,较耐湿。适宜于长江流域春伐区栽植。

35. 选33号

【来源及分布】 是中国农业科学院蚕业研究所从江苏省镇江蚕种场桑园中选出的品种。属鲁桑种,二倍体。

【特征特性】 树形稍开展,枝条粗长较直,皮青灰色,节间微曲,节距4.2 cm,叶序3/8,皮孔较小,多为圆形。冬芽三角形,黄褐色,贴生,副芽小而少。叶长心脏形,叶两边略上翘,叶尖锐头,叶缘乳头齿,叶基浅心形,叶长21.0 cm,叶幅17.5 cm,叶片较厚,叶面光滑微皱,光泽较强,叶片平伸,叶柄粗,中长。开雌花,甚大小及数量均中等,紫黑色。原产地栽植,发芽期4月8日—14日,开叶期4月16日—23日,成熟期5月10日—15日,属中生中熟品种。叶片硬化期9月中旬。发条力强,侧枝少。亩桑产叶量1552 kg,叶质较优。抗黑枯型细菌病,中抗污叶病和白粉病,耐旱性中等,较耐寒。适宜于长江流域和黄河中下游地区栽植。

36. 选130号

【来源及分布】 是中国农业科学院蚕业研究所从江苏省镇江蚕种场桑园中选出的品种。属鲁桑种,二倍体。

【特征特性】 树形稍开展,枝条粗长较直,皮灰褐色带青,节间微曲,节距 4.0 cm,叶序 2/5,皮孔较小,多为圆形。冬芽正三角形,淡褐色,贴生,副芽小而少。叶长心脏形,较平展,翠绿色,叶尖锐头,叶缘乳头齿,叶基心形,叶长 20.0 cm,叶幅 16.0 cm,叶片较厚,叶面光滑稍皱。叶片较平伸,叶柄粗长,雌雄同株,雄花穗少而短,葚小而少,紫黑色。原产地栽植,发芽期 4 月 10 日—16 日,开叶期 4 月 17 日—22 日,成熟期 5 月中旬初,属晚生中熟品种。叶片硬化期 9 月中旬初。发条力强,生长较整齐,侧枝很少。亩桑产叶量 1530 kg,叶质较优。中抗黑枯型细菌病,抗污叶病、白粉病力较强。适宜于长江流域栽植。

37. 选 134 号

【来源及分布】 是中国农业科学院蚕业研究所从江苏省镇江蚕种场桑园中选出的单株,经多年培育而成。属鲁桑种,二倍体。

【特征特性】 树形稍开展,枝条粗长而直,皮青灰色,节间微曲,节距 4.0 cm,皮孔较小,多为圆形。冬芽三角形,黄褐色,贴生,副芽小而较少。叶心脏形,较平展,绿色,叶尖锐头或短尾状,叶缘乳头齿,叶基浅心形,叶长 22.0 cm,叶幅 19.5 cm,叶片较薄,叶面光滑微皱,光泽较强,叶片平伸,叶柄粗长。开雄花,花穗多,中长。原产地栽植,发芽期 4 月 6 日—15 日,开叶期 4 月 14 日—22 日,成熟期 5 月中旬,属中生晚熟品种。叶片硬化期 9 月中旬。发条力强,生长快,幼龄树有侧枝。亩桑产叶量 1710 kg,叶质中等。轻感黄化型萎缩病,中抗黑枯型细菌病、污叶病和白粉病。适宜于长江流域栽植。

38. 辐 151 号

【来源及分布】 是由中国农业科学院蚕业研究所于 1979 年选用育 151 号苗木,经 ^{60}Co-γ 射线进行急性照射出现的变异株,经多年培育和鉴定,确定为较优良品种。属鲁桑种。

【特征特性】 树形直立,枝条粗长而直,皮青灰色,节间微曲,节距 4.8 cm,叶序 2/5,皮孔较小,圆形或椭圆形,冬芽长三角形。尖离,芽尖歪,淡棕褐色,副芽较小而少。叶心脏形,较平展,翠绿色,叶尖锐头,叶缘钝齿,叶基心形,叶长 23.0 cm,叶幅 20.0 cm,叶面光滑,稍有波皱,有光泽,叶片平伸,叶柄中粗长。开雌花,葚少,中大,紫黑色。江苏省镇江市栽植,发芽期 3 月 28 日—4 月 11 日,开叶期 4 月 16 日—22 日,成熟期 5 月 10 日左右,属中生中熟品种。叶片硬化期 9 月中旬末。发条力强,生长势较旺。亩桑产叶量 1680 kg,叶质中等。中抗黑枯型细菌病、污叶病,感黄化型萎缩病,耐旱性中等。适宜于长江流域栽植。

39. 辐 1 号

【来源及分布】 是江苏省丹阳市多种经营管理局于 1974 年春,对一之瀬条进行 ^{60}Co-γ 射线急性照射处理后,进行根袋接产生的变异株,经中国农业科学院蚕业研究所多年调查、鉴定,确定为优良品种。属白桑种。

【特征特性】 树形直立,枝条粗长而直,皮青灰色,节间直,节距3.6 cm左右,叶序2/5或3/8,皮孔较小,圆形或椭圆形。冬芽正三角形,贴生,灰褐色,副芽小而少。叶卵圆形,平展,深绿色,叶尖锐头,叶缘乳头齿,叶基浅心形,叶长21.0 cm,叶幅14.8 cm,叶片厚,叶面光滑无皱,略有光泽,网脉较明显,叶片平伸,叶柄中粗长。开雄花,花穗中长,较多。江苏省镇江市栽植,发芽期4月14日—17日,开叶期4月19日—23日,成熟期5月10日—15日,属晚生中熟品种。叶片硬化期9月中旬初。发条力中等,无侧枝。亩桑产叶量1500 kg,叶质较优。较耐湿,耐旱性中等,中抗污叶病和白粉病。适宜于长江流域栽植。

40. 选5号

【来源及分布】 是中国农业科学院蚕业研究所从江苏省镇江蚕种场桑园中选出的品种。属鲁桑种,二倍体。

【特征特性】 树形稍开展,枝条粗长而直,皮棕色,节间稍曲,节距4.1 cm,叶序2/5,皮孔较小,圆形或椭圆形。冬芽三角形,棕褐色,贴生,副芽小而少。叶卵圆形,较平展,翠绿色,叶尖锐头,叶缘乳头齿,叶基截形或圆形,侧脉多,叶长21.0 cm,叶幅14.0 cm,叶片较厚,叶面光滑稍波皱,光泽较强,叶片稍下垂,叶柄粗长。开雌花,甚多,中大,紫黑色。原产地栽植,发芽期4月8日—14日,开叶期4月15日—21日,成熟期5月10日—15日,属中生中熟品种。发条力中等,侧枝少。亩桑产叶量1260 kg,叶质中等。抗污叶病和白粉病,中抗黄化型萎缩病,耐旱性较强。适宜于长江流域栽植。

41. 选10号

【来源及分布】 是中国农业科学院蚕业研究所从江苏省镇江蚕种场桑园中选出的品种。属鲁桑种,二倍体。

【特征特性】 树形稍开展,枝条粗长较直,皮青褐色,节间微曲,节距4 cm,叶序2/5,皮孔小,圆形或椭圆形。冬芽三角形,棕褐色,贴生或尖离,副芽小而少。叶心脏形,较平展,翠绿色,叶尖大双头,叶缘乳头齿,叶基心形,侧脉多,叶长22.0 cm,叶幅20.0 cm,叶面光滑微皱,光泽较强,叶片平伸,叶柄粗长。开雄花,花穗中长,数量中等。原产地栽植,发芽期4月7日—12日,开叶期4月14日—23日,成熟期5月中旬,属中生中熟品种。叶片硬化期9月中旬末。发条力中等,侧枝很少。亩桑产叶量1200 kg,叶质中等。耐旱性较强,抗污叶病、白粉病,中抗黑枯型细菌病、黄化型萎缩病。适宜于长江流域栽植。

42. 选32号

【来源及分布】 是中国农业科学院蚕业研究所从江苏省镇江蚕种场桑园中选出的品种。属鲁桑种。

【特征特性】 树形开展,枝条粗长稍弯曲,皮棕褐色,节间微曲,节距4 cm,叶序2/5,皮孔小,圆形。冬芽三角形,褐色,贴生,副芽小而少,叶长心脏形,稍波扭,深绿色,叶尖短尾状,叶缘乳头齿,叶基深心形,侧脉多,叶长21.5 cm,叶幅18.0 cm,叶片厚,叶面光滑稍泡皱,叶片平伸,叶柄粗长。开雌花,甚小而少,紫黑色。原产地栽植,发芽期4月8日—13日,开叶期4月14日—21日,成熟期5月14日—20日,属中生晚熟品种。发条力强,侧枝少。亩桑产叶量1464 kg,叶质较差。耐寒性稍弱,早春易出现枯梢现象,抗白粉病和污叶病。适宜于长江流域栽植。

43. 选37号

【来源及分布】 是中国农业科学院蚕业研究所从江苏省镇江蚕种场桑园中选出的品种。属鲁桑种,二倍体。

【特征特性】 枝条稍开展,枝条粗长较直,皮青灰色,节间微曲,节距4.7 cm,叶序2/5,皮孔较小,多为圆形。冬芽正三角形,土黄色,贴生,副芽较小而少。叶长心脏形,较平展,深绿色,叶尖锐头,叶缘乳头齿,叶基深心形,叶长20.5 cm,叶幅17.0 cm,叶片较厚,叶面光滑微波皱,光泽较强,叶片平伸,叶柄粗长。开雌花,甚小,较多,紫黑色。原产地栽植,发芽期4月11日—15日,开叶期4月16日—23日,成熟期5月15日左右,成熟度整齐,属晚生晚熟品种。叶片硬化期9月中旬。发条力中等,侧枝很少。亩桑产叶量1440 kg,叶质中等。中抗污叶病,耐旱性中等。适宜于长江中下游地区栽植。

44. 选48号

【来源及分布】 是中国农业科学院蚕业研究所从江苏省镇江蚕种场桑园中选出的品种。属鲁桑种,二倍体。

【特征特性】 树形稍开展,枝条中粗长而直,皮褐色,节间直,节距3.2 cm,叶序2/5,皮孔较小,多为圆形。冬芽卵圆形,棕褐色,贴生,副芽较小而少。叶长心脏形,叶边稍波扭,翠绿色,叶尖锐头,叶缘乳头齿,叶基浅心形,叶长22.0 cm,叶幅18.0 cm,叶片较厚,叶面光滑微皱或无皱,光泽较强,叶片平伸,叶柄中粗长。开雌花,甚多,中大,紫黑色。原产地栽植,发芽期4月7日—12日,开叶期4月14日—22日,成熟期5月10日—15日,属中生中熟品种。叶片硬化期9月中旬末。发条力中等,侧枝很少。亩桑产叶量1590 kg,叶质中等。抗白粉病,中抗黑枯型细菌病、污叶病,感黄化型萎缩病,耐旱性中等,较耐寒。适宜于长江流域和黄河下游地区栽植。

45. 选49号

【来源及分布】 是中国农业科学院蚕业研究所从江苏省镇江蚕种场桑园中选出的品种。属鲁桑种,二倍体。

【特征特性】 枝条稍开展,枝条粗长而直,皮青灰色,节间直,节距4.4 cm,叶序2/5,皮孔较小,多为圆形。冬芽三角形,黄褐色,贴生,副芽大而少。叶长心脏形,平展,翠绿色,叶尖小双头或钝头,叶缘乳头齿,叶基心形,叶长24.0 cm,叶幅19.0 cm,叶片较厚,叶面光滑微皱,光泽较强,叶片平伸或稍下垂,叶柄粗长。开雌花,葚小而少,紫黑色。原产地栽植,发芽期4月8日—14日,开叶期4月16日—21日,成熟期5月10日—15日,属中生中熟品种。叶片硬化期9月中旬。发条力中等。亩桑产叶量1440 kg,叶质中等。抗白粉病和污叶病,中抗黑枯型细菌病,耐旱性较强,耐寒性中等。适宜于长江流域栽植。

46. 选55号

【来源及分布】 是中国农业科学院蚕业研究所从江苏省镇江蚕种场桑园中选出的品种。属鲁桑种,二倍体。

【特征特性】 树形稍开展,枝条粗长较直,皮青棕色,节间微曲,节距4.2 cm,皮孔小,圆形。冬芽三角形,棕色,尖离,副芽小而少。叶长心脏形,较平展,翠绿色,叶尖短尾状,叶缘乳头齿,叶基心形,叶长23.5 cm,叶幅19.0 cm,叶片较厚,叶面光滑微波皱,光泽较强,叶片平伸,叶柄粗长。开雌花,葚小而少,紫黑色。原产地栽植,发芽期4月7日—13日,开叶期4月15日—22日,成熟期5月15日—19日,属中生晚熟品种。叶片硬化期9月中旬末。发条力中等,侧枝很少。亩桑产叶量1785 kg,叶质中等。轻感缩叶型细菌病,中抗黄化型萎缩病,抗污叶病、白粉病,耐寒性较弱,早春有轻度枯梢。适宜于长江中下游地区栽植。

47. 选63号

【来源及分布】 是中国农业科学院蚕业研究所从江苏省镇江蚕种场桑园中选出的品种。属鲁桑种,二倍体。

【特征特性】 树形稍开展,枝条粗长而直,皮黄褐色,节间微曲,节距4.3 cm,叶序2/5,皮孔小,多为圆形。冬芽正三角形,棕色,贴生,副芽小而很少。叶长心脏形,较平展,翠绿色,叶尖钝头或双头,叶缘乳头齿,叶基心形,叶长20.5 cm,叶幅17.5 cm,叶片较厚,叶面光滑微皱,光泽较强,叶片平伸,叶柄粗长。开雌花,葚小而少,紫黑色。原产地栽植,发芽期4月10日—15日,开叶期4月16日—22日,成熟期5月15日—20日,属晚生晚熟品种。叶片硬化期9月中旬末。发条力强,侧枝少。亩桑产叶量1490 kg,叶质中等。中抗黑枯型细菌病,轻感污叶病,耐寒性较强,耐旱性中等。适宜于长江流域及黄河下游栽植。

48. 选72号

【来源及分布】 是中国农业科学院蚕业研究所从江苏省镇江蚕种场桑园中选出的品种。属鲁桑种。

【特征特性】 树形稍开展,枝条粗长而直,皮黄褐色,节间微曲,节距约4.5 cm,叶序2/5,皮孔小,圆形或椭圆形。冬芽三角形,棕色,贴生,副芽大而少。叶长心脏形,较平展,深绿色,叶尖锐头,叶缘乳头齿,叶基心形,叶长21.0 cm,叶幅17.0 cm,叶面光滑微皱,光泽较强,叶片平伸,叶柄粗长。开雌花,甚小而少,紫黑色。原产地栽植,发芽期4月5日—12日,开叶期4月13日—20日,成熟期5月10日左右,属中生中熟偏早品种。叶片硬化期9月中旬末。发条力强,生长整齐,侧枝少。亩桑产叶量1485 kg,叶质中等。抗白粉病,中抗黑枯型细菌病,耐旱性中等。适宜于长江流域栽植。

七、浙江省

1. 平阳乌桑

【来源及分布】 又名黑桑、矮桑、白桑,原产于平阳县山门镇。属白桑种,三倍体。分布于平阳县各蚕区。现保存于浙江省农科院蚕桑研究所。

【特征特性】 树形稍开展,发条数较多,枝条细直,长短齐一,侧枝少,皮紫褐色,节间稍曲,节距3.3 cm,叶序1/2或2/5。皮孔大而少,圆形或椭圆形。冬芽长三角形,淡紫褐色,枝条上部斜生,副芽不明显。叶心脏形,平展,深绿色,叶尖尾状,叶缘小乳头齿,叶基深心形,叶长15.5 cm,叶幅12.5 cm,100 cm²叶片重2.3 g,叶面平滑,光泽强,叶柄细长,叶片平伸。开雌花,甚小而少,紫黑色。杭州栽植,发芽期3月18日—22日,开叶期4月5日—11日,属中生早熟品种。叶片硬化较迟。亩桑产叶量春1038 kg、夏秋1325 kg,叶质中等。发根力强,耐旱、耐瘠、适应性强,抗细菌病力稍弱。适宜于长江流域栽植,不宜于细菌病疫区栽植。

2. 乌桑(瑞安)

【来源及分布】 又名铁桑、黑桑、矮桑,原产于瑞安市马屿镇。属白桑种,二倍体。分布于瑞安、永嘉、平阳等地。现保存于浙江省农科院蚕桑研究所。

【特征特性】 树形稍开展,发条数多,枝条细而直,侧枝多,皮淡紫褐色,节间微曲,节距3.9 cm,叶序1/2或2/5。皮孔小,圆形或椭圆形,棕褐色。冬芽正三角形,紫褐色,尖离,副芽大而少。叶心脏形或椭圆形,偶有1～2裂,较平展,深绿色,叶尖尾状,叶缘钝齿,叶基深心形,叶长17.0 cm,叶幅16.2 cm,100 cm²叶片重1.9 g,叶面光滑,光泽强,叶柄细短,长4.0 cm,叶片稍下垂。开雌花,甚小而多,紫黑色。杭州栽植,发芽期3月20日—4月1日,开叶期4月3日—15日,属中生早熟品种,叶片硬化较迟。亩桑产春叶1896 kg,叶质优。发根力强,不耐剪伐,适应性较差。抗细菌病力较强,抗萎缩病力弱,抗污叶病力较弱。适宜于长江流域栽植,不宜于萎缩病疫区栽植。

3. 金桑(瑞安)

【来源及分布】 又名白桑(因叶色淡且叶面有茸毛而得名),原产于瑞安市马屿镇。属白桑种,二倍体。分布于瑞安市各蚕区。现保存于浙江省农科院蚕桑研究所。

【特征特性】 树形开展,发条数多,枝条直,侧枝较多,皮淡紫褐色,节间微曲,节距4.2 cm,叶序1/2,皮孔大而少,圆形或椭圆形,淡紫褐色。冬芽长三角形,淡紫褐色,尖离,副芽大而少。叶椭圆形,间有二裂叶,平展,淡绿色,叶尖短尾状,叶缘锐齿,大小不匀,叶基浅心形,叶长16.0 cm,叶幅13.5 cm,100 cm²叶片重2.5 g,叶面有茸毛,光泽弱,叶柄细,长3.4 cm,叶片平伸。开雌花,甚小而少,紫黑色。杭州栽植,发芽期3月30日—4月1日,开叶期4月3日—15日,属中生早熟品种。叶片硬化迟。亩桑产叶量春780 kg、夏秋1116 kg,叶质较优。发根力强,适应性差,不耐剪伐。抗萎缩病、细菌病力较强,抗污叶病力较弱。适宜于长江流域栽植。

4. 真桑(温岭)

【来源及分布】 又名正桑、金桑、荆桑,原产于温岭市横峰。属白桑种,二倍体。分布于温岭、玉环、乐清、黄岩等地。现保存于浙江省农科院蚕桑研究所。

【特征特性】 树形开展,发条数多,枝条长而直,粗细中等,侧枝多,壮年树干及支干皮灰白色,1~2年生枝条皮紫褐色,节间直,节距3.4 cm,叶序2/5,皮孔大而少,圆形,灰白色。冬芽盾形,紫褐色,尖离,副芽小而少。叶卵圆形,平展,春叶深绿色,秋叶翠绿色,叶尖短尾状,叶缘钝齿,叶基截形,叶长17.5 cm,叶幅13.5 cm,100 cm²叶片重2.2 g,叶面光滑,光泽强,叶柄细,长4.7 cm,叶片稍下垂。开雄花,花穗多,长度中等。杭州栽植,发芽期3月25日—31日,开叶期4月3日—14日,属中生早熟品种。叶片硬化迟。亩桑产叶量春1410 kg、夏秋1842 kg,叶质中等。不耐剪伐,发根力强,扦插成活率高。抗赤锈病、叶枯病力强,易感萎缩病,抗细菌病、污叶病力弱,抗风能力强,耐盐碱。适宜于长江流域栽植,不宜于细菌病、萎缩病疫区栽植。

5. 早春桑

【来源及分布】 又名早青桑、白樱桃桑,原产于新昌县澄潭镇。属鲁桑种,三倍体。分布于新昌、嵊州等地。现保存于浙江省农科院蚕桑研究所。

【特征特性】 树形稍开展,发条数多,枝条较粗短而稍弯曲,侧枝少,皮青灰色,节间微曲,节距3.7 cm,叶序2/5,皮孔小而多,圆形或线形,青灰带黄色。冬芽长三角形,灰黄色,贴生,副芽小而少。叶心脏形,较平展,叶尖锐头,叶缘钝齿,叶基深心形,叶长17.8 cm,叶幅19.7 cm,100 cm²叶片重2.0 g,叶面光滑而稍皱缩,光泽稍强,叶柄细短,长4.5 cm,叶片下垂。开雌雄花,无花柱,甚小而少,紫黑色,雄花穗短而少。杭州栽植,发芽期3月24日—28日,开叶期4月4日—19日,属中生早熟品种。叶片硬化早。亩桑产叶量春840 kg、夏秋1587 kg,叶质中等。抗萎缩病力弱,抗风能力较弱。适宜于长江流域栽植,不宜于细菌病、萎缩病疫区栽植。

6. 甩桑2号

【来源及分布】 又名韧皮桑、落地瘪,原产于浙江省新昌县棣山村。属鲁桑种,二倍体。分布于新昌、嵊州、诸暨等地。现保存于浙江省农科院蚕桑研究所。

【特征特性】 树形开展,发条数中等,枝条粗而较短,稍弯曲,侧枝少,皮青灰色,节间稍曲,节距4.1 cm,叶序3/8,皮孔小,圆形,黄褐色。冬芽正三角形,黄褐色,尖离,副芽小而多。叶心脏形,叶长20.4 cm,叶幅20.4 cm,100 cm²叶片重1.9 g,叶面光滑而稍皱,叶柄较细短,叶片稍下垂。开雌雄花,同穗或异穗,无花柱,葚少,大小中等,紫黑色,雄花穗较少,长度中等。杭州栽植,发芽期3月25日—4月2日,开叶期4月7日—17日,属中生早熟偏晚品种。叶片硬化迟。亩桑产叶量春1020 kg、夏秋2085 kg,叶质中等。抗萎缩病、褐斑病、白粉病力强,抗细菌病力中等。木质坚硬,枝干虫害少。适应性广,山区、平原等地区均可栽植,适宜于长江流域栽植。

7. 海桑

【来源及分布】 原产于鄞州区樟村。属鲁桑种,二倍体。分布于鄞州、诸暨等地。现保存于浙江省农科院蚕桑研究所。

【特征特性】 树形开展,树冠大,发条数多,枝条粗而直,侧枝少,皮淡棕色,节间较直,节距3.8 cm,叶序2/5,皮孔小而多,圆形,淡黄色。冬芽长三角形,淡棕色,尖离,副芽大而少。叶心脏形,较平展,翠绿色,叶尖锐头,叶缘钝齿,叶基深心形,叶长19.46 cm,叶幅18.04 cm,100 cm²叶片重1.9 g,叶面光滑而微皱,光泽稍强,叶柄较细短,长3.7~5.6 cm,叶片下垂。开雌雄花,同穗或异穗,花柱短,葚小而少,紫黑色,雄花穗短而少。杭州栽植,发芽期3月23日—26日,开叶期4月2日—14日,属中生早熟品种。叶片硬化迟。亩桑产叶量春1200 kg、夏秋2085 kg,叶质中等。耐剪伐,耐旱,抗褐斑病力较强,抗萎缩病力中等,抗细菌病、污叶病、白粉病力弱。山区、平原、溪滩均宜栽植,适宜于长江流域栽植。

8. 青桑(富阳)

【来源及分布】 原产于富阳区新桥村。属鲁桑种,二倍体。分布于富阳区各蚕区。现保存于浙江省农科院蚕桑研究所。

【特征特性】 树形稍开展,发条数中等,枝条直而粗细不匀,侧枝少,皮淡紫色,节间微曲,节距4.6 cm,叶序2/5,皮孔小,椭圆形,灰褐色。冬芽正三角形,淡紫褐色,贴生,副芽小而多。叶阔心脏形,较平展,深绿色,叶尖锐头,叶缘锐齿,叶基心形,叶长22.62 cm,叶幅22.9 cm,100 cm²叶片重2 g,叶面平而粗糙,光泽稍强,叶柄细,长4.1 cm,叶片稍下垂。开雄花,花穗较短而多。杭州栽植,发芽期3月24日—29日,开叶期4月3日—19日,属中生早熟品种。叶片硬化早。亩桑产叶量春870 kg、夏秋837 kg,叶质中等,不耐剪伐。抗萎缩病力中等,抗褐斑病、细菌病力弱。适宜于长江流域栽植,不宜于细菌病疫区栽植。

9. 火桑87号

【来源及分布】 是原浙江省蚕桑试验场选育的品种。属瑞穗桑种,二倍体。分布于嵊州、诸暨、临安、海宁等地。现保存于浙江省农科院蚕桑研究所。

【特征特性】 树形开展,发条数多,枝条粗长而直,侧枝少,皮紫褐色,节间微曲,节距4.7 cm,叶序2/5,皮孔较大,圆形或椭圆形,淡棕色。冬芽正三角形,紫褐色,贴生,副芽小而少。叶长心脏形,较平展,深绿色,叶尖长尾状,叶缘锐齿或钝齿,叶基浅心形,叶长22.56 cm,叶幅21.02 cm,100 cm²叶片重2.0 g,叶面平而光滑,光泽强,叶柄粗,长6.1 cm,叶片平伸。开雌花,花柱长,甚少,大小中等,深黑色。杭州栽植,发芽期3月26日—31日,开叶期4月5日—18日,属中生早熟品种。叶片硬化较迟。亩桑产叶量春780 kg、夏秋1815 kg,叶质中等。抗褐斑病力强,抗细菌病力较强,抗萎缩病、叶枯病、污叶病、白粉病力弱,易受桑天牛、桑蓟马、红蜘蛛为害。适宜于长江流域和黄河中下游地区栽植,不宜于萎缩病疫区栽植。

10. 火桑135号

【来源及分布】 是原浙江省蚕桑试验场选育的品种。属瑞穗桑种,二倍体。分布于杭州市郊。现保存于浙江省农科院蚕桑研究所。

【特征特性】 树形稍开展,发条数多,枝条粗而直,无侧枝,皮紫褐色,节间较直,节距3.8 cm,叶序1/2或2/5,皮孔大,圆形,黄褐色。冬芽长三角形,紫褐色,尖离,副芽不明显。叶卵圆形,平展,墨绿色,叶尖长尾状,叶缘钝齿,叶基浅心形,叶长25.18 cm,叶幅20.86 cm,100 cm²叶片重2.1 g,叶面平而微粗糙,稍有光泽,叶柄粗,长6.3 cm,叶片平伸。开雌花,花柱长,甚少,大小中等,紫黑色。杭州栽植,发芽期3月30日—4月6日,开叶期4月6日—10日,属中生早熟品种。叶片硬化稍迟。亩桑产叶量春1062 kg、夏秋1680 kg,叶质中等。抗细菌病力较强,易感萎缩病。适宜于长江流域栽植,不宜于萎缩病疫区栽植。

11. 浙农火桑

【来源及分布】 是原浙江省蚕桑试验场选育的品种。属瑞穗桑种,二倍体。分布于杭州市郊。现保存于浙江省农科院蚕桑研究所。

【特征特性】 树形直立,发条数多,枝条直,侧枝少,皮紫褐色,节间曲,节距5.8 cm,叶序2/5,皮孔小,椭圆形或线形,淡棕色。冬芽正三角形,棕褐色,贴生,副芽大而少。叶阔心脏形,较平展,翠绿色,叶尖短尾状,叶缘锐齿,叶基深心形,叶长21.9 cm,叶幅22.8 cm,100 cm²叶片重2.1 g,叶面平而稍光滑,光泽稍强,叶柄粗细中等,长5.5 cm,叶片稍下垂。开雌雄花,同穗或异穗,甚较少,大小中等,紫黑色,雄花穗少而较短。杭州栽植,发芽期3月27日—30日,开叶期4月4日—19日,属中生早熟品种。叶片硬化较迟。亩桑产叶量春600 kg、夏秋1002 kg,叶质较优。抗萎缩病、白粉病力中等,抗污叶病力弱。适宜于长江流域栽植。

12. 女桑

【来源及分布】 是原浙江省蚕桑试验场选育的品种。属白桑种,二倍体。分布于杭州市郊。现保存于浙江省农科院蚕桑研究所。

【特征特性】 树形直立,发条数多,枝条细长而直,侧枝少,皮青灰色,节间较直,节距3.4 cm,叶序2/5 或 3/8,皮孔较小,圆形,黄褐色。冬芽正三角形,黄褐色,贴生,副芽小而多。叶卵圆形,平展,翠绿色,叶尖锐头,叶缘乳头齿,叶基浅心形,叶长19.0 cm,叶幅16.0 cm,100 cm² 叶片重2.1 g,叶面平而光滑,光泽较强,叶柄细短,长3.7 cm,叶片平伸。开雌雄花,同穗或异穗,甚小而少,紫黑色,偶见雄花。杭州栽植,发芽期3月26日—4月3日,开叶期4月10日—20日,属中生早熟品种。叶片硬化早。亩桑产叶量春960 kg、夏秋1155 kg,叶质优。抗萎缩病、白粉病力稍强,抗细菌病、污叶病力较弱。适宜于长江流域及其以南地区栽植,不宜于细菌病疫区栽植。

13. 火桑

【来源及分布】 原产于余杭区仓前镇。属瑞穗桑种,三倍体。全省各蚕区均有分布,以余杭、桐乡、杭州等地最多。现保存于浙江省农科院蚕桑研究所。

【特征特性】 树形开展,发条数多,枝条粗而直,侧枝少,皮紫褐色,节间直,节距4.6 cm,叶序2/5 或 3/8,皮孔大,椭圆形或圆形,黄褐色。冬芽正三角形,赤褐色,尖离,副芽大而少。叶心脏形,深绿色,枝条顶端嫩叶呈红色,远望似火,叶尖长尾状,叶缘锐齿,叶基心形,叶长21.8 cm,叶幅21.3 cm,100 cm² 叶片重2.4 g,叶面平而稍粗糙,光泽稍强,叶柄粗细中等,长4.2 cm,叶片平伸。开雌雄花,同株异穗,雄花极少,花柱长,有落果性,偶有成熟的紫黑色葚,但种子多不发芽。杭州栽植,发芽期3月22日—25日,开叶期4月1日—13日,属中生早熟品种。叶片硬化早。亩桑产叶量春960 kg、夏秋1612 kg,叶质中等。不耐剪伐,抗褐斑病力强,抗萎缩病、细菌病、白粉病、污叶病力弱,耐寒性较强。适宜于长江中下游地区栽植,不宜于细菌病、萎缩病疫区栽植。

14. 裂叶火桑

【来源及分布】 原产于余杭区仓前镇。属瑞穗桑种,二倍体。分布于余杭、诸暨等地。现保存于浙江省农科院蚕桑研究所。

【特征特性】 树形开展,发条数中等,枝条粗而直,侧枝稍多,皮紫褐色,节间较直,节距4.3 cm,叶序2/5,皮孔小而少,圆形或线形,淡棕色。冬芽正三角形,棕褐色,尖离,副芽大而少。叶心脏形,全裂叶混生,裂叶缺刻较浅,较平展,翠绿色,叶尖短尾状,叶缘锐齿,叶基心形,叶长21.94 cm,叶幅21.55 cm,100 cm² 叶片重2.1 g,叶面稍光滑,微皱,叶柄粗,长5.1～6.7 cm,叶片下垂。开雌花,花柱长,甚小而少,紫黑色。杭州栽植,发芽期3月22日—26日,开叶期4月

1日—12日,属中生早熟品种。叶片硬化稍早。亩桑产叶量春1202 kg、夏秋2022 kg,叶质中等。不耐剪伐,抗白粉病、污叶病、褐斑病力强,抗细菌病力较弱。适宜于长江中下游地区栽植,不宜于细菌病疫区栽植。

15. 余杭早青桑

【来源及分布】 原产于余杭区原余杭镇(现余杭街道)西。属鲁桑种,二倍体。分布于余杭、临安等地。现保存于浙江省农科院蚕桑研究所。

【特征特性】 树形开展,发条数较多,枝条粗而直,侧枝少,皮青灰色,节间微曲,节距4.5 cm,叶序2/5,皮孔大,圆形或椭圆形,灰黄褐色。冬芽正三角形,赤褐色,尖离,副芽大而多。叶心脏形,平展,深绿色,叶尖锐头,叶缘钝齿,叶基心形,叶长20.78 cm,叶幅18.3 cm,100 cm²叶片重2.8 g,叶面平而稍粗糙,叶柄粗细中等,长6.2~8.0 cm,叶片平伸。开雌雄花,同穗或异穗,无花柱,甚少,紫黑色。杭州栽植,发芽期3月22日—28日,开叶期4月1日—12日,属中生早熟品种。叶片硬化较迟。亩桑产叶量春720 kg、夏秋1320 kg,叶质中等。抗褐斑病力强,抗萎缩病力稍弱,抗细菌病力较弱。适宜于长江流域栽植,不宜于细菌病、萎缩病疫区栽植。

16. 互生火桑

【来源及分布】 原产于海宁市长安镇。属瑞穗桑种,二倍体。分布于海宁、余杭、桐乡等地。现保存于浙江省农科院蚕桑研究所。

【特征特性】 树形开展,发条数中等,枝条长而直,侧枝少,皮紫褐色,节间直,节距6.2 cm,叶序1/2,皮孔大,椭圆形。冬芽正三角形,紫褐色,尖离,副芽小而少。叶卵圆形,平展,深绿色,叶尖长尾状,叶缘钝齿,叶基心形,叶长21.4 cm,叶幅19.2 cm,100 cm²叶片重2.1 g,叶面稍光滑,光泽较强,叶柄中粗,叶片向上伸展。开雌花,甚紫黑色。杭州栽植,发芽期3月23日—4月1日,开叶期4月6日—15日,属中生早熟品种。叶片硬化早。亩桑产叶量春940 kg、夏秋1190 kg,叶质较优。耐寒性中等,不耐剪伐,抗褐斑病力强,抗萎缩病、细菌病、白粉病、污叶病力较弱。适宜于长江中下游栽植,不宜于细菌病、萎缩病疫区栽植。

17. 富阳桑

【来源及分布】 原产于海盐县沈荡镇。属鲁桑种,二倍体。分布于海盐县各地。现保存于浙江省农科院蚕桑研究所。

【特征特性】 树形开展,发条数多,枝条细长而直,侧枝少,皮青灰色,节间微曲,节距3.9 cm,叶序3/8,皮孔小,圆形,黄褐色。冬芽正三角形,黄褐色,尖离,副芽小而多。叶心脏形,较平展,深绿色,叶尖锐头,叶缘钝二重齿,叶基深心形,叶长19.4 cm,叶幅17.2 cm,100 cm²叶片重2.0 g,叶面平而光滑,光泽强,叶柄较细,长4.8 cm,叶片稍下垂。开雌雄花,同株,甚少,紫黑色,雄花穗少。杭州栽植,发芽期3月21日—29日,开叶期4月6日—14日,属中生早熟品种。叶片硬化较早。亩桑产叶量春1260 kg、夏秋1746 kg,叶质优。抗细菌病力稍强,抗褐斑病、萎缩病力较弱,木质坚硬,天牛为害少。适宜于长江流域栽植。

18. 麻桑

【来源及分布】 原产于德清县城关镇。属鲁桑种,二倍体。分布于湖州等地。现保存于浙江省农科院蚕桑研究所。

【特征特性】 树形开展,发条数多,枝条粗而直,侧枝少,皮紫褐色,节间较直,节距4.6 cm,叶序2/5,皮孔粗糙,大而少,圆形,淡灰褐色。冬芽正三角形,紫褐色,尖离,副芽大而多。叶心脏形,平展,深绿色,叶尖短尾状,叶缘钝齿,叶基深心形,叶长23.8 cm,叶幅21.2 cm,100 cm²叶片重2.1 g,叶面平而稍粗糙,叶柄细,长4.6 cm,叶片稍下垂。开雌花,葚特小而少,紫黑色。杭州栽植,发芽期3月25日—28日,开叶期4月2日—15日,属中生早熟品种。叶片硬化早。亩桑产叶量春750 kg、夏秋1020 kg,叶质较优。不耐剪伐,抗褐斑病力强,抗细菌病、萎缩病力弱。适宜于长江流域栽植,不宜于细菌病、萎缩病疫区栽植。

19. 早青桑

【来源及分布】 又名青桑、麻桑,原产于德清县城关镇。属鲁桑种,二倍体。分布于德清、桐乡等地。现保存于浙江省农科院蚕桑研究所。

【特征特性】 树形开展,发条数较多,枝条粗而直,侧枝少,皮青灰色,节间突出,微曲,节距4.5 cm,叶序2/5或3/8,皮孔小,圆形,黄褐色。冬芽正三角形,黄褐色,尖离,副芽小而多。叶心脏形,平展,翠绿色,叶尖短尾状,叶缘钝齿,叶基深心形,叶长18.84 cm,叶幅16.58 cm,100 cm²叶片重2.1 g,叶面光滑,光泽较强,叶柄粗细中等,长5.1 cm,叶片平伸。开雌花,无花柱,葚小而少,紫黑色。杭州栽植,发芽期3月24日—28日,开叶期4月3日—15日,属中生早熟品种。叶片硬化迟。亩桑产叶量春720 kg、夏秋969 kg,叶质中等。抗褐斑病力强,抗萎缩病力中等,抗白粉病、污叶病、细菌病力稍弱。适宜于长江流域栽植。

20. 白皮火桑

【来源及分布】 又名迟火桑、荷叶火桑,原产于桐乡市。属瑞穗桑种,三倍体。分布于桐乡、余杭等地。现保存于浙江省农科院蚕桑研究所。

【特征特性】 树形开展,发条数中等,枝条粗长而直,侧枝少,皮灰褐色,节间微曲,节距4.6 cm,叶序2/5或3/8,皮孔小,圆形,淡灰褐色。冬芽正三角形,棕褐色,尖稍离,副芽大而多。叶阔心脏形,较平展,深绿色,叶尖短尾状,叶缘锐齿,叶基深心形,叶长21.64 cm,叶幅22.82 cm,100 cm²叶片重2.4 g,叶面光滑,微皱,光泽较强,叶柄粗细中等,长5.8 ~ 7.1 cm,叶片下垂。开雌雄花,同株异穗,花柱短,甚少,大小中等,有落果性,紫黑色,雄花穗极少。杭州栽植,发芽期3月26日—4月3日,开叶期4月7日—17日,属中生早熟品种。叶片硬化迟。亩桑产叶量春990 kg、夏秋1425 kg,叶质中等。耐剪伐,抗萎缩病、褐斑病力强,抗细菌病、白粉病、污叶病力较弱。适宜于长江流域栽植。

21. 百福富阳桑

【来源及分布】 原产于桐乡市百福村。属鲁桑种,三倍体。分布于桐乡市各蚕区。现保存于浙江省农科院蚕桑研究所。

【特征特性】 树形开展,发条数中等,枝条粗而直,侧枝少,皮青灰色,节间较直,节距4.17 cm,叶序3/8,皮孔大,椭圆形或圆形,皮黄色。冬芽盾形,灰褐色,尖离,副芽大而少。叶阔心脏形,较平展,深绿色,叶尖锐头,叶缘乳头齿,叶基深心形,叶长23.44 cm,叶幅24.3 cm,100 cm²叶片重2.3 g,叶面稍粗糙而微皱,叶柄粗,长5.3 cm,叶片稍下垂。开雌雄花,同穗或异穗,雄花穗极少,无花柱,甚小而少,紫黑色。杭州栽植,发芽期3月24日—28日,开叶期4月4日—8日,属中生早熟品种。叶片硬化较早。亩桑产叶量春870 kg、夏秋1491 kg,叶质较优。抗萎缩病、褐斑病力强,抗细菌病力中等,抗污叶病、芽枯病力弱。适宜于长江流域栽植。

22. 乌皮桑

【来源及分布】 原产于湖州市郊区菱湖西溪。属鲁桑种,三倍体。分布于湖州、德清等地。现保存于浙江省农科院蚕桑研究所。

【特征特性】 树形开展,发条较多,枝条粗而直,侧枝较多,皮青灰白色,节间微曲,节距2.4 cm,叶序3/8,皮孔大,圆形,灰黄色。冬芽正三角形,灰褐色,尖离,副芽大而多。叶阔心脏形,较平展,深绿色,叶尖锐头,叶缘钝齿,叶基深心形,叶长23.02 cm,叶幅22.12 cm,100 cm²叶片重2.0 g,叶面稍粗糙而微皱,叶柄粗细中等,长4.7 cm,叶片稍下垂。开雌花,无花柱,甚少,紫黑色。杭州栽植,发芽期3月24日—28日,开叶期4月12日—18日,属中生早熟品种。叶片硬化迟。亩桑产叶量春600 kg、夏秋750 kg,叶质中等。耐剪伐,抗褐斑病、白粉病力较强,抗萎缩病、细菌病力较弱。适宜于长江流域栽植。

23. 金桑(文成)

【来源及分布】 原产于文成县。属鲁桑种,二倍体。分布于文成、永嘉、瑞安等地。现保存于浙江省农科院蚕桑研究所。

【特征特性】 树形直立,枝条多而粗直,侧枝多,皮紫褐色,节间稍曲,节距4.7 cm,叶序1/2或2/5,皮孔大,椭圆形或圆形,黄褐色。冬芽长三角形,紫褐色,贴生,副芽小而少。叶长心脏形,墨绿色,叶尖长尾状,叶缘小乳头齿,叶基浅心形,叶长14.5 cm,叶幅12.5 cm,100 cm²叶片重

2.5 g,叶面平而光滑,光泽强,叶柄中粗,长 2.5 cm,叶片斜向上伸。开雌花,葚紫黑色。杭州栽植,发芽期 3 月 20 日—4 月 1 日,开叶期 4 月 8 日—12 日,属中生中熟品种。叶片硬化较迟。亩桑产叶量春 1020 kg、夏秋 1155 kg,叶质较优。抗细菌病力弱,抗黄化型萎缩病力也稍弱。在细菌病、萎缩病疫区不宜栽植,适宜于海涂栽植。

24. 乌桑(文成)

【来源及分布】 原产于文成县。属白桑种,二倍体。分布于文成、永嘉、瑞安等地。现保存于浙江省农科院蚕桑研究所。

【特征特性】 树形开展,枝条多而粗直,侧枝多,皮紫褐色,节间直,节距 5.2 cm,叶序 1/2 或 2/5,皮孔大,圆形或椭圆形,黄褐色。冬芽长三角形,淡紫褐色,贴生,副芽大而少。叶长心脏形,0～4 裂叶,深绿色,叶尖长尾状,叶缘小乳头齿,叶基截形,叶长 18 cm,叶幅 16 cm,100 cm² 叶片重 3.0 g,叶面平而稍粗糙,光泽较强,叶柄细,长 4.5 cm,叶片平伸或斜上伸。开雌花,葚紫黑色。杭州栽植,发芽期 3 月 18 日—22 日,开叶期 4 月 6 日—11 日,属中生中熟品种。叶片硬化稍早。亩桑产叶量春 810 kg、夏秋 1380 kg,叶质优。抗桑细菌病力较弱。在细菌病、萎缩病疫区不宜栽植,适宜于海涂栽植。

25. 景桑

【来源及分布】 是景宁县农业局选出的桑品种。属白桑种,二倍体。分布于丽水、青田等地。现保存于浙江省农科院蚕桑研究所。

【特征特性】 树形稍开展,枝条多,粗而直,侧枝多,皮紫褐色,节间稍曲,节距 5.7 cm,叶序 2/5,皮孔大,椭圆形或圆形,黄褐色。冬芽长三角形,紫褐色,贴生,副芽大而少。叶长心脏形,墨绿色,叶尖长尾状,叶缘乳头齿,叶基浅心形,叶长 21.0 cm,叶幅 18.5 cm,100 cm² 叶片重 3.2 g,叶面平而光滑,光泽强,叶柄较粗,长 2.5 cm,叶片平伸或斜向上伸。开雌花,葚紫黑色。杭州栽植,发芽期 3 月 21 日—4 月 1 日,开叶期 4 月 8 日—15 日,属中熟品种。叶片硬化迟。亩桑产叶量春 1650 kg、夏秋 1830 kg,叶质较优。抗细菌病力较弱。适宜于长江中下游地区栽植。

26. 绢桑

【来源及分布】 原产于临海市原更楼乡(现永丰镇)。属鲁桑种,二倍体。分布于临海市各蚕区。现保存于浙江省农科院蚕桑研究所。

【特征特性】 树形稍开展,发条数多,枝条粗而直,侧枝少,皮灰白色,节间稍曲,节距 3.1 cm,叶序 2/5,皮孔小而多,圆形,灰黄色。冬芽长三角形,灰褐色,贴生,有副芽。叶长心脏形,间有卵圆形,平展,淡绿色,春叶较秋叶深,叶尖锐头,叶缘钝齿,叶基浅心形,叶长 20.6 cm,叶幅 15.8 cm,

100 cm²叶片重1.9 g,叶面平而光滑,光泽强,叶柄较细,长4.6 cm,叶片稍下垂。开雄花,花穗短而较少。杭州栽植,发芽期4月1日—4日,开叶期4月5日—8日,属晚生中熟品种。叶片硬化迟。亩桑产叶量春1200 kg、夏秋975 kg,叶质较差。耐肥、耐盐碱性稍强,抗萎缩病、白粉病、赤锈病力强,抗细菌病力稍弱。适宜于长江流域栽植。

27. 白皮油登桑

【来源及分布】 原产于新昌县新民乡青山头。属鲁桑种,二倍体。分布于新昌等地。现保存于浙江省农科院蚕桑研究所。

【特征特性】 树形开展,发条数多,枝条较粗长而直,侧枝少,皮灰色,节间较直,节距3.1 cm,叶序3/8,皮孔小而多,圆形,黄褐色。冬芽长三角形,黄褐色,尖离,副芽大而少。叶心脏形,翠绿色,叶尖锐头,叶缘锐齿,叶基深心形,叶长23.0 cm,叶幅19.5 cm,100 cm²叶片重1.8 g,叶面皱而稍粗糙,光泽强,叶柄细,长6.0 cm,叶片下垂。开雌花,葚小而少,紫黑色。杭州栽植,发芽期3月28日—4月5日,开叶期4月9日—18日,属中生中熟品种。叶片硬化稍早。亩桑产叶量春780 kg、夏秋1320 kg,叶质较优。抗白粉病力强,抗萎缩病力稍强,抗污叶病、细菌病力弱。适宜于长江流域栽植。

28. 红顶桑

【来源及分布】 又名鸡毛帚、白皮油登桑、鸡毛油登桑,原产于新昌县上碑山村。属鲁桑种,三倍体。分布于新昌、嵊州、诸暨等地。现保存于浙江省农科院蚕桑研究所。

【特征特性】 树形稍开展,发条数多,枝条较粗长而直,生长整齐,侧枝少,节间直,节距3 cm,叶序3/8,皮青灰色带黄,皮孔小而多,圆形,黄褐色,皮孔突出,故表皮粗糙。冬芽正三角形,黄褐色,尖离,副芽大而多。叶心脏形,叶边缘皱褶形如木耳,翠绿色,叶尖锐头,叶缘钝齿,叶基心形,叶长20.2 cm,叶幅19.5 cm,100 cm²叶片重2.0 g,叶面稍粗糙,微皱,光泽稍强,叶柄较粗,长4.9 cm,叶片稍下垂。开雌雄花,异穗或同穗,无花柱,葚小而少,紫黑色,雄花穗短,极少。杭州栽植,发芽期3月26日—4月3日,开叶期4月8日—18日,属中生中熟品种。叶片硬化较早。亩桑产叶量春1110 kg,夏秋1230 kg,叶质中等。耐旱性强,抗风能力强,抗萎缩病、褐斑病、细菌病、白粉病、污叶病力较弱,木质较松,易受天牛、蛀虫为害。适宜于长江流域栽植。

29. 鸡毛掸

【来源及分布】 原产于新昌县新林乡。属鲁桑种,二倍体。分布于新昌、嵊州等地。现保存于浙江省农科院蚕桑研究所。

【特征特性】 树形稍开展,发条数多,枝条直而生长整齐,侧枝少,皮灰色,节间较直,节距2.6 cm,叶序3/8,皮孔小,圆形,灰褐色。冬芽长三角形,淡棕色,尖离,副芽大而多。叶阔心脏形,较平展,翠绿色,叶尖锐头,叶缘锐齿,叶基深心形,叶长19 cm,叶幅20.5 cm,100 cm²叶片重1.9 g,叶面稍皱而较粗糙,光泽较强,叶柄较粗,长5.0 cm,叶片稍下垂。开雌花,无花柱,甚少,大小中等,紫黑色。杭州栽植,发芽期3月26日—4月3日,开叶期4月8日—17日,属中生中熟品种。叶片硬化较早。亩桑产叶量春660 kg、夏秋1230 kg,叶质中等。抗白粉病力强,抗细菌病力较弱,易感污叶病。适宜于长江流域栽植。

30. 青桑(新昌)

【来源及分布】 原产于新昌县上碑山村。属鲁桑种,二倍体。分布于新昌县各地。现保存于浙江省农科院蚕桑研究所。

【特征特性】 树形稍开展,发条数多,枝条中粗长而直,无侧枝,皮淡棕色,节间微曲,节距4.5 cm,叶序2/5,皮孔小,圆形,淡灰黄色。冬芽长三角形,灰褐色,贴生,副芽小而少。叶长心脏形,较平展,翠绿色,叶尖锐头,叶缘钝齿,叶基心形,叶长21.5 cm,叶幅21.0 cm,100 cm²叶片重1.5 g,叶面平而光滑,光泽强,叶柄较细,长4.8 cm,叶片稍下垂。开雌雄花,同穗或异穗,雄穗多,雌穗长而少,甚紫黑色。杭州栽植,发芽期3月26日—31日,开叶期4月10日—21日,属中生中熟品种。叶片硬化迟。亩桑产叶量春858 kg、夏秋825 kg,叶质中等。抗萎缩病力强,抗白粉病、污叶病、细菌病力较弱。适宜于长江流域和黄河下游地区栽植。

31. 甩桑4号

【来源及分布】 原产于新昌县城关镇。属鲁桑种,二倍体。分布于新昌县各蚕区。现保存于浙江省农科院蚕桑研究所。

【特征特性】 树形开展而歪斜,发条数多,枝条较粗而歪甩,侧枝多,皮灰褐色,节间微曲,节距4.8 cm,叶序2/5,皮孔小而多,圆形,黄褐色。冬芽长三角形,黄褐色,尖离,副芽大而多。叶心脏形,翠绿色,叶尖短尾状,叶缘钝齿,叶基深心形,叶长16.4 cm,叶幅17.5 cm,100 cm²叶片重1.8 g,叶面皱缩而稍光滑,叶柄细短,长3.6 cm,叶片稍下垂。开雌雄花,同穗或异穗,无花柱,甚少,紫黑色,雄花穗短而较少。杭州栽植,发芽期3月26日—4月5日,开叶期4月10日—17日,属中生中熟品种。叶片硬化迟。亩桑产叶量春660 kg、夏秋1515 kg,叶质中等。抗萎缩病、褐斑病力较强,抗细菌病力较弱。适宜于长江流域栽植。

32. 嵊县青

【来源及分布】 又名青桑、湖州桑、湖接桑,原产于原嵊县(现嵊州市)石楼堆。属鲁桑种,二倍体。主要分布于嵊州、新昌等地。现保存于浙江省农科院蚕桑研究所。

【特征特性】 树形稍开展,树冠圆头状,发条数多,枝条短而直,中粗,侧枝少,长短齐一,皮青灰色,节间直,节距2.2～2.7 cm,叶序3/8,皮孔小而粗糙,圆形或椭圆形,灰色。冬芽长三角形,灰褐色,尖离,副芽小而少。叶心脏形,较平展,深绿色,叶尖锐头,叶缘乳头齿,叶基深心形,叶长28.9 cm,叶幅18.4 cm,100 cm²叶片重2.2 g,叶面光滑有小波皱,光泽较强,叶柄较细,长4.6 cm,叶片稍下垂。开雌雄花,同穗或异穗,甚少,紫黑色,花穗短而少。杭州栽植,发芽期3月25日—4月5日,开叶期4月8日—21日,属中生中熟品种。叶片硬化迟。亩桑产叶量春660 kg、夏秋1785 kg,叶质中等。抗白粉病力强,抗萎缩病、褐斑病、细菌病、污叶病力较弱,耐旱性强。适宜于长江流域的丘陵山地栽植。

33. **望海桑**

【来源及分布】 又名藤桑、登桑、黄海桑,原产于嵊州市石楼堆。属鲁桑种,二倍体。分布于嵊州、新昌、诸暨等地。现保存于浙江省农科院蚕桑研究所。

【特征特性】 树形开展,发条数多,枝条挺直,侧枝少,皮青灰色,节间直,节距3.9 cm,叶序1/2或2/5,皮孔小而多,圆形,黄褐色。冬芽长三角形,黄褐色,尖稍离,副芽小而少。叶心脏形,翠绿色,叶尖短尾状或长尾状,叶缘乳头齿,叶基深心形,叶长19.1 cm,叶幅17.5 cm,100 cm²叶片重2.0 g,叶面光滑微皱,叶柄细,长4.4 cm,叶片稍下垂。开雌雄花,异穗或同穗,雄花穗小而少,甚少,紫黑色。杭州栽植,发芽期3月23日—4月3日,开叶期4月8日—18日,属中生中熟品种。叶片硬化迟。亩桑产叶量春720 kg、夏秋1356 kg,叶质较优。树性强,木质坚硬。抗萎缩型萎缩病、褐斑病、细菌病、污叶病力较弱,易遭霜害和风害,耐旱性较强。适应性广,适宜于长江流域和黄河下游地区栽植。

34. **剪刀桑**

【来源及分布】 又名海桑、小湖桑、藤桑、油桑,原产于嵊州市广利乡石楼堆。属鲁桑种,二倍体。分布于嵊州、新昌、宁波、诸暨、上虞等地,因桑叶形如剪刀,所以称为剪刀桑。现保存于浙江省农科院蚕桑研究所。

【特征特性】 皮青灰褐色,节间直,节距3.1 cm,叶序2/5,皮孔小而多,圆形,黄褐色。冬芽正三角形,灰褐色,尖稍离,副芽小而少。春叶椭圆形,叶边上翘似匙状,秋叶心脏形,较平展,翠绿色,叶尖锐头,叶缘钝齿,叶基深心形,叶长20.8 cm,叶幅19.6 cm,100 cm²叶片重2.0 g,叶面稍滑而微皱,光泽稍强,叶柄较粗,长5.0 cm,叶片下垂。开雌雄花,异穗或同穗,无花柱,甚小而很少,紫黑色,雄花穗短而少。杭州栽植,发芽期3月27日—4月6日,开叶期4月11日—20日,属晚生中熟品种。叶片硬化稍迟。亩桑产叶量春1050 kg、夏秋1467 kg,叶质中等。抗褐斑病、白粉病、污叶病力强,抗萎缩病、细菌病力弱,耐湿性强,耐瘠性差。适宜于长江流域栽植。

35. **节曲**

【来源及分布】 原产于嵊州市石楼堆。属鲁桑种,二倍体。分布于嵊州各地。现保存于浙江省农科院蚕桑研究所。

【特征特性】 树形稍开展,发条数多,枝条较粗长而弯曲,侧枝少,皮青灰色,节间曲,节距3.3 cm,叶序2/5,皮孔小而多,圆形,黄褐色。冬芽正三角形,棕色,贴生,副芽小而多。叶长心脏形,较平展,翠绿色,叶尖锐头,叶缘乳头齿,叶基深心形,叶长18.8 cm,叶幅18.6 cm,100 cm²叶片重1.8 g,叶面稍光滑,微皱,光泽较强,叶柄较细短,长4.2 cm,叶片下垂。开雄花,花穗中长,较少。杭州栽植,发芽期3月25日—4月4日,开叶期4月18日—19日,属中生中熟品种。叶片硬化迟。亩桑产叶量春870 kg、夏秋915 kg,叶质中等。抗萎缩病、褐斑病、白粉病力强,抗细菌病、污叶病力稍弱,木质松,抗风能力弱。适宜于长江流域栽植,不适宜在风大的地区栽植。

36. 大墨斗

【来源及分布】 原产于诸暨市牌头镇。属鲁桑种,二倍体。分布于诸暨、浦江、义乌、嵊州、萧山等地。现保存于浙江省农科院蚕桑研究所。

【特征特性】 树形开展,发条数多,枝条粗而微曲,侧枝少,皮青灰色,节间微曲,节距4.2 cm,叶序2/5,皮孔小,圆形,淡黄褐色。冬芽长三角形,灰黄色,尖稍离,副芽小而少。叶心脏形,翠绿色,叶尖锐头,叶缘乳头齿,叶基心形,叶长20.3 cm,叶幅19.7 cm,100 cm²叶片重2.3 g,叶面平滑,光泽较强,叶柄较细,长5.6 cm,叶片稍下垂。开雌花,无花柱,甚小,紫黑色。杭州栽植,发芽期3月24日—28日,开叶期4月3日—17日,属中生中熟品种。叶片硬化迟。亩桑产叶量春960 kg、夏秋1050 kg,叶质中等。抗褐斑病、污叶病、细菌病力较强,抗萎缩病力较弱。适宜于长江流域和黄河中下游地区栽植。

37. 豆腐皮

【来源及分布】 又名黄桑,原产于诸暨市。属鲁桑种,二倍体。分布于诸暨市各蚕区。现保存于浙江省农科院蚕桑研究所。

【特征特性】 树形稍开展,发条数中等,枝条粗而直,侧枝少,皮淡黄色,节间稍直,节距4～5 cm,叶序2/5或3/8,皮孔小而多,圆形,黄褐色。冬芽盾形,黄褐色,尖离,副芽大而多。叶心脏形,较平展,翠绿色,叶尖锐头,叶缘乳头齿,叶基深心形,叶长25.42 cm,叶幅22.68 cm,100 cm²叶片重1.7 g,叶面平滑稍皱,光泽稍强,叶柄较粗,长4.9 cm,叶片下垂。开雌花,无花柱,甚小而少,紫黑色。杭州栽植,发芽期3月25日—4月6日,开叶期4月9日—20日,属晚生中熟品种。叶片硬化迟。亩桑产叶量春510 kg、夏秋1149 kg,叶质中等。树性强,生长快。抗细菌病、褐斑病、白粉病、污叶病力较强,易感黄化型萎缩病。适宜于长江流域栽植,在萎缩病发生严重的地区不宜栽植。

38. 家桑

【来源及分布】 原产于诸暨市。属鲁桑种,二倍体。分布于诸暨市各蚕区。现保存于浙江省农科院蚕桑研究所。

【特征特性】 树形开展,发条数多,枝条粗直而较短,侧枝少,皮青灰色,节间微曲,节距3.5 cm,叶序2/5,皮孔小而多,圆形,黄褐色。冬芽正三角形,淡棕色,尖离,副芽小而少。叶心脏形,较平展,翠绿色,叶尖锐头,叶缘锐齿,叶基心形,叶长21.3 cm,叶幅18.2 cm,100 cm²叶片重1.7 g,叶面微皱而稍平滑,光泽强,叶柄细,长3.8 cm,叶片下垂。开雄花,花穗短而多。杭州栽植,发芽期3月26日—4月5日,开叶期4月9日—18日,属中生中熟品种。叶片硬化较迟。亩桑产叶量春750 kg、夏秋1395 kg,叶质较差。抗污叶病力强,抗萎缩病、细菌病、白粉病力稍弱。适宜于长江流域栽植。

39. 诸暨青桑

【来源及分布】 原产于诸暨市。属鲁桑种,二倍体。分布于诸暨市各蚕区。现保存于浙江省农科院蚕桑研究所。

【特征特性】 树形开展,发条数中等,枝条长而稍弯,粗细中等,侧枝多,皮青灰色,节间曲,节距4.9 cm,叶序2/5,皮孔小,圆形,黄褐色。冬芽正三角形,黄褐色,尖离,副芽小而多。叶心脏形,较平展,深绿色,叶尖锐头,叶缘钝齿,叶基深心形,叶长20.5 cm,叶幅18.8 cm,100 cm²叶片重1.8 g,叶面稍粗糙,微皱,叶柄粗,长6.9 cm,叶片稍下垂。开雌雄花,同穗或异穗,葚小而少,紫黑色,雄花穗短而较少。杭州栽植,发芽期3月26日—4月5日,开叶期4月10日—19日,属中生中熟品种。叶片硬化较迟。亩桑产叶量春990 kg、夏秋1485 kg,叶质较差。抗萎缩病、细菌病、褐斑病力强,抗白粉病力较弱。适宜于长江流域栽植。

40. 荷叶桑(富阳)

【来源及分布】 原产于富阳区龙门镇。属鲁桑种,二倍体。分布于富阳各地。现保存于浙江省农科院蚕桑研究所。

【特征特性】 树形稍开展,发条数多,枝条粗细不匀,稍弯曲,侧枝少,皮灰黄色,节间微曲,节距4.8 cm,叶序3/8,皮孔小而多,圆形,淡黄色。冬芽正三角形,黄褐色,尖离,副芽小而多。叶阔心脏形,较平展,翠绿色,叶尖锐头,叶缘钝齿,叶基深心形,叶长21.8 cm,叶幅22.9 cm,100 cm²叶片重2.0 g,叶面平而光滑,光泽稍强,叶柄较粗,长5.6 cm,叶片稍下垂。开雄花,花穗少,长度中等。杭州栽植,发芽期3月26日—4月1日,开叶期4月8日—21日,属中生中熟品种。叶片硬化早。亩桑产叶量春800 kg、夏秋1212 kg,叶质中等。抗萎缩病、细菌病、白粉病、污叶病力强,抗褐斑病力弱。适宜于长江流域栽植。

41. 湖桑2号

【来源及分布】 是原浙江省蚕桑试验场选育的品种。属鲁桑种,二倍体。湖州、海宁、余杭等地有少量栽植。现保存于浙江省农科院蚕桑研究所。

【特征特性】 树形开展,发条数多,枝条较直而短,无侧枝,皮粉红色,节间微曲,节距3.2 cm,叶序2/5或3/8,皮孔小,圆形,灰褐色。冬芽盾形,褐色,尖离,副芽小而少。叶卵圆形,较平展,翠绿色,叶尖锐头,叶缘钝齿,叶基心形,叶长22.0 cm,叶幅21.1 cm,100 cm²叶片重2.1 g,叶面平而稍光滑,光泽稍强,叶柄粗,长4.8 cm,叶片稍下垂。开雌花,甚少,紫黑色。杭州栽植,发芽期3月29日—4月7日,开叶期4月12日—24日,属晚生中熟品种。叶片硬化早。亩桑产叶量春600 kg、夏秋1358 kg,叶质中等。春季枝条基部叶片容易黄化脱落,抗细菌病力较强,抗萎缩病力较弱。适宜于长江流域栽植。

42. 湖桑13号

【来源及分布】 是原浙江省蚕桑试验场选育的品种。属鲁桑种,二倍体。在科研和教育单位栽植。现保存于浙江省农科院蚕桑研究所。

【特征特性】 树形开展,发条数多,枝条粗而直,无侧枝,节间微曲,皮灰黄色,节距3.8 cm,叶序2/5,皮孔小,椭圆形或圆形,灰黄色。冬芽长三角形,黄褐色,贴生,副芽大而多。叶长心脏形,较平展,翠绿色,叶尖锐头,叶缘乳头齿,叶基浅心形,叶长21.8 cm,叶幅20.3 cm,100 cm²叶片重2.4 g,叶面平而稍粗糙,光泽稍强,叶柄粗细中等,长5.0 cm,叶片下垂。开雌雄花,同穗或异穗,甚小而少,紫黑色。杭州栽植,发芽期4月2日—4日,开叶期4月7日—20日,属中生中熟品种。叶片硬化迟。亩桑产叶量春750 kg、夏秋1380 kg,叶质中等。抗细菌病力强,抗萎缩病力中等。可在细菌病疫区栽植,适宜于长江流域栽植。

43. 湖桑19号

【来源及分布】 是原浙江省蚕桑试验场选育的品种。属鲁桑种,二倍体。在科研和教育单位栽植。现保存于浙江省农科院蚕桑研究所。

【特征特性】 树形直立,发条数中等,枝条粗而直,无侧枝,平均条长160 cm,皮黄褐色,节间微曲,节距4.9 cm,叶序3/8,皮孔小,圆形,黄褐色。冬芽正三角形,黄褐色,尖离,副芽大而多。叶长心脏形,较平展,翠绿色,叶尖短尾状,叶缘钝齿,叶基深心形,叶长21.4 cm,叶幅19.1 cm,100 cm²叶片重2.3 g,叶面稍皱而光滑,叶柄粗细中等,长4.1 cm,叶片下垂。开雌雄花,异穗或同穗,甚紫黑色。杭州栽植,发芽期3月27日—31日,开叶期4月6日—18日,属中生中熟品种。叶片硬化迟。亩桑产叶量春660 kg、夏秋680 kg,叶质中等。抗褐斑病、萎缩病力强,抗细菌病力中等。在细菌病严重发生地区不宜栽植,适宜于长江流域栽植。

44. 湖桑31号

【来源及分布】 是原浙江省蚕桑试验场选育的品种。属鲁桑种,二倍体。在科研和教育单位栽植。现保存于浙江省农科院蚕桑研究所。

【特征特性】 树形直立,发条数少,枝条粗长而直,无侧枝,皮青灰色,节间较直,节距5.7 cm,叶序2/5,皮孔小,圆形或长椭圆形,灰褐色。冬芽正三角形,黄褐色,贴生,副芽小而少。叶椭圆形,较平展,深绿色,叶尖短尾状,叶缘乳头齿,叶基深心形,叶长23.2 cm,叶幅20.9 cm,100 cm²叶片重2.0 g,叶面较平滑,光泽较强,叶柄细,长4.0 cm,叶片稍下垂。开雌雄花,同穗或异穗,葚小而少,紫黑色。杭州栽植,发芽期4月2日—3日,开叶期4月6日—18日,属中生中熟品种。叶片硬化较迟。亩桑产叶量春690 kg、夏秋1065 kg,叶质中等。抗细菌病、白粉病力强。适宜于长江流域和黄河下游地区栽植。

45. 湖桑60号

【来源及分布】 是原浙江省蚕桑试验场选育的品种。属鲁桑种,二倍体。在科研和教育单位栽植。现保存于浙江省农科院蚕桑研究所。

【特征特性】 树形直立,发条数多,枝条粗长而直,无侧枝,皮青灰色,节间微曲,节距3.9 cm,叶序2/5或3/8,皮孔小,椭圆形或圆形,淡青灰色。冬芽正三角形,黄褐色,尖离,副芽小而少。叶卵圆形,较平展,翠绿色,叶尖短尾状,叶缘乳头齿,叶基心形,叶长20.6 cm,叶幅17.5 cm,100 cm²叶片重2.1 g,叶面平而稍光滑,光泽较强,叶柄中粗,长6.7～8.0 cm,叶片稍下垂。开雌雄花,同穗或异穗,葚紫黑色。杭州栽植,发芽期4月2日—7日,开叶期4月14日—22日,属晚生中熟品种。叶片硬化较迟。亩桑产叶量春810 kg、夏秋1599 kg,叶质中等。抗萎缩病、细菌病力强。适宜于长江流域和黄河下游地区栽植。

46. 湖桑86号

【来源及分布】 是原浙江省蚕桑试验场选育的品种。属鲁桑种,二倍体。在科研和教育单位栽植。现保存于浙江省农科院蚕桑研究所。

【特征特性】 树形直立,发条数多,枝条较粗长而直,侧枝少,皮灰褐色,节间微曲,节距3.9 cm,叶序2/5或3/8,皮孔小,圆形或椭圆形,黄褐色。冬芽正三角形,黄褐色,尖离,副芽小而少。叶心脏形,较平展,翠绿色,叶尖锐头,叶缘钝齿,叶基深心形,叶长20.7 cm,叶幅19.3 cm,100 cm²叶片重2.4 g,叶面光滑微波皱,光泽较强,叶柄粗细中等,长约5.0 cm,叶片平伸。开雌雄花,葚小而少,紫黑色。杭州栽植,发芽期3月27日—4月2日,开叶期4月11日—22日,属中生中熟偏早品种。叶片硬化较迟。亩桑产叶量春840 kg、夏秋1545 kg,叶质中等。抗萎缩病、白粉病力强,抗细菌病力稍强,抗污叶病力中等。适宜于长江流域栽植。

47. 湖桑102号

【来源及分布】 是原浙江省蚕桑试验场选育的品种。属鲁桑种,二倍体。在科研和教育单位栽植。现保存于浙江省农科院蚕桑研究所。

【特征特性】 树形开展稍倾斜,发条数多,枝条粗长,稍弯曲,侧枝少,皮淡棕色,节间微曲,节距3.6 cm,叶序2/5或3/8,皮孔小,圆形,黄褐色。冬芽正三角形,淡棕色,尖离,副芽小而少。叶心脏形,较平展,翠绿色,叶尖锐头,叶缘钝齿,叶基深心形,叶长22 cm,叶幅20.3 cm,100 cm²叶片重2.4 g,叶面平而稍粗糙,叶柄较粗,长6.5~8.0 cm,叶片平伸。开雌雄花,同穗或异穗,甚多,紫黑色。杭州栽植,发芽期3月30日—4月4日,开叶期4月10日—18日,属中生中熟品种。叶片硬化较迟。亩桑产叶量春1380 kg、夏秋2370 kg,叶质优。抗细菌病力较强,抗萎缩病力弱。适宜于长江流域栽植。

48. 湖桑103号

【来源及分布】 是原浙江省蚕桑试验场选育的品种。属鲁桑种,二倍体。在科研和教育单位栽植。现保存于浙江省农科院蚕桑研究所。

【特征特性】 树形稍开展,发条数多,枝条粗长,稍弯曲,侧枝少,皮黄褐色,节间微曲,节距4.4 cm,叶序3/8,皮孔小,椭圆形,黄褐色。冬芽似球形,黄褐色,尖离,副芽大而少。叶心脏形,较平展,翠绿色,叶尖锐头,叶缘乳头齿,叶基深心形,叶长22.7 cm,叶幅21.0 cm,100 cm²叶片重2.5 g,叶面光滑,稍泡皱,光泽较强,叶柄较细,长5.5~7.5 cm,叶片稍下垂。开雌雄花,同穗或异穗,甚小而少,紫黑色,雄花穗短而少。杭州栽植,发芽期3月29日—4月6日,开叶期4月10日—18日,属晚生中熟品种。叶片硬化迟。亩桑产叶量春860 kg、夏秋1540 kg,叶质中等。抗萎缩病、细菌病、炭疽病、褐斑病、白粉病、污叶病力较强。适宜于长江流域和黄河下游地区栽植。

49. 湖桑192号

【来源及分布】 是原浙江省蚕桑试验场选育的品种。属鲁桑种,二倍体。在科研和教育单位栽植。现保存于浙江省农科院蚕桑研究所。

【特征特性】 树形开展,发条数多,枝条粗长稍弯曲,无侧枝,皮青灰色,节间微曲,节距4.9 cm,叶序2/5或3/8,皮孔小,长椭圆形或圆形,灰褐色。冬芽正三角形,灰褐色,贴生,副芽大而少。叶长心脏形,较平展,深绿色,叶尖短尾状,叶缘乳头齿,叶基心形,叶长23.8 cm,叶幅20.1 cm,100 cm²叶片重2.6 g,叶面光滑微皱,有光泽,叶柄粗细中等,长5.3~6.0 cm,叶片稍下垂。开雌花,甚小而少,紫黑色。杭州栽植,发芽期3月31日—4月3日,开叶期4月4日—18日,属中生中熟品种。叶片硬化迟。亩桑产叶量春860 kg、夏秋1540 kg,叶质中等。耐寒性较强,抗细菌病力强,抗白粉病、污叶病力较强。适宜于长江流域和黄河下游地区栽植。

50. 睦州青

【来源及分布】 又名杨墩荷叶白、白皮荷叶白,原产于余杭区勾庄行宫塘。属鲁桑种,二倍体。分布于余杭、临安、德清等地,其中以余杭和德清的雷甸一带栽植最多。现保存于浙江省农科院蚕桑研究所。

【特征特性】 树形开展,树肌光滑,发条数中等,枝条粗长而直,侧枝很少,皮青灰色带黄,节间微曲,节距5.1 cm,叶序2/5,皮孔小而多,椭圆形或圆形,黄褐色。冬芽长三角形,黄褐色,尖离,副芽大而少。叶长心脏形,深绿色,叶尖锐头,叶缘乳头齿,叶基深心形,叶长23.2 cm,叶幅21.7 cm,100 cm²叶片重2.1 g,叶面光滑,微波皱,光泽稍强,叶柄较细,长3.3～3.8 cm,叶片稍下垂。开雄花,花穗短而较多。杭州栽植,发芽期3月26日—4月5日,开叶期4月9日—17日,属中生中熟品种。叶片硬化早。亩桑产叶量春1080 kg、夏秋1785 kg,叶质中等。抗褐斑病、白粉病、污叶病力强,抗萎缩病、细菌病力稍弱。木质坚硬,树性强,树龄长。适宜于长江流域栽植。

51. 四面青

【来源及分布】 又名四面生、青皮桑,原产于余杭区太平村。属白桑种,二倍体。分布于余杭、临安等地。现保存于浙江省农科院蚕桑研究所。

【特征特性】 树形稍开展,发条数多,枝条细长而直,侧枝稍多,皮青灰色,节间微曲,节距4.2 cm,叶序2/5,皮孔小,圆形或椭圆形,黄褐色。冬芽正三角形,黄褐色,尖离,副芽小而少。叶卵圆形,较平展,深绿色,叶尖锐头,叶缘乳头齿,叶基浅心形,叶长24.82 cm,叶幅18.3 cm,100 cm²叶片重2.0 g,叶面平而光滑,光泽稍强,叶柄细,长4.5～5.2 cm,叶片下垂。开雌雄花,同株异穗,花穗短而多,甚很少,紫黑色。杭州栽植,发芽期3月26日—4月6日,开叶期4月9日—17日,属中生中熟品种。叶片硬化很迟。亩桑产叶量春900 kg、夏秋1500 kg,叶质中等。抗白粉病力强,抗萎缩病、细菌病、褐斑病、污叶病力稍弱。适宜于长江流域栽植。

52. 青皮桑

【来源及分布】 原产于余杭区余杭镇(现余杭街道)西。属鲁桑种,二倍体。分布于余杭、临安等地。现保存于浙江省农科院蚕桑研究所。

【特征特性】 树形稍开展,发条数多,枝条细直而短,侧枝少,皮青灰色,节间较直,节距3.8 cm,叶序2/5或3/8,皮孔小,圆形或椭圆形,黄褐色。冬芽正三角形,黄褐色,尖离,副芽小而少。叶卵圆形,较平展,翠绿色,叶尖锐头,叶缘乳头齿,叶基浅心形,叶长23.1 cm,叶幅17.5 cm,100 cm²叶片重2.1 g,叶面平而光滑,光泽较强,叶柄细短,长3.8～4.5 cm,叶片下垂。开雄花,花穗短而较少。杭州栽植,发芽期3月25日—29日,开叶期4月5日—18日,属中生中熟品种。叶片硬化迟。亩桑产叶量春480 kg、夏秋1305 kg,叶质中等。抗萎缩病、褐斑病、白粉病力强,抗污叶病、细菌病力较弱。适宜于长江流域栽植,不宜在细菌病严重发生地区栽植。

53. 油桑

【来源及分布】 原产于余杭区太平村。属鲁桑种,二倍体。分布于余杭、临安等地。现保存于浙江省农科院蚕桑研究所。

【特征特性】 树形开展,发条数中等,枝条中粗,长而直,侧枝少,皮棕褐色,节间微曲,节距5.3 cm,叶序2/5,皮孔大小中等,圆形或椭圆形,黄褐色。冬芽正三角形,棕色,贴生,副芽小而少。叶卵圆形,较平展,翠绿色,叶尖短尾状,叶缘钝齿,叶基浅心形,叶长23.5 cm,叶幅20.0 cm,100 cm²叶片重2.0 g,叶面光滑微皱,光泽较强,叶柄较粗,长6.2~7.0 cm,叶片稍下垂。开雄花,花穗短而较少。杭州栽植,发芽期4月1日—8日,开叶期4月1日—21日,属晚生中熟品种。叶片硬化迟。亩桑产叶量春840 kg、夏秋1125 kg,叶质较优。抗褐斑病力较强,抗细菌病力较弱,抗萎缩病力弱。适宜于长江流域和黄河下游地区栽植。

54. 白色青

【来源及分布】 原产于海宁市。属鲁桑种,二倍体。分布于海宁市各蚕区。现保存于浙江省农科院蚕桑研究所。

【特征特性】 树形稍开展,发条数中等,枝条粗细均匀而直,侧枝少,皮青灰褐色,节间微曲,节距4~4.5 cm,叶序3/8,皮孔大,圆形或椭圆形,灰褐色。冬芽正三角形,灰褐色,贴生,副芽小而少。叶卵圆形,较平展,深绿色,叶尖锐头,叶缘乳头齿,叶基心形,叶长21.1 cm,叶幅18.8 cm,100 cm²叶片重2.0 g,叶面稍滑有皱缩,叶柄细,长7.0~7.8 cm,叶片稍下垂。开雌雄花,异穗或同穗,无花柱,葚小而少,紫黑色。杭州栽植,发芽期3月22日—28日,开叶期4月5日—19日,属中生中熟品种。叶片硬化迟。亩桑产叶量春480 kg、夏秋1191 kg,叶质中等。抗萎缩病、褐斑病、白粉病、污叶病力强,抗细菌病力也较强。适宜于长江流域栽植。

55. 黑叶墨斗

【来源及分布】 原产于海宁市。属鲁桑种,二倍体。分布于海宁、萧山、桐乡等地。现保存于浙江省农科院蚕桑研究所。

【特征特性】 树形直立,发条数中等,枝条较粗长而直,无侧枝,皮青灰色,节间较直,节距3.3 cm,叶序2/5,皮孔小而少,椭圆形或圆形,灰褐色。冬芽正三角形,红棕色,尖离,副芽大而多。叶卵圆形,较平展,深绿色,叶尖短尾状,叶缘乳头齿,叶基浅心形,叶长23.0 cm,叶幅18.8 cm,100 cm²叶片重2.7 g,叶面平,光滑无皱,光泽强,叶柄较粗,长5.0~6.5 cm,叶片稍下垂。开雌雄花,同穗或异穗,葚小而多,紫黑色,雄花穗短而较多。杭州栽植,发芽期3月31日—4月2日,开叶期4月4日—16日,属中生中熟品种。叶片硬化较迟。亩桑产叶量春900 kg、夏秋1857 kg,叶质较优。抗萎缩病、白粉病力强,易感污叶病、细菌病。适宜于长江流域栽植,细菌病严重地区不宜栽植。

56. **青皮湖桑**

【来源及分布】 原产于海宁市长安镇。属鲁桑种,二倍体。分布于海宁、桐乡等地。现保存于浙江省农科院蚕桑研究所。

【特征特性】 树形直立,发条数中等,枝条粗直,侧枝少,皮青灰色,节间微曲,节距3.3 cm,叶序2/5或3/8,皮孔小,圆形,淡青灰色。冬芽正三角形,黄褐色,贴生,副芽大而少。叶卵圆形,平展,墨绿色,叶尖锐头,叶缘乳头齿,叶基浅心形,叶长20.5 cm,叶幅19.9 cm,100 cm²叶片重2.0 g,叶面光滑微皱,光泽强,叶柄较细,长5.0～5.8 cm,叶片稍下垂。开雌雄花,同穗或异穗,无花柱,葚小而少,紫黑色,雄花穗短而多。杭州栽植,发芽期3月26日—4月1日,开叶期4月7日—19日,属中生中熟品种。叶片硬化较迟。亩桑产叶量春690 kg、夏秋1230 kg,叶质较优。抗白粉病力强,抗萎缩病、细菌病、污叶病力较弱。在萎缩病和细菌病严重地区不宜栽植,适宜于长江流域及黄河下游地区栽植。

57. **紫皮湖桑**

【来源及分布】 原产于海宁市长安镇。属鲁桑种,二倍体。分布于海宁市各地。现保存于浙江省农科院蚕桑研究所。

【特征特性】 树形开展,发条数中等,枝条粗长而弯曲,无侧枝,皮紫褐色,节间稍曲,节距4.5 cm,叶序2/5或3/8,皮孔小而少,圆形,淡紫褐色。冬芽盾形,紫褐色,贴生,副芽小而少。叶心脏形,较平展,翠绿色,叶尖锐头,叶缘钝齿,叶基深心形,叶长23.1 cm,叶幅21.8 cm,100 cm²叶片重2.2 g,叶面稍皱,叶柄粗细中等,长5.0～5.8 cm,叶片稍下垂。开雌雄花,无花柱,葚小而少,紫黑色。杭州栽植,发芽期3月26日—4月4日,开叶期4月8日—19日,属中生中熟品种。叶片硬化较早。亩桑产叶量春870 kg、夏秋1440 kg,叶质中等。抗白粉病、污叶病力强,抗萎缩病、细菌病力稍弱。适宜于长江流域及黄河下游地区栽植。

58. **海盐密眼青**

【来源及分布】 原产于海盐县。属鲁桑种,二倍体。分布于海盐县各地。现保存于浙江省农科院蚕桑研究所。

【特征特性】 树形稍开展,发条数多,枝条中粗,长而直,无侧枝,皮灰白色,节间较直,节距2.6 cm,叶序3/8,皮孔小,椭圆形或圆形,灰白色。冬芽长三角形,棕色,贴生,副芽大而多。叶心脏形,较平展,深绿色,叶尖短尾状,叶缘钝齿,叶基浅心形,叶长20.1 cm,叶幅17.8 cm,100 cm²叶片重2.2 g,叶面平而稍粗糙,光泽较强,叶柄较细,长4.2～5.5 cm,叶片稍下垂。开雌花,花柱短,葚小而少,紫黑色。杭州栽植,发芽期4月2日—4日,开叶期4月5日—18日,属中生中熟品种。叶片硬化稍早。亩桑产叶量春780 kg、夏秋1620 kg,叶质中等。抗白粉病力较强,抗萎缩病、细菌病、污叶病力较弱。适宜于长江流域栽植。

59. 尖头荷叶

【来源及分布】 原产于德清县雷甸镇。属鲁桑种,二倍体。分布于德清、海宁、桐乡等地。现保存于浙江省农科院蚕桑研究所。

【特征特性】 树形开展,发条数多,枝条粗而直,侧枝少,皮灰白色,节间微曲,节距4.9 cm,叶序2/5,皮孔小,椭圆形或圆形,灰黄色。冬芽正三角形,灰褐色,尖离,副芽大而多。叶椭圆形,淡绿色,叶尖短尾状,叶缘钝齿,叶基心形,叶长22.4 cm,叶幅19.6 cm,100 cm²叶片重2.8 g,叶面平滑,叶柄细,长3.2~3.7 cm,叶片稍下垂。开雌雄花,同株,甚少,紫黑色,雄花少。杭州栽植,发芽期3月23日—28日,开叶期4月2日—15日,属中生中熟品种。叶片硬化较迟。亩桑产叶量春780 kg、夏秋1509 kg,叶质中等。抗褐斑病、细菌病力强,抗萎缩病力较弱。适宜于长江流域栽植。

60. 白条桑

【来源及分布】 又名青桑、平桑、叶芽桑、薄叶桑,原产于德清县城关镇。属白桑种,二倍体。分布于德清、湖州、临安、长兴、桐乡、海宁等地。现保存于浙江省农科院蚕桑研究所。

【特征特性】 树形稍开展,发条数多,侧枝少,幼龄桑侧枝多,皮青灰色,节间微曲,节距3~4 cm,冬季枝条表皮有纵皱纹(似干瘪状),叶序2/5,皮孔小,圆形,灰黄色。冬芽正三角形,黄褐色,尖离,副芽小而少。叶卵圆形,平展,翠绿色,叶尖锐头,叶缘乳头齿,叶基浅心形或截形,叶长22.36 cm,叶幅18.34 cm,100 cm²叶片重2.0 g,叶面光滑无皱,光泽较强,叶柄较细,长4~5 cm,叶片下垂。开雌雄花,同株异穗,雌花穗少,甚紫黑色,雄花穗短而多。杭州栽植,发芽期3月26日—4月6日,开叶期4月9日—21日,属中生中熟品种。叶片硬化迟。亩桑产叶量春900 kg、夏秋1572 kg,叶质中等。抗细菌病、白粉病力中等,抗褐斑病、萎缩病和污叶病力较弱。适宜于长江流域栽植。

61. 密眼青

【来源及分布】 原产于嘉兴市郊区。属鲁桑种,二倍体。分布于嘉兴市各地。现保存于浙江省农科院蚕桑研究所。

【特征特性】 树形稍开展,发条数多,枝条中粗,较短而直,无侧枝,皮青灰色,节间较直,节距3.3 cm,叶序2/5,皮孔小,圆形,灰黄色。冬芽长三角形,黄褐色,贴生,副芽大而少。叶长椭圆形,平展,深绿色,叶尖锐头,间有双头,叶缘锐齿,叶基截形,叶长23.0 cm,叶幅19.7 cm,100 cm²叶片重2.4 g,叶面平而粗糙,光泽较强,叶柄较细,长5.3~5.8 cm,叶片稍下垂。开雌花,甚小而多,紫黑色。杭州栽植,发芽期4月2日—4日,开叶期4月5日—20日,属中生中熟品种。叶片硬化迟。亩桑产叶量春720 kg、夏秋1134 kg,叶质较差。抗萎缩病力较强,抗褐斑病、污叶病、细菌病力较弱。适宜于长江流域栽植。

62. **荷叶桑(长兴)**

【来源及分布】 原产于长兴县。属鲁桑种,二倍体。分布于长兴、湖州、海宁、桐乡等地。现保存于浙江省农科院蚕桑研究所。

【特征特性】 树形挺直,发条数多,枝条细直,侧枝少,皮青灰色,节间微曲,节距3.2 cm,叶序2/5,皮孔小而多,圆形,黄褐色。冬芽正三角形,黄褐色,贴生,副芽小而多。叶长心脏形,深绿色,叶尖短尾状,叶缘钝齿,叶基心形,叶长21.76 cm,叶幅19.6 cm,100 cm²叶片重2.3 g,叶面稍皱,光泽稍强,叶柄较细,长5.0～6.4 cm,叶片稍下垂。开雌雄花,异穗或同穗,甚较少,紫黑色。杭州栽植,发芽期3月24日—4月2日,开叶期4月6日—16日,属中生中熟品种。叶片硬化迟。亩桑产叶量春900 kg、夏秋1905 kg,叶质中等。抗萎缩病、白粉病力强,抗细菌病力较强,抗褐斑病、芽枯病、污叶病力较弱。可在长江流域和黄河中下游地区栽植。

63. **白皮大种桑**

【来源及分布】 原产于长兴县夹浦镇。属鲁桑种,二倍体。分布于长兴、湖州等地。现保存于浙江省农科院蚕桑研究所。

【特征特性】 树形开展,发条数中等,枝条粗短而直,侧枝少,皮青灰色,节间稍曲,节距4.6 cm,叶序2/5,皮孔小,椭圆形,黄褐色。冬芽正三角形,黄褐色,尖离,副芽小而少。叶长心脏形,较平展,翠绿色,叶尖锐头,叶缘钝齿,叶基深心形,叶长24.6 cm,叶幅21.9 cm,100 cm²叶片重1.8 g,叶面光滑而稍皱,光泽稍强,叶柄较粗,长5.2～6.7 cm,叶片稍下垂。开雌雄花,异穗或同穗,无花柱,甚紫黑色。杭州栽植,发芽期3月30日—4月4日,开叶期4月11日—21日,属中生中熟品种。叶片硬化迟。亩桑产叶量春930 kg、夏秋990 kg,叶质中等。抗细菌病、褐斑病、污叶病力强,抗萎缩病、白粉病力稍弱。适宜于长江流域栽植。

64. **缙选1号**

【来源及分布】 是缙云县农业局选育的品种。属鲁桑种,二倍体。分布在缙云县。现保存于浙江省农科院蚕桑研究所。

【特征特性】 树形开展,枝条较多,粗而稍弯曲,侧枝较多,皮黄褐色,节间稍曲,节距5.2 cm,叶序2/5,皮孔小,圆形或椭圆形,灰褐色。冬芽正三角形,棕褐色,贴生,副芽大而多。叶长心脏形,翠绿色,叶尖短尾状,叶缘乳头齿,叶基浅心形,叶长19.0 cm,叶幅16.0 cm,100 cm²叶片重2.5 g,叶面较平而光滑,光泽较强,叶柄中粗,长6.0 cm,叶片平伸或向上斜生。开雌花,甚紫黑色。杭州栽植,发芽期3月22日—4月5日,开叶期4月10日—17日,属中晚熟品种。叶片硬化较早。亩桑产叶量春930 kg、夏秋1629 kg,叶质中等。抗细菌病力强。适宜于长江中下游地区栽植。

65. 油登鸡毛掸

【来源及分布】 原产于新昌县新林乡。属鲁桑种,二倍体。分布在新昌、诸暨、嵊州等地。现保存于浙江省农科院蚕桑研究所。

【特征特性】 树形直立,枝条较多,细而直,无侧枝,皮灰白色,节间直,节距2.0 cm,叶序3/8,皮孔小,圆形,灰褐色。冬芽长三角形,黄褐色,贴生,副芽小而少。叶长心脏形,深绿色,叶尖锐头,叶缘小乳头齿,叶基浅心形,叶长17.0 cm,叶幅16.0 cm,100 cm²叶片重2.5 g,叶面皱而光滑,光泽较强,叶柄细,长4.5 cm,叶片平伸或下垂。开雌雄花,有的雌雄同穗。杭州栽植,发芽期3月31日—4月5日,开叶期4月8日—13日,属中晚熟品种。叶片硬化早。亩桑产叶量春930 kg、夏秋1150 kg,叶质较优。抗细菌病力较弱。适宜于长江中下游地区栽植。

66. 香台桑

【来源及分布】 又名香奕桑,原产于嵊县广利乡石楼堆。属鲁桑种,二倍体。分布于嵊州、新昌等地。现保存于浙江省农科院蚕桑研究所。

【特征特性】 树形稍开展,发条数较少,枝条粗细不匀,稍弯曲,无侧枝,皮黄褐色,节间微曲,节距3.9 cm,叶序3/8,皮孔小而多,圆形,黄褐色。冬芽长三角形,黄褐色,尖离,副芽大而多。叶长心脏形,条上部叶较平展,下部叶似反瓢状,翠绿色,叶尖锐头,叶缘乳头齿,叶基深心形,叶长23.7 cm,叶幅23.7 cm,100 cm²叶片重2.1 g,叶面光滑而稍皱,光泽较强,叶柄较粗,长5.4~6.2 cm,叶片下垂。开雄花,花穗短而较少。杭州栽植,发芽期3月26日—4月7日,开叶期4月10日—19日,属晚生中晚熟品种。叶片硬化迟。亩桑产叶量春750 kg、夏秋1380 kg,叶质较优。抗细菌病、污叶病力强,抗萎缩病力较强,抗褐斑病、白粉病力较弱。适宜于长江流域栽植。

67. 嵊县青桑

【来源及分布】 原产于嵊县(现嵊州市)。属鲁桑种,二倍体。分布于嵊州、新昌、上虞等地。现保存于浙江省农科院蚕桑研究所。

【特征特性】 树形直立,枝条较多而细直,侧枝较多,皮青灰色,节间直,节距2.9 cm,叶序2/5,皮孔小,圆形或椭圆形,灰褐色。冬芽长三角形,黄褐色,稍离生,副芽小而少。叶长心脏形,深绿色,叶尖锐头,叶缘钝齿,叶基浅心形,叶长20.0 cm,叶幅17.0 cm,100 cm²叶片重2.0 g,叶面稍皱而稍光滑,稍有光泽,叶柄中粗,长4.5 cm,叶片稍下垂。开雌花,葚紫黑色。杭州栽植,发芽期3月21日—30日,开叶期4月8日—12日,属中晚熟品种。叶片硬化较迟。亩桑产叶量春660 kg、夏秋1311 kg,叶质中等。抗细菌病和黄化型萎缩病力稍弱。适宜于长江中下游地区栽植,不宜于细菌病、萎缩病疫区栽植。

68. 黄桑

【来源及分布】 原产于诸暨市新乐乡。属鲁桑种,二倍体。分布于诸暨市各蚕区。现保存于浙江省农科院蚕桑研究所。

【特征特性】 树形直立,发条数中等,枝条较粗长而直,无侧枝,皮青灰色,节间曲,节距4.6 cm,叶序2/5,皮孔小,圆形,黄褐色。冬芽正三角形,黄褐色,尖离,副芽大而多。叶心脏形,较平展,深绿色,叶尖锐头,叶缘钝齿,叶基深心形,叶长20.2 cm,叶幅18.9 cm,100 cm²叶片重1.7 g,叶面皱而稍光滑,叶柄较细,长4.2~5.0 cm,叶片稍下垂。开雌雄花,异穗或同穗,无花柱,甚少,大小中等,紫黑色,雄花穗短而较少。杭州栽植,发芽期3月31日—4月9日,开叶期4月13日—20日,属中晚熟品种。叶片硬化迟。亩桑产叶量春900 kg、夏秋870 kg,叶质中等。抗萎缩病、细菌病力强。适宜于长江流域栽植。

69. 红皮桑

【来源及分布】 原产于诸暨市。属瑞穗桑种,二倍体。分布于诸暨、嵊州、新昌等地。现保存于浙江省农科院蚕桑研究所。

【特征特性】 树形稍开展,发条数多,枝条粗而直,侧枝少,皮淡紫褐色,节间较直,节距3.8 cm,叶序1/2或2/5,皮孔大,圆形或椭圆形,黄褐色。冬芽正三角形,棕褐色,尖离,副芽小而多。叶心脏形,较平展,深绿色,叶尖长尾状,叶缘锐齿,叶基心形,叶长19.0 cm,叶幅17.9 cm,100 cm²叶片重2.0 g,叶面平而稍粗糙,叶柄较粗,长4.5~6.2 cm,叶片稍下垂。开雌花,甚紫黑色。杭州栽植,发芽期3月20日—22日,开叶期4月6日—11日,属中晚熟品种。叶片硬化早。亩桑产叶量春600 kg、夏秋975 kg,叶质中等。抗病力较强,耐寒性强。适宜于长江以南地区栽植。

70. 嵊县奶接

【来源及分布】 原产于上虞区汤浦镇。属鲁桑种,二倍体。分布于上虞、嵊州各地。现保存于浙江省农科院蚕桑研究所。

【特征特性】 树形开展,发条数多,枝条中粗而直,侧枝少,皮灰黄色,节间较直,节距3.9 cm,叶序2/5,皮孔小而多,圆形或椭圆形,黄褐色。冬芽短三角形,淡紫褐色,贴生,副芽大而多。叶长心脏形或卵圆形,较平展,翠绿色,叶尖锐头,叶缘锐齿,叶基深心形,叶长19.2 cm,叶幅18.0 cm,100 cm²叶片重2.3 g,叶面平而稍光滑,光泽较强,叶柄较粗,长4.9~5.4 cm,叶片下垂。开雌雄花,异穗或同穗,雄花穗多,甚少,紫黑色。杭州栽植,发芽期4月1日—8日,开叶期4月11日—17日,属中晚熟品种。叶片硬化较迟。亩桑产叶量春654 kg、夏秋2145 kg,叶质中等。耐湿性强,抗萎缩病力较强,抗细菌病力中等。适宜于长江流域栽植。

71. 皱皮荷叶

【来源及分布】 又名龙门荷叶、望天青,原产于富阳区龙门镇。属鲁桑种,二倍体。分布于富阳区各蚕区。现保存于浙江省农科院蚕桑研究所。

【特征特性】 树形直立,发条数中等,枝条粗长而直,侧枝少,皮青灰色,节间微曲,节距4.9 cm,叶序2/5或3/8,皮孔小,椭圆形,淡灰黄色。冬芽长三角形,淡黄色,尖离,副芽小而多。叶长心脏形,稍波扭,淡绿色,叶尖锐头,叶缘钝齿,叶基深心形,叶长21.3 cm,叶幅20.7 cm,100 cm²叶片重2.2 g,叶面光滑稍皱缩,叶柄较粗,长4.0～5.5 cm,叶片稍下垂。开雌雄花,同穗,无花柱,葚少,大小中等,紫黑色。杭州栽植,发芽期3月25日—30日,开叶期4月5日—20日,属中晚熟品种。叶片硬化迟。亩桑产叶量春720 kg、夏秋1365 kg,叶质较优。抗萎缩病、细菌病、褐斑病、污叶病力稍弱,抗风能力较弱。在病害较多及风力大的地区不宜栽植。适宜于长江流域栽植。

72. 乌海头

【来源及分布】 又名乌海头荷叶,原产于富阳区灵桥镇。属鲁桑种,二倍体。分布于富阳区各蚕区。现保存于浙江省农科院蚕桑研究所。

【特征特性】 树形稍开展,发条数中等,枝条较短,粗细不匀,侧枝少,皮淡棕色,节间微曲,节距4 cm,叶序3/8,皮孔小而多,圆形或椭圆形,黄褐色。冬芽正三角形,棕色,尖离,副芽大而少。叶心脏形,较平展,翠绿色,叶尖锐头,叶缘乳头齿,叶基心形,叶长21.4 cm,叶幅20.4 cm,100 cm²叶片重2.0 g,叶面光滑微皱,光泽稍强,叶柄粗细中等,长5.5～6.5 cm,叶片稍下垂。开雄花,花穗短而较多。杭州栽植,发芽期3月26日—4月6日,开叶期4月11日—19日,属中晚熟品种。叶片硬化迟。亩桑产叶量春840 kg、夏秋1263 kg,叶质中等。抗萎缩病、白粉病、污叶病力强,抗褐斑病、细菌病、芽枯病力较弱。适宜于长江流域栽植。

73. 湖桑3号

【来源及分布】 是原浙江省蚕桑试验场选育的品种。属鲁桑种,二倍体。在科研和教育单位栽植。现保存于浙江省农科院蚕桑研究所。

【特征特性】 树形直立,发条数多,枝条较粗而直,无侧枝,皮青灰色,节间微曲,节距3.6 cm,叶序2/5或3/8,皮孔小,圆形,灰褐色。冬芽盾形,黄褐色,尖离,副芽小而少。叶卵圆形,较平展,翠绿色,叶尖短尾状,叶缘钝齿,叶基浅心形,叶长20.8 cm,叶幅16.8 cm,100 cm²叶片重2.0 g,叶面平而稍光滑,光泽较强,叶柄较细,长4.8～5.5 cm,叶片稍下垂。开雌花,葚少,紫黑色。杭州栽植,发芽期3月31日—4月6日,开叶期4月11日—12日,属中晚熟品种。叶片硬化较迟。亩桑产叶量春780 kg、夏秋1290 kg,叶质中等。抗萎缩病、细菌病力较强,抗污叶病力弱。适宜于长江流域和黄河中下游以南地区栽植。

74. **湖桑5号**

【**来源及分布**】 是原浙江省蚕桑试验场选育的品种。属鲁桑种,二倍体。在科研和教育单位栽植。现保存于浙江省农科院蚕桑研究所。

【**特征特性**】 树形直立,发条数中等,枝条粗长而直,侧枝少,平均条长166 cm,皮青灰色,节间微曲,节距4.3 cm,叶序2/5,皮孔小,圆形或椭圆形,淡青灰色。冬芽正三角形,黄褐色,贴生,副芽小而少。叶心脏形,平展,深绿色,叶尖双头,下部叶为短尾状,叶缘钝齿,叶基深心形,叶长20.9 cm,叶幅22.1 cm,100 cm²叶片重2.5 g,叶面皱而光滑,光泽较强,叶柄粗,长4.8~5.4 cm,叶片稍下垂。开雌花,甚少,紫黑色。杭州栽植,发芽期4月6日—10日,开叶期4月16日—24日,属中晚熟品种。叶片硬化迟。亩桑产叶量春600 kg、夏秋705 kg,叶质中等。抗细菌病力强,抗萎缩病力稍弱。适宜于长江流域和黄河中下游地区栽植。

75. **湖桑16号**

【**来源及分布**】 是原浙江省蚕桑试验场选育的品种。属鲁桑种,二倍体。在科研和教育单位栽植。现保存于浙江省农科院蚕桑研究所。

【**特征特性**】 树形稍开展且歪斜,发条数多,枝条粗长稍弯曲,侧枝少,皮粉红色,节间微曲,节距4.1 cm,叶序2/5或3/8,皮孔小而少,圆形或椭圆形,淡粉红色。冬芽正三角形,黄褐色,贴生,副芽大而少。叶卵圆形,较平展,深绿色,叶尖短尾状,叶缘钝齿,叶基心形,叶长19.7 cm,叶幅16.8 cm,100 cm²叶片重2.3 g,叶面平而稍粗糙,光泽稍强,叶柄粗,长4.0~4.8 cm,叶片平伸。开雌雄花,同株,甚少,紫黑色。杭州栽植,发芽期4月7日—10日,开叶期4月16日—25日,属中晚熟品种。叶片硬化较迟。亩桑产叶量春1080 kg、夏秋1530 kg,叶质中等。抗白粉病力强,抗萎缩病、细菌病、污叶病力较弱。适宜于长江流域和黄河中下游地区栽植,不宜在萎缩病、细菌病严重发生地区栽植。

76. **湖桑20号**

【**来源及分布**】 是原浙江省蚕桑试验场选育的品种。属鲁桑种,二倍体。在科研和教育单位栽植。现保存于浙江省农科院蚕桑研究所。

【**特征特性**】 树形直立,发条数中等,枝条粗长而直,侧枝少,皮粉红色,节间较直,节距4.9 cm,叶序2/5或3/8,皮孔小而多,圆形,淡粉红色。冬芽正三角形,深红色,贴生,副芽大而少。叶心脏形,较平展,翠绿色,叶尖短尾状,叶缘锐齿,叶基浅心形,叶长26.4 cm,叶幅20.7 cm,100 cm²叶片重2.2 g,叶面平而稍光滑,光泽较强,叶柄粗细中等,长4.6~5.2 cm,叶片平伸。开雌雄花,异穗或同穗,甚紫黑色。杭州栽植,发芽期4月3日—9日,开叶期4月14日—25日,属中晚熟品种。叶片硬化迟。亩桑产叶量春810 kg、夏秋936 kg,叶质较优。抗白粉病、细菌病力强,抗萎缩病、污叶病力稍弱。适宜于长江流域和黄河下游地区栽植。

77. 湖桑24号

【来源及分布】 是原浙江省蚕桑试验场选育的品种。属鲁桑种,二倍体。在科研和教育单位栽植。现保存于浙江省农科院蚕桑研究所。

【特征特性】 树形直立,发条数多,枝条粗而直,无侧枝,皮粉红色,节间微曲,节距3.4 cm,叶序2/5或3/8,皮孔小,圆形或椭圆形,淡粉红色。冬芽正三角形,粉红色,贴生,副芽小而少。叶卵圆形,较平展,翠绿色,叶尖锐头,叶缘钝齿,叶基心形,叶长20.8 cm,叶幅19.3 cm,100 cm²叶片重2.15 g,叶面稍皱而光滑,光泽较强,叶柄中粗,长4.8～5.2 cm,叶片平伸。开雌雄花,异穗或同穗,甚少,紫黑色。杭州栽植,发芽期4月4日—9日,开叶期4月16日—24日,属中晚熟品种。叶片硬化较迟。亩桑产叶量春630 kg、夏秋1125 kg,叶质中等。抗萎缩病、细菌病力中等,抗污叶病、白粉病力弱。适宜于长江流域栽植。

78. 湖桑38号

【来源及分布】 是原浙江省蚕桑试验场选育的品种。属鲁桑种,二倍体。在科研和教育单位栽植。现保存于浙江省农科院蚕桑研究所。

【特征特性】 树形直立,发条数多,枝条较粗长而直,侧枝少,皮青灰色,节间较直,节距4.4 cm,叶序2/5,皮孔小而多,圆形或椭圆形,黄褐色。冬芽长三角形,黄褐色,贴生,副芽小而少。叶卵圆形,较平展,深绿色,叶尖短尾状,叶缘乳头齿,叶基浅心形,叶长22.9 cm,叶幅18.8 cm,100 cm²叶片重2.3 g,叶面平而光滑,光泽较强,叶柄较粗,长4.5～5.4 cm,叶片稍下垂。开雌花,无花柱,甚小而少,紫黑色。杭州栽植,发芽期3月24日—31日,开叶期4月7日—21日,属中晚熟品种。叶片硬化较迟。亩桑产叶量春960 kg、夏秋1605 kg,叶质中等。抗褐斑病、白粉病力强,抗萎缩病力较强,抗污叶病、细菌病力弱。适宜于长江流域和黄河下游地区栽植。

79. 湖桑39号

【来源及分布】 是原浙江省蚕桑试验场选育的品种。属鲁桑种,二倍体。在科研和教育单位栽植,近年来在本省主要蚕区亦有少量栽植。现保存于浙江省农科院蚕桑研究所。

【特征特性】 树形直立,发条数多,枝条粗直较长,侧枝少,皮黄褐色,节间微曲,节距4.9 cm,叶序3/8,皮孔小,圆形,淡黄褐色。冬芽正三角形,黄褐色,尖离,副芽大而多。叶卵圆形,深绿色,叶尖短尾状,叶缘钝齿,叶基深心形,叶长23.8 cm,叶幅20.8 cm,100 cm²叶片重1.9 g,叶面稍皱而光滑,光泽较强,叶柄粗细中等,长4.2～4.8 cm,叶片稍下垂。开雌雄花,同株,异穗,甚紫黑色。杭州栽植,发芽期3月30日—4月7日,开叶期4月12日—20日,属中晚熟品种。叶片硬化迟。亩桑产叶量春870 kg、夏秋1515 kg,叶质中等。抗萎缩病、细菌病、褐斑病力强,抗白粉病、污叶病力较强。适宜于长江流域和黄河下游地区栽植。

80. 湖桑77号

【来源及分布】 是原浙江省蚕桑试验场选育的品种。属鲁桑种,二倍体。在科研和教育单位栽植。现保存于浙江省农科院蚕桑研究所。

【特征特性】 树形直立,发条数多,枝条粗长而直,无侧枝,皮灰白色,节间微曲,节距4.4 cm,叶序2/5,皮孔小,圆形,灰白色。冬芽正三角形,淡棕色,贴生,副芽小而少。叶椭圆形,较平展,深绿色,叶尖短尾状,叶缘乳头齿,叶基浅心形,叶长20.4 cm,叶幅18.6 cm,100 cm²叶片重2.4 g,叶面平而稍粗糙,光泽弱,叶柄粗,长6.8~8.5 cm,叶片下垂。开雌花,甚多,紫黑色。杭州栽植,发芽期4月3日—5日,开叶期4月10日—20日,属中晚熟品种。叶片硬化迟。亩桑产叶量春1020 kg、夏秋1479 kg,叶质中等。抗细菌病、褐斑病、白粉病力强,抗萎缩病、污叶病力稍弱。适宜于长江流域和黄河下游地区栽植。

81. 湖桑79号

【来源及分布】 是原浙江省蚕桑试验场选育的品种。属鲁桑种,二倍体。在科研和教育单位栽植。现保存于浙江省农科院蚕桑研究所。

【特征特性】 树形直立,发条数多,枝条粗直而较短,侧枝少,皮粉红色,节间直,节距3.8 cm,叶序2/5,皮孔小,椭圆形或圆形,淡粉红色。冬芽正三角形,黄褐色,贴生,副芽小而少。叶卵圆形,平展,深绿色,叶尖锐头,叶缘钝齿,叶基浅心形,叶长22.1 cm,叶幅18.8 cm,100 cm²叶片重2.7 g,叶面平而稍光滑,叶柄粗细中等,长4.8~6.0 cm,叶片平伸。开雌雄花,异穗或同穗,甚紫黑色。杭州栽植,发芽期4月5日—9日,开叶期4月15日—24日,属中晚熟品种。叶片硬化迟。亩桑产叶量春750 kg、夏秋1050 kg,叶质中等。抗萎缩病、褐斑病力强,抗细菌病力较弱。适宜于长江流域栽植。

82. 湖桑96号

【来源及分布】 是原浙江省蚕桑试验场选育的品种。属鲁桑种,二倍体。在科研和教育单位栽植。现保存于浙江省农科院蚕桑研究所。

【特征特性】 树形直立,发条数多,枝条粗长而直,侧枝少,皮灰棕色,节间微曲,节距3.8 cm,叶序2/5,皮孔小,圆形或椭圆形,淡粉红色。冬芽正三角形,粉红色,尖离,副芽小而多。叶卵圆形,较平展,翠绿色,叶尖锐头,叶缘乳头齿,叶基截形或浅心形,叶长24.2 cm,叶幅20.6 cm,100 cm²叶片重2.5 g,叶面平而光滑,叶柄较细,长7.0~8.0 cm,叶片稍下垂。开雌花,甚小而多,紫黑色。杭州栽植,发芽期4月1日—9日,开叶期4月15日—24日,属中晚熟品种。叶片硬化迟。亩桑产叶量春1380 kg、夏秋2370 kg,叶质中等。抗白粉病力强,抗细菌病力中等,抗萎缩病、炭疽病力弱。适宜于长江流域栽植。

83. 湖桑104号

【来源及分布】 是原浙江省蚕桑试验场选育的品种。属鲁桑种,二倍体。在科研和教育单位栽植。现保存于浙江省农科院蚕桑研究所。

【特征特性】 树形开展,发条数多,枝条粗长而直,无侧枝,节间微曲,节距5.2 cm,叶序2/5或3/8,皮黄棕色,皮孔大,长椭圆形或圆形,淡黄色。冬芽正三角形,棕褐色,贴生,副芽小而少。叶卵圆形,较平展,翠绿色,叶尖短尾状,叶缘乳头齿,叶基浅心形,叶长22.5 cm,叶幅19.1 cm,100 cm²叶片重2.2 g,叶面平而光滑,有光泽,叶柄粗细中等,长7.2～8.5 cm,叶片下垂。开雌雄花,同株异穗,雄花穗多,葚少,紫黑色。杭州栽植,发芽期3月29日—4月10日,属中晚熟品种。叶片硬化迟。亩桑产叶量春1000 kg、夏秋936 kg,叶质中等。抗细菌病、褐斑病、白粉病、污叶病力强,抗萎缩病力弱。适宜于长江流域及黄河中下游地区栽植。

84. 湖桑107号

【来源及分布】 是原浙江省蚕桑试验场选育的品种。属鲁桑种,二倍体。在科研和教育单位栽植。现保存于浙江省农科院蚕桑研究所。

【特征特性】 树形开展稍倾斜,发条数多,枝条粗长稍弯曲,侧枝少,皮粉红色,节间微曲,节距4.4 cm,叶序2/5或3/8,皮孔小,圆形,淡粉红色。冬芽正三角形,淡粉红色,贴生,副芽大而少。叶心脏形,较平展,翠绿色,叶尖锐头,叶缘钝齿,叶基深心形,叶长22.7 cm,叶幅20.8 cm,100 cm²叶片重2.6 g,叶面平而稍粗糙,叶柄粗,长5.2～5.8 cm,叶片平伸。开雌花,甚少,紫黑色。杭州栽植,发芽期4月7日—10日,开叶期4月15日—25日,属中晚熟品种。叶片硬化迟。亩桑产叶量春660 kg、夏秋1209 kg,叶质较优。抗萎缩病、细菌病、白粉病力强。适宜于长江流域栽植。

85. 湖桑113号

【来源及分布】 是原浙江省蚕桑试验场选育的品种。属鲁桑种,二倍体。在科研和教育单位栽植。现保存于浙江省农科院蚕桑研究所。

【特征特性】 树形直立,发条数中等,枝条较粗长而直,无侧枝,皮粉红色,节间微曲,节距4.7 cm,叶序2/5或3/8,皮孔小,圆形,淡粉红色。冬芽盾形,深粉红色,贴生,副芽大而少。叶卵圆形,较平展,翠绿色,叶尖锐头,叶缘钝齿,叶基心形,叶长22.0 cm,叶幅19.9 cm,100 cm²叶片重2.5 g,叶面平而光滑,光泽较强,叶柄较粗,长4.4～5.2 cm,叶片稍下垂。开雌雄花,同株,甚紫黑色。杭州栽植,发芽期4月5日—10日,开叶期4月14日—25日,属中晚熟品种。叶片硬化稍迟。亩桑产叶量春600 kg、夏秋1005 kg,叶质中等。抗萎缩病力强,抗细菌病力弱。适宜于长江流域栽植。

86. **湖桑**123**号**

【来源及分布】 是原浙江省蚕桑试验场选育的品种。属鲁桑种,二倍体。在科研和教育单位栽植。现保存于浙江省农科院蚕桑研究所。

【特征特性】 树形直立,发条数多,枝条粗长而直,侧枝少,平均条长184 cm,皮淡紫褐色,节间微曲,节距4 cm,叶序2/5,皮孔小,圆形,淡紫褐色。冬芽盾形,淡紫褐色,尖离,副芽小而少。叶卵圆形,较平展,翠绿色,叶尖短尾状,叶缘钝齿,叶基心形,叶长21.9 cm,叶幅18.6 cm,100 cm²叶片重2.7 g,叶面平而光滑,光泽较强,叶柄较细,长4.2~5.6 cm,叶片下垂。开雌雄花,异穗或同穗,葚小而少,紫黑色。杭州栽植,发芽期4月5日—10日,开叶期4月14日—25日,属中晚熟品种。叶片硬化较迟。亩桑产叶量春600 kg、夏秋870 kg,叶质中等。抗白粉病、污叶病力较强,抗细菌病力中等,抗萎缩病力较弱。适宜于长江流域栽植。

87. **湖桑**187**号**

【来源及分布】 是原浙江省蚕桑试验场选育的品种。属鲁桑种,二倍体。在科研和教育单位栽植。现保存于浙江省农科院蚕桑研究所。

【特征特性】 树形开展而稍斜,发条数多,枝条粗长而稍弯曲,侧枝少,皮粉红色,节间微曲,节距4.6 cm,叶序2/5,皮孔小而少,圆形,淡粉红色。冬芽正三角形,黄褐色,尖离,副芽大而少。叶卵圆形,较平展,翠绿色,叶尖锐头,叶缘钝齿,叶基浅心形,叶长21.7 cm,叶幅19.4 cm,100 cm²叶片重2.2 g,叶面稍粗糙而微皱,光泽较弱,叶柄较细,长5.2~5.5 cm,叶片稍下垂。开雌雄花,同株异穗,葚少,紫黑色。杭州栽植,发芽期3月31日—4月9日,开叶期4月14日—23日,属中晚熟品种。叶片硬化较早。亩桑产叶量春600 kg、夏秋1368 kg,叶质中等。抗萎缩病、白粉病、污叶病力强,抗细菌病力中等。适宜于长江流域和黄河下游地区栽植。

88. **董岭枝多桑**

【来源及分布】 原产于临安市安吉县董岭村。属鲁桑种,二倍体。分布于临安市各地。现保存于浙江省农科院蚕桑研究所。

【特征特性】 树形稍开展,发条数中等,枝条直而中粗,侧枝少,皮青灰色,节间较直,节距3.7 cm,叶序3/8,皮孔小而少,圆形,黄褐色。冬芽正三角形,淡棕色,尖离,副芽小而少。叶长心脏形,深绿色,叶尖短尾状,叶缘钝齿,叶基浅心形,叶长24.4 cm,叶幅20.0 cm,100 cm²叶片重2.4 g,叶面稍皱而稍粗糙,光泽强,叶柄细,长3.8~4.5 cm,叶片下垂。开雌雄花,同穗或异穗,葚少,紫黑色。杭州栽植,发芽期3月28日—4月7日,开叶期4月12日—19日,属中晚熟品种。叶片硬化较早。亩桑产叶量春660 kg、夏秋1545 kg,叶质中等。抗褐斑病、污叶病力较强,抗细菌病力中等,抗萎缩病、白粉病力较弱。适宜于长江流域和黄河下游地区栽植。

89. 龙岗枝多桑

【来源及分布】 原产于临安市龙岗镇。属鲁桑种,二倍体。分布于临安、桐庐等地。现保存于浙江省农科院蚕桑研究所。

【特征特性】 树形开展,发条数中等,枝条粗细不匀而弯曲,侧枝多,皮灰黄色,节间稍曲,节距4.3 cm,叶序2/5或3/8,皮孔小而多,椭圆形或圆形,黄褐色。冬芽长三角形,淡棕褐色,尖离,副芽小而多。叶心脏形,较平展,淡绿色,叶尖短尾状,叶缘钝齿,叶基心形,叶长25.1 cm,叶幅22.1 cm,100 cm²叶片重2.0 g,叶面稍滑,有小的缩皱,叶柄较细,长3.8~4.5 cm,叶片稍下垂。开雌雄花,异穗或同穗,无花柱,葚小而少,紫黑色,雄花穗短而较少。杭州栽植,发芽期3月24日—28日,开叶期4月2日—21日,属中晚熟品种。叶片硬化迟。亩桑产叶量春2300 kg、夏秋880 kg,叶质较优。抗萎缩病、褐斑病、白粉病力强,抗细菌病力弱。适宜于长江流域栽植。

90. 白皮桑

【来源及分布】 原产于海宁市。属鲁桑种,二倍体。分布于海宁、桐乡、嘉兴等地。现保存于浙江省农科院蚕桑研究所。

【特征特性】 树形直立,枝条较多,粗而直,无侧枝,皮色黄褐,节间直,节距3.7 cm,叶序3/8,皮孔小,圆形或椭圆形,灰褐色。冬芽长三角形,黄褐色,稍离生,副芽大而少。叶长椭圆形,墨绿色,叶尖锐头,叶缘乳头齿,叶基截形,叶长20.0 cm,叶幅14.5 cm,100 cm²叶片重2.5 g,叶面平滑,光泽强,叶柄细,长5.5 cm,叶片平伸或下垂。开雌雄花,异穗或同穗。杭州栽植,发芽期3月22日—4月1日,开叶期4月8日—12日,属中晚熟品种。叶片硬化较早。亩桑产叶量春780 kg、夏秋1887 kg,叶质中等。抗细菌病和黄化型萎缩病力稍弱。适宜于长江中下游地区栽植。

91. 小墨斗

【来源及分布】 原产于海宁。属鲁桑种,二倍体。分布在海宁、嘉兴等地。现保存于浙江省农科院蚕桑研究所。

【特征特性】 树形稍开展,枝条较多,粗而稍弯曲,侧枝少,皮青灰色,节间稍曲,节距3.7 cm,叶序3/8,皮孔小,圆形或椭圆形,灰褐色。冬芽正三角形,棕褐色,稍离生,副芽小而少。叶心脏形,深绿色,叶尖锐头,叶缘乳头齿,叶基深心形,叶长16.5 cm,叶幅15.5 cm,100 cm²叶片重2.0 g,叶面平而稍粗糙,光泽较强,叶柄细,长6 cm,叶片稍下垂。开雌花,葚紫黑色。杭州栽植,发芽期3月27日—4月6日,开叶期4月10日—17日,属中晚熟品种。叶片硬化较迟。亩桑产叶量春750 kg、夏秋1173 kg,叶质中等。抗细菌病力较弱。适宜于长江中下游地区栽植。

92. 白皮湖桑

【来源及分布】 原产于海宁市长安镇。属鲁桑种,二倍体。分布于海宁、桐乡等地。现保存于浙江省农科院蚕桑研究所。

【特征特性】 树形稍开展,发条数中等,枝条粗而弯曲,侧枝少,皮灰白色,节间稍曲,节距 4.4 cm,叶序 2/5,皮孔小,圆形,灰黄色。冬芽短三角形,灰褐色,尖离,副芽小而少。叶卵圆形,较 平展,深绿色,叶尖锐头,叶缘钝齿,叶基心形,叶长 25.6 cm,叶幅 18.8 cm,100 cm² 叶片重 2.2 g,叶面 稍滑微皱,光泽较强,叶柄较细,长 5.5～6.3 cm,叶片稍下垂。开雌花,葚紫黑色。杭州栽植,发芽 期 3 月 30 日—4 月 4 日,开叶期 4 月 9 日—20 日,属中晚熟品种。叶片硬化早。亩桑产叶量春 480 kg、 夏秋 915 kg,叶质中等。抗萎缩病、污叶病力强,抗细菌病、白粉病力较弱。适宜于长江流域栽植。

93. 红皮大种

【来源及分布】 又名粉红皮,原产于海宁市斜桥镇。属鲁桑种,二倍体。分布于杭嘉湖等 地,以海宁市栽植最多。现保存于浙江省农科院蚕桑研究所。

【特征特性】 树形开展,发条数多,枝条稍弯曲,基部粗而梢端细,侧枝少,有卧伏枝,皮色 黄褐带红,节间稍曲,节距 4.5 cm,枝条上部节密而下部较稀,叶序 2/5,皮孔小而多,椭圆形或圆 形,黄褐色。冬芽正三角形,淡棕褐色,贴生,副芽小而少。叶心脏形,较平展,翠绿色,叶尖锐头,叶 缘乳头齿或钝齿,叶基心形,叶长 22.5 cm,叶幅 18.52 cm,100 cm² 叶片重 1.9 g,叶面平滑,光泽较 强,叶柄粗细中等,长 5.5～6.5 cm,叶片稍下垂。开雌雄花,异穗或同穗,甚少,大小中等,紫黑 色,雄花穗短而少。杭州栽植,发芽期 3 月 31 日—4 月 8 日,开叶期 4 月 12 日—18 日,属中晚熟 品种。叶片硬化迟。亩桑产叶量春 780 kg、夏秋 1485 kg,叶质中等。抗褐斑病力强,易感萎缩 病,木质疏松,易受天牛、蛀虫为害,并易发生流汁病。适宜于长江流域栽植。

94. 真杜子桑

【来源及分布】 原产于桐乡市青石村。属鲁桑种,二倍体。分布于桐乡、海宁等地。现保 存于浙江省农科院蚕桑研究所。

【特征特性】 树形开展,发条数多,枝条粗而稍弯曲,侧枝少,皮青灰色,节间微曲,节距 4.6 cm,叶序 2/5,皮孔小,椭圆形,灰黄色。冬芽似球形,灰黄褐色,尖离,副芽大而少。叶长心 脏形,较平展,翠绿色,叶尖锐头,叶缘乳头齿,叶基深心形,叶长 23.8 cm,叶幅 22.4 cm,100 cm² 叶片重 2.0 g,叶面平而光滑,光泽稍强,叶柄粗,长 5.8～7.0 cm,叶片稍下垂。开雌雄花,同穗或 异穗,甚少,紫黑色。杭州栽植,发芽期 3 月 28 日—4 月 3 日,开叶期 4 月 1 日—20 日,属中晚熟 品种。叶片硬化迟。亩桑产叶量春 840 kg、夏秋 1815 kg,叶质较优。抗细菌病、褐斑病、白粉 病、污叶病力较强,抗萎缩病力中等。适宜于长江流域和黄河下游地区栽植。

95. 叶芽桑

【来源及分布】 原产于长兴县。属鲁桑种,二倍体。分布于长兴县各地。现保存于浙江省 农科院蚕桑研究所。

【特征特性】 树形稍开展,发条数多,枝条粗而直,无侧枝,皮黄褐色,节间微曲,节距4.3 cm,叶序2/5,皮孔小,椭圆形,黄褐色。冬芽正三角形,棕褐色,贴生,副芽大而少。叶长心脏形,较平展,翠绿色,叶尖短尾状,叶缘钝齿,叶基心形,叶长22.7 cm,叶幅19.6 cm,100 cm²叶片重2.0 g,叶面光滑,有波皱,叶柄较细,长5.8~7.5 cm,叶片下垂。开雌雄花,异穗或同穗,甚少,紫黑色。杭州栽植,发芽期3月26日—4月6日,开叶期4月9日—17日,属中晚熟品种。叶片硬化迟。亩桑产叶量春750 kg、夏秋1785 kg,叶质中等。抗萎缩病、褐斑病力强,抗细菌病、白粉病、污叶病力稍弱。适宜于长江流域和黄河下游地区栽植。

96. 大叶荷叶桑

【来源及分布】 原产于长兴县。属鲁桑种,二倍体。分布于长兴、湖州、桐乡等地。现保存于浙江省农科院蚕桑研究所。

【特征特性】 树形稍开展,发条数少,枝条粗而稍弯曲,粗细不匀,长短不齐,侧枝少,皮淡棕色,节间稍曲,节距4.9 cm,叶序3/8,皮孔小而少,圆形,黄褐色。冬芽正三角形,棕色,尖离,副芽小而少。叶心脏形,较平展,深绿色,叶尖锐头,叶缘钝齿,叶基深心形,叶长24.9 cm,叶幅23.4 cm,100 cm²叶片重1.8 g,叶面光滑而皱,叶柄较粗,长3.6~4.2 cm,叶片下垂。开雌雄花,异穗,雌花无花柱,甚小而很少,紫黑色,雄花穗较少,长短中等。杭州栽植,发芽期3月26日—4月5日,开叶期4月11日—21日,属中晚熟品种。叶片硬化较迟。亩桑产叶量春1200 kg、夏秋1395 kg,叶质优。抗萎缩病、白粉病、污叶病力较强,抗细菌病力较弱,抗风能力弱。适宜于长江流域和黄河下游地区栽植。

97. 荷叶大种

【来源及分布】 原产于长兴县。属鲁桑种,二倍体。分布于长兴、海宁等地。现保存于浙江省农科院蚕桑研究所。

【特征特性】 树形稍开展,发条数多,枝条粗而直,侧枝少,皮青灰色,节间微曲,节距3.8 cm,叶序3/8,皮孔小,圆形,黄褐色。冬芽正三角形,黄褐色,尖离,副芽小而少。叶心脏形,翠绿色,叶尖锐头,叶缘乳头齿,叶基深心形,叶长21.9 cm,叶幅20.1 cm,100 cm²叶片重2.2 g,叶面光滑,微泡皱,光泽较强,叶柄较粗,长5.5~7.0 cm,叶片稍下垂。开雌雄花,异穗或同穗,无花柱,甚小,较少,紫黑色。杭州栽植,发芽期3月26日—4月6日,开叶期4月9日—19日,属中晚熟品种。叶片硬化早。亩桑产叶量春760 kg、夏秋892 kg,叶质中等。抗萎缩病力强,抗细菌病、褐斑病、白粉病、污叶病力较弱。适宜于长江流域和黄河下游地区栽植。

98. 大种桑(长兴)

【来源及分布】 又名白皮大种桑,原产于长兴县。属鲁桑种,二倍体。分布于长兴、湖州、海宁等地。现保存于浙江省农科院蚕桑研究所。

【特征特性】 树形开展,发条数中等,枝条粗长而稍弯曲,粗细不匀,侧枝少,皮青灰色带黄,节间稍曲,节距4.5 cm,叶序2/5,皮孔小,圆形,灰黄色。冬芽正三角形,淡棕色,尖离,副芽小而少。叶长心脏形,较平展,深绿色,叶尖锐头,叶缘钝齿,叶基深心形,叶长24.2 cm,叶幅21.7 cm,100 cm²叶片重2.5 g,叶面光滑稍皱,光泽稍强,叶柄中粗,长5.2～7.0 cm,叶片稍下垂。开雌花,无花柱,葚小而少,紫黑色。杭州栽植,发芽期4月1日—8日,开叶期4月13日—20日,属中晚熟品种。叶片硬化稍早。亩桑产叶量春900 kg、夏秋1434 kg,叶质较优。抗萎缩病、白粉病力强,抗细菌病力较强,易感褐斑病,耐旱性强,适应性广。适宜于长江流域和黄河下游地区栽植。

99. 瑞安桑

【来源及分布】 原产于瑞安市。属鲁桑种,二倍体。分布于瑞安、平阳、文成等地。现保存于浙江省农科院蚕桑研究所。

【特征特性】 树形稍开展,枝条较少较细而弯曲,侧枝少,皮青灰色,节间曲,节距4.8 cm,叶序2/5,皮孔小,椭圆形或圆形,灰褐色。冬芽长三角形,棕褐色,稍离生,副芽小而少。叶心脏形,翠绿色,叶尖锐头,叶缘乳头齿,叶基浅心形,叶长21.0 cm,叶幅17.0 cm,100 cm²叶片重2.0 g,叶面稍皱稍光滑且稍有光泽,叶柄细,长5.0 cm,叶片下垂。开雄花。杭州栽植,发芽期3月21日—4月3日,开叶期4月11日—19日,属晚熟品种。叶片硬化较迟。亩桑产叶量春588 kg、夏秋1161 kg,叶质中等。抗细菌病力较弱。适宜于长江中下游地区栽植。

100. 缙选2号

【来源及分布】 是缙云县农业局选出的桑品种。属鲁桑种,二倍体。现保存于浙江省农科院蚕桑研究所。

【特征特性】 树形直立,枝条较多而粗直,无侧枝,皮青灰色,节间直,节距3.2 cm,叶序2/5,皮孔小而多,圆形或椭圆形,灰褐色。冬芽正三角形,灰褐色,贴生,副芽小而少。叶长心脏形,呈涡旋扭转,翠绿色,叶尖锐头,叶缘乳头齿,叶基截形,叶长20.0 cm,叶幅14.0 cm,100 cm²叶片重2.5 g,叶面较平而稍光滑,稍有光泽,叶柄较细,长5.0 cm,叶片稍下垂。开雌花,甚紫黑色。杭州栽植,发芽期3月23日—4月6日,开叶期4月10日—19日,属晚熟品种。叶片硬化较迟。亩桑产叶量春540 kg、夏秋1170 kg,叶质中等。抗细菌病力稍弱。适宜于长江中下游地区栽植。

101. 接桑

【来源及分布】 原产于临海市伏龙村。属鲁桑种,二倍体。分布于临海市各地。现保存于浙江省农科院蚕桑研究所。

【特征特性】 树形稍开展,发条数多,枝条中粗而直,侧枝多,皮淡灰褐色,节间较直,节距2.7 cm,叶序2/5或3/8,皮孔小而多,圆形,淡黄色。冬芽长三角形,淡紫褐色,尖离,副芽大而少。叶心脏形,较平展,翠绿色,叶尖锐头,叶缘钝齿,叶基浅心形,叶长17.3 cm,叶幅14.6 cm,100 cm²叶片重1.8 g,叶面平而光滑,叶柄较细,长4.3~5.3 cm,叶片稍下垂。开雌花,甚少,紫黑色。杭州栽植,发芽期3月27日—4月6日,开叶期4月11日—15日,属晚熟品种。叶片硬化迟。亩桑产叶量春1080 kg、夏秋1575 kg,叶质较差,耐剪伐。耐盐碱,抗污叶病力强,抗萎缩病、细菌病力较弱。适宜于长江流域和黄河下游地区栽植。

102. 真桑(临海)

【来源及分布】 原产于临海市杜桥镇。属鲁桑种,二倍体。分布于临海市各地。现保存于浙江省农科院蚕桑研究所。

【特征特性】 树形开展,发条数多,枝条中粗,长而直,侧枝少,皮灰褐色,节间直,节距2.7 cm,叶序3/8,皮孔大而少,椭圆形,灰白色。冬芽正三角形,棕褐色,尖离,副芽大而少。叶卵圆形,间有1~2个缺刻,较平展,翠绿色,叶尖短尾状,叶缘钝齿,叶基截形,叶长20.0 cm,叶幅15.0 cm,100 cm²叶片重2.3 g,叶面光滑而微皱,光泽较强,叶柄细,长3.3~4.1 cm,叶片稍下垂。开雄花,花穗少。杭州栽植,发芽期3月18日—22日,开叶期4月5日—11日,属晚熟品种。叶片硬化稍迟。亩桑产叶量春1002 kg、夏秋1080 kg,叶质中等。耐盐碱,抗风能力强,发根力强,抗萎缩病、细菌病力强,抗赤锈病力较弱。适宜于华东沿海地区栽植。

103. 山岙桑

【来源及分布】 是浙江省农业科学院从临海市白水洋镇山岙村桑园中选择的单株,经培育而成。属鲁桑种,二倍体。分布于临海市各蚕区。现保存于浙江省农科院蚕桑研究所。

【特征特性】 树形直立稍开展,发条数多,枝条粗长而直,无侧枝,皮青灰色,节间微曲,节距3.0 cm,叶序2/5,皮孔小而多,圆形,灰褐色。冬芽长三角形,黄褐色,尖离,副芽大而多。叶长心脏形,平展,深绿色,叶尖锐头,叶缘钝齿,叶基浅心形,叶长20.0 cm,叶幅17.0 cm,100 cm²叶片重1.8 g,叶面平而光滑,光泽较强,叶柄较细,长5.2~6.2 cm,叶片下垂。开雌花,甚小而少,紫黑色。杭州栽植,发芽期3月21日—4月1日,开叶期4月8日—15日,属晚熟品种。叶片硬化稍迟。亩桑产叶量春792 kg、夏秋840 kg,叶质中等。抗褐斑病、白粉病力强,抗萎缩病、细菌病力较弱。适宜于长江流域和黄河下游地区栽植。

104. 双头桑

【来源及分布】 原产于新昌县梅渚镇。属鲁桑种,二倍体。分布于新昌县各地。现保存于浙江省农科院蚕桑研究所。

【特征特性】 树形直立,发条数中等,枝条粗而直,侧枝少,皮黄褐色,节间微曲,节距6.0 cm,

叶序2/5,皮孔大而少,圆形或椭圆形,黄褐色。冬芽短三角形,黄褐色,贴生,副芽大而少。叶心脏形,深绿色,叶片边缘稍翘,叶尖双头,叶缘乳头齿,叶基心形,叶长22.0 cm,叶幅20.0 cm,100 cm²叶片重2.5 g,叶面光滑有泡皱,光泽强,叶柄粗细中等,长5.6～8.5 cm,叶片稍下垂。开雌雄花,异穗或同穗,雌花无花柱,甚较多,个大,紫黑色。杭州栽植,发芽期4月6日—9日,开叶期4月12日—23日,成熟期5月4日—12日,属晚熟品种。叶片硬化较早。亩桑产叶量春612 kg、夏秋1575 kg,叶质中等。抗萎缩病、细菌病力较强。适宜于长江流域栽植。

105. 豆腐泡桑

【来源及分布】 原产于浦江县黄宅镇。属鲁桑种,二倍体。分布于浦江、义乌、富阳等地。现保存于浙江省农科院蚕桑研究所。

【特征特性】 树形直立,发条数多,枝条中粗,长而直,侧枝少,皮灰色,节间微曲,节距4.7 cm,叶序2/5,皮孔小而多,圆形或椭圆形,黄褐色。冬芽长三角形,灰黄色,尖离,副芽大而多。叶长心脏形,翠绿色,叶尖短尾状,叶缘钝齿,叶基深心形,叶长21.0 cm,叶幅16.0 cm,100 cm²叶片重1.8 g,叶面皱缩,较光滑,稍有光泽,叶柄细,长2.6～4.0 cm,叶片稍下垂。开雌雄花,同穗或异穗,甚少,紫黑色。杭州栽植,发芽期3月30日—4月8日,开叶期4月11日—22日,成熟期5月4日—13日,属晚熟品种。叶片硬化早。亩桑产叶量春600 kg、夏秋630 kg,叶质较差。抗细菌病、萎缩病力稍弱。适宜于长江流域和黄河下游地区栽植。

106. 璜桑3号

【来源及分布】 是由浙江省农科院蚕桑研究所和诸暨市璜山镇农技站共同从璜山镇上马宅村的实生桑中选出。属鲁桑种,二倍体。分布于诸暨、浦江、义乌、嵊州、萧山等地。现保存于浙江省农科院蚕桑研究所。

【特征特性】 树形稍开展,发条数中等,枝条粗细均匀,侧枝少,皮青灰色,节间较直,节距3.2 cm,叶序2/5,皮孔小而少,近圆形,黄褐色。冬芽正三角形,灰褐色,贴生,副芽小而少。叶心脏形,翠绿色,叶尖锐头,叶缘乳头齿,叶基心形,叶长19.5 cm,叶幅17.5 cm,100 cm²叶片重1.4 g,叶面稍皱且稍光滑,稍有光泽,叶柄细,长4.9～5.3 cm,叶片稍下垂。开雌雄花,同穗或异穗,甚极少,紫黑色。杭州栽植,发芽期3月25日—4月8日,开叶期4月11日—17日,成熟期5月4日—12日,属晚熟品种。叶片硬化早。亩桑产叶量春960 kg、夏秋1425 kg,叶质中等。耐旱耐寒性强,抗萎缩病、细菌病力稍弱。适宜于丘陵山坡、溪滩及干旱地区栽植。

107. 葡萄桑

【来源及分布】 原产于桐庐县。属鲁桑种,二倍体。分布于桐庐县各地。现保存于浙江省农科院蚕桑研究所。

【特征特性】 树形稍开展,发条数多,枝条粗直较长,无侧枝,皮棕黄色,节间较直,节距3.0 cm,叶序3/8,皮孔小,圆形或椭圆形,淡黄色。冬芽长三角形,黄褐色,尖离,副芽大而多。叶阔心脏形,较平展,深绿色,叶尖短尾状,叶缘钝齿,叶基深心形,叶长22.5 cm,叶幅21.5 cm,100 cm²叶片重2.1 g,叶面光滑,微皱,光泽较强,叶柄较细,长3.8~4.7 cm,叶片下垂。开雌花,葚小而少,紫黑色。杭州栽植,发芽期3月21日—4月5日,开叶期4月10日—17日,成熟期5月4日—13日,属晚熟品种。叶片硬化迟。亩桑产叶量春660 kg、夏秋1374 kg,叶质中等。抗萎缩病、细菌病力较强。适宜于长江流域和黄河下游地区栽植。

108. 梅蓉荷叶

【来源及分布】 原产于桐庐县。属鲁桑种,二倍体。分布于桐庐、富阳等地。现保存于浙江省农科院蚕桑研究所。

【特征特性】 树形稍开展,枝条较多,粗而直,无侧枝,皮青灰色,节间直,节距2.9 cm,叶序2/5,皮孔小,圆形或椭圆形,灰褐色。冬芽长三角形,灰褐色,贴生,副芽大而少。叶心脏形,深绿色,叶尖锐头,叶缘乳头齿,叶基浅心形,叶长20.0 cm,叶幅18.0 cm,100 cm²叶片重2.0 g,叶面稍平滑,稍有光泽,叶柄中粗,长6.5 cm,叶片平伸。杭州栽植,发芽期3月30日—4月6日,开叶期4月10日—13日,成熟期5月3日—8日,属晚熟品种。叶片硬化较迟。亩桑产叶量春840 kg、夏秋1248 kg,叶质中等。抗细菌病力较弱。适宜于长江中下游地区栽植,不宜在细菌病疫区栽植。

109. 摘桑

【来源及分布】 原产于桐庐县。属鲁桑种,二倍体。分布于桐庐、临安等地。现保存于浙江省农科院蚕桑研究所。

【特征特性】 树形稍开展,发条数多,枝条粗长而直,无侧枝,皮灰褐色,节间较直,节距4.0~7.5 cm,叶序1/2或2/5,皮孔小而少,圆形,淡黄色。冬芽短三角形,黄褐色,贴生,副芽大而多。叶心脏形,较平展,翠绿色,叶尖短尾状,叶缘钝齿,叶基浅心形,叶长23.0 cm,叶幅21.0 cm,100 cm²叶片重1.8 g,叶面平而粗糙,叶柄中粗,长7.2~8.0 cm,叶片下垂。开雌雄花,同穗或异穗,花葚少,葚紫黑色。杭州栽植,发芽期3月23日—4月5日,开叶期4月10日—17日,成熟期5月6日—13日,属晚熟品种。叶片硬化较迟。亩桑产叶量春840 kg、夏秋1230 kg,叶质中等。抗萎缩病、细菌病、褐斑病、污叶病力稍强。适宜于长江流域栽植。

110. 硬藤桑

【来源及分布】 原产于桐庐县。属鲁桑种,二倍体。分布于桐庐县各地。现保存于浙江省农科院蚕桑研究所。

【特征特性】 树形稍开展,发条数多,枝条粗而直,侧枝少,皮青灰色,节间直,节距3.9 cm,叶序3/8,皮孔小,圆形,黄褐色。冬芽正三角形,黄褐色,贴生,副芽大而多。叶卵圆形,较平展,翠绿色,叶尖短尾状,叶缘乳头齿,叶基浅心形,叶长20.5 cm,叶幅18.6 cm,100 cm²叶片重2.1 g,叶面稍皱而粗糙,叶柄中粗,长5.5～7.0 cm,叶片下垂。开雌雄花,同穗或异穗,葚紫黑色。杭州栽植,发芽期3月30日—4月6日,开叶期4月11日—17日,成熟期5月4日—12日,属晚熟品种。叶片硬化较迟。亩桑产叶量春870 kg、夏秋1719 kg,叶质中等。抗萎缩病力较强,抗细菌病力稍弱。适宜于长江流域和黄河下游地区栽植。

111. 红皮海桑

【来源及分布】 原产于桐庐县梅蓉村。属鲁桑种,三倍体。分布于桐庐县各地。现保存于浙江省农科院蚕桑研究所。

【特征特性】 树形开展,发条数中等,枝条粗而稍弯曲,侧枝少,皮紫褐色,节间微曲,节距3.8 cm,叶序2/5,皮孔多,大小不一,圆形或椭圆形,淡黄色。冬芽正三角形,紫褐色,尖离,副芽大而少。叶阔心脏形,较平展,深绿色,叶尖短尾状,叶缘乳头齿,叶基深心形,叶长25.0 cm,叶幅24.0 cm,100 cm²叶片重1.7 g,叶面光滑微皱,光泽强,叶柄粗,长5.1～6.5 cm,叶片稍下垂。开雄花,花穗短而少,花粉不发芽。杭州栽植,发芽期3月27日—4月3日,开叶期4月9日—13日,成熟期5月4日—12日,属晚熟品种。叶片硬化迟。亩桑产叶量春600 kg、夏秋1095 kg,叶质中等。抗白粉病、污叶病力中等,抗萎缩病、细菌病力稍弱。适宜于长江流域栽植。

112. 黄皮海桑

【来源及分布】 原产于桐庐县梅蓉村。属鲁桑种,二倍体。分布于桐庐县各地。现保存于浙江省农科院蚕桑研究所。

【特征特性】 树形稍开展,发条数多,枝条粗长而直,无侧枝,皮黄褐色,节间较直,节距4.5 cm,叶序3/8,皮孔小而多,圆形或椭圆形,黄褐色。冬芽长三角形,棕褐色,尖离,副芽大而少。叶心脏形,较平展,翠绿色,叶尖锐头,叶缘钝齿,叶基深心形,叶长26.0 cm,叶幅24.0 cm,100 cm²叶片重2.1 g,叶面光滑微皱,光泽较强,叶柄细,长5.8～6.9 cm,叶片稍下垂。开雄花,花穗少。杭州栽植,发芽期3月27日—4月3日,开叶期4月9日—13日,成熟期5月4日—12日,属晚熟品种。叶片硬化迟。亩桑产叶量春468 kg、夏秋945 kg,叶质较差。抗萎缩病、细菌病力中等,抗其他病力较强。适宜于长江流域和黄河中下游地区栽植。

113. 上虞湖桑

【来源及分布】 原产于上虞区汤浦镇。属鲁桑种,二倍体。分布于上虞、嵊州各地。现保存于浙江省农科院蚕桑研究所。

【特征特性】 树形直立,发条数较少,枝条较粗短而直,侧枝少,皮青灰色,节间较直,节距2.5 cm,叶序2/5,皮孔小而少,椭圆形或圆形,灰褐色。冬芽正三角形,淡黄色,尖离,副芽大而多。叶长心脏形,较平展,深绿色,叶尖锐头,叶缘钝齿,叶基深心形,叶长26.0 cm,叶幅17.0 cm,100 cm²叶片重1.9 g,叶面平而光滑,光泽较强,叶柄较细,长4.2～5.5 cm,叶片稍下垂。开雄花,花穗多。杭州栽植,发芽期3月16日—30日,开叶期4月13日—25日,成熟期5月8日—12日,属晚熟品种。叶片硬化早。亩桑产叶量春800 kg、夏秋945 kg,叶质较优。抗萎缩病、细菌病力强。适宜于长江流域栽植。

114. 上浦桑

【来源及分布】 原产于上虞区汤浦镇。属鲁桑种,二倍体。分布于上虞、嵊州等地。现保存于浙江省农科院蚕桑研究所。

【特征特性】 树形开展,发条数多,枝条粗长而直,侧枝少,皮灰黄色,节间直,节距3.9 cm,叶序2/5,皮孔小,圆形或椭圆形,黄褐色。冬芽短三角形,淡紫褐色,贴生,副芽大而多。叶心脏形,亦有卵圆形,较平展,翠绿色,叶尖锐头,叶缘锐齿,叶基浅心形,叶长19.2 cm,叶幅18.0 cm,100 cm²叶片重1.6 g,叶面平而光滑,光泽较强,叶柄中粗,长5.3～6.6 cm,叶片下垂。雌雄花,同穗或异穗,花穗多,葚紫黑色。杭州栽植,发芽期3月27日—4月3日,开叶期4月8日—17日,成熟期5月3日—8日,属晚熟品种。叶片硬化较早。亩桑产叶量春648 kg、夏秋1320 kg,叶质中等。耐湿性强,抗萎缩病、细菌病力中等。适宜于长江流域栽植。

115. 白皮荷叶

【来源及分布】 原产于富阳区灵桥镇。属鲁桑种,二倍体。分布于富阳区各地。现保存于浙江省农科院蚕桑研究所。

【特征特性】 树形直立,发条数多,枝条较粗短而直,侧枝少,皮灰黄色,节间微曲,节距3.8 cm,叶序3/8,皮孔小而多,圆形,灰黄色。冬芽正三角形,棕褐色,贴生,副芽小而少。叶心脏形,较平展,翠绿色,叶尖短尾状,叶缘乳头齿,叶基深心形,叶长23.7 cm,叶幅22.4 cm,100 cm²叶片重2.3 g,叶面皱而光滑,有光泽,叶柄较细,长3.5～5.0 cm,叶片下垂。开雄花,花穗多。杭州栽植,发芽期3月31日—4月8日,开叶期4月12日—22日,成熟期5月4日—13日,属晚熟品种。叶片硬化稍早。亩桑产叶量春1240 kg、夏秋860 kg,叶质较优。抗萎缩病、细菌病力中等。适宜于长江流域栽植。

116. 新桥青桑

【来源及分布】 原产于富阳区东洲街道。属鲁桑种,二倍体。分布于富阳区各地。现保存于浙江省农科院蚕桑研究所。

【特征特性】 树形稍开展,发条数多,枝条粗长而直,无侧枝,皮灰黄色,节间微曲,节距4.2 cm,叶序2/5或3/8,皮孔小,圆形,灰褐色。冬芽长三角形,棕色,贴生,副芽大而少。叶卵圆形,较平展,深绿色,叶尖短尾状,叶缘乳头齿,叶基心形,叶长23.0 cm,叶幅20.5 cm,100 cm²叶片重2.3 g,叶面光滑而稍泡缩,光泽较强,叶柄粗细中等,长6.8~7.8 cm,叶片下垂。开雌雄花,雌花无花柱,甚小,很少,紫黑色,雄花穗短而较少。杭州栽植,发芽期4月5日—9日,开叶期4月12日—17日,成熟期5月4日—12日,属晚熟品种。叶片硬化迟。亩桑产叶量春858 kg、夏秋930 kg,叶质较差。抗萎缩病、细菌病力稍弱。适宜于长江流域栽植。

117. 荷叶大桑

【来源及分布】 原产于萧山区戴村镇。属鲁桑种,二倍体。分布于萧山各蚕区。现保存于浙江省农科院蚕桑研究所。

【特征特性】 树形开展,发条数多,枝条粗而稍弯曲,有卧伏枝,无侧枝,皮灰黄色,节间微曲,节距4.0 cm,叶序2/5,皮孔小,圆形或椭圆形,灰黄色。冬芽正三角形,黄褐色,尖离,副芽大而多。叶阔心脏形,深绿色,叶尖短尾,叶缘乳头齿,叶基深心形,叶长24.0 cm,叶幅24.0 cm,100 cm²叶片重2.3 g,叶面稍皱而较光滑,叶柄细,长4.0~5.0 cm,叶片稍下垂。开雄花,花穗少。杭州栽植,发芽期3月25日—4月6日,开叶期4月10日—25日,成熟期5月4日—12日,属晚熟品种。叶片硬化早。亩桑产叶量春600 kg、夏秋975 kg,叶质中等。抗萎缩病、褐斑病力较强,抗细菌病、芽枯病力稍弱。适宜于长江流域和黄河中下游栽植。在细菌病疫区不宜栽植。

118. 木斗青

【来源及分布】 原产于萧山区戴村镇。属鲁桑种,二倍体。分布于萧山区各地。现保存于浙江省农科院蚕桑研究所。

【特征特性】 树形直立,发条数多,枝条中粗,直而长,侧枝少,皮青灰色,节间较直,节距2.6 cm,叶序3/8,皮孔小而多,圆形或椭圆形,淡黄色。冬芽正三角形,紫褐色,斜生,呈刺状,副芽小而少。叶阔心脏形,较平展,墨绿色,叶尖短尾状,叶缘锐齿,叶基深心形,叶长21.0 cm,叶幅22.0 cm,100 cm²叶片重2.3 g,叶面光滑而微皱,叶柄细,长7.0~7.8 cm,叶片稍下垂。开雄花,花穗少。杭州栽植,发芽期4月2日—8日,开叶期4月10日—19日,成熟期5月3日—10日,属晚熟品种。叶片硬化较迟。亩桑产叶量春660 kg、夏秋1170 kg,叶质较优。抗萎缩病、褐斑病力强,抗细菌病力较弱。适宜于长江流域和黄河下游地区栽植。

119. 萧山黄桑

【来源及分布】 原产于萧山区楼塔镇。属鲁桑种,二倍体。分布于萧山区各地。现保存于浙江省农科院蚕桑研究所。

【特征特性】 树形稍开展,发条数多,枝条细长而直,侧枝少,皮青灰色,节间较直,节距4.8 cm,叶序2/5,皮孔大,圆形或椭圆形,淡黄色。冬芽长三角形,灰黄色,贴生,副芽大而多。叶卵圆形,较平展,翠绿色,叶尖短尾状,叶缘乳头齿,叶基深心形,叶长17.0 cm,叶幅14.0 cm,100 cm²叶片重2.0 g,叶面平而稍粗糙,叶柄粗细中等,长4.6~6.4 cm,叶片下垂。开雄花。杭州栽植,发芽期3月27日—4月5日,开叶期4月11日—19日,成熟期5月4日—12日,属晚熟品种。叶片硬化迟。亩桑产叶量春660 kg、夏秋969 kg,叶质中等。抗萎缩病、褐斑病力强,抗细菌病力较弱。适宜于长江流域栽植。

120. 剪桑

【来源及分布】 原产于萧山区戴村镇。属白桑种,二倍体。分布于萧山区各地。现保存于浙江省农科院蚕桑研究所。

【特征特性】 树形直立,发条数多,枝条细长而直,无侧枝,皮青灰色,节间直,节距2.8 cm,叶序2/5,皮孔小而多,圆形,淡黄色。冬芽正三角形,淡紫褐色,尖离,副芽小而少。叶心脏形,较平展,深绿色,叶尖短尾状,叶缘钝齿,叶基深心形,叶长19.0 cm,叶幅18.0 cm,100 cm²叶片重1.7 g,叶面光滑而稍皱,光泽稍强,叶柄细,长4.1~5.4 cm,叶片稍下垂。开雌花,甚小而少,紫黑色。杭州栽植,发芽期3月27日—4月5日,开叶期4月10日—13日,成熟期5月3日—8日,属晚熟品种。叶片硬化迟。亩桑产叶量春600 kg、夏秋1185 kg,叶质较优。抗萎缩病、细菌病、褐斑病、白粉病、污叶病力中等。适宜于长江流域和黄河下游地区栽植。

121. 胡桃桑

【来源及分布】 原产于萧山区。属鲁桑种,二倍体。分布于萧山区各地。现保存于浙江省农科院蚕桑研究所。

【特征特性】 树形稍开展,发条数多,枝条中粗,直而较短,侧枝少,皮青灰色,节间较曲,节距3.9 cm,叶序2/5,皮孔小,椭圆形或圆形,淡黄色。冬芽长三角形,黄褐色,贴生,芽尖向左弯,副芽小而少。叶阔心脏形,淡绿色,叶尖短尾状,叶缘乳头齿,叶基深心形,叶长18.0 cm,叶幅18.0 cm,100 cm²叶片重1.7 g,叶面稍粗糙而微皱,叶柄较细,长4.6~6.0 cm,叶片下垂。开雌花,甚中大而少,紫黑色。杭州栽植,发芽期3月23日—4月2日,开叶期4月8日—13日,成熟期5月4日—12日,属晚熟品种。叶片硬化迟。亩桑产叶量春600 kg、夏秋630 kg,叶质中等。抗细菌病、褐斑病、白粉病、污叶病力强,抗萎缩病、芽枯病力较弱。易受风害。适宜于长江以南栽植,不宜在风力大的地区栽植。

122. 圆叶青桑

【来源及分布】 原产于萧山区楼塔镇。属白桑种,二倍体。分布于萧山区各地。现保存于浙江省农科院蚕桑研究所。

【特征特性】 树形直立,发条数多,枝条细直较短,无侧枝,皮青灰色,节间较直,节距3.6 cm,叶序2/5或3/8,皮孔较小,圆形或椭圆形,灰黄色。冬芽短三角形,黄褐色,贴生,副芽小而少。叶阔心脏形,平展,深绿色,叶尖短尾状,叶缘乳头齿,尖端有短刺芒,叶基深心形,叶长16.0 cm,叶幅18.0 cm,100 cm²叶片重2.1 g,叶面光滑,有泡皱,叶柄细而较短,长4.1~5.7 cm,叶片稍下垂。开雌雄花,同株,花穗少,甚少,紫黑色,种子不发芽。杭州栽植,发芽期3月27日—4月6日,开叶期4月11日—15日,成熟期5月4日—12日,属晚熟品种。叶片硬化较迟。亩桑产叶量春762 kg、夏秋960 kg,叶质中等。抗萎缩病、褐斑病、白粉病、污叶病力均较强,抗细菌病力较弱。适宜于长江流域和黄河下游地区栽植。

123. 尖叶青桑

【来源及分布】 原产于萧山区楼塔镇。属白桑种,二倍体。分布于萧山区各地。现保存于浙江省农科院蚕桑研究所。

【特征特性】 树形直立,发条数多,枝条细直较长,无侧枝,皮青灰色,节间较直,节距4.0 cm,叶序2/5,皮孔小而多,圆形,灰黄色。冬芽正三角形,灰黄色,贴生,尖离,副芽大而少。叶心脏形,较平展,深绿色,叶尖短尾状,叶缘钝齿,叶基深心形,叶长17.0 cm,叶幅16.5 cm,100 cm²叶片重2.0 g,叶面光滑而有皱缩,叶柄粗细中等,长5.4~6.9 cm,叶片下垂。开雌雄花,同穗或异穗,甚少,紫黑色,种子不发芽。杭州栽植,发芽期3月27日—4月1日,开叶期4月8日—13日,成熟期5月4日—12日,属晚熟品种。叶片硬化迟。亩桑产叶量春978 kg、夏秋1590 kg,叶质中等。抗萎缩病、细菌病、褐斑病、白粉病、污叶病力较强。适宜于长江流域栽植。

124. 剪枝青桑

【来源及分布】 原产于萧山区楼塔镇。属白桑种,二倍体。分布于萧山区各地。现保存于浙江省农科院蚕桑研究所。

【特征特性】 树形稍开展,发条数多,枝条细直较长,侧枝少,皮青灰色,节间较直,节距4 cm,叶序3/8,皮孔小,圆形,灰褐色。冬芽长三角形,黄褐色,贴生,副芽大而少。叶心脏形,较平展,翠绿色,叶尖短尾状,叶缘小乳头齿,叶基深心形,叶长18.0 cm,叶幅16.0 cm,100 cm²叶片重2.1 g,叶面平而稍粗糙,叶柄细,长5.0~6.2 cm,叶片稍下垂。开雌花,甚少,紫黑色。杭州栽植,发芽期3月21日—27日,开叶期4月8日—12日,成熟期5月4日—8日,属晚熟品种。叶片硬化较早。亩桑产叶量春678 kg、夏秋1311 kg,叶质较差。耐剪伐,抗细菌病力较弱。适宜于长江流域栽植。

125. 笕桥荷叶

【来源及分布】 原产于杭州市郊区笕桥镇。属鲁桑种,二倍体。分布于杭州市郊区。现保存于浙江省农科院蚕桑研究所。

【特征特性】 树形开展,发条数少,枝条中粗长而稍弯曲,无侧枝,皮青灰色,节间微曲,节距3.6 cm,叶序2/5或3/8,皮孔小,椭圆形或圆形,灰白色。冬芽正三角形,黄褐色,尖离,副芽大而多。叶长心脏形,较平展,深绿色,叶尖短尾状,叶缘钝齿,叶基浅心形,叶长26.0 cm,叶幅23.0 cm,100 cm²叶片重2.7 g,叶面光滑而稍皱,光泽较强,叶柄细,长4.5～5.0 cm,叶片下垂。开雄花。杭州栽植,发芽期3月23日—4月5日,开叶期4月9日—17日,成熟期5月4日—12日,属晚熟品种。叶片硬化迟。亩桑产叶量春600 kg、夏秋1305 kg,叶质较优。抗萎缩病力中等,抗细菌病力较弱。适宜于长江流域栽植。

126. 七堡红皮

【来源及分布】 原产于杭州市郊区。属鲁桑种,二倍体。分布于杭州市郊。现保存于浙江省农科院蚕桑研究所。

【特征特性】 树形稍开展,发条数多,枝条粗长而直,无侧枝,皮红棕色,节间微曲,节距4.3 cm,叶序3/8,皮孔小,圆形或椭圆形,黄褐色。冬芽正三角形,红棕色,尖离,副芽小而少。叶心脏形,较平展,墨绿色,叶尖锐头,叶缘乳头齿,叶基浅心形,叶长22.8 cm,叶幅19.8 cm,100 cm²叶片重2.1 g,叶面平而光滑,光泽强,叶柄较细,长6.8～8.0 cm,叶片稍下垂。开雌雄花,异穗或同穗,甚少,紫黑色。杭州栽植,发芽期3月22日—4月6日,开叶期4月10日—15日,成熟期5月3日—10日,属晚熟品种。叶片硬化迟。亩桑产叶量春720 kg、夏秋975 kg,叶质较差。抗萎缩病、细菌病力较强。适宜于长江流域和黄河下游地区栽植。

127. 湖桑4号

【来源及分布】 是原浙江省蚕桑试验场选育的品种。属鲁桑种,二倍体。在科研和教育单位栽植。现保存于浙江省农科院蚕桑研究所。

【特征特性】 树形直立,发条数少,枝条粗长而直,无侧枝,皮淡红色,节间微曲,节距4.6 cm,叶序2/5或3/8,皮孔小,圆形或椭圆形,淡黄色。冬芽正三角形,黄褐色,贴生,副芽小而多。叶心脏形,较平展,翠绿色,叶尖锐头,叶缘锐齿,叶基浅心形,叶长24.1 cm,叶幅21.9 cm,100 cm²叶片重1.8 g,叶面稍光滑微皱,无光泽,叶柄较粗,长6.6～6.7 cm,叶片下垂。开雌雄花,异穗或同穗,甚多,紫黑色。杭州栽植,发芽期4月1日—6日,开叶期4月10日—19日,成熟期5月4日—10日,属晚熟品种。叶片硬化迟。亩桑产叶量春690 kg、夏秋1335 kg,叶质中等。抗萎缩病、细菌病力强。适宜于长江流域栽植。

128. 湖桑6号

【来源及分布】 是原浙江省蚕桑试验场选育的品种。属鲁桑种,二倍体。在科研和教育单位栽植。现保存于浙江省农科院蚕桑研究所。

【特征特性】 树形直立,发条数多,枝条中粗长而直,无侧枝,节间较直,节距4.4 cm,叶序3/8,皮淡红色,皮孔小而少,圆形或椭圆形,淡黄色。冬芽正三角形,黄褐色,贴生,副芽大而多。叶长心脏形,较平展,翠绿色,叶尖短尾状,叶缘乳头齿,叶基浅心形,叶长23.2 cm,叶幅21.6 cm,100 cm²叶片重1.95 g,叶面稍平而稍光滑,光泽弱,叶柄粗细中等,长6.2~7.6 cm,叶片稍下垂。开雌雄花,异穗或同穗,甚紫黑色。杭州栽植,发芽期3月31日—4月2日,开叶期4月8日—13日,成熟期5月3日—8日,属晚熟品种。叶片硬化迟。亩桑产叶量春1050 kg、夏秋1305 kg,叶质中等。抗细菌病、褐斑病、白粉病、污叶病力较强,抗萎缩病力稍弱。适宜于长江流域和黄河下游地区栽植。

129. 湖桑26号

【来源及分布】 是原浙江省蚕桑试验场选育的品种。属鲁桑种,二倍体。在科研和教育单位栽植。现保存于浙江省农科院蚕桑研究所。

【特征特性】 树形开展且呈卧状,发条数中等,枝条较长而弯曲。粗细不匀,无侧枝,皮青灰色,节间直,节距4.2 cm,叶序2/5,皮孔小而多,圆形,灰白色。冬芽长三角形,灰黄色,贴生,副芽大而少。叶长心脏形,翠绿色,叶尖短尾状,叶缘锐齿,叶基深心形,叶长22.2 cm,叶幅20.9 cm,100 cm²叶片重2.3 g,叶面稍皱,微糙,光泽弱,叶柄较细,叶片下垂。开雌雄花,同株,甚小而少,紫黑色。杭州栽植,发芽期3月27日—4月6日,开叶期4月10日—17日,成熟期5月3日—8日,属晚熟品种。叶片硬化迟。亩桑产叶量春750 kg、夏秋1260 kg,叶质较优。抗褐斑病、白粉病、污叶病、萎缩病力较弱,易感细菌病。适宜于长江流域栽植,在细菌病、萎缩病严重为害地区不宜栽植。

130. 湖桑29号

【来源及分布】 是原浙江省蚕桑试验场选育的品种。属鲁桑种,二倍体。在科研和教育单位栽植。现保存于浙江省农科院蚕桑研究所。

【特征特性】 树形稍开展,枝条多,粗而稍弯曲,侧枝少,皮灰褐色,节间稍曲,节距4.1 cm,叶序3/8,皮孔小,圆形或椭圆形,灰褐色。冬芽正三角形,棕褐色,贴生,副芽大而少。叶心脏形,翠绿色,叶尖短尾状,叶缘乳头齿,叶基浅心形,叶长19.1 cm,叶幅18.0 cm,100 cm²叶片重3.5 g,叶面稍皱,光泽稍强,叶柄细,长4.5 cm,叶片平伸。开雌花,甚小而少,紫黑色。杭州栽植,发芽期3月27日—4月6日,开叶期4月11日—23日,成熟期5月4日—10日,属晚熟品种。叶片硬化迟。亩桑产叶量春810 kg、夏秋1275 kg,叶质中等。抗细菌病、黄化型萎缩病力稍弱。适宜于长江中下游地区栽植。

131. 湖桑36号

【来源及分布】 是原浙江省蚕桑试验场选育的品种。属鲁桑种,二倍体。在科研和教育单位栽植。现保存于浙江省农科院蚕桑研究所。

【特征特性】 树形直立,发条数多,枝条粗长而直,无侧枝,皮灰白色,节间较直,节距4.4 cm,叶序2/5,皮孔小,圆形或椭圆形,灰褐色。冬芽正三角形,灰黄色,贴生,副芽大而多。叶长椭圆形,深绿色,叶尖尾状,叶缘钝齿,叶基心脏形,较平展,叶长22.1 cm,叶幅17.4 cm,100 cm²叶片重2.7 g,叶面稍平而稍光滑,光泽弱,叶柄较细,长4.0～5.2 cm,叶片稍下垂。开雄花,花穗多。杭州栽植,发芽期3月27日—4月5日,开叶期4月9日—17日,成熟期5月3日—8日,属晚熟品种。叶片硬化迟。亩桑产叶量春600 kg、夏秋810 kg,叶质中等。抗褐斑病、白粉病、污叶病力较强,抗萎缩病力中等,抗细菌病力较弱。适宜于长江中下游地区栽植。

132. 湖桑65号

【来源及分布】 是原浙江省蚕桑试验场选育的品种。属鲁桑种,二倍体。在科研和教育单位栽植。现保存于浙江省农科院蚕桑研究所。

【特征特性】 树形开展,枝条多而粗直,侧枝少,皮黄褐色,节间直,节距3.8 cm,叶序3/8,皮孔小,圆形,灰褐色。冬芽正三角形,灰褐色,贴生,副芽大而少。叶心脏形,深绿色,叶尖短尾状,叶缘钝齿,叶基浅心形,叶长23.0 cm,叶幅21.0 cm,100 cm²叶片重3.0 g,叶面平而光滑,稍有光泽,叶柄细,长6.5 cm,叶片平伸。开雌花,甚少,紫黑色。杭州栽植,发芽期3月21日—27日,开叶期4月8日—15日,成熟期5月3日—8日,属晚熟品种。叶片硬化迟。亩桑产叶量春1050 kg、夏秋1815 kg,叶质中等。抗细菌病、黄化型萎缩病力较弱。适宜于长江中下游地区栽植。

133. 湖桑84号

【来源及分布】 是原浙江省蚕桑试验场选育的品种。属鲁桑种,二倍体。在科研和教育单位栽植。现保存于浙江省农科院蚕桑研究所。

【特征特性】 树形开展,枝条多而粗直,侧枝较多,皮灰褐色,节间直,节距4.4 cm,叶序2/5或3/8,皮孔小,圆形或椭圆形,灰褐色。冬芽长三角形,黄褐色,贴生,副芽大而少。叶心脏形,深绿色,叶尖短尾状,叶缘乳头齿,叶基深心形,叶长18.0 cm,叶幅20.0 cm,100 cm²叶片重3.5 g,叶面稍皱而粗糙,稍有光泽,叶柄中粗,长5.5 cm,叶片下垂。开雄花,花穗少。杭州栽植,发芽期3月23日—4月3日,开叶期4月9日—17日,成熟期5月6日—13日,属晚熟品种。叶片硬化迟。亩桑产叶量春720 kg、夏秋1365 kg,叶质中等。抗细菌病力强,抗黄化型萎缩病力中等。适宜于长江中下游地区栽植。

134. 湖桑88号

【来源及分布】 是原浙江省蚕桑试验场选育的品种。属鲁桑种,二倍体。在科研和教育单位栽植。现保存于浙江省农科院蚕桑研究所。

【特征特性】 树形直立,发条数多,枝条粗直较长,侧枝少,皮灰褐色,节间较直,节距

4.0 cm,叶序2/5或3/8,皮孔小而少,圆形,淡灰褐色。冬芽长三角形,淡紫褐色,尖离,副芽小而少。叶卵圆形,有少数裂叶,较平展,深绿色,叶尖长尾状,叶缘锐齿,叶基浅心形,叶长22.0 cm,叶幅19.0 cm,100 cm²叶片重1.7 g,叶面平而稍光滑,叶柄粗细中等,长6.5~7.6 cm,叶片稍下垂。开雌花,甚多,紫黑色。杭州栽植,发芽期4月3日—8日,开叶期4月12日—24日,成熟期4月28日—5月10日,属晚熟品种。叶片硬化迟。亩桑产叶量春900 kg、夏秋1785 kg,叶质中等。抗细菌病、褐斑病力强,抗萎缩病、白粉病、污叶病力较弱。适宜于长江流域栽植。

135. 湖桑106号

【来源及分布】 是原浙江省蚕桑试验场选育的品种。属鲁桑种,二倍体。在科研和教育单位栽植。现保存于浙江省农科院蚕桑研究所。

【特征特性】 树形开展,稍倾斜,发条数多,枝条粗直较长,无侧枝,节间较直,节距3.7 cm,叶序3/8,皮灰褐色,皮孔大,长椭圆形或圆形,灰白色。冬芽正三角形,灰黄色,贴生,副芽大而少。叶椭圆形,较平展,深绿色,叶尖短尾状,叶缘钝齿,叶基深心形,叶长21.5 cm,叶幅18.0 cm,100 cm²叶片重2.2 g,叶面平而粗糙,光泽弱,叶柄粗长,叶片稍下垂。开雌雄花,异穗或同穗,甚多,紫黑色。杭州栽植,发芽期3月30日—4月6日,开叶期4月10日—15日,成熟期4月30日—5月8日,属晚熟品种。叶片硬化迟。亩桑产叶量春1140 kg、夏秋1605 kg,叶质中等。抗萎缩病、细菌病力较强,抗污叶病力弱。适宜于长江流域栽植。

136. 湖桑170号

【来源及分布】 是原浙江省蚕桑试验场选育的品种。属鲁桑种,二倍体。在科研和教育单位栽植。现保存于浙江省农科院蚕桑研究所。

【特征特性】 树形直立,发条数中等,枝条粗而较直,无侧枝,皮青灰色,节间微曲,节距4.3 cm,叶序2/5或3/8,皮孔小,椭圆形或圆形,淡青灰色。冬芽正三角形,黄褐色,贴生,副芽小而少。叶心脏形,较平展,翠绿色,叶尖锐头,叶缘乳头齿,叶基心形,叶长25.4 cm,叶幅24.5 cm,100 cm²叶片重2.0 g,叶面光滑稍波皱,叶柄较粗,长4.2~5.1 cm,叶片稍下垂。开雌雄花,同穗或异穗,雌花无花柱,甚小而少,紫黑色,雄花穗较少,中长。杭州栽植,发芽期3月31日—4月9日,开叶期4月14日—24日,成熟期4月30日—5月12日,属晚熟品种。叶片硬化迟。亩桑产叶量春750 kg、夏秋1280 kg,叶质中等。抗白粉病力强,抗细菌病力较弱。适宜于长江流域栽植。

137. 湖桑175号

【来源及分布】 是原浙江省蚕桑试验场选育的品种。属鲁桑种,二倍体。在科研和教育单位栽植。现保存于浙江省农科院蚕桑研究所。

【特征特性】 树形稍开展,发条数多,枝条粗长而直,无侧枝,皮青灰色,节间微曲,节距

3.8 cm,叶序2/5,皮孔小,圆形,灰白色。冬芽正三角形,灰黄色,尖离,副芽大而少。叶长椭圆形,深绿色,叶尖短尾状,叶缘乳头齿,叶基心形,叶长23.0 cm,叶幅19.3 cm,100 cm²叶片重2.4 g,叶面稍皱而光滑,光泽较强,叶柄粗细中等,长5.2～6.2 cm,叶片下垂。开雌雄花,异穗或同穗,葚紫黑色。杭州栽植,发芽期3月28日—4月2日,开叶期4月5日—10日,成熟期5月4日—10日,属晚熟品种。叶片硬化较早。亩桑产叶量春870 kg、夏秋1665 kg,叶质中等。抗细菌病、污叶病力强,抗白粉病力中等,抗萎缩病力弱。适宜于长江流域和黄河下游地区栽植。

138. 湖桑178号

【来源及分布】　是原浙江省蚕桑试验场选育的品种。属鲁桑种,二倍体。在科研和教育单位栽植。现保存于浙江省农科院蚕桑研究所。

【特征特性】　树形直立,发条数中等,枝条粗而较直,侧枝少,皮青灰色,节间微曲,节距4.0 cm,叶序2/5,皮孔小而多,圆形,灰褐色。冬芽盾形,黄褐色,贴生,副芽小而少。叶长心脏形,较平展,深绿色,叶尖短尾状,叶缘钝齿,叶基心形,叶长24.7 cm,叶幅19.4 cm,100 cm²叶片重2.4 g,叶面光滑微波皱,光泽稍弱,叶柄较细,长4.2～6.0 cm,叶片稍下垂。开雌花,葚中大而少,紫黑色。杭州栽植,发芽期4月5日—10日,开叶期4月14日—26日,成熟期4月28日—5月8日,属晚熟品种。叶片硬化较迟。亩桑产叶量春840 kg、夏秋1110 kg,叶质中等。抗萎缩病力中等,抗白粉病、污叶病、褐斑病力稍弱,抗细菌病力弱。适宜于长江流域和黄河下游地区栽植,在细菌病、萎缩病严重地区不宜栽植。

139. 湖桑180号

【来源及分布】　是原浙江省蚕桑试验场选育的品种。属鲁桑种,二倍体。在科研和教育单位栽植。现保存于浙江省农科院蚕桑研究所。

【特征特性】　树形直立,发条数中等,枝条粗长较直,侧枝少,节间微曲,节距4.6 cm,皮灰褐色,叶序2/5或3/8,皮孔小,圆形,淡灰褐色。冬芽盾形,黄褐色,尖稍离,副芽大而少。叶卵圆形,较平展,翠绿色,叶尖短尾状,叶缘钝齿,叶基浅心形,叶长25.8 cm,叶幅20.3 cm,100 cm²叶片重2.8 g,叶面微皱而光滑,有光泽,叶柄细,长3.6～4.2 cm,叶片稍下垂。开雌花,葚小而少,紫黑色。杭州栽植,发芽期4月3日—9日,开叶期4月14日—25日,成熟期4月28日—5月8日,属晚熟品种。叶片硬化迟。亩桑产叶量春870 kg、夏秋1590 kg,叶质中等。抗细菌病、白粉病、污叶病力强,抗萎缩病力稍弱。适宜于长江流域栽植。

140. 湖桑189号

【来源及分布】　是原浙江省蚕桑试验场选育的品种。属鲁桑种,二倍体。在科研和教育单位栽植。现保存于浙江省农科院蚕桑研究所。

【特征特性】 树形直立,发条数较多,枝条粗长而较直,侧枝少,皮灰褐色,节间微曲,节距4.9 cm,叶序2/5,皮孔小,圆形,灰褐色。冬芽盾形,深灰褐色,尖离,副芽小而少。叶卵圆形,较平展,翠绿色,叶尖锐头,叶缘乳头齿,叶基心形,叶长23.2 cm,叶幅19.4 cm,100 cm²叶片重2.2 g,叶面平而稍光滑,光泽稍弱,叶柄较细,长4.5～5.8 cm,叶片稍下垂。开雌花,甚中大,较少,紫黑色。杭州栽植,发芽期4月1日—9日,开叶期4月15日—25日,成熟期4月25日—5月27日,属晚熟品种。叶片硬化稍早。亩桑产叶量春750 kg、夏秋1185 kg,叶质优。抗萎缩病、白粉病、污叶病力强,抗细菌病力较弱。适宜于长江流域栽植。

141. 湖桑199号

【来源及分布】 是原浙江省蚕桑试验场选育的品种。属鲁桑种,二倍体。经浙江省农业科学院蚕桑研究所和中国农业科学院蚕业研究所试验、鉴定,作为抗黄化型萎缩病和细菌病的品种在江苏、浙江等省疫区栽植。现保存于浙江省农科院蚕桑研究所。

【特征特性】 树形直立,发条数中等,枝条粗长而直,侧枝少,皮紫褐色,节间微曲,节距5.0 cm,叶序2/5,皮孔小,近圆形,黄褐色。冬芽正三角形,紫褐色,贴生,副芽小而少。叶心脏形,翠绿色,偶尔有浅刻三裂叶,叶尖短尾状,叶缘钝齿,叶基心形,叶长22.9 cm,叶幅21.5 cm,100 cm²叶片重2.4 g,叶面微皱,叶柄粗细中等,长4.2～5.2 cm,叶片平伸。开雌雄花,同穗或异穗,甚少,紫黑色。杭州栽植,发芽期4月2日—9日,开叶期4月15日—24日,成熟期4月29日—5月10日,属晚熟品种。叶片硬化较早。亩桑产叶量春570 kg、夏秋915 kg,叶质较差。耐旱力弱,抗萎缩病、细菌病力强。可在萎缩病、细菌病疫区栽植,宜在水肥充足的平原地区栽种,不宜在丘陵山地和大风地区栽植。

142. 湖桑201号

【来源及分布】 是原浙江省蚕桑试验场选育的品种。属鲁桑种,二倍体。在科研和教育单位栽植。现保存于浙江省农科院蚕桑研究所。

【特征特性】 树形直立,发条数多,枝条细而直,无侧枝,皮灰黄色,节间直,节距3.5 cm,叶序2/5或3/8,皮孔小,椭圆形或圆形,灰褐色。冬芽正三角形,棕褐色,尖离,副芽小而少。叶椭圆形,较平展,翠绿色,叶尖锐头,叶缘锐齿,叶基浅心形,叶长22.9 cm,叶幅18.2 cm,100 cm²叶片重2.6 g,叶面平而光滑,光泽强,叶柄较细短,叶片下垂。开雌花,甚多,紫黑色。杭州栽植,发芽期3月27日—4月5日,开叶期4月11日—5月3日,成熟期5月3日—8日,属晚熟品种。叶片硬化较迟。亩桑产叶量春600 kg、夏秋1305 kg,叶质较优。抗萎缩病力较强,抗细菌病力稍弱。适宜于长江流域和黄河下游地区栽植。

143. 湖桑204号

【来源及分布】 是浙江省农科院蚕桑研究所从海宁市长安镇农家桑园中选出。属鲁桑种，二倍体。分布于海宁市。现保存于浙江省农科院蚕桑研究所。

【特征特性】 树形开展，枝条多而粗，侧枝少，皮黄褐色，节间稍曲，节距5.0 cm，叶序3/8，皮孔小，椭圆形或圆形，灰褐色。冬芽正三角形，黄褐色，贴生，副芽大而少。叶长心脏形，翠绿色，叶尖长尾状，叶缘乳头齿，叶基浅心形，叶长17.0 cm，叶幅14.5 cm，100 cm² 叶片重2.5 g，叶面稍平滑，光泽较强，叶柄粗，长6.5 cm，叶片平伸或稍向下垂。开雌花，葚紫黑色。杭州栽植，发芽期3月23日—4月5日，开叶期4月10日—17日，成熟期5月4日—12日，属晚熟品种。叶片硬化迟。亩桑产叶量春480 kg、夏秋780 kg，叶质中等。抗细菌病和萎缩病力较强。适宜于长江中下游地区栽植。

144. 湖桑206号

【来源及分布】 是浙江省农科院蚕桑研究所从海宁市长安镇农家桑园中选出。属鲁桑种，二倍体。分布于海宁市。现保存于浙江省农科院蚕桑研究所。

【特征特性】 树形稍开展，枝条较少，粗而稍弯曲，侧枝较多，皮青灰色，节间直，节距3.0 cm，叶序3/8，皮孔大，圆形或椭圆形，灰褐色。冬芽正三角形，灰褐色，贴生，副芽大而多。叶长心脏形，深绿色，叶尖锐头，叶缘钝齿，叶基浅心形，叶长21.0 cm，叶幅17.0 cm，100 cm² 叶片重3.0 g，叶面稍平而稍粗糙，光泽弱，叶柄粗，长4.5 cm，叶片平伸或稍下垂。开雌雄花，异穗或同穗。杭州栽植，发芽期4月5日—9日，开叶期4月12日—17日，成熟期5月6日—12日，属晚熟品种。叶片硬化迟。亩桑产叶量春762 kg、夏秋1260 kg，叶质中等。抗细菌病和萎缩病力较弱。适宜于长江中下游地区栽植。

145. 湖桑208号

【来源及分布】 是浙江省农科院蚕桑研究所从海宁市长安镇农家桑园中选出。属鲁桑种，二倍体。分布于海宁市。现保存于浙江省农科院蚕桑研究所。

【特征特性】 树形稍开展，枝条多而直，侧枝少，皮青灰色，节间直，节距3.7 cm，叶序2/5，皮孔小，灰褐色，圆形或椭圆形。冬芽正三角形，紫褐色，离生，副芽小而少。叶心脏形，深绿色，叶尖锐头，叶缘小乳头齿，叶基深心形，叶长19.0 cm，叶幅19.0 cm，100 cm² 叶片重3.0 g，叶面稍平滑，光泽较强，叶柄中粗，长8.0 cm，叶片稍下垂。开雌花，葚紫黑色。杭州栽植，发芽期4月1日—8日，开叶期4月12日—19日，成熟期5月6日—13日，属晚熟品种。叶片硬化较迟。亩桑产叶量春1050 kg、夏秋651 kg，叶质中等。抗细菌病和萎缩病力较强。适宜于长江中下游地区栽植。

146. 湖桑211号

【来源及分布】 是浙江省农科院蚕桑研究所从海宁市长安镇农家桑园中选出。属鲁桑种，二倍体。分布于海宁市。现保存于浙江省农科院蚕桑研究所。

【特征特性】 树形开展，枝条多，粗而稍弯曲，侧枝较多，皮灰褐色，节间稍曲，节距4.9 cm，叶序2/5，皮孔小，椭圆形或圆形，灰褐色。冬芽正三角形，黄褐色，稍离生，副芽大而少。叶长心脏形，呈扭曲状，翠绿色，叶尖短尾状，叶缘乳头齿，叶基浅心形，叶长18.0 cm，叶幅16.0 cm，100 cm²叶片重2.5 g，叶面稍平滑，稍有光泽，叶柄中粗，长6.5 cm，叶片平伸。开雌花，甚紫黑色。杭州栽植，发芽期3月27日—4月5日，开叶期4月10日—19日，成熟期5月4日—10日，属晚熟品种。叶片硬化迟。亩桑产叶量春918 kg、夏秋924 kg，叶质较优。抗细菌病和萎缩病力较强。适宜于长江中下游地区栽植。

147. 湖桑212号

【来源及分布】 是浙江省农科院蚕桑研究所从海宁市长安镇农家桑园中选出。属鲁桑种，二倍体。分布于海宁市。现保存于浙江省农科院蚕桑研究所。

【特征特性】 树形稍开展，枝条少，细而直，侧枝少，皮灰黄色，节间稍直，节距3.4 cm，叶序2/5，皮孔小，椭圆形或圆形，灰褐色。冬芽长三角形，灰褐色，贴生，副芽小而少。叶心脏形，深绿色，叶尖锐头，叶缘乳头齿，叶基浅心形，叶长18.0 cm，叶幅16.0 cm，100 cm²叶片重2.0 g，叶面稍平滑，光泽较强，叶柄中粗，长4.5 cm，叶片平伸。开雄花。杭州栽植，发芽期3月27日—4月5日，开叶期4月10日—17日，成熟期5月4日—10日，属晚熟品种。叶片硬化较迟。亩桑产叶量春570 kg、夏秋807 kg，叶质中等。抗细菌病力较强，抗萎缩病力较弱。适宜于长江中下游地区栽植。

148. 湖桑213号

【来源及分布】 是浙江省农科院蚕桑研究所从海宁市长安镇农家桑园中选出。属鲁桑种，二倍体。分布于海宁市。现保存于浙江省农科院蚕桑研究所。

【特征特性】 树形直立，枝条多，细而直，侧枝较多，皮青灰色，节间直，节距4.5 cm，叶序2/5，皮孔大，椭圆形或圆形，灰褐色。冬芽长三角形，棕褐色，稍离生，副芽大而多。叶长椭圆形，深绿色，叶尖锐头，叶缘钝齿，叶基截形，叶长17.0 cm，叶幅11.5 cm，100 cm²叶片重2.5 g，叶面平滑，光泽强，叶柄细，长6.0 cm，叶片稍向上伸。开雌花，甚紫黑色。杭州栽植，发芽期4月5日—9日，开叶期4月12日—22日，成熟期5月3日—10日，属晚熟品种。叶片硬化早。亩桑产叶量春912 kg、夏秋816 kg，叶质中等。抗细菌病力较弱，抗萎缩病力较强。适宜于长江中下游地区栽植，不宜在细菌病疫区栽植。

149. 浙102号

【来源及分布】 是原浙江省蚕桑试验场选育的品种。属鲁桑种,二倍体。在科研和教育单位栽植。现保存于浙江省农科院蚕桑研究所。

【特征特性】 树形稍开展,枝条较少,粗而直,无侧枝,皮灰褐色,节间直,节距3.1 cm,叶序2/5,皮孔小,圆形或椭圆形,灰褐色。冬芽长三角形,灰褐色,稍离生,副芽小而少。叶心脏形,深绿色,叶尖短尾状,叶缘乳头齿,叶基深心形,叶长19.0 cm,叶幅20.0 cm,100 cm²叶片重2.5 g,叶面稍皱而稍粗糙,稍有光泽,叶柄中粗,长7.5 cm,叶片斜向上伸。开雌雄花,有的同穗,葚紫黑色。杭州栽植,发芽期4月5日—8日,开叶期4月12日—19日,成熟期5月4日—8日,属晚熟品种。叶片硬化迟。亩桑产叶量春504 kg、夏秋612 kg,叶质稍差。抗细菌病力中等,抗黄化型萎缩病力稍弱。适宜于长江中下游地区栽植。

150. 浙103号

【来源及分布】 是原浙江省蚕桑试验场选育的品种。属鲁桑种,二倍体。在科研和教育单位栽植。现保存于浙江省农科院蚕桑研究所。

【特征特性】 树形开展,枝条较多,粗而直,无侧枝,皮灰褐色,节间直,节距3.1 cm,叶序2/5,皮孔小,圆形或椭圆形,灰褐色。冬芽长三角形,灰褐色,稍离生,副芽小而少。叶心脏形,深绿色,叶尖短尾状,叶缘乳头齿,叶基深心形,叶长21.0 cm,叶幅20.0 cm,100 cm²叶片重3.0 g,叶面稍平滑,光泽较强,叶柄中粗,长8.0 cm,叶片下垂。开雌雄花,有的雌雄同穗。杭州栽植,发芽期4月1日—6日,开叶期4月11日—15日,成熟期5月3日—8日,属晚熟品种。叶片硬化较迟。亩桑产叶量春1170 kg、夏秋2445 kg,叶质较优。抗细菌病力稍弱,抗黄化型萎缩病力强。适宜于长江中下游和黄河流域栽植,不宜在细菌病疫区栽植。

151. 短节湖桑

【来源及分布】 是原浙江省蚕桑试验场选育的品种。属鲁桑种,二倍体。在科研和教育单位栽植。现保存于浙江省农科院蚕桑研究所。

【特征特性】 树形直立,发条数多,枝条粗长而直,无侧枝,皮青灰色,节间微曲,节距3.1 cm,叶序2/5或3/8,皮孔小,椭圆形或圆形,灰黄色。冬芽正三角形,灰黄色,贴生,副芽小而少。叶心脏形,叶边略翘,翠绿色,叶尖锐头,叶缘钝齿,叶基深心形,叶长20.4 cm,叶幅19.6 cm,100 cm²叶片重2.3 g,叶面光滑无皱,光泽较强,叶柄较细,长3.8~4.5 cm,叶片稍下垂。开雌雄花,同穗或异穗,雌花无花柱,葚少,中大,紫黑色,雄花穗短而少。杭州栽植,发芽期3月30日—4月8日,开叶期4月12日—22日,成熟期5月3日—8日,属晚熟品种。叶片硬化迟。亩桑产叶量春600 kg、夏秋1020 kg,叶质中等。抗萎缩病、细菌病、污叶病力较强。适宜于长江流域栽植。

152. 山桑156号

【来源及分布】 是原浙江省蚕桑试验场选育的品种。属山桑种,二倍体。在科研和教育单位栽植。现保存于浙江省农科院蚕桑研究所。

【特征特性】 树形开展,枝条较多,粗而稍弯曲,侧枝较多,皮灰白色,节间稍直,节距2.6 cm,叶序3/8,皮孔较大,椭圆形或圆形,灰褐色。冬芽长三角形,灰褐色,稍离生,副芽大而少。叶长心脏形,翠绿色,叶尖短尾状,叶缘钝齿,叶基浅心形,叶长19.5 cm,叶幅17.0 cm,100 cm²叶片重2.5 g,叶面较平而较粗糙,光泽较弱,叶柄中粗,长5.0 cm,叶片平伸或向上斜生。开雌花,葚紫黑色。杭州栽植,发芽期3月22日—4月5日,开叶期4月10日—13日,成熟期5月4日—8日,属晚熟品种。叶片硬化较早。亩桑产叶量春900 kg、夏秋1200 kg,叶质中等。抗细菌病力强。适宜于长江中下游地区栽植。

153. 葫芦桑

【来源及分布】 原产于临安市天目山。属山桑种,二倍体。分布于临安市山区。现保存于浙江省农科院蚕桑研究所。

【特征特性】 树形直立,发条数多,枝条细直较长,无侧枝,皮灰黄色,节间较直,节距4.0 cm,叶序3/8,皮孔小而少,圆形,灰褐色。冬芽正三角形,棕褐色,贴生,副芽小而少。叶卵圆形,较平展,翠绿色,叶尖锐头,叶缘钝齿,叶基浅心形,叶长22.2 cm,叶幅19.1 cm,100 cm²叶片重1.7 g,叶面稍皱而粗糙,无光泽,叶柄细,长3.5~6.1 cm,叶片稍下垂。开雌雄花,异穗或同穗,雌花长花柱,葚小而少,紫黑色,雄花穗短而少。杭州栽植,发芽期4月5日—8日,开叶期4月12日—25日,成熟期5月6日—14日,属晚熟品种。叶片硬化迟。亩桑产叶量春720 kg、夏秋1035 kg,叶质较差。抗细菌病、萎缩病力中等。适宜于长江流域和黄河下游地区栽植。

154. 石门青

【来源及分布】 原产于余杭区。属白桑种,二倍体。分布于余杭区各地。现保存于浙江省农科院蚕桑研究所。

【特征特性】 树形稍开展,发条数多,枝条中粗,长而直,无侧枝,皮青灰色,节间微曲,节距4.2 cm,叶序2/5或3/8,皮孔大,圆形或椭圆形,灰褐色。冬芽长三角形,灰黄色,贴生,尖向左弯,副芽小而少。叶卵圆形,较平展,翠绿色,叶尖锐头,叶缘乳头齿,叶基深心形,叶长22.0 cm,叶幅16.2 cm,100 cm²叶片重2.4 g,叶面光滑,微波皱,有光泽,叶柄较细,长3.5~4.2 cm,叶片稍下垂。开雌雄花,同穗或异穗,葚紫黑色,花穗短而较少。杭州栽植,发芽期3月21日—30日,开叶期4月8日—17日,成熟期5月4日—10日,属晚熟品种。叶片硬化迟。亩桑产叶量春990 kg、夏秋1560 kg,叶质中等。抗细菌病、白粉病、污叶病力较强,抗萎缩病力中等。适宜于长江流域和黄河下游地区栽植。

155. 望天青

【来源及分布】 原产于余杭区。属鲁桑种,二倍体。分布于余杭、德清、杭州郊区及富阳等地。现保存于浙江省农科院蚕桑研究所。

【特征特性】 树形稍开展,枝条较少,直而粗,无侧枝,皮青灰色,节间稍直,节距 3.8 cm,叶序 2/5,皮孔小,圆形或椭圆形,灰褐色。冬芽长三角形,灰褐色,稍离生,副芽小而少。叶长心脏形,翠绿色,叶尖短尾状,叶缘乳头齿,叶基深心形,叶长 19.0 cm,叶幅 18.0 cm,100 cm² 叶片重 2.5 g,叶面皱而稍光滑,稍有光泽,叶柄粗,长 5.0 cm,叶片下垂。开雄花。杭州栽植,发芽期 3 月 23 日—4 月 5 日,开叶期 4 月 11 日—17 日,成熟期 5 月 4 日—13 日,属晚熟品种。叶片硬化迟。亩桑产叶量春 612 kg、夏秋 1539 kg,叶质中等。抗细菌病、黄化型萎缩病力较弱。适宜于长江中下游地区栽植。

156. 海盐面青

【来源及分布】 原产于海盐县。属鲁桑种,二倍体。分布于海盐县各地。现保存于浙江省农科院蚕桑研究所。

【特征特性】 树形开展,发条数多,枝条粗长而稍弯曲,无侧枝,皮青灰色,节间微曲,节距 3.7 cm,叶序 2/5 或 3/8,皮孔小,椭圆形或圆形,灰褐色。冬芽正三角形,棕褐色,尖离,副芽大而少。叶心脏形,较平展,翠绿色,叶尖锐头,叶缘钝齿,叶基浅心形,叶长 23.5 cm,叶幅 22.4 cm,叶片厚,100 cm² 叶片重 2.6 g,叶面较光滑而稍泡皱,光泽较强,叶柄较粗,长 4.0～4.5 cm,叶片稍下垂。开雄花,花穗短而较少。杭州栽植,发芽期 3 月 27 日—4 月 6 日,开叶期 4 月 11 日—19 日,成熟期 5 月 3 日—10 日,属晚熟品种。叶片硬化迟。亩桑产叶量春 660 kg、夏秋 1191 kg,叶质中等。抗萎缩病、细菌病力较弱。适宜于长江流域栽植。

157. 弯条桑

【来源及分布】 原产于湖州市郊菱湖区漾东村。属鲁桑种,二倍体。分布于湖州市各地。现保存于浙江省农科院蚕桑研究所。

【特征特性】 树形开展,发条数多,枝条粗长而稍曲,侧枝少,皮青灰色,节间稍曲,节距 4.6 cm,叶序 2/5 或 3/8,皮孔小,圆形,灰褐色。冬芽长三角形,黄褐色,尖离,副芽大而少。叶长心脏形,较平展,翠绿色,叶尖短尾状,叶缘乳头齿,叶基心形,叶长 22.0 cm,叶幅 22.0 cm,100 cm² 叶片重 1.7 g,叶面光滑微波皱,光泽较强,叶柄较粗,长 3.5～4.3 cm,叶片稍下垂。开雌花,葚小而少,紫黑色。杭州栽植,发芽期 3 月 21 日—30 日,开叶期 4 月 6 日—13 日,成熟期 5 月 6 日—10 日,属晚熟品种。叶片硬化较迟。亩桑产叶量春 600 kg、夏秋 1056 kg,叶质较优。抗细菌病、褐斑病、白粉病、污叶病力较强,抗萎缩病、赤锈病、芽枯病力较弱。适宜于长江流域和黄河下游地区栽植。

158. **红头桑**

【**来源及分布**】 原产于湖州市郊区妙西镇,因春季发芽后,枝条顶端嫩叶呈红色而得名。属鲁桑种,二倍体。分布于湖州市郊区。现保存于浙江省农科院蚕桑研究所。

【**特征特性**】 树形开展,发条数多,枝条粗长,稍弯曲,有卧伏枝,侧枝较多,皮淡紫褐色,节间微曲,节距4.2 cm,叶序2/5或3/8,皮孔小,椭圆形或圆形,淡紫褐色。冬芽长三角形,红棕色,贴生,副芽小而少。叶心脏形,叶片稍翘扭,深绿色,叶尖锐头或短尾状,叶缘乳头齿,叶基心形,叶长21.6 cm,叶幅18.5 cm,100 cm² 叶片重2.3 g,叶面光滑,微波扭,有光泽,叶柄较粗,长5.5～6.2 cm,叶片稍下垂。开雌雄花,同穗或异穗,雌花无花柱,甚小而少,紫黑色,雄花穗多而长。杭州栽植,发芽期3月31日—4月5日,开叶期4月10日—13日,成熟期5月3日—8日,属晚熟品种。叶片硬化较迟。亩桑产叶量春780 kg、夏秋1398 kg,叶质中等。抗萎缩病、白粉病力强,抗细菌病力较强,抗炭疽病力中等。适宜于长江流域栽植。

159. **大种桑(吴兴)**

【**来源及分布**】 原产于湖州市郊。属鲁桑种,二倍体。分布于湖州市和嘉兴市郊区,长江流域各蚕区也有少量栽植。现保存于浙江省农科院蚕桑研究所。

【**特征特性**】 树形稍开展,发条数中等,枝条粗细不匀,侧枝少,皮青灰色,节间微曲,节距3.4 cm,叶序3/8,皮孔小,圆形,黄褐色。冬芽正三角形,黄褐色,尖离,副芽小而少。叶心脏形,翠绿色,叶尖短尾状,叶缘钝齿,叶基心形,叶长20.6 cm,叶幅19.4 cm,100 cm² 叶片重2.2 g,叶面平滑,光泽较强,叶柄中粗,长5.8～7.5 cm,叶片稍下垂。开雌花,无花柱,甚小而少,紫黑色。杭州栽植,发芽期3月21日—28日,开叶期4月3日—20日,成熟期4月23日—5月3日,属晚熟品种。叶片硬化稍迟。亩桑产叶量春960 kg、夏秋1575 kg,叶质较优。抗细菌病、褐斑病、白粉病力较强,抗萎缩病力较弱。适宜于长江流域和黄河中下游地区栽植。

160. **吴兴大种**

【**来源及分布**】 原产于湖州市郊区荻港村。属鲁桑种,二倍体。分布于湖州市郊区。现保存于浙江省农科院蚕桑研究所。

【**特征特性**】 树形稍开展,发条数中等,枝条粗长稍弯,无侧枝,皮灰白色,节间微曲,节距4.4 cm,叶序2/5,皮孔小而稍多,长椭圆形或圆形,灰白色。冬芽短三角形,黄褐色,贴生,副芽小而少。叶心脏形,较平展,翠绿色,叶尖短尾状,叶缘钝齿,叶基心形,叶长20.9 cm,叶幅19.3 cm,100 cm² 叶片重2.5 g,叶面平而稍光滑,有光泽,叶柄粗细中等,长6.5～7.5 cm,叶片稍下垂。开雌花,甚小而少,紫黑色。杭州栽植,发芽期3月27日—4月6日,开叶期4月10日—17日,成熟期5月3日—8日,属晚熟品种。叶片硬化较早。亩桑产叶量春1020 kg、夏秋1602 kg,叶质中等。抗萎缩病、细菌病、污叶病、白粉病力较强。适宜于长江流域和黄河中下游地区栽植。

161. 菱湖大种

【来源及分布】 原产于湖州市郊区菱湖镇。属鲁桑种,二倍体。分布于湖州市郊区。现保存于浙江省农科院蚕桑研究所。

【特征特性】 树形稍开展,发条数多,枝条粗长较直,无侧枝,皮灰白色,节间微曲,节距3.7 cm,皮孔小,圆形或椭圆形,灰褐色。冬芽正三角形,棕褐色,斜生,副芽大而多。叶椭圆形,较平展,翠绿色,叶尖尾状,叶缘钝齿,叶基深心形,叶长22.9 cm,叶幅21.7 cm,100 cm²叶片重2.0 g,叶面光滑微皱,有光泽,叶柄粗细中等,长9.0～10.0 cm,叶片稍下垂。开雌雄花,异穗或同穗,雌花无花柱,葚较小而少,紫黑色,雄花穗中长,较多。杭州栽植,发芽期3月27日—4月6日,开叶期4月10日—15日,成熟期5月3日—8日,属晚熟品种。叶片硬化迟。亩桑产叶量春1200 kg、夏秋2130 kg,叶质较优。抗萎缩病、细菌病力中等。适宜于长江流域和黄河中下游地区栽植。

162. 麻皮桑

【来源及分布】 原产于长兴县。属鲁桑种,二倍体。分布于长兴、海宁等地。现保存于浙江省农科院蚕桑研究所。

【特征特性】 树形开展,发条数中等,枝条粗而稍弯曲,侧枝少,皮黄褐色,节间微曲,节距4.5 cm,叶序2/5或3/8,皮孔小,圆形,黄褐色。冬芽正三角形,淡黄色,贴生,副芽小而少。叶长心脏形,较平展,翠绿色,叶尖钝头,间有双头,叶缘乳头齿,叶基心形,叶长22.2 cm,叶幅20.4 cm,100 cm²叶片重2.7 g,叶面光滑而稍皱,光泽较强,叶柄较粗,长4.8～6.5 cm,叶片稍下垂。开雌雄花,同穗或异穗,雌花无花柱,雄花穗短而较少,葚小而少,紫黑色。杭州栽植,发芽期3月31日—4月8日,开叶期4月13日—19日,成熟期4月20日—5月6日,属晚熟品种。叶片硬化迟。亩桑产叶量春780 kg、夏秋1764 kg,叶质中等。抗萎缩病、褐斑病、污叶病力强,抗细菌病、白粉病力弱。适宜于长江流域栽植。

163. 农桑4号

【来源及分布】 是浙江省农业科学院蚕桑研究所从实生桑中选出的品种。属鲁桑种,二倍体。在科研和教育单位栽植。现保存于浙江省农科院蚕桑研究所。

【特征特性】 树形直立,枝条较多,粗而直,无侧枝,皮黄褐色,节间直,节距3.4 cm,叶序3/8,皮孔大,圆形或椭圆形,灰褐色。冬芽长三角形,棕褐色,离生,副芽大而多。叶椭圆形,深绿色,叶尖锐头,叶缘钝齿,叶基截形,叶长17.5 cm,叶幅18.0 cm,100 cm²叶片重3.0 g,叶面平而光滑,光泽较强,叶柄中粗,长6.0 cm,叶片平伸。开雄花,花穗多。杭州栽植,发芽期3月21日—4月1日,开叶期4月8日—22日,成熟期5月8日—12日,属晚熟品种。叶片硬化较迟。亩桑产叶量春480 kg、夏秋945 kg,叶质中等。抗细菌病力稍弱,抗黄化型萎缩病力弱。适宜于长江中下游地区栽植。

164. 睦州桑

【来源及分布】 原产于余杭区和睦桥。属鲁桑种,二倍体。分布于余杭、德清等地。现保存于浙江省农科院蚕桑研究所。

【特征特性】 树形开展,发条数中等,枝条粗而直,侧枝少,平均条长184 cm,皮棕褐色,节间较直,节距3.8 cm,叶序3/8,皮孔大且稍突出树皮表面,圆形或椭圆形,黄褐色。冬芽正三角形,棕褐色,尖离,副芽大而少。叶心脏形,深绿色,叶尖短尾状,叶缘钝齿,叶基浅心形,叶长22.5 cm,叶幅20.0 cm,100 cm²叶片重2.1 g,叶面平滑,稍有光泽,叶柄中粗,长5.5~7.6 cm,叶片稍下垂。开雌花,葚较少,紫黑色。杭州栽植,发芽期3月22日—4月5日,开叶期4月8日—19日,成熟期4月29日—5月8日,属中晚熟品种。叶片硬化较迟。亩桑产叶量春426 kg、夏秋2361 kg,叶质中等。抗萎缩病、细菌病力较弱,不耐剪伐。适宜于长江流域栽植。

八、安徽省

1. 佛堂瓦桑

【来源及分布】 原产于安徽省金寨县。属鲁桑种,二倍体。曾分布于安徽省金寨、六安、太湖、东至、寿县等地。现保存于安徽省农科院蚕桑研究所。

【特征特性】 树形直立,枝条粗短而直,皮棕黄色,节间微曲,节距3.2 cm,叶序2/5,皮孔小,椭圆形。冬芽三角形,淡褐色,贴生,副芽小而少。叶长心脏形,较平展,间有海螺口状扭曲叶,深绿色,叶尖锐头,叶缘乳头齿,叶基深心形,叶长18.5 cm,叶幅14 cm,叶片较厚,叶面光滑,微波皱,光泽强,叶片稍下垂,叶柄粗短。开雄花,花穗短而少。安徽省合肥市栽植,发芽期4月1日—6日,开叶期4月8日—17日,属中生中熟品种。叶片硬化期9月中旬。发条力中等,侧枝少。亩桑产叶量1300 kg,叶质较优。耐旱性、耐瘠性差,易受虫害。适宜于长江中下游地区栽植。

2. 竹青桑

【来源及分布】 原产于安徽省青阳县,是青阳县的地方品种。属鲁桑种。曾分布于安徽省南部地区,以青阳县为多。现保存于安徽省农科院蚕桑研究所。

【特征特性】 树形开展,枝条粗直,中长,皮灰褐色,节间直,节距2.5 cm,叶序3/8,皮孔小,圆形。冬芽长三角形,黄褐色,尖离,副芽小而少。叶椭圆形或卵圆形,翠绿色,叶肩处有浅凹,常有螺口状扭曲叶,间有少数裂叶,叶尖锐头,叶缘钝齿,叶基截形,叶长20.0 cm,叶幅15.0 cm,叶片较厚,叶面光滑,微皱,有光泽,叶片稍下垂,叶柄中粗长。开雌花,葚较小而少,紫黑色。安徽省合肥市栽植,发芽期3月28日—4月2日,开叶期4月5日—13日,属中生中熟品种。叶片硬化期9月中旬初。发条力强,侧枝少。亩桑产叶量1500 kg,叶质中等。耐肥,抗白粉病和污叶病力强。适宜于长江流域栽植。

3. 压桑

【来源及分布】 原产于安徽省金寨县,是金寨县的地方品种。属白桑种。曾分布于金寨县各地。现保存于安徽省农科院蚕桑研究所。

【特征特性】 树形直立,枝条细长而直,皮青灰色,节间微曲,节距3.3 cm,叶序3/8,皮孔小,圆形。冬芽正三角形,灰褐色,贴生,有副芽。叶心脏形,叶边稍上翘,深绿色,叶尖锐头,叶缘钝齿,叶基心形,叶长16.0 cm,叶幅13.0 cm,叶片较薄,叶面略粗糙,稍有缩皱,有光泽,叶片稍向上或平伸,叶柄细长。开雄花,花穗短而少。安徽省合肥市栽植,发芽期3月28日—4月2日,开叶期4月8日—12日,发芽率60.0%,生长芽率12.0%,成熟期5月上旬,属中生中熟偏早品种。叶片硬化期9月中旬初。发条力较强,有侧枝。亩桑产叶量1300 kg,叶质中等。中抗白粉病、污叶病和黑枯型细菌病。适宜于长江流域栽植。

4. 逆水千曲

【来源及分布】 原产于安徽省潜山县,是潜山县的地方品种。属鲁桑种。曾分布于潜山县各地。现保存于安徽省农科院蚕桑研究所。

【特征特性】 树形稍开展,枝条粗长,稍弯曲,皮青灰色,节间稍曲,节距4.0 cm,叶序2/5,皮孔小,圆形。冬芽三角形,褐色,贴生,芽尖间或向一边偏斜,副芽小而少。叶心脏形,深绿色,间有螺口状扭曲叶,叶尖锐头或短尾状,叶缘钝齿,叶基深心形,叶长19.0 cm,叶幅16.0 cm,叶片较厚,叶面微糙,稍波皱,有光泽,叶片稍下垂,叶柄粗长。开雌花,无花柱,葚小而少,紫黑色。安徽省合肥市栽植,发芽期3月30日—4月4日,开叶期4月6日—16日,发芽率70.0%,生长芽率15.0%,成熟期5月8日—15日,属中生晚熟品种。叶片硬化期9月中旬。发条力强,侧枝少。亩桑产叶量1300 kg,叶质较优。抗白粉病和污叶病力较强。耐旱性、耐寒性较强。适宜于黄河以南地区栽植。

5. 竹叶青

【来源及分布】 原产于安徽省泾县,是泾县的地方品种。属鲁桑种。曾分布于皖南部分地区。现保存于安徽省农科院蚕桑研究所。

【特征特性】 树形直立,枝条中粗,长而直,皮灰褐色,节间直,节距3.2 cm,叶序3/8。冬芽三角形,灰褐色,尖离,副芽少。叶长心脏形,较平展,浓绿色,叶尖锐头,叶缘乳头齿,叶基心形,叶长18.0 cm,叶幅14.0 cm,叶面光滑,微皱,叶片平伸,叶柄粗长。雌雄同株,雄花穗短而少,葚小,很少,紫黑色。安徽省泾县栽植,发芽期3月28日—4月6日,开叶期4月8日—18日,成熟期5月6日—12日,属中生中熟品种。叶片硬化期9月中旬。发条数较多,生长较均匀,侧枝少。亩桑产叶量1300 kg,春叶质较优,秋叶质稍差。中抗黄化型萎缩病和黑枯型细菌病。适宜于长江流域栽植。

6. 青阳青桑

【来源及分布】 原产于安徽省青阳县,是青阳县的地方品种。属白桑种,二倍体。曾分布于青阳县各地。现保存于安徽省农科院蚕桑研究所。

【特征特性】 树形直立,枝条细长而直,皮棕褐色,节间直,节距3.7 cm,叶序3/8,皮孔小,圆形。冬芽正三角形,棕红色,尖离或贴生,副芽小而少。叶长心脏形,叶缘稍上翘,深绿色,叶尖锐头,叶缘乳头齿,叶基心形,叶长19.0 cm,叶幅15.0 cm,叶面光滑,微波皱,光泽较强,叶片平伸,叶柄中粗长。开雌花,葚小而少,紫黑色。安徽省合肥市栽植,发芽期3月30日—4月6日,开叶期4月7日—16日,成熟期5月上旬,属中生中熟偏早品种。叶片硬化期9月中旬。发条数较多,侧枝较少。亩桑产叶量1300 kg,叶质中等。中抗黄化型萎缩病、黑枯型细菌病。适宜于长江流域栽植。

7. 绩溪大叶早生

【来源及分布】 原产于安徽省绩溪县,是绩溪县的地方品种。属鲁桑种。曾分布于绩溪县各地。现保存于安徽省农科院蚕桑研究所。

【特征特性】 树形开展,枝条粗长,微曲,皮棕灰色,节间微曲,节距3.8 cm,叶序3/8,皮孔较大,圆形。冬芽正三角形,棕红色,尖离,副芽少。叶心脏形,较平展,深绿色,叶尖锐头,叶缘锐齿,叶基浅心形,叶长21.5 cm,叶幅18.0 cm,叶片较厚,叶面微糙,稍波皱,光泽较弱,叶片平伸或稍下垂,叶柄粗长。开雌花,葚小而少,紫黑色。安徽省合肥市栽植,发芽期3月28日—4月2日,开叶期4月3日—11日,成熟期5月上旬,属中生中熟偏早品种。叶片硬化期9月中旬。发条数较多,侧枝少。亩桑产叶量1300 kg以上,叶质中等。中抗黄化型萎缩病。适宜于长江流域栽植。

8. 紫藤桑

【来源及分布】 原产于安徽省宣郎广地区,是宣郎广地区的地方品种,由于采摘芽叶收获,不加剪伐,枝丫盘错,形如古藤而得名。属鲁桑种。曾分布于郎溪、广德等地。现保存于安徽省农科院蚕桑研究所。

【特征特性】 树形开展,枝条中粗长,略弯曲,有少数卧伏枝,皮灰褐色,节间微曲,节距3.8 cm,皮孔小,圆形。冬芽正三角形,黄褐色,贴生,芽尖钝,副芽少而小。叶心脏形,较平展,深绿色,叶尖锐头,叶缘钝齿,叶基深心形,叶长24.0 cm,叶幅16.0 cm,叶片较厚,叶面光滑,微皱,光泽强,叶片稍下垂,叶柄中粗长。开雌花,葚少,中大,紫黑色。安徽省宣城市栽植,发芽期3月28日—4月4日,开叶期4月6日—13日,成熟期5月10日左右,属中生中熟品种。叶片硬化期9月中旬末。发条数中等,侧枝少。亩桑产叶量1500 kg以上,叶质较优。耐旱性、耐寒性中等。适宜于长江流域栽植。

9. 泗五

【来源及分布】 是安徽省农科院蚕桑研究所从泗县乔木桑中选出的单株,经系统选育而成。属鲁桑种。曾分布于合肥、泗县、宣城、砀山等地。现保存于安徽省农科院蚕桑研究所。

【特征特性】 树形稍开展,枝条粗长而直,皮灰褐色带青,节间微曲,节距4.2 cm,叶序2/5,皮孔小,圆形。冬芽长三角形,黄褐色,尖离,副芽小而少。叶心脏形,叶缘微波翘,淡绿色,叶尖锐头,叶缘钝齿,叶基深心形,叶长22.0 cm,叶幅17.5 cm,叶片较厚,叶面光滑,有波皱,光泽较强,叶片稍下垂,叶柄粗长。开雌花,无花柱,甚少而小,紫黑色。安徽省合肥市栽植,发芽期3月28日—4月6日,开叶期4月6日—18日,成熟期5月6日—15日,属中生中熟品种。叶片硬化期9月中旬。发条力强,侧枝少。亩桑产叶量1500 kg以上,叶质中等。抗白粉病、污叶病,耐旱性、耐寒性较强。适宜于长江和淮河流域栽植。

10. 所村红芽

【来源及分布】 原产于安徽省青阳县,是青阳县的地方品种。属鲁桑种。曾分布于青阳县各地。现保存于安徽省农科院蚕桑研究所。

【特征特性】 树形稍开展,枝条粗长而直,皮褐色,节间直,节距4.0 cm,叶序2/5,皮孔小,圆形。冬芽长三角形,紫褐色,尖离,副芽小而少。叶心脏形,较平展,深绿色,叶尖锐头,叶缘钝齿或乳头齿,叶基浅心形,叶长15.0 cm,叶幅12.5 cm,叶片较厚,叶面光滑,有浅波皱,略有光泽,叶片稍下垂,叶柄细长。开雄花,花穗短而多。安徽省合肥市栽植,发芽期3月28日—4月5日,开叶期4月6日—18日,成熟期5月10日左右,属中生中熟品种。叶片硬化期9月上旬。发条力较强,侧枝少。亩桑产叶量1200 kg,叶质中等。中抗白粉病和污叶病。适宜于长江中下游地区栽植。

11. 阜阳一号

【来源及分布】 是安徽省阜阳蚕种场从桑园中选出的单株,经培育而成。属鲁桑种。曾分布于阜阳地区。现保存于安徽省农科院蚕桑研究所。

【特征特性】 树形开展,枝条粗长而直,皮棕褐色,节间微曲,节距3.3 cm,叶序2/5,皮孔小,圆形。冬芽正三角形,紫褐色,贴生,副芽小而较少。叶心脏形,较平展,深绿色,叶尖锐头,叶缘钝齿,叶基深心形,叶长20.3 cm,叶幅17.2 cm,叶片厚薄中等,叶面光滑,稍有波皱,有光泽,叶片稍下垂,叶柄中粗长。雌雄同株,雄花穗中长而少,甚少而小,紫黑色。安徽省阜阳市栽植,发芽期3月30日—4月5日,开叶期4月6日—18日,成熟期5月10日左右,属中生中熟品种。叶片硬化期9月上旬。发条力强,有侧枝。亩桑产叶量1300 kg,叶质中等。耐旱性、耐寒性较强。适宜于长江流域栽植。

12. 新大叶瓣

【来源及分布】 是安徽省泾县农业局从大叶瓣实生桑中选出的单株,经系统选育而成。属鲁桑种。曾分布于泾县各地。现保存于安徽省农科院蚕桑研究所。

【特征特性】 树形稍开展,枝条粗长,卧伏枝极少,皮黄褐色,节间稍曲,节距3.6 cm,叶序3/8,皮孔大,椭圆形。冬芽大,长三角形,棕色,尖离,副芽小而少。叶长心脏形,叶缘微波翘,淡绿色,叶尖短尾状,叶缘钝齿,叶基心形,叶长29.3 cm,叶幅23.8 cm,叶片较薄,叶面光滑,泡皱,光泽较强,叶片下垂,叶柄粗长。开雌花,葚小而少,紫黑色。安徽省泾县栽植,发芽期3月30日—4月5日,开叶期4月6日—16日,成熟期5月2日—9日,属中生中熟品种。叶片硬化期9月上旬。发条力强,侧枝少。亩桑产叶量1450 kg,叶质较优。耐剪伐、耐肥。中抗黄化型萎缩病、芽枯病。适宜于长江中下游地区栽植。

13. 摘桑1号

【来源及分布】 是安徽农学院(现安徽农业大学)从泾县的地方品种中选出,属鲁桑种,二倍体。曾分布于安徽省南部,以泾县栽植较多。现保存于安徽省农科院蚕桑研究所。

【特征特性】 树形稍开展,枝条中粗,长而稍弧弯,皮青黄色,节间直,节距3.6 cm,叶序2/5,皮孔较小,多为圆形。冬芽正三角形,灰黄色,贴生,副芽少。叶心脏形,较平展,翠绿色,叶尖渐尖,叶缘乳头齿,叶基心形,叶长22.0 cm,叶幅19.0 cm,叶片较薄,叶面光滑,光泽较强,叶片稍下垂,叶柄粗长。开雌花,葚小而少,紫黑色。原产地栽植,发芽期3月25日—4月3日,开叶期4月5日—18日,成熟期5月上旬,属中生中熟偏早品种。叶片硬化期9月中旬初。发条力中等,无侧枝。亩桑产叶量1350 kg,乔木桑单株产叶量可达50~70 kg,叶质稍差。不耐剪伐,易受风害。抗黄化型萎缩病,中抗黑枯型细菌病,轻感污叶病、白粉病、褐斑病。适宜于长江中下游地区栽植。

14. 摘桑14号

【来源及分布】 是安徽农学院从泾县的地方品种中选出。属鲁桑种,二倍体。曾分布于安徽省南部地区,以泾县栽植较多。现保存于安徽省农科院蚕桑研究所。

【特征特性】 树形稍开展,枝条粗长,稍弧曲,皮黄褐色,节间直,节距4.0 cm,叶序2/5,皮孔较小,多为圆形。冬芽正三角形,较小,褐色,贴生或尖离,副芽极少。叶卵圆形,淡绿色,叶面上隆,叶缘略向下反卷,叶尖锐头,叶缘乳头齿,叶基截形。叶长21.0 cm,叶幅17.0 cm,叶片较薄,叶面光滑,有缩皱,光泽较强,叶片稍下垂,叶柄粗长。开雌花,葚小而少,紫黑色。原产地栽植,发芽期4月1日—6日,开叶期4月7日—17日,成熟期5月中旬,属晚生晚熟品种。叶片硬化期9月中旬。发条力中等,生长整齐,侧枝极少。亩桑产叶量1200 kg,乔木桑单株产叶量可达60~80 kg,叶质稍差。不耐剪伐,易受风害。中抗萎缩病,轻感细菌病、污叶病、白粉病。适宜于长江中下游地区栽植。

15. 孪枝桑

【来源及分布】 是安徽省泾县农业局从当地老桑园中选出的单株,经培育而成。曾分布于泾县各地。现保存于安徽省农科院蚕桑研究所。

【特征特性】 树形稍开展,枝条粗长而直,条上有纵沟,常有二枝孪生(分叉枝),枝条梢端略扁,皮青灰色。节间直,节距3.0 cm,皮孔小,圆形。冬芽球形,较小,黄褐色,尖离,副芽大而少。叶心脏形,较平展,深绿色,叶尖短尾状,叶缘乳头齿,叶基心形,叶长24.2 cm,叶幅19.5 cm,叶片较厚,叶面光滑,稍波皱,有光泽,叶片稍下垂,叶柄粗长。开雌花,甚小而少,紫黑色。原产地栽植,发芽期3月30日—4月5日,开叶期4月3日—16日,成熟期5月上旬,属中生中熟品种。叶片硬化期9月中旬。发条力强,侧枝少。亩桑产叶量1400 kg,叶质较优。中抗黄化型萎缩病,耐旱性较强,抗风。适宜于长江中下游地区栽植。

16. 小叶瓣

【来源及分布】 原产于安徽省泾县,是泾县的地方品种。属鲁桑种。曾分布于泾县各地。现保存于安徽省农科院蚕桑研究所。

【特征特性】 树形开展,枝条中粗,长而直,皮灰褐色,节间微曲,节距3.5 cm,叶序3/8,皮孔小,圆形。冬芽长三角形,褐色,贴生,副芽小而少。叶心脏形,较平展,深绿色,叶尖锐头,叶缘钝齿,叶基深心形,叶长18.0 cm,叶幅13.0 cm,叶片较厚,叶面光滑,有小波皱,光泽较强,叶片稍下垂,叶柄细长。开雌花,甚小而少,紫黑色。安徽省泾县栽植,发芽期3月28日—4月5日,开叶期4月6日—18日,成熟期5月10日左右,属中生中熟品种。叶片硬化期9月中旬初。发条力强,侧枝少,生长旺盛。亩桑产叶量1300 kg,叶质较优,较耐剪伐。适宜于长江流域栽植。

17. 红皮湖

【来源及分布】 原产于安徽省绩溪县,是绩溪县的地方品种。属鲁桑种。曾分布于皖南部分地区。现保存于安徽省农科院蚕桑研究所。

【特征特性】 树形稍开展,枝条粗短而直,皮茶褐色,节间稍曲,节距3.0 cm,叶序2/5,皮孔小,圆形。冬芽正三角形,紫褐色,尖离,副芽小而少。叶长心脏形,间有螺口状扭曲,深绿色,叶尖锐头,叶缘钝齿,叶基深心形,叶长23.0 cm,叶幅16.0 cm,叶面光滑,波皱,光泽强,叶片稍下垂,叶柄细长。开雌花,甚小而少,紫黑色。安徽省合肥市栽植,发芽期3月26日—4月8日,开叶期4月9日—18日,成熟期5月12日左右,属中生晚熟品种。叶片硬化期9月中旬。发条力中等,侧枝少。亩桑产叶量1600 kg,叶质中等。中抗白粉病、污叶病。适宜于长江流域和黄河下游地区栽植。

18. **红星青皮**

【来源及分布】　是安徽省农科院蚕桑研究所从青阳县农家品种中选出。属鲁桑种。曾分布于青阳县各地。现保存于安徽省农科院蚕桑研究所。

【特征特性】　树形开展,枝条粗长而直,皮青灰色带褐,节间微曲,节距3.6 cm,叶序3/8,皮孔小,圆形。冬芽长三角形,黄褐色,尖离,副芽小而少。叶长心脏形,有少数浅裂叶,较平展,深绿色,叶尖锐头,叶缘钝齿,叶基深心形,叶长22.0 cm,叶幅17.0 cm,叶片较厚,叶面光滑,有波皱,叶片稍下垂,叶柄细长。开雌花,无花柱,甚小而少,紫黑色。安徽省合肥市栽植,发芽期3月28日—4月4日,开叶期4月5日—14日,成熟期5月10日左右,属中生中熟品种。叶片硬化期9月中旬末。发条力强,侧枝少。亩桑产叶量1500 kg,叶质优。抗白粉病、污叶病力较强,中抗黄化型萎缩病。适宜于长江流域栽植。

19. **绩溪小叶早生**

【来源及分布】　原产于安徽省绩溪县,是绩溪县的地方品种。属鲁桑种。曾分布于安徽省绩溪、旌德、歙县等地。现保存于安徽省农科院蚕桑研究所。

【特征特性】　树形稍开展,枝条中粗,长而直,皮黄褐色,节间稍曲,节距3.5 cm,叶序2/5,皮孔小,圆形。冬芽正三角形,茶褐色,尖离,副芽少。叶长心脏形,间有螺口状扭曲叶,深绿色,叶尖锐头,叶缘钝齿,叶基心形,叶长21.5 cm,叶幅16.5 cm,叶片较厚,叶面光滑,有波皱,光泽强,叶片稍下垂,叶柄中粗长。开雌花,甚小而少,紫黑色。安徽省合肥市栽植,发芽期3月28日—4月4日,开叶期4月5日—15日,成熟期5月上旬,属中生中熟偏早品种。叶片硬化期9月中旬。发条数多,生长较整齐,侧枝少。亩桑产叶量1200 kg,叶质中等。中抗黄化型萎缩病、黑枯型细菌病。适宜于长江流域栽植。

20. **青阳麻桑**

【来源及分布】　原产于安徽省青阳县,是青阳县的地方品种。属白桑种。曾分布于安徽省青阳、贵池、宣州等地。现保存于安徽省农科院蚕桑研究所。

【特征特性】　树形直立,枝条细短而直,皮褐色,节间直,节距3.5 cm,叶序3/8,皮孔较小,圆形或椭圆形,突出。冬芽长三角形,紫褐色,贴生,副芽小而少。叶长心脏形,较平展,深绿色,叶尖锐头,叶缘钝齿,叶基心形,叶长18.0 cm,叶幅14.5 cm,叶片厚薄中等,叶面微糙,光泽较强,叶片平伸,叶柄细短。开雌花,甚小而少,结实性差,紫黑色。安徽省合肥市栽植,发芽期3月28日—4月4日,开叶期4月5日—14日,成熟期5月上旬,属中生中熟偏早品种。叶片硬化期9月上中旬。发条力强,生长整齐,侧枝少。亩桑产叶量1550 kg,叶质中等。抗黄化型萎缩病、芽枯病力强,耐旱性、耐寒性较强。适宜于长江流域栽植。

21. 金寨藤桑

【来源及分布】 原产于安徽省金寨县,是金寨县的地方品种。属鲁桑种。曾分布于安徽省金寨、霍山、太湖等地。现保存于安徽省农科院蚕桑研究所。

【特征特性】 树形开展,枝条粗长,微曲,皮黄褐色,节间微曲,节距4.0 cm,叶序2/5,皮孔小,圆形。冬芽三角形,褐色,尖离,副芽小而少。叶心脏形,较平展,间有裂叶,翠绿色,叶尖短尾状或锐头,叶缘钝齿,叶基心形,叶长17.0 cm,叶幅15.0 cm,叶片较薄,叶面微糙,稍波皱,有光泽,叶片平伸,叶柄粗长。雌雄同株,雄花穗短而少,葚小而少,紫黑色。安徽省合肥市栽植,发芽期3月30日—4月5日,开叶期4月6日—15日,成熟期5月8日—17日,属中生中熟品种。叶片硬化期9月中旬。发条力强,侧枝少,夏伐后抽条迅速,生长快。亩桑产叶量1500 kg,叶质优。中抗芽枯病、黄化型萎缩病。适宜于长江、黄河流域的丘陵山区栽植。

九、江西省

1. 向塘油皮桑

【来源及分布】 原产于江西省南昌县,是南昌县的农家品种。属鲁桑种,二倍体。分布于江西省南昌县各地。现保存于江西省蚕桑茶叶研究所桑树品种园种质资源圃。

【特征特性】 树形开展,枝条粗长直立,皮青黄色,节间微曲,节距6.5 cm,叶序2/5,皮孔多为圆形。冬芽三角形,黄褐色,贴生,副芽少。叶心脏形,稍扭曲,翠绿色,叶尖锐头,叶缘乳头齿,叶基深心形,叶长19.5 cm,叶幅18.6 cm,叶片较厚,叶面光滑有缩皱,光泽较强,叶片稍下垂,叶柄粗,长4.0 cm。开雌花或雌雄同穗,葚少,中大,紫黑色。 江西省南昌县栽植,发芽期3月16日—22日,开叶期3月26日—4月2日,成熟期5月15日—20日,属晚生晚熟品种。叶片硬化期9月中旬。发条力较强,侧枝少。亩桑产叶量1700 kg,叶质中等。抗黑枯型细菌病,感黄化型萎缩病,耐寒性、耐旱性较强。适宜于长江、黄河下游地区栽植,不宜在黄化型萎缩病严重地区栽植。

2. 黄马青皮桑

【来源及分布】 原产于江西省南昌县,是南昌县的农家品种。属鲁桑种,二倍体。分布于江西省南昌县各地。现保存于江西省蚕桑茶叶研究所桑树品种园种质资源圃。

【特征特性】 树形开展,枝条粗长稍弯曲,皮青色,节间微曲,节距5.3 cm,叶序2/5,皮孔多,圆形。冬芽长三角形,黄色,贴生,副芽少。叶心脏形,稍扭曲,翠绿色,叶尖短尾状,叶缘乳头齿,叶基心形,叶长21.0 cm,叶幅19.5 cm,叶片较厚,叶面光滑波皱,光泽较强,叶片稍下垂,叶柄粗长,长4.4 cm。开雌花,葚少,短,紫黑色。江西省南昌县栽植,发芽期3月15日—21日,开叶期3月21日—30日,成熟期5月上旬。叶片硬化期9月下旬。发条力强,侧枝少。亩桑产叶量

2000 kg,叶质中等。中抗黑枯型细菌病,感黄化型萎缩病,耐旱性、耐寒性较强。适宜于长江、黄河流域栽植,不宜在黄化型萎缩病严重地区栽植。

3. 兴国桑

【来源及分布】 原产于江西省兴国县,是兴国县的农家品种。属鲁桑种,二倍体。分布于江西省兴国县各地。现保存于江西省蚕桑茶叶研究所桑树品种园种质资源圃。

【特征特性】 树形开展,枝条中长稍弯曲,皮紫色,节间直,节距5.0 cm,叶序2/5,皮孔为圆形或椭圆形。冬芽正三角形,褐色,贴生,副芽少。叶心脏形,稍扭曲,翠绿色,叶尖锐头,叶缘乳头齿,叶基心形,叶长23.0 cm,叶幅19.0 cm,叶片较厚,叶面光滑无皱,光泽较强,叶片稍下垂,叶柄粗,长5.0 cm。开雌花或雌雄同株,雄花穗短而少,葚较多,中大,紫黑色。江西省南昌县栽植,发芽期3月19日—25日,开叶期3月27日—4月2日,成熟期5月上旬末。叶片硬化期10月上旬。发条力强,侧枝少。亩桑产叶量2450 kg,叶质中等。中抗黑枯型细菌病,易感黄化型萎缩病,耐旱,耐寒性较强。适宜于长江、黄河流域栽植,不宜在黄化型萎缩病严重地区栽植。

4. 修江4号

【来源及分布】 是江西省修水县地方品种。属鲁桑种,二倍体。分布于江西省南昌、修水等地。现保存于江西省蚕桑茶叶研究所桑树品种园种质资源圃。

【特征特性】 树形开展,枝条中长直立,粗,皮青色,节间微曲,节距5.2 cm,叶序2/5,皮孔为圆形或椭圆形。冬芽正三角形,褐色,贴生,副芽少。叶心脏形,稍扭曲,翠绿色,叶尖锐头,叶缘乳头齿,叶基深心形,叶长18.0 cm,叶幅14.5 cm,叶片较厚,叶面光滑泡皱,光泽较强,叶片稍下垂,叶柄粗,长4.4 cm。开雌花,甚少,中等大小,紫黑色。江西省南昌县栽植,发芽期3月16日—23日,开叶期3月24日—31日,成熟期5月上旬末。叶片硬化期9月中旬。发条力强,侧枝少。亩桑产叶量2060 kg,叶质中等。中抗黑枯型细菌病,抗黄化型萎缩病,耐旱,抗寒性较强。适宜于长江流域栽植,不宜在细菌病和黄化型萎缩病严重地区栽植。

5. 修江5号

【来源及分布】 是江西省修水县地方品种。属鲁桑种,二倍体。分布于江西省南昌、修水等地。现保存于江西省蚕桑茶叶研究所桑树品种园种质资源圃。

【特征特性】 树形开展,枝条中长直立,粗,皮青灰色,节间微曲,节距4.8 cm,叶序2/5或3/8,皮孔多为圆形。冬芽长三角形,黄色,贴生,副芽较多。叶长心脏形,稍扭曲,淡绿色,叶尖锐头,叶缘钝齿,叶基深心形,叶长25.0 cm,叶幅22.5 cm,叶片较厚,叶面光滑波皱,光泽较强,叶片稍下垂,叶柄粗,长5.6 cm。雌雄同株,雄穗中长,较多,葚较少,中等大小,紫黑色。江西省南昌县栽植,发芽期3月16日—24日,开叶期3月25日—4月1日,成熟期5月上旬末,叶片硬化期

10月上旬。发条力强,侧枝少。亩桑产叶量1860 kg,叶质中等。感黑枯型细菌病,感黄化型萎缩病,耐旱,耐寒性较强。适宜于长江流域栽植。

6. 修江6号

【来源及分布】 是江西省修水县地方品种。属鲁桑种,二倍体。分布于江西省南昌、修水等地。现保存于江西省蚕桑茶叶研究所桑树品种园种质资源圃。

【特征特性】 树形开展,枝条中长直立,中粗,皮褐色,节间直,节距3.2 cm,叶序3/8,皮孔多为圆形。冬芽正三角形,棕色,贴生,副芽少。叶心脏形,较平展,翠绿色,叶尖锐头,叶缘乳头齿,叶基心形,叶长19.0 cm,叶幅14.6 cm,叶片较厚,叶面光滑微皱,光泽较强,叶片稍下垂,叶柄粗,长5.0 cm。雌雄同株,雄穗短而少,甚较多,中等大小,紫黑色。江西省南昌县栽植,发芽期3月16日—25日,开叶期3月25日—4月1日,成熟期5月上旬末。叶片硬化期9月下旬。发条力强,侧枝少。亩桑产叶量1600 kg,叶质中等。感黑枯型细菌病,抗黄化型萎缩病,耐旱,耐寒性较强。适宜于长江流域栽植。

7. 向塘桑

【来源及分布】 原产于江西省南昌县,是南昌县向塘镇的农家品种。属鲁桑种,二倍体。分布于江西省南昌县向塘镇。现保存于江西省蚕桑茶叶研究所桑树品种园种质资源圃。

【特征特性】 树形开展,枝条中长直立,粗,皮灰褐色,节间微曲,节距4.4 cm,叶序2/5,皮孔多为椭圆形。冬芽正三角形,褐色,贴生,副芽少。叶阔心脏形,稍扭曲,深绿色,叶尖锐头,叶缘乳头齿,叶基深心形,叶长22.0 cm,叶幅17.5 cm,叶片较厚,叶面光滑微皱,光泽较强,叶片平伸,叶柄粗,长5.0 cm。开雌花,甚较多,中大,紫黑色。江西省南昌县栽植,发芽期3月20日—25日,开叶期4月1日—5日,成熟期5月中旬。叶片硬化期9月下旬。发条力较强,侧枝少。亩桑产叶量1970 kg,叶质中等。抗黑枯型细菌病,感黄化型萎缩病,耐旱,耐寒性较强。适宜于长江流域栽植。

8. 泰和毛桑

【来源及分布】 是江西省泰和县地方品种。分布于江西省吉安市泰和县各地。现保存于江西省蚕桑茶叶研究所桑树品种园种质资源圃。

【特征特性】 树形开展,枝条直立,粗长,皮青褐色,节间微曲,节距5.2 cm,叶序2/5,皮孔为圆形或椭圆形。冬芽三角形,棕褐色,贴生,副芽少。叶阔心脏形,稍扭曲,深绿色,叶尖短尾状,叶缘乳头齿,叶基深心形,叶长20.0 cm,叶幅16.0 cm,叶片较厚,叶面光滑波皱,光泽强,叶片下垂,叶柄粗,长4.5 cm。开雌花,甚短,中大,紫黑色。江西省南昌县栽植,发芽期3月22日—30日,开叶期4月4日—8日,成熟期5月上旬。叶片硬化期9月下旬。发条力强,侧枝少。亩桑产叶量 2500 kg, 叶质中等。中抗黑枯型细菌病, 中抗黄化型萎缩病, 耐旱性、耐寒性较强。适宜于长江流域栽植。

9. 黄马褐皮桑

【来源及分布】 原产于江西省南昌县, 是南昌县的农家品种。属鲁桑种, 二倍体。分布于江西省南昌县各地。现保存于江西省蚕桑茶叶研究所桑树品种园种质资源圃。

【特征特性】 树形开展, 枝条中长直立, 粗, 皮灰褐色, 节间微曲, 节距4.2 cm, 叶序2/5, 皮孔为圆形或椭圆形。冬芽三角形, 棕褐色, 贴生, 副芽少。叶心脏形, 稍扭曲, 深绿色, 叶尖锐头, 叶缘乳头齿, 叶基深心形, 叶长21.0 cm, 叶幅16.5 cm, 叶片较厚, 叶面光滑波皱, 光泽较强, 叶片稍下垂, 叶柄粗, 长5.1 cm。开雌花, 葚较少, 短, 紫黑色。江西省南昌县栽植, 发芽期3月21日—28日, 开叶期4月1日—8日, 成熟期5月中旬。叶片硬化期9月下旬。发条力强, 侧枝少。亩桑产叶量1635 kg, 叶质中等。中抗黑枯型细菌病, 感黄化型萎缩病, 耐旱性、耐寒性较强。适宜于长江流域栽植。

10. 修水大短桑

【来源及分布】 是江西省修水县地方品种。属鲁桑种, 二倍体。分布于江西省九江、修水等地。现保存于江西省蚕桑茶叶研究所桑树品种园种质资源圃。

【特征特性】 树形开展, 枝条粗, 中长稍弯曲, 皮青色, 节间微曲, 节距4.9 cm, 叶序2/5, 皮孔多为圆形。冬芽正三角形, 棕色, 贴生, 副芽少。叶心脏形, 稍扭曲, 深绿色, 叶尖锐头, 叶缘钝齿, 叶基深心形, 叶长18.0 cm, 叶幅15.5 cm, 叶片较厚, 叶面光滑无皱, 光泽较强, 叶片稍下垂, 叶柄粗, 长4.6 cm。开雌花, 葚较少, 中等大小, 紫黑色。江西省南昌县栽植, 发芽期3月18日—25日, 开叶期3月25日—4月1日, 成熟期5月上旬末。叶片硬化期9月下旬。发条力强, 侧枝少。亩桑产叶量2260 kg, 叶质中等。中抗黑枯型细菌病, 中抗黄化型萎缩病, 耐旱, 耐寒性较强。适宜于长江流域栽植。

十、山东省

1. 白条瓣桑

【来源及分布】 地方选拔品种, 来源于山东省蒙阴县。属鲁桑种, 三倍体。曾分布于鲁中一带。现保存于山东省蚕业研究所桑树种质资源圃。

【特征特性】 树形稍开展, 枝条粗长, 皮淡黄褐色, 节间直, 节距4.0 cm, 皮孔多为圆形。冬芽三角形, 赤褐色, 尖离, 副芽小而较少。叶长心脏形, 平展, 深绿色, 叶尖短尾状, 叶缘乳头齿,叶基心形,叶长 26.0 cm,叶幅 23.0 cm,叶片较厚,叶面较光滑,微波皱,光泽较强,叶片稍下垂,叶柄粗长。开雄花,花穗中长,较多。山东省烟台市栽植,发芽期 4 月 23 日—26 日,开叶期 4 月 29 日—5 月 9 日,成熟期 5 月 16 日左右,属中生中熟品种。叶片硬化期 9 月初。发条力中等,侧枝少。亩桑产叶量 2200 kg,叶质较差。中抗黄化型萎缩病、赤锈病,易感细菌病,耐寒性、耐旱性、耐贫瘠力强,抗风能力较差。适宜于黄河流域栽植。

2. 嘟噜桑

【来源及分布】 地方选拔品种,来源于山东省乳山市。属鲁桑种,二倍体。曾分布于胶东地区。现保存于山东省蚕业研究所桑树种质资源圃。

【特征特性】 树形直立,枝条中等粗细,长而直,节间直,节距 2.5 cm,叶序 2/5,皮孔为圆形,较小。冬芽三角形,棕褐色,贴生或尖离,副芽小而较少。叶卵圆形,有少数浅裂叶,叶边稍上翘,深绿色,叶尖锐头,叶缘乳头齿,叶基心形,叶长 18.0 cm,叶幅 16.0 cm,叶片厚,叶面光滑稍泡皱,光泽强,叶片稍下垂,叶柄中粗长。雌雄同穗,雄花穗短而少,葚小而少,紫黑色。山东省烟台市栽植,发芽期 4 月 23 日—26 日,开叶期 4 月 30 日—5 月 8 日,成熟期 5 月 16 日左右,属中生中熟品种。叶片硬化期 9 月上旬初。发条力强,侧枝少。亩桑产叶量 1500 kg,叶质较优。中抗黄化型萎缩病、黑枯型细菌病,耐寒,抗风。适宜于长江以北地区栽植。

3. 黑鲁采桑

【来源及分布】 地方选拔品种,来源于山东省临朐县。属鲁桑种,二倍体。经山东省蚕业研究所多年栽植选拔鉴定,确定为适合条桑育的优质丰产品种,山东省各蚕区都曾有栽植。现保存于山东省蚕业研究所桑树种质资源圃。

【特征特性】 树形直立,枝条中等长度,细直,皮青褐色,节间微曲,节距 3.0 cm,叶序 2/5,皮孔为椭圆形。冬芽三角形,暗褐色,贴生,副芽小而少。叶卵圆形,叶边呈波状上翘,深绿色,叶尖尾状,叶缘乳头齿,叶基浅心形或截形,叶长 18.0 cm,叶幅 14.0 cm,叶片较厚,叶面光滑微皱,有光泽,叶片平伸,叶柄细长。雌雄同株,雄花穗短而较多,葚小而少,紫黑色。山东省烟台市栽植,发芽期 4 月 22 日—25 日,开叶期 4 月 28 日—5 月 8 日,成熟期 5 月 14 日左右,属中生偏早熟品种。叶片硬化期 9 月上旬。发条力强,侧枝多。亩桑产叶量 1300 kg,叶质优。中抗褐斑病,耐寒,抗风能力强。适宜于黄河流域栽植。

4. 黄蕊采桑

【来源及分布】 地方选拔品种,来源于山东省临朐县。属鲁桑种,二倍体。曾分布于鲁中南一带。现保存于山东省蚕业研究所桑树种质资源圃。

【特征特性】 树形直立,枝条中等粗细,长而直,皮浅褐色,节间直,节距 3.2 cm,叶序 2/5,

皮孔为圆形,枝条梢部有一段扁平部,形似鸡冠。冬芽长三角形,淡褐色,尖离,副芽小而少。叶卵圆形或心脏形,较平展,翠绿色,叶尖锐头,叶缘乳头齿,叶基浅心形,叶长18.0 cm,叶幅17.0 cm,叶片较厚,叶面微糙,微波皱,光泽稍强,叶片平伸或稍下垂,叶柄粗短。雌雄同穗,雄花穗中长而较多,葚很少,紫黑色。山东省烟台市栽植,发芽期4月21日—22日,开叶期4月29日—5月7日,成熟期5月20日左右,属中生偏晚熟品种。叶片硬化期9月上旬初。发条力中等,侧枝少。叶质优。不耐剪伐,易感黑枯型细菌病和赤锈病,耐寒性、耐旱性强,抗风能力强。适宜于黄河中下游地区栽植。

5. 青黄桑

【来源及分布】 地方选拔品种,来源于山东省临朐县。属鲁桑种,二倍体。曾分布于鲁中南山区。现保存于山东省蚕业研究所桑树种质资源圃。

【特征特性】 树形稍开展,枝条粗长而直,皮黄褐色,节间直,节距4.0 cm,叶序2/5,皮孔为圆形。冬芽三角形,棕褐色,尖离,副芽小而少。叶心脏形,较平展,翠绿色,叶尖锐头,叶缘乳头齿,叶基深心形,叶长26.0 cm,叶幅25.0 cm,叶片较厚,叶面光滑,光泽较强,叶片稍下垂,叶柄粗长。开雄花,花穗中长,较多。山东省烟台市栽植,发芽期4月22日—26日,开叶期4月30日—5月8日,成熟期5月15日左右,属中生中熟品种。叶片硬化期9月初。发条力中等,侧枝少。亩桑产叶量2000 kg,叶质较差。中抗缩叶型细菌病、赤锈病、污叶病,耐寒性、耐旱性、耐贫瘠力强。适宜于黄河中下游地区栽植。

6. 铁叶黄鲁

【来源及分布】 又名铁叶子、铁杆子。地方选拔品种,来源于山东省临朐县。属鲁桑种,二倍体。曾分布于山东、河北、辽宁等省。现保存于山东省蚕业研究所桑树种质资源圃。

【特征特性】 树形稍开展,枝条长而直,中等粗细,皮黄褐色,节间弯曲,节距4.2 cm,叶序2/5或3/8,皮孔较小,圆形。冬芽三角形,黄褐色,贴生。叶卵圆形,较平展,深绿色,叶尖锐头,叶缘乳头齿,叶基心形,叶长23.0 cm,叶幅18.0 cm,叶片较厚,叶身平展,叶面光滑,微波皱,光泽较强,叶片稍下垂,叶柄中粗长。雌雄同株,雄花穗中长而少,葚小而很少,紫黑色。山东省烟台市栽植,发芽期4月22日—26日,开叶期5月1日—5月8日,成熟期5月18日左右,属中生中熟品种。叶片硬化期9月上旬末。发条力强,侧枝少。亩桑产叶量1700 kg,叶质中等。耐剪伐。中抗黄化型萎缩病、黑枯型细菌病、赤锈病,耐寒性、耐旱性强。适宜于长江以北地区栽植。

7. 梧桐桑

【来源及分布】 地方选拔品种,来源于山东省临朐县。属鲁桑种,二倍体。曾分布于山东、山西、河北等省。现保存于山东省蚕业研究所桑树种质资源圃。

【特征特性】 树形稍开展,枝条粗长而直,皮黄褐色,节间直,节距3.8 cm,叶序2/5,皮孔大小中等,圆形。冬芽三角形,棕褐色,尖离,副芽小而少。叶心脏形,平展,翠绿色,叶尖锐头,叶缘乳头齿,叶基深心形,叶长24.0 cm,叶幅25.0 cm,叶片较厚,叶面光滑,光泽较强,微波皱,叶片平伸或稍下垂,叶柄中长,较粗。开雄花,花穗中长,较多。山东省烟台市栽植,发芽期4月24日—27日,开叶期4月30日—5月8日,成熟期5月15日左右,属中生中熟品种。叶片硬化期9月上旬。发条力中等,侧枝少。亩桑产叶量1800 kg,叶质稍差。中抗黄化型萎缩病、细菌病、赤锈病,耐寒性、耐旱性、耐贫瘠力强。适宜于北方丘陵、山区栽植。

8. 小黄桑

【来源及分布】 又名泰龙桑,地方选拔品种,来源于山东省新泰市。属鲁桑种,二倍体。曾分布于山东、山西等省。现保存于山东省蚕业研究所桑树种质资源圃。

【特征特性】 树形稍开展,枝条较粗直,中等长度,皮浅褐色,节间直,节距3.6 cm,叶序2/5,皮孔很小,圆形。冬芽三角形,暗褐色,尖离。叶椭圆形,两边略翘,淡绿色,叶尖短尾状,叶缘钝齿,叶基浅心形或截形,叶长22.0 cm,叶幅16.0 cm,叶片较厚,叶面光滑,光泽较强,微皱,叶片稍下垂,叶柄中粗长。开雄花,花穗中长,较多。山东省烟台市栽植,发芽期4月23日—27日,开叶期4月30日—5月11日,成熟期5月17日左右,属中生中熟品种。叶片硬化期9月上旬。发条力较强。亩桑产叶量1700 kg,叶质中等。较耐剪伐。中抗黄化型萎缩病、细菌病、赤锈病,耐寒性、耐旱性、耐贫瘠力较强。适宜于黄河中下游地区栽植。

9. 沂源黄鲁

【来源及分布】 地方选拔品种,来源于山东省沂源县。属鲁桑种。曾分布于山东省各蚕区。现保存于山东省蚕业研究所桑树种质资源圃。

【特征特性】 树形稍开展,枝条粗直,中等长度,皮黄褐色,节间直,节距3.7 cm,叶序2/5,皮孔圆形。冬芽三角形,棕褐色,腹离。叶长心脏形,平展,淡绿色,叶尖锐头,叶缘乳头齿,叶基深心形,叶长26.0 cm,叶幅22.0 cm,叶片较厚,叶面光滑,光泽较强,微波皱,叶片稍下垂,叶柄粗长。开雄花,花穗中长而少。山东省烟台市栽植,发芽期4月22日—25日,开叶期4月28日—5月9日,成熟期5月15日左右,属中生中熟品种。叶片硬化期9月初。发条力较弱,侧枝少。亩桑产叶量2000 kg,叶质较差。中抗黄化型萎缩病、赤锈病,易感细菌病,耐寒性、耐旱性、耐贫瘠力强。适宜于黄河流域栽植。

10. 油匠铛铛

【来源及分布】 地方选拔品种,来源于山东省栖霞市,叶形似油匠敲的铛铛,故此得名。属白桑种,二倍体。曾分布于山东、河北等省。现保存于山东省蚕业研究所桑树种质资源圃。

【特征特性】 树形稍开展,枝条长而直,中粗,皮灰褐色,节间直,节距4.0 cm,叶序2/5,皮孔长椭圆或近线形。冬芽三角形,淡褐色,尖离,副芽小而较少。叶多裂叶(5～15裂),平展,翠绿色,叶尖尾状,叶缘乳头齿,叶基浅心形,叶长20.0 cm,叶幅19.0 cm,叶片厚薄中等,叶面光滑无皱,光泽较强,叶片平伸或稍下垂,叶柄细长。开雄花,花穗短而多,偶见极少雌花。山东省烟台市栽植,发芽期4月23日—26日,开叶期4月30日—5月8日,成熟期5月16日左右,属中生中熟品种。叶片硬化期9月上旬。发条力强,侧枝少。亩桑产叶量2000 kg,叶质优。耐剪伐。易感黑枯型细菌病,中抗污叶病、白粉病,耐寒性较强。适宜于长江以北地区栽植。

11. 实生鲁桑

【来源及分布】 是山东省蚕业研究所从鲁桑实生桑中选出,经培育而成。曾分布于鲁中南一带。现保存于山东省蚕业研究所桑树种质资源圃。

【特征特性】 树形直立,枝条粗直,中长,皮棕褐色,节间直,节距3.3 cm,叶序2/5,皮孔圆形。冬芽三角形,赤褐色,尖离。叶卵圆形,较平展,深绿色,叶尖锐头,叶缘乳头齿,叶基浅心形,叶长25.0 cm,叶幅19.0 cm,叶片厚,叶面光滑,微波皱,光泽强,叶片稍下垂,叶柄长。开雌花,甚较多,紫黑色。山东省烟台市栽植,发芽期4月22日—25日,开叶期4月28日—5月5日,成熟期5月14日左右,属中生偏早熟品种。叶片硬化期9月上旬初。发条力中等,侧枝少。亩桑产叶量1600 kg,叶质较优。中抗黑枯型细菌病、赤锈病,耐寒性强,抗风能力强。适宜于长江以北地区栽植。

12. 邹平黄鲁

【来源及分布】 又名黄桑,地方选拔品种,来源于山东省邹平县。属鲁桑种,二倍体。曾分布于鲁中山区。现保存于山东省蚕业研究所桑树种质资源圃。

【特征特性】 树形稍开展,枝条粗长而直,皮黄褐色,节间直,节距4.7 cm,叶序2/5,皮孔圆形或椭圆形。冬芽三角形,棕褐色,尖离,副芽小而很少。叶椭圆形,叶边微翘,翠绿色,有少数裂叶,叶尖短尾状,叶缘乳头齿,叶基截形,叶长28.0 cm,叶幅19.0 cm,叶片厚,叶面光滑,微波皱,光泽较强,叶柄中粗长。雌雄同株,雄花穗中长而少,甚很少,大小中等,紫黑色。山东省烟台市栽植,发芽期4月24日—27日,开叶期4月30日—5月8日,成熟期5月16日左右,属中生中熟品种。叶片硬化期9月上旬初。发条力中等,侧枝少。亩桑产叶量1600 kg,叶质稍差。中抗黄化型萎缩病,易感黑枯型细菌病,耐寒性、耐旱性、耐贫瘠力较强。适宜于北方丘陵、山区栽植。

13. 梨叶大桑

【来源及分布】 又名梨叶打桑,地方选拔品种,来源于山东省邹平县、临朐县。属鲁桑种,三倍体。曾分布于山东、山西等省。现保存于山东省蚕业研究所桑树种质资源圃。

【特征特性】 树形稍开展,枝条长而直,中粗,皮黄褐色,节间微曲,节距4.0 cm,叶序2/5,皮孔较大,椭圆形。冬芽盾形,棕褐色,尖离,副芽小而很少。叶卵圆形,叶边微翘或平展,深绿色,叶尖锐头或短尾状,叶缘乳头齿,叶基浅心形,叶长24.0 cm,叶幅19.0 cm,叶片厚,叶面光滑,微波皱,光泽较强,叶片下垂,叶柄中粗长。开雌花,甚小,较多,紫黑色,未成熟即脱落。山东省烟台市栽植,发芽期4月22日—25日,开叶期5月1日—9日,成熟期5月15日左右,属中生中熟品种。叶片硬化期8月下旬。发条力强,侧枝少。亩桑产叶量1800 kg,叶质中等。抗黄化型萎缩病,中抗黑枯型细菌病、赤锈病,耐寒性、耐旱性强。适宜于长江以北地区栽植。

14. 赵家楼黄鲁

【来源及分布】 地方选拔品种,来源于山东省临朐县。属鲁桑种,二倍体。曾分布于鲁中一带。现保存于山东省蚕业研究所桑树种质资源圃。

【特征特性】 树形稍开展,枝条粗直,中长,皮黄褐色,节间直,节距3.3 cm,叶序2/5,皮孔圆形。冬芽三角形,赤褐色,尖离,无副芽。叶心脏形,较平展,翠绿色,叶尖短尾状,叶缘乳头齿,叶基深心形,叶长23.0 cm,叶幅21.0 cm,叶片较厚,叶面较光滑,微波皱,光泽较强,叶片稍下垂,叶柄粗长。开雌花,花穗中长较多。山东省烟台市栽植,发芽期4月23日—26日,开叶期4月29日—5月8日,成熟期5月15日左右,属中生中熟品种。叶片硬化期9月上旬初。发条力中等,侧枝少。亩桑产叶量1500 kg,叶质稍差。中抗黄化型萎缩病和细菌病,耐寒性、耐旱性、耐贫瘠力强。适宜于北方丘陵、山区栽植。

15. 驴耳葚桑

【来源及分布】 地方选拔品种,来源于山东省淄博市淄川区。属鲁桑种,二倍体。曾分布于鲁中南山区。现保存于山东省蚕业研究所桑树种质资源圃。

【特征特性】 树形直立,枝条长而直,中粗,皮黄褐色,节间直,节距3.1 cm,叶序2/5,皮孔圆形或椭圆形。冬芽正三角形,棕褐色,贴生,副芽少。叶卵圆形,平展,叶边微波翘,翠绿色,叶尖短尾状,叶缘乳头齿,叶基浅心形,叶长25.0 cm,叶幅17.0 cm,叶片较厚,叶面光滑,光泽较强,叶片稍下垂,叶柄中粗长。雌雄同株,雄花穗短而少,甚小而少,紫黑色。山东省烟台市栽植,发芽期4月23日—27日,开叶期5月1日—8日,成熟期5月15日左右,属中生中熟品种。叶片硬化期9月初。发条力强,侧枝少。亩桑产叶量1500 kg,叶质中等。中抗黄化型萎缩病,轻感细菌病、赤锈病,耐寒性、耐旱性、耐贫瘠力强。适宜于黄河流域栽植。

16. 周村黄鲁

【来源及分布】 地方选拔品种,来源于山东省淄博市周村。属鲁桑种,二倍体。曾分布于山东省各蚕区。现保存于山东省蚕业研究所桑树种质资源圃。

【特征特性】 树形稍开展,枝条粗长而直,皮灰黄褐色,节间直,节距3.3 cm,叶序2/5,皮孔圆形。冬芽三角形,黄褐色,尖离,副芽小而少。叶心脏形,较平展,翠绿色,叶尖锐头,叶缘乳头齿,叶基深心形,叶长25.0 cm,叶幅22.0 cm,叶片较厚,叶面较光滑,光泽较强,叶片稍下垂,叶柄粗长。开雄花,花穗中长,较少。山东省烟台市栽植,发芽期4月22日—25日,开叶期4月30日—5月6日,成熟期5月16日左右,属中生中熟品种。叶片硬化期9月初。发条力中等。亩桑产叶量1700 kg,叶质中等。中抗黄化型萎缩病和赤锈病,耐寒性、耐旱性中等,抗风能力中等。适宜于北方丘陵、山区栽植。

17. 沂水黄鲁

【来源及分布】 地方选拔品种,来源于山东省沂水县。属鲁桑种,二倍体。曾分布于鲁中南山区。现保存于山东省蚕业研究所桑树种质资源圃。

【特征特性】 树形稍开展,枝条粗长而直,皮暗黄褐色,节间直,节距3.6 cm,叶序2/5,皮孔圆形。冬芽长三角形,暗褐色,腹离,副芽小而较多。叶卵圆形,较平展,深绿色,叶尖锐头,叶缘乳头齿,叶基深心形,叶长24.0 cm,叶幅18.0 cm,叶片较厚,叶面光滑,光泽较强,叶片稍下垂,叶柄细长。开雄花,花穗中长,较少。山东省烟台市栽植,发芽期4月22日—26日,开叶期5月1日—6日,成熟期5月16日左右,属中生中熟品种。叶片硬化期9月初。发条力中等,枝条下部有少数侧枝。亩桑产叶量1800 kg,叶质稍差。中抗黄化型萎缩病、细菌病和赤锈病,耐寒性、耐旱性、抗贫瘠力中等。适宜于长江以北地区栽植。

18. 红条瓣桑

【来源及分布】 地方选拔品种,来源于山东省蒙阴县。属鲁桑种,二倍体。曾分布于鲁中南一带。现保存于山东省蚕业研究所桑树种质资源圃。

【特征特性】 树形稍开展,枝条中粗长,皮暗褐色,节间直,节距3.7 cm,叶序2/5,皮孔圆形。冬芽三角形,赤褐色,尖离,副芽较大而少。叶卵圆形,平展,深绿色,叶尖短尾状,叶缘钝齿,叶基截形,叶长23.0 cm,叶幅18.0 cm,叶片厚,叶面光滑有波皱,光泽强,叶片稍下垂,叶柄粗,中长。雌雄同株,雄花穗短而较多,葚小而少,紫黑色。山东省烟台市栽植,发芽期4月23日—26日,开叶期4月29日—5月8日,成熟期5月15日左右,属中生中熟品种。叶片硬化期9月初。发条力强,侧枝少。亩桑产叶量1500 kg,叶质较优。易感细菌病和赤锈病,耐旱性强,抗风能力强。适宜于长江以北地区栽植。

19. 邹平黑鲁

【来源及分布】 地方选拔品种,来源于山东省邹平县。属鲁桑种。曾分布于鲁中一带。现保存于山东省蚕业研究所桑树种质资源圃。

【特征特性】 树形直立,枝条粗长而直,皮暗褐色,节间直,节距4.0 cm,叶序2/5,皮孔椭圆形或近肾形。冬芽三角形,棕褐色,尖离,副芽较多。叶卵圆形,平展,深绿色,偶有裂叶,叶尖锐头,叶缘乳头齿,叶基浅心形或截形,叶长27.0 cm,叶幅20.0 cm,叶片厚薄中等,叶面较光滑,微皱,光泽较强,叶片稍下垂,叶柄细长。开雄花,花穗中长,较多。山东省烟台市栽植,发芽期4月23日—26日,开叶期4月30日—5月8日,成熟期5月14日左右,属中生中熟品种。叶片硬化期8月下旬。发条力中等。亩桑产叶量1500 kg,叶质中等。中抗黄化型萎缩病、黑枯型细菌病,耐旱性、耐贫瘠力中等。适宜于黄河中下游地区栽植。

20. 铁干桑

【来源及分布】 地方选拔品种,来源于山东省临朐县。属鲁桑种,二倍体。曾分布于鲁中南一带。现保存于山东省蚕业研究所桑树种质资源圃。

【特征特性】 树形较紧凑,枝条中粗长而直,皮暗褐色,节间微曲,节距4.7 cm,叶序2/5,皮孔圆形或椭圆形。冬芽三角形,芽尖歪斜,赤褐色,贴生或尖离,副芽小而较多。叶卵圆形,平展,深绿色,叶尖短尾状,叶缘钝齿,叶基浅心形,叶长24.0 cm,叶幅19.0 cm,叶片稍薄,叶面光滑,微皱,叶片稍下垂,叶柄中粗长。开雄花,花穗短而较少。山东省烟台市栽植,发芽期4月22日—25日,开叶期4月29日—5月4日,成熟期5月16日左右,属中生中熟品种。叶片硬化期9月上旬初。发条力强,条基部侧枝较多。亩桑产叶量1200 kg,叶质较好。抗黄化型萎缩病,易感赤锈病,耐寒性、耐旱性、耐贫瘠力较差。适宜于黄河中下游地区栽植。

21. 临朐黑鲁

【来源及分布】 地方选拔品种,来源于山东省临朐县。属鲁桑种。曾分布于山东各蚕区。现保存于山东省蚕业研究所桑树种质资源圃。

【特征特性】 树形稍开展,枝条中粗长而直,皮棕褐色,节间微曲,节距4.3 cm,叶序3/8,皮孔圆形。冬芽三角形,棕褐色,尖离,副芽小而少。叶卵圆形,叶边微波翘,深绿色,叶尖短尾状,叶缘乳头齿或钝齿,叶基浅心形,叶长24.0 cm,叶幅16.0 cm,叶片较厚,叶面光滑无皱,光泽强,叶片平伸,叶柄中粗长。开雄花,花穗短而较多。山东省烟台市栽植,发芽期4月21日—25日,开叶期4月29日—5月9日,成熟期5月17日左右,属中生中熟品种。叶片硬化期9月上旬初。发条力强。亩桑产叶量1300 kg,叶质优。中抗黄化型萎缩病,易感赤锈病,耐寒性、耐旱性强,抗风能力强,耐贫瘠力较弱。适宜于黄河中下游地区栽植。

22. 莱芜接桑

【来源及分布】 地方选拔品种,来源于山东省莱芜市。属鲁桑种。曾分布于山东泰莱平原一带。现保存于山东省蚕业研究所桑树种质资源圃。

【特征特性】 树形直立,枝条细长而直,皮棕褐色,节间直,节距3.0 cm,叶序1/2或2/5,皮孔较大,圆形。冬芽长三角形,赤褐色,贴生,副芽小而少。叶卵圆形,叶边略翘,墨绿色,叶尖锐头,叶缘钝齿,叶基浅心形,叶长17 cm,叶幅13 cm,叶片较厚,叶面光滑无皱,光泽较强,叶片下垂,叶柄细长。开雄花,花穗短而较少。山东省烟台市栽植,发芽期4月23日—27日,开叶期5月2日—5月10日,成熟期5月18日左右,属中生偏晚熟品种。叶片硬化期9月上旬。发条力强,侧枝少。亩桑产叶量900 kg,叶质优。中抗黄化型萎缩病和黑枯型细菌病。耐寒性、耐旱性、耐贫瘠力强,抗风能力强。适宜于黄河下游地区栽植。

23. 黑鲁接桑

【来源及分布】 地方选拔品种,来源于山东省临朐县。属鲁桑种。曾分布于鲁中南一带。现保存于山东省蚕业研究所桑树种质资源圃。

【特征特性】 树形直立,枝条长而直,中粗,皮棕褐色,节间微曲,节距4 cm,叶序2/5,皮孔较小,圆形。冬芽三角形,赤褐色,尖离或腹离,副芽小而较少。叶卵圆形或近椭圆形,叶边略翘,深绿色,叶尖钝头或锐头,叶缘乳头齿,叶基浅心形,叶长24.0 cm,叶幅22.0 cm,叶片较厚,叶面光滑微皱,光泽较强,叶片稍下垂,叶柄中粗长。开雌花,葚小而少,紫黑色。山东省烟台市栽植,发芽期4月24日—27日,开叶期4月30日—5月8日,成熟期5月中旬,属中生中熟品种。叶片硬化期9月上旬初。发条力强,侧枝少。亩桑产叶量1500 kg,叶质较优。中抗黑枯型细菌病,易感赤锈病,耐寒性、耐旱性较强。适宜于长江以北地区栽植。

24. 昌维黑鲁

【来源及分布】 地方选拔品种,来源于山东省临朐县。属鲁桑种。曾分布于鲁中南一带。现保存于山东省蚕业研究所桑树种质资源圃。

【特征特性】 树形直立,枝条长而直,中粗,皮暗褐色,节间微曲,节距3.5 cm,叶序2/5,皮孔较小,圆形。冬芽小三角形,暗褐色,尖离,无副芽。叶卵圆形,叶边略波翘,浓绿色,叶尖短尾状,叶缘乳头齿,叶基浅心形,叶长19.0 cm,叶幅14.0 cm,叶片较厚,叶面光滑,微泡皱,光泽强,叶片稍下垂,叶柄中粗长。开雌花,葚中大较多,紫黑色。山东省烟台市栽植,发芽期4月23日—26日,开叶期4月30日—5月8日,成熟期5月17日左右,属中生中熟品种。叶片硬化期9月上旬初。发条力中等,侧枝少。亩桑产叶量1600 kg,叶质优。中抗黑枯型细菌病,易感赤锈病,耐寒性强,耐旱性较弱,抗风能力强。适宜于黄河中下游地区栽植。

25. 九山黑鲁

【来源及分布】 又名黑鲁头、黑鲁桑,地方选拔品种,来源于山东省临朐县。属鲁桑种,二倍体。曾分布于鲁中南一带。现保存于山东省蚕业研究所桑树种质资源圃。

【特征特性】 树形稍开展,枝条微曲,中粗长,皮暗褐色,节间微曲,节距3.8 cm,叶序2/5,皮孔较小,圆形。冬芽三角形,暗褐色,尖离或腹离,副芽较少而小。叶卵圆形,叶边稍上卷,深绿色,叶长22.0 cm,叶幅17.0 cm,叶片较厚,叶面光滑,微皱,光泽强,叶片稍下垂,叶柄中粗长。开雄花,花穗短而较多。山东省烟台市栽植,发芽期4月21日—24日,开叶期4月28日—5月8日,成熟期5月15日左右,属中生中熟品种。叶片硬化期9月上旬初。发条力强,侧枝少。亩桑产叶量1500 kg,叶质优。中抗黄化型萎缩病、黑枯型细菌病,易感赤锈病,耐寒性强,抗风能力强。适宜于黄河流域栽植。

26. 扬善黑鲁

【来源及分布】 地方选拔品种,来源于山东省临朐县。属鲁桑种。曾分布于鲁中南一带。现保存于山东省蚕业研究所桑树种质资源圃。

【特征特性】 树形直立,枝条直,中粗长,皮棕褐色,节间微曲,节距3.0 cm,叶序2/5,皮孔较小,圆形。副芽较少而小。叶卵圆形,叶边微上卷,深绿色,叶尖锐头,叶缘乳头齿,叶基心形,叶长22.0 cm,叶幅18.0 cm,叶片较薄,叶面光滑微皱,光泽强,叶片平伸,叶柄粗长。开雌花,葚小而较多,紫黑色。 山东省烟台市栽植,发芽期4月23日—25日,开叶期5月2日—9日,成熟期5月15日左右,属中生中熟品种。叶片硬化期9月上旬。发条力强,侧枝少。亩桑产叶量1500 kg,叶质优。易感赤锈病,其他病害较少,耐寒性、耐旱性强,抗风能力强。适宜于黄河中下游地区栽植。

27. 口头黑鲁

【来源及分布】 地方选拔品种,来源于山东省淄博市。属鲁桑种,二倍体。曾分布于鲁中南一带。现保存于山东省蚕业研究所桑树种质资源圃。

【特征特性】 树形直立,枝条直,中粗长,皮棕褐色,节间直,节距3.3 cm,叶序3/8,皮孔较小,椭圆形。冬芽三角形,暗棕褐色,贴生,副芽少。叶卵圆形,较平展,浓绿色,叶尖锐头,叶缘乳头齿,叶基浅心形,叶长26.0 cm,叶幅19.0 cm,叶片较厚,叶面光滑,微波皱,光泽较强,叶片下垂,叶柄粗长。开雄花,花穗中长,较多。山东省烟台市栽植,发芽期4月24日—27日,开叶期5月2日—9日,成熟期5月17日左右,属中生中熟品种。叶片硬化期9月初。发条力中等,侧枝少。亩桑产叶量1700 kg,叶质中等。中抗黑枯型细菌病、赤锈病,耐寒性较强,抗风能力较强,耐贫瘠力中等,耐旱性差。适宜于黄河流域栽植。

28. 李召桑

【来源及分布】 地方选拔品种,来源于山东省临朐县。属鲁桑种,二倍体。曾分布于鲁中南一带。现保存于山东省蚕业研究所桑树种质资源圃。

【特征特性】 树形直立,枝条直,粗长,皮青灰色,节间微曲,节距3.8 cm,叶序2/5,皮孔较小,圆形。冬芽近球形,棕褐色,尖离,副芽小而少。叶卵圆形,平展,深绿色,叶尖锐头,叶缘锐齿,叶基浅心形,叶长18.0 cm,叶幅14.0 cm,叶片较厚,叶面光滑无皱,光泽较强,叶柄细短。雌雄同株,雄花穗短而较少,葚中大而少,紫黑色。山东省烟台市栽植,发芽期4月23日—26日,开叶期5月1日—10日,成熟期5月18日左右,属中生偏晚熟品种。叶片硬化期9月中旬初。发条力强。亩桑产叶量1500 kg,叶质较优。耐剪伐。中抗黑枯型细菌病、赤锈病,耐寒性强,抗风能力强。适宜于黄河流域栽植。

29. 大青条

【来源及分布】 地方选拔品种,来源于山东省新泰市。属鲁桑种,二倍体。曾分布于山东各蚕区。现保存于山东省蚕业研究所桑树种质资源圃。

【特征特性】 树形直立,枝条较细长而直,皮青灰色,节间微曲,节距4.0 cm,叶序2/5,皮孔大小不匀,圆形。冬芽三角形,棕褐色,腹离,副芽少。叶卵圆形或椭圆形,平展,翠绿色,叶尖短尾状,叶缘钝齿,叶基截形,叶长28.0 cm,叶幅20.0 cm,叶片较厚,叶面光滑,微波皱,光泽较强,叶片下垂,叶柄中粗长。雌雄同株,雄花穗中长而少,葚小而很少,紫黑色。山东省烟台市栽植,发芽期4月22日—27日,开叶期4月29日—5月7日,成熟期5月15日左右,属中生中熟品种。叶片硬化期8月下旬。发条力中等。亩桑产叶量1500 kg,叶质中等。中抗缩叶病、黑枯型细菌病,耐寒性、耐旱性强,抗风能力强。适宜于黄河中下游地区栽植。

30. 山岔黄鲁

【来源及分布】 又名三岔黄鲁,地方选拔品种,来源于山东省沂源县。属鲁桑种,三倍体。曾分布于鲁中南山区一带。现保存于山东省蚕业研究所桑树种质资源圃。

【特征特性】 树形稍开展,枝条粗直,中长,皮黄褐色,节间直,节距3.4 cm,叶序2/5,皮孔圆形。冬芽正三角形,棕褐色,尖离,副芽小而极少。叶心脏形,平展,翠绿色,叶尖锐头,叶缘乳头齿,叶基深心形,叶长24.0 cm,叶幅23.0 cm,叶片较厚,叶面较光滑,微波皱,光泽较强,叶片稍下垂,叶柄较粗,中长。开雄花,花穗中长,较多。山东省烟台市栽植,发芽期4月23日—26日,开叶期4月29日—5月6日,成熟期5月15日左右,属中生中熟品种。叶片硬化期9月初。发条力较弱,无侧枝。亩桑产叶量1700 kg,叶质较差。较耐剪伐,中抗黄化型萎缩病、细菌病、赤锈病,耐寒性、耐旱性、耐贫瘠力强。适宜于长江以北地区栽植。

31. 临选1号

【来源及分布】是山东省蚕业研究所从山东省昌潍农校实习桑园中选出,经培育而成。属鲁桑种。曾分布于鲁中南一带。现保存于山东省蚕业研究所桑树种质资源圃。

【特征特性】 树形稍开展,枝条直,中粗长,皮浅棕褐色,节间直,节距3.8 cm,叶序3/8,皮孔圆形。冬芽三角形,棕褐色,贴生,副芽小而少。叶卵圆形,平伸,翠绿色,叶尖锐头,叶缘乳头齿,叶基浅心形,叶长27.0 cm,叶幅20.0 cm,叶片较厚,叶面光滑,微波皱,光泽较强,叶片稍下垂,叶柄粗长。雌雄同株,雄花穗小而较多,甚少,中大,紫黑色。山东省烟台市栽植,发芽期4月23日—26日,开叶期5月1日—9日,成熟期5月18日左右,属中生偏晚熟品种。叶片硬化期9月上旬初。发条力中等,侧枝少。亩桑产叶量1500 kg,叶质优。中抗萎缩病和细菌病,抗风能力强,耐寒性强。适宜于长江以北地区栽植。

32. 临选2号

【来源及分布】 是山东省蚕业研究所从山东省昌潍农校实习桑园中选出,经培育而成。属鲁桑种。曾分布于鲁中南一带。现保存于山东省蚕业研究所桑树种质资源圃。

【特征特性】 树形粗直,中长,皮淡褐色,节间直,节距3.8 cm,叶序2/5,皮孔圆形,个别枝条上部扁平呈鸡冠状。冬芽三角形,淡褐色,尖离,个别芽离开节部着生,副芽小而少。叶卵圆形,较平展,叶尖锐头,叶缘乳头齿,叶基浅心形或心形,叶长24.0 cm,叶幅19.0 cm,叶片较厚,叶面较光滑,微波皱,光泽较强,叶片稍下垂,叶柄中粗长。雌雄同株,雄花穗短而较多,甚小而少,紫黑色。山东省烟台市栽植,发芽期4月23日—26日,开叶期4月30日—5月8日,成熟期5月14日左右,属中生中熟品种。叶片硬化期9月上旬初。发条力中等,侧枝少。亩桑产叶量1400 kg,叶质较优。不耐剪伐,中抗黑枯型细菌病、赤锈病,耐寒性、耐旱性强。适宜于黄河中下游地区栽植。

33. 临选4号

【来源及分布】 是山东省蚕业研究所从山东省昌潍农校实习桑园中选出,经培育而成。属鲁桑种。曾分布于鲁中南一带。现保存于山东省蚕业研究所桑树种质资源圃。

【特征特性】 树形直立,枝条粗直,中长,皮暗黄褐色,节间较直,节距4.0 cm,叶序2/5,皮孔圆形,枝条中、上部有鸡冠状扁平部。冬芽三角形,棕褐色,尖离,副芽小而少。叶卵圆形,较平展,深绿色,叶尖锐头,叶缘乳头齿,叶基心形,叶长22.0 cm,叶幅18 cm,叶片厚,叶面光滑,微波皱,光泽较强,叶片稍下垂,叶柄粗长。雌雄同株,雄花穗短而较多,甚小而少,紫黑色。山东省烟台市栽植,发芽期4月22日—25日,开叶期5月1日—9日,成熟期5月15日左右,属中生中熟品种。叶片硬化期9月上旬初。亩桑产叶量1600 kg,叶质中等。中抗黑枯型细菌病,易感赤锈病,耐寒性强。适宜于黄河中下游地区栽植。

34. 大鲁桑

【来源及分布】 又名打鲁桑,地方选拔品种,来源于山东省临朐县。属鲁桑种。曾分布于鲁中南一带。现保存于山东省蚕业研究所桑树种质资源圃。

【特征特性】 树形直立,枝条粗长而直,皮棕褐色,节间微曲,节距4.2 cm,叶序2/5,皮孔椭圆形或线形。冬芽正三角形,赤褐色,尖稍离,副芽少。叶卵圆形,叶边略波翘,深绿色,叶尖锐头,叶缘乳头齿,叶基心形,叶长20.0 cm,叶幅18.0 cm,叶片较厚,叶面光滑微波皱,光泽较强,叶片稍下垂,叶柄细短。开雄花,偶有雌花,雄花穗短而较少,甚小且极少,紫黑色。山东省烟台市栽植,发芽期4月23日—26日,开叶期5月2日—9日,成熟期5月16日左右,属中生中熟品种。叶片硬化期9月上旬初。发条力中等,侧枝少。亩桑产叶量1400 kg,叶质较优。中抗黑枯型细菌病,易感赤锈病,耐寒性、耐旱性强,抗风能力强。适宜于黄河中下游地区栽植。

35. 大白条

【来源及分布】 地方选拔品种,来源于山东省临朐县。属鲁桑种,二倍体。曾分布于鲁中南一带。现保存于山东省蚕业研究所桑树种质资源圃。

【特征特性】 树形直立,枝条长而直,中粗,皮淡黄褐色,节间直,节距4.0 cm,叶序2/5,皮孔较小,圆形。冬芽三角形,淡赤褐色,贴生,副芽小而少。叶卵圆形,较平展,翠绿色,有少数浅裂叶,叶尖短尾状,叶缘钝齿,叶基近截形,叶长20.0 cm,叶幅12.0 cm,叶片较厚,叶面光滑无皱,有光泽,叶片平伸或稍下垂,叶柄细长。开雄花,偶有雌花,花穗短而较多。山东省烟台市栽植,发芽期4月22日—25日,开叶期4月30日—5月8日,成熟期5月18日左右,属中生偏晚熟品种。叶片硬化期9月上旬初。发条力强,侧枝少。亩桑产叶量1100 kg,叶质较优。中抗黑枯型细菌病,易感赤锈病,耐寒性强,抗风能力强。适宜于黄河流域栽植。

36. 益都大白条

【来源及分布】 又名大白条,地方选拔品种,来源于山东省青州市。属鲁桑种,二倍体。曾分布于山东各蚕区。现保存于山东省蚕业研究所桑树种质资源圃。

【特征特性】 树形直立,枝条粗直,中长,皮黄白色,节间直,节距3.0 cm,叶序2/5或3/8,皮孔圆形或椭圆形。冬芽三角形,鳞片上部灰白色,下部暗褐色,尖离,副芽小而较多。叶卵圆形,较平展,深绿色,叶尖锐头,叶缘乳头齿,叶基浅心形,叶长22.0 cm,叶幅18.0 cm,叶片较厚,叶面光滑微皱,光泽较强,叶片平伸,叶柄粗短。开雄花,花穗短而较多。山东省烟台市栽植,发芽期4月22日—25日,开叶期4月28日—5月8日,成熟期5月16日左右,属中生中熟品种。叶片硬化期9月上旬初。发条力中等。亩桑产叶量1400 kg,叶质中等,不耐贮藏。中抗黄化型萎缩病、黑枯型细菌病,耐寒性较强,耐旱性较弱。适宜于长江以北地区栽植。

37. 昌潍大白条

【来源及分布】 地方选拔品种,来源于山东省临朐县。属鲁桑种。曾分布于鲁中南一带。现保存于山东省蚕业研究所桑树种质资源圃。

【特征特性】 树形稍开展,枝条直,中粗长,皮淡黄褐色,节间直,节距 3.5 cm,叶序 3/8,皮孔圆形或椭圆形。冬芽三角形,先端钝,黄褐色,贴生,副芽小而少。叶卵圆形或近椭圆形,较平展,深绿色,叶尖锐头,叶缘钝齿,叶基浅心形或近截形,叶长 19.0 cm,叶幅 14.0 cm,叶片较厚,叶面较光滑,微泡皱,光泽较强,叶片平伸,叶柄粗短。开雄花,花穗短而较多。山东省烟台市栽植,发芽期 4 月 23 日—26 日,开叶期 5 月 1 日—8 日,成熟期 5 月 16 日左右,属中生中熟品种。叶片硬化期 9 月上旬初。发条力中等,侧枝少。亩桑产叶量 1000 kg,叶质较优。中抗黑枯型细菌病和污叶病,抗风能力强,耐寒性、耐旱性中等。适宜于黄河中下游地区栽植。

38. 小白皮

【来源及分布】 地方选拔品种,来源于山东省临朐县。属鲁桑种,二倍体。曾分布于鲁中南一带。现保存于山东省蚕业研究所桑树种质资源圃。

【特征特性】 树形直立,枝条粗长而直,皮灰白色,节间直,节距 3.5 cm,叶序 2/5,皮孔椭圆形、圆形或线形。冬芽三角形,黄褐色,贴生,副芽小而少。叶卵圆形或椭圆形,叶边稍上翘,叶面光滑,无皱,光泽较强,叶片平伸,叶柄中粗长。开雄花,花穗短而多。山东省烟台市栽植,发芽期 4 月 23 日—26 日,开叶期 5 月 3 日—9 日,成熟期 5 月 16 日左右,属中生中熟品种。叶片硬化期 9 月中旬初。发条力强。亩桑产叶量 1500 kg,叶质较优。中抗赤锈病、黑枯型细菌病,耐旱性、耐寒性较强,抗风能力较强。适宜于长江以北地区栽植。

39. 小白条

【来源及分布】 地方选拔品种,来源于山东省临朐县。属鲁桑种,二倍体。曾分布于鲁中南一带。现保存于山东省蚕业研究所桑树种质资源圃。

【特征特性】 树形直立,枝条粗长而直,皮黄褐色,节间微曲,节距 3.5 cm,叶序 1/2 或 2/5,皮孔圆形,较小。冬芽三角形,棕褐色,尖离,副芽小而较少。叶卵圆形,较平展,深绿色,叶尖锐头,叶缘钝齿,叶基浅心形,叶长 21.0 cm,叶幅 14.0 cm,叶片较厚,叶面光滑,有细皱,光泽较强,叶片稍下垂,叶柄中粗长。开雄花,花穗中长而多。山东省烟台市栽植,发芽期 4 月 22 日—25 日,开叶期 5 月 1 日—9 日,成熟期 5 月 15 日左右,属中生中熟品种。叶片硬化期 9 月中旬初。发条力强。亩桑产叶量 1200 kg,叶质中等。木质疏松,易受蛀干害虫为害,中抗黑枯型细菌病,耐旱性、耐寒性中等。适宜于黄河中下游地区栽植。

40. 营子桑

【来源及分布】 地方选拔品种,来源于山东省临朐县。属鲁桑种。曾分布于鲁中南一带。现保存于山东省蚕业研究所桑树种质资源圃。

【特征特性】 树形直立,枝条长而直,中粗,皮青褐色,节间较直,节距 3.5 cm,叶序 2/5,皮孔圆形,较小。冬芽盾形或近球形,棕褐色,尖离,副芽小而少。叶卵圆形,较平展,深绿色,叶尖短尾状,叶缘锐齿,叶基浅心形,叶长20.0 cm,叶幅14.0 cm,叶片厚,叶面光滑无皱,光泽较强,叶片平伸或稍下垂,叶柄细短。开雄花,花穗短而较多。山东省烟台市栽植,发芽期4月23日—26日,开叶期4月30日—5月8日,成熟期5月15日左右,属中生中熟品种。叶片硬化期9月中旬初。发条力强,侧枝较少。亩桑产叶量2000 kg,叶质优。中抗黄化型萎缩病、赤锈病,易感黑枯型细菌病,耐旱性、耐寒性强。适宜于长江以北地区栽植。

41. 羊角弯

【来源及分布】 又名燕尾桑,地方选拔品种,来源于山东省临朐县。属鲁桑种,二倍体。曾分布于鲁中南及鲁西一带。现保存于山东省蚕业研究所桑树种质资源圃。

【特征特性】 树形稍开展,枝条中粗长,稍弯曲,条梢部多分叉,皮黄褐色带青,节间直,节距3.0 cm,叶序2/5或不规则,皮孔圆形,较小。冬芽三角形,棕褐色,贴生,副芽小而少。叶卵圆形,叶边呈波状,深绿色,叶尖短尾状,叶缘钝齿,叶基浅心形或心形,叶长23.0 cm,叶幅17.0 cm,叶片厚,叶面光滑微波皱,光泽较强,叶片稍下垂,叶柄中粗长。开雄花,花穗短而较多。山东省烟台市栽植,发芽期4月23日—26日,开叶期4月30日—5月10日,成熟期5月14日左右,属中生偏早熟品种。叶片硬化期9月中旬初。发条力强。亩桑产叶量1500 kg,叶质优。中抗黑枯型细菌病,易感赤锈病,耐寒性强,抗风能力强。适宜于黄河中下游地区栽植。

42. 胶东油桑

【来源及分布】 又名油桑,地方选拔品种,来源于山东省栖霞市。属白桑种,二倍体。曾分布于山东省各地。现保存于山东省蚕业研究所桑树种质资源圃。

【特征特性】 树形稍开展,枝条粗长而直,皮灰黄褐色,节间直,节距3.2 cm,叶序2/5,皮孔较小,圆形。冬芽三角形,棕褐色,贴生。叶卵圆形,叶边稍上翘,深绿色,叶尖短尾状,叶缘钝齿,叶基浅心形或截形,叶长22.0 cm,叶幅15.0 cm,叶片厚,叶面光滑无皱,光泽较强,叶片平伸,叶柄细长。开雌花,甚少,紫黑色。山东省烟台市栽植,发芽期4月22日—25日,开叶期4月30日—5月9日,成熟期5月13日左右,属中生偏早熟品种。叶片硬化期9月上旬。发条力中等,侧枝少。亩桑产叶量1300 kg,叶质优。中抗细菌病,耐寒性、耐旱性、耐贫瘠力较强。适宜于长江以北地区栽植。

43. 红条桑

【来源及分布】 又名红桑,地方选拔品种,来源于山东省高青县。属白桑种。曾分布于鲁西北一带。现保存于山东省蚕业研究所桑树种质资源圃。

【特征特性】 树形直立,枝条细长而直,皮红褐色,节间直,节距4.0 cm,叶序2/5,皮孔圆形或椭圆形。冬芽三角形,棕褐色,贴生,副芽小而较多。叶椭圆形,平展或稍下垂,淡绿色,有少数裂叶,叶尖短尾状,叶缘乳头齿,叶基截形,叶长20.0 cm,叶幅12.0 cm,叶片厚薄中等,叶面光滑,光泽较强,叶柄细短。开雌花,无花柱,葚小而较多,紫黑色。山东省烟台市栽植,发芽期4月20日—28日,开叶期4月30日—5月7日,成熟期5月中旬,属中生中熟品种。发条力强,木质坚硬,条质好,产条量高。亩桑产叶量900 kg,叶质较优,是条、叶兼优品种。耐旱性、耐贫瘠力差。适宜于黄河中下游平原地区栽植。

44. 白葚桑

【来源及分布】 地方选拔品种,来源于山东省夏津县。属白桑种。曾分布于鲁西北一带。现保存于山东省蚕业研究所桑树种质资源圃。

【特征特性】 树形开展,枝条中粗而长,较柔软,稍弯曲,有卧伏枝,皮灰褐色,节间直,节距2.8 cm,叶序2/5,皮孔圆形或椭圆形,大小不等。冬芽长三角形,黄褐色,尖离,有的向一边歪斜,副芽小而较多。叶卵圆形,平展,翠绿色,叶尖短尾状,叶缘乳头齿,叶基浅心形,叶长20.0 cm,叶幅15.0 cm,叶片较厚,叶面光滑无皱,光泽较强,叶片平伸或稍下垂,叶柄细短。开雌花,花果多。山东省烟台市栽植,发芽期4月中下旬,开叶期5月中旬,成熟期5月中旬,属中生中熟品种。发条力中等,侧枝较少。叶质较优。轻感黑枯型细菌病,耐旱性、耐贫瘠力强。适宜于长江以北地区栽植。

45. 昂绿1号

【来源及分布】 选用日本桑品种新一之濑作基础亲本,经生物技术叶片培养克隆出再生植株,再行^{60}Co-γ射线辐照半致死筛选,选株叶片再克隆的分化期,导入外源抗病基因。经多代无性繁殖和病区测试后进入系统选择选育而成。山东各蚕区均有栽植。

【特征特性】 树形直立,枝条长而直,皮灰色,皮孔大小中等。冬芽短三角形,黄色,尖离,副芽少。叶浅裂形,翠绿色,叶尖短尾状,叶缘乳头齿,叶基心形,叶片较厚,叶面光泽较强,光滑微皱,叶片平伸。开雄花,花穗小而少。山东省烟台市栽植,发芽期、开叶期与同类主栽品种湖桑32号相仿或推迟1～2天,属中生中熟品种。适宜黄河流域长江以北地区栽植。

十一、河南省

1. 勺桑

【来源及分布】 为河南地方品种,分布于南阳市,以镇平县较多,上卷如勺,故称勺桑。属白桑种。现保存于河南省蚕业科学研究院和国家种质镇江桑树圃等地。

【**特征特性**】 树形不甚开展,枝条细长而直,平均条长155 cm,皮青灰褐色,节距4.7 cm,皮孔大而少。冬芽盾形,褐色,尖离,副芽较多。叶卵圆形,深绿色,叶尖乳头齿,叶缘钝齿,叶基深心形,富有光泽,叶长18.0 cm,叶幅12.0 cm,叶片较厚,叶面稍皱,叶片稍下垂,叶柄长4.0 cm。雌雄同株同穗,葚较少,紫黑色。河南省南阳市栽植,发芽期4月4日—8日,开叶期4月12日—18日,成熟期5月上旬。叶片硬化期9月中旬,落叶期10月上中旬。发条数多,木质坚硬。亩桑产叶量1314 kg。耐寒耐瘠,抗病力强。适宜于河南四边及丘陵山区栽植。

2. 槐桑

【**来源及分布**】 为河南地方品种,主要分布于河南省镇平县。属白桑种。现保存于河南省蚕业科学研究院和国家种质镇江桑树圃等地。

【**特征特性**】 树冠不甚开展。枝条粗长而直,皮青灰褐色,节距5.0 cm,皮孔小而少。冬芽长三角形,褐色,芽尖稍离,副芽较多。叶心脏形,翠绿色,叶尖锐头,叶缘钝齿,叶基深心形,叶面光滑有光泽,叶长19.0 cm,叶幅14.0 cm,叶片较厚,叶面稍皱,叶片稍下垂,叶柄长5.0 cm。开雌花。河南省南阳市栽植,发芽期4月4日—8日,开叶期4月12日—18日,成熟期5月上旬。叶片硬化期9月中旬,落叶期10月上中旬。发条数多,木质较坚硬。亩桑产叶量1245 kg。耐寒耐瘠,抗病力强。适宜于河南四边及丘陵山区栽植。

3. 林县鲁桑

【**来源及分布**】 为河南地方品种,主要分布于河南省林州市。属鲁桑种。现保存于河南省蚕业科学研究院和国家种质镇江桑树圃等地。

【**特征特性**】 树冠不甚开展,枝条粗长、直立,平均条长160 cm,皮青灰褐色,节距3.9 cm,皮孔小而少。冬芽正三角形,黄褐色,贴生,副芽较多。叶长心脏形,深绿色,全裂混生,叶尖短尾状,叶缘乳头齿,叶基深心形,光泽较强,叶长14.0 cm,叶幅12.0 cm,叶片厚,叶面稍皱,叶片下垂,叶柄长3.5 cm。开雄花。河南省南阳市栽植,发芽期4月6日—10日,开叶期4月12日—18日,成熟期5月上旬末。叶片硬化期9月中旬,落叶期10月上中旬。发条数较多。亩桑产叶量春632 kg、夏秋774 kg。耐寒性强,抗病力强。适宜于河南中北部四边及丘陵山区栽植。

十二、湖北省

1. 红皮瓦桑

【**来源及分布**】 是湖北省麻城市地方品种。属鲁桑种,二倍体。分布于湖北麻城、罗田等地。现保存于湖北省农科院经济作物研究所和国家种质镇江桑树圃等地。

【特征特性】　树形开展,枝条粗长而直,皮棕色,节间直,节距4.0 cm,叶序2/5,皮孔圆形或椭圆形。冬芽三角形,褐色,贴生或尖离,副芽少。叶心脏形,春叶略呈反瓢状,翠绿色,叶尖锐头,叶缘乳头齿,叶基浅心形或截形,叶长21.0 cm,叶幅19.0 cm,叶片较厚,叶面光滑,有缩皱,光泽较弱,叶片稍下垂,叶柄中粗长。开雌花,葚小而少,紫黑色。湖北省武汉市栽植,发芽期4月4日—10日,开叶期4月15日—21日,成熟期5月12日—17日,属晚生晚熟品种。叶片硬化期9月中旬。发条力中等,生长快,侧枝较少。亩桑产叶量1230 kg,叶质较差。易感黄化型萎缩病,中抗黑枯型细菌病、白粉病、污叶病。适宜于长江中下游地区栽植。

2. 马蹄桑

【来源及分布】　是湖北省罗田县地方品种。属鲁桑种,二倍体。分布于湖北罗田、麻城等地。现保存于湖北省农科院经济作物研究所和国家种质镇江桑树圃等地。

【特征特性】　树形开展,枝条粗长稍弯曲,皮淡褐色,节间微曲,节距3.2 cm,叶序2/5,皮孔圆形或椭圆形。冬芽三角形,淡褐色,贴生,副芽少。叶心脏形,较平展,翠绿色,叶尖锐头,叶缘乳头齿,叶基深心形,叶长17.0 cm,叶幅15.0 cm,叶片较厚,叶面光滑微皱,光泽较强,叶柄粗长。开雄花,花穗短而少。湖北省武汉市栽植,发芽期4月4日—8日,开叶期4月12日—22日,成熟期5月12日—20日,属晚生晚熟品种。叶片硬化期9月中旬。发条力中等,侧枝少。亩桑产叶量1200 kg,叶质中等。中抗黄化型萎缩病和黑枯型细菌病。适宜于长江中下游地区栽植。

3. 沔阳青桑

【来源及分布】　是湖北省仙桃市地方品种。属鲁桑种,二倍体。分布于湖北仙桃蚕区。现保存于湖北省农科院经济作物研究所和国家种质镇江桑树圃等地。

【特征特性】　树形稍开展,枝条粗长而直,皮棕色,节间微曲,节距3.2 cm,叶序2/5,皮孔圆形或椭圆形。冬芽长三角形,褐色,副芽大,较多。叶卵圆形,较平展,深绿色,叶尖锐头,叶缘乳头齿间有钝齿,叶基浅心形,叶长16.0 cm,叶幅13.0 cm,叶面光滑无皱缩,光泽较强,叶片稍下垂,叶柄粗长。开雄花,花穗短而多,花被带紫红色。湖北省武汉市栽植,发芽期4月4日—8日,开叶期4月12日—19日,成熟期5月10日—15日,属中生中熟品种。叶片硬化期9月中旬。发条力强。亩桑产叶量1700 kg,叶质中等。中抗黄化型萎缩病和黑枯型细菌病,抗污叶病和白粉病,耐寒性、耐旱性中等,耐湿性较强。适宜于长江中下游地区栽植。

4. 青皮黄桑

【来源及分布】　是湖北省南漳县农家品种。属鲁桑种,二倍体。分布于湖北南漳、远安等地。现保存于湖北省农科院经济作物研究所和国家种质镇江桑树圃等地。

【特征特性】　树形稍开展,枝条粗长而直,皮青灰色,节间直,节距3.6 cm,叶序3/8,皮孔小,圆形。冬芽三角形,淡褐色,尖离,副芽少。叶心脏形,较平展,深绿色,叶尖锐头,叶缘乳头齿,叶基心形,叶长 19.0 cm,叶幅 16.0 cm,叶片较厚,叶面微糙,微皱,光泽较强,网脉多而粗,叶片稍下垂,叶柄中粗长。开雌花,甚少而小,紫黑色。湖北省武汉市栽植,发芽期 3 月 21 日—29 日,开叶期 4 月 8 日—15 日,成熟期 5 月 15 日—20 日,属中生晚熟品种。叶片硬化期 9 月上旬。发条力强,侧枝较多。亩桑产叶量 1800 kg,叶质较差。易感黄化型萎缩病,中抗黑枯型细菌病,耐寒性、耐旱性中等,耐贫瘠力强。适宜于长江中下游地区栽植。

5. 黄桑

【来源及分布】 是湖北省南漳县地方品种。属鲁桑种,二倍体。分布于湖北南漳、远安等地。现保存于湖北省农科院经济作物研究所和国家种质镇江桑树圃等地。

【特征特性】 树形直立,枝条较粗短而直,皮青褐色,节间微曲,节距 2.8 cm,叶序 2/5,皮孔圆形。冬芽三角形,淡褐色,尖离,副芽少。叶心脏形,叶边微翘,翠绿色,叶尖锐头,叶缘乳头齿,叶基浅心形,叶长 18.0 cm,叶幅 15.0 cm,叶片较厚,叶面光滑微皱,光泽较强,叶片稍下垂,叶柄中粗长。开雌花,甚小而少,紫黑色。湖北省武汉市栽植,发芽期 3 月 21 日—30 日,开叶期 4 月 10 日—18 日,成熟期 5 月 10 日—15 日,属中生中熟品种。叶片硬化期 9 月中旬。发条力中等,侧枝较少。亩桑产叶量 1300 kg,叶质较优。中抗黄化型萎缩病和黑枯型细菌病,抗污叶病和白粉病。适宜于长江中下游地区栽植。

6. 糯桑

【来源及分布】 是湖北省南漳县地方品种。属鲁桑种,二倍体。分布于湖北省南漳县各蚕区。现保存于湖北省农科院经济作物研究所和国家种质镇江桑树圃等地。

【特征特性】 树形稍开展,枝条粗直,中长,皮青褐色,节间直,节距 3.2 cm,叶序 3/8,皮孔圆形或椭圆形。冬芽三角形,褐色,尖离,副芽小而少。叶心脏形,叶边微翘,翠绿色,叶尖钝头,叶缘乳头齿,叶基深心形,叶长 18.0 cm,叶幅 16.0 cm,叶片较厚,叶面光滑,微皱,光泽较强,叶片平伸,叶柄粗短。开雄花,花穗短而少。湖北省武汉市栽植,发芽期 3 月 21 日—30 日,开叶期 4 月 10 日—20 日,成熟期 5 月 11 日—15 日,属中生中熟偏早品种。叶片硬化期 9 月中旬。发条力中等,侧枝少。亩桑产叶量 1200 kg,叶质中等。中抗黄化型萎缩病和黑枯型细菌病。耐寒性较强。适宜于长江中下游地区栽植。

7. 远安 11 号

【来源及分布】 是湖北省远安县地方品种。属鲁桑种,二倍体。分布于湖北省远安县。现保存于湖北省农科院经济作物研究所和国家种质镇江桑树圃等地。

【特征特性】 树形稍开展,枝条粗长稍弯曲,皮淡褐色,节间直,节距 3.5 cm,叶序 2/5,皮孔小,圆形。冬芽三角形,淡褐色,尖离。叶心脏形,稍扭转,深绿色,叶尖钝头,叶缘乳头齿,叶基深心形,叶长19.0 cm,叶幅16.0 cm,叶片较厚,叶面微糙,稍皱缩,有光泽,网脉粗,叶片稍下垂,叶柄中粗长。开雌花,甚多,中大,紫黑色。湖北省武汉市栽植,发芽期4月6日—10日,开叶期4月15日—22日,成熟期5月15日—20日,属中生晚熟品种。叶片硬化期9月中旬。发条力强,侧枝少。亩桑产叶量2000 kg,叶质较差,中抗黄化型萎缩病和黑枯型细菌病。适宜于长江中下游地区栽植。

8. 猪耳桑

【来源及分布】 是湖北省远安县地方品种。属鲁桑种,二倍体。分布于湖北省远安县各蚕区。现保存于湖北省农科院经济作物研究所和国家种质镇江桑树圃等地。

【特征特性】 树形稍开展,枝条中粗长而直,皮青灰色,节间微曲,节距3.3 cm,叶序2/5,皮孔圆形或椭圆形。冬芽卵圆形,尖头,淡褐色,尖离。叶心脏形,叶边微翘,叶尖锐头,叶缘小乳头齿,叶基浅心形,叶长17.0 cm,叶幅13.0 cm,叶片较厚,叶面光滑,有泡皱,光泽较强,侧脉多,叶片稍下垂,叶柄中粗长。开雌花,甚少,中大,紫黑色。湖北省武汉市栽植,发芽期4月1日—8日,开叶期4月11日—20日,成熟期5月10日—15日,属中生中熟品种。叶片硬化期9月上旬。发条力强,侧枝少。亩桑产叶量1200 kg,叶质中等,中抗黄化型萎缩病、黑枯型细菌病和叶部病害,耐寒性、耐旱性中等。适宜于长江中下游地区栽植。

9. 罗汉桑

【来源及分布】 是湖北省农科院蚕业研究所从麻城市地方品种中选出。属鲁桑种,二倍体。分布于湖北省麻城、罗田等地。现保存于湖北省农科院经济作物研究所和国家种质镇江桑树圃等地。

【特征特性】 树形稍开展,枝条中短而直,皮青褐色,节间微曲,节距3.1 cm,叶序3/8,皮孔小,圆形。冬芽长三角形,棕褐色,腹离,副芽小而少。叶心脏形,叶边翘呈瓢状,间有浅裂叶,翠绿色,叶尖锐头,叶缘乳头齿,叶基深心形,叶长17.5 cm,叶幅15.2 cm,叶片较厚,叶面光滑,微皱,光泽较强,叶片平伸,叶柄粗短。开雌花,甚小,紫黑色。湖北省武汉市栽植,发芽期3月25日—4月2日,开叶期4月8日—17日,成熟期4月22日—28日,属中生早熟品种。叶片硬化期9月中旬。发条力中等,侧枝少。亩桑产叶量1320 kg,叶质较好。中抗萎缩型萎缩病,耐旱性、耐寒性中等。适宜于长江、黄河流域栽植。

10. 密节桑

【来源及分布】 是湖北省农科院蚕业研究所从湖北省麻城市张家畈蚕桑场地方品种中选出。属鲁桑种,二倍体。分布于湖北省麻城市各蚕区。现保存于湖北省农科院经济作物研究所和国家种质镇江桑树圃等地。

【特征特性】 树形稍开展,枝条细短而直,皮青灰色,节间微曲,节距2.6 cm,叶序3/8,皮孔圆形,间有椭圆形。冬芽长三角形,紫红色,尖离,副芽少而小。叶心脏形,较平展,翠绿色,叶尖锐头,叶缘乳头齿,叶基浅心形,叶长18.5 cm,叶幅14.5 cm,叶片较厚,叶面光滑,微皱,光泽较强,叶片平伸,叶柄细短。开雌花,甚较少,紫黑色。湖北省武汉市栽植,发芽期3月27日—4月2日,开叶期4月4日—17日,成熟期4月19日—27日,属中生早熟品种。叶片硬化期9月中旬。发条力中等,侧枝少。亩桑产叶量1240 kg,叶质中等。中抗黑枯型细菌病,易感黄化型萎缩病,耐寒性、耐旱性中等。适宜于长江中下游地区栽植。

11. 罗田弯条桑

【来源及分布】 是湖北省罗田县地方品种。属鲁桑种,二倍体。分布于湖北省罗田、麻城等地。现保存于湖北省农科院经济作物研究所和国家种质镇江桑树圃等地。

【特征特性】 树形直立,枝条粗长而直,皮青灰色,节间弯曲,节距3.0 cm,叶序3/8,皮孔小、多。冬芽三角形,褐色,尖离。叶心脏形,较平展,翠绿色,叶尖锐头,叶缘乳头齿,叶基肾形或心形,叶长17.0 cm,叶幅15.0 cm,叶面光滑,微泡皱,有光泽,叶片稍下垂,叶柄粗长。开雄花,花穗较少,中长。湖北省武汉市栽植,发芽期4月8日—11日,开叶期4月15日—20日,成熟期5月15日—20日,属晚生晚熟品种。叶片硬化期9月中旬。发条力弱,侧枝很少。亩桑产叶量1100 kg,叶质中等。中抗黄化型萎缩病、黑枯型细菌病和污叶病、白粉病,易感褐斑病。适宜于长江中下游地区栽植。

12. 牛耳朵桑

【来源及分布】 是湖北省南漳县地方品种。属鲁桑种,二倍体。分布于湖北南漳、远安等地。现保存于湖北省农科院经济作物研究所和国家种质镇江桑树圃等地。

【特征特性】 树形稍开展,枝条中粗长而直,皮青灰色,节间微曲,节距2.4 cm,叶序3/8,皮孔多,圆形。冬芽三角形,淡褐色,尖离,副芽少而小。叶心脏形,较平展,深绿色,叶尖锐头,叶缘乳头齿,叶基浅心形,叶长16.0 cm,叶幅13.0 cm,叶片厚,叶面微糙,有泡皱,光泽较强,叶片平伸,叶柄中粗长。雌雄同株或同穗,雄花穗短而少,甚小而少,紫黑色。湖北省武汉市栽植,发芽期3月22日—30日,开叶期4月11日—18日,成熟期5月1日—5日,属中生中熟品种。叶片硬化期9月上旬。发条力强,侧枝少。亩桑产叶量1500 kg,叶质中等。中抗黄化型萎缩病、黑枯型细菌病和缩叶型细菌病,耐旱性、耐寒性较强。适宜于长江中下游地区栽植。

13. 鄂监13号

【来源及分布】 是湖北省农科院蚕业研究所从湖北省监利县优良单株中选出。属鲁桑种,二倍体。分布于湖北省监利县蚕区。现保存于湖北省农科院经济作物研究所和国家种质镇江桑树圃等地。

【特征特性】 树形开展,枝条粗短直立,皮灰褐色,节间微曲,节距3.8 cm,叶序2/5,皮孔小,圆形。冬芽正三角形,棕褐色,尖离,副芽少而小。叶心脏形,部分叶边反翘似瓢状,淡绿色,叶尖锐头,叶缘乳头齿,叶基深心形,叶长17.0 cm,叶幅15.0 cm,叶片较厚,叶面微糙,缩皱,光泽较强,叶片平伸,叶柄粗短。雌雄同株,葚小而少,紫黑色。湖北省武汉市栽植,发芽期4月3日—9日,开叶期4月12日—18日,成熟期4月22日—5月2日,属晚生早熟品种。叶片硬化期9月上旬。发条力弱,侧枝少。亩桑产叶量918 kg,叶质较好。中抗黄化型萎缩病,感黑枯型细菌病,耐旱性、耐寒性中等。适宜于长江、黄河流域栽植。

14. 江陵一号

【来源及分布】 是湖北省农科院蚕业研究所从湖北省江陵县优良单株中选出。属白桑种,二倍体。分布于湖北江陵县蚕区。现保存于湖北省农科院经济作物研究所和国家种质镇江桑树圃等地。

【特征特性】 树形稍开展,枝条中粗,长而直,皮棕褐色。节间直,节距4.1 cm,叶序2/5或3/8,皮孔椭圆形。冬芽长三角形,紫褐色,尖离,副芽多而小。叶长心脏形,较平展,叶长19.5 cm,叶幅15.5 cm,叶片较厚,叶面光滑无缩皱,光泽较强,叶片平伸,叶柄中粗长。开雌花,甚多,中大,紫黑色。湖北省武汉市栽植,发芽期4月1日—9日,开叶期4月11日—20日,成熟期4月27日—5月6日,属晚生晚熟品种。叶片硬化期9月中旬。发条力强,侧枝少。亩桑产叶量1270 kg,叶质中等。中抗黄化型萎缩病,耐旱性、耐寒性中等。适宜于长江流域栽植。

15. 鄂武二号

【来源及分布】 是湖北省农科院蚕业研究所从该所品种桑园中选出。属鲁桑种,二倍体。分布于湖北省麻城市蚕区。现保存于湖北省农科院经济作物研究所和国家种质镇江桑树圃等地。

【特征特性】 树形稍开展,枝条粗长而直,梢端呈扁平分叉状,皮青灰色,节间微曲,节距4.2 cm,叶序2/5,皮孔圆形。冬芽长三角形,黄褐色,尖离,副芽少而小。叶长心脏形,较平展,翠绿色,叶尖锐头,叶缘乳头齿,叶基深心形,叶长21.4 cm,叶幅17.8 cm,叶片较厚,叶面光滑,稍波皱,光泽较强,叶片稍下垂,叶柄中粗长。开雌花,甚多,中大,紫黑色。湖北省武汉市栽植,发芽期3月24日—4月1日,开叶期4月7日—16日,成熟期4月20日—28日,属中生早熟品种。叶片硬化期9月中旬。发条力强,侧枝少。亩桑产叶量1650 kg,叶质中等。中抗黄化型萎缩病,耐旱性、耐寒性中等。适宜于长江流域栽植。

16. 红皮藤桑

【来源及分布】 是湖北省麻城市地方品种。属白桑种,二倍体。分布于湖北麻城、罗田等地。现保存于湖北省农科院经济作物研究所和国家种质镇江桑树圃等地。

【特征特性】 树形开展,枝条细长而直,皮淡紫褐色,节间直,节距4.5 cm,叶序2/5,皮孔多为圆形。冬芽正三角形,贴生,副芽小而少。叶心脏形,春叶似反瓢状,深绿色,叶尖锐头或钝头,叶缘乳头齿,叶基深心形,叶长17.0 cm,叶幅15.0 cm,叶片较厚,叶面光滑,有缩皱,光泽较强,叶片平伸,叶柄细短。开雌花,甚小而少,紫黑色。湖北省武汉市栽植,发芽期4月4日—9日,开叶期4月15日—21日,成熟期5月12日—17日,属中生晚熟品种。叶片硬化期9月中旬。发条力中等,侧枝少。亩桑产叶量1100 kg,叶质中等。中抗黄化型萎缩病、黑枯型细菌病、污叶病和白粉病。适宜于长江中下游地区栽植。

十三、湖南省

1. 澧桑24号

【来源及分布】 原产于湖南省澧县,是澧县的地方品种。属鲁桑种,二倍体。曾分布于湖南省澧县、炎陵、攸县、安乡、华容等地。现保存于湖南省蚕桑科学研究所和国家种质镇江桑树圃等地。

【特征特性】 树形稍开展,枝条粗长而直,皮青灰色,节间微曲,节距3.2 cm,叶序2/5,皮孔小。冬芽盾形,淡褐色,贴生或尖离,副芽少。叶心脏形,较平展,深绿色,叶尖双头,叶缘钝齿,叶基心形或浅心形,叶长约18.0 cm,叶幅16.0 cm,叶片厚,叶面光滑有缩皱,叶片稍下垂,叶柄粗长。雌雄同株,雌花无花柱,雄花穗短而少,甚较多,中大,紫黑色。湖南省长沙市栽植,发芽期4月上旬,开叶期4月中旬,成熟期5月上旬,属晚生中熟品种。叶片硬化期9月下旬。发条力强,侧枝少,生长势旺。亩桑产叶量1400 kg,叶质中等。中抗黄化型萎缩病和黑枯型细菌病,耐寒性较强。适宜于长江中下游地区栽植。

2. 湘早生一号

【来源及分布】 原产于湖南省澧县,是澧县的地方品种。属白桑种,二倍体。曾分布于湖南省澧县、麻阳、华容、攸县等地。现保存于湖南省蚕桑科学研究所和国家种质镇江桑树圃等地。

【特征特性】 树形直立,枝条细长而直,皮青灰色,节间直,节距5.0 cm,叶序2/5,皮孔小。冬芽三角形,黄褐色,贴生,副芽少。叶卵圆形,较平展,深绿色,叶尖钝头,叶缘乳头齿,叶基浅心形,叶长16.0 cm,叶幅13.0 cm,叶片较厚,叶面光滑,光泽较强,叶片平伸,叶柄细短。开雌花,无花柱,甚少,中大,紫黑色。湖南省长沙市栽植,发芽期3月中下旬,开叶期4月上中旬,成熟期4月下旬,属中生早熟品种。叶片硬化期9月中旬。发条力强,侧枝少,生长势旺。亩桑产叶量1200 kg,叶质中等。中抗黄化型萎缩病、黑枯型细菌病和污叶病。适宜于长江中下游地区栽植。

3. 湘葫芦桑

【来源及分布】 原产于湖南省澧县,是澧县的地方品种。属白桑种,二倍体。曾分布于湖南省澧县、鼎城、汉寿等地。现保存于湖南省蚕桑科学研究所和国家种质镇江桑树圃等地。

【特征特性】 树形稍开展,枝条中粗,长而直,皮淡棕色,节间直,节距5.5 cm,叶序2/5,皮孔圆形或椭圆形。冬芽卵形,褐色,贴生,副芽较少。叶卵圆形,较平展,间有2~3浅裂,绿色,叶尖锐头,叶缘小乳头齿,叶基截形,叶长14.0 cm,叶幅11.0 cm,叶片较厚,叶面光滑,光泽较强,叶片稍下垂,叶柄中粗长。开雌花,甚小,数量中等,紫黑色。湖南省长沙市栽植,发芽期4月上旬,开叶期4月中旬,成熟期5月上中旬,属中生晚熟品种。叶片硬化期9月下旬。发条力中等,侧枝少。亩桑产叶量1600 kg左右,叶质中等。轻感黄化型萎缩病和黑枯型细菌病,中抗污叶病和褐斑病。适宜于长江中下游地区栽植。

4. 湘瓢叶桑

【来源及分布】 原产于湖南省澧县,是澧县的地方品种。属鲁桑种,二倍体。曾分布于湖南省澧县等地。现保存于湖南省蚕桑科学研究所和国家种质镇江桑树圃等地。

【特征特性】 树形直立,枝条中长而直,皮棕褐色,节间微曲,节距约4.0 cm,叶序2/5,皮孔多为圆形。冬芽盾形,褐色,贴生,副芽较多。叶心脏形,较平展,翠绿色,叶尖短锐头,叶缘钝齿间有乳头齿,叶基浅心形,叶长18.0 cm,叶幅17.0 cm,叶片较厚,叶面光滑,光泽较强,叶片稍下垂,叶柄粗长。开雄花,花穗短而多。湖南省长沙市栽植,发芽期4月上旬,开叶期4月中旬,成熟期5月上中旬,属中生晚熟品种。叶片硬化期9月下旬。发条力中等,侧枝很少。亩桑产叶量1300 kg,叶质中等。中抗黑枯型细菌病和污叶病,轻感黄化型萎缩病。适宜于长江中下游地区栽植。

5. 湘牛耳桑

【来源及分布】 原产于湖南省澧县,是澧县的地方品种。属白桑种,二倍体。曾分布于湖南省澧县等地。现保存于湖南省蚕桑科学研究所和国家种质镇江桑树圃等地。

【特征特性】 树形开展,枝条中粗长而直,皮青灰色,节间直,节距4.2 cm,叶序2/5,皮孔多为椭圆形。冬芽三角形,淡褐色,贴生,副芽少。叶卵圆形,较平展,深绿色,叶尖锐头或短尾状,叶缘锐齿,叶基浅心形,叶长14.0 cm,叶幅14.1 cm,叶片厚,叶面光滑,光泽较强,叶片稍下垂,叶柄细长。开雌花,甚多而小,紫黑色。湖南省长沙市栽植,发芽期4月上旬,开叶期4月中旬,成熟期5月上中旬,属中生晚熟品种。叶片硬化期9月下旬。发条力中等,侧枝少。亩桑产叶量1500 kg,叶质优。感黄化型萎缩病和黑枯型细菌病,中抗污叶病和白粉病。适宜于长江中下游地区栽植。

6. 湘一叶桑

【来源及分布】 原产于湖南省澧县,是澧县的地方品种。属鲁桑种,二倍体。曾分布于湖南省澧县等地。现保存于湖南省蚕桑科学研究所和国家种质镇江桑树圃等地。

【特征特性】 树形稍开展,枝条中粗,长而直,皮青灰色,节间直,节距4.2 cm,叶序2/5,皮孔多为圆形。冬芽正三角形,褐色,贴生,副芽少。叶心脏形,叶边波翘,深绿色,叶尖锐头或尾状,叶缘钝齿,叶基浅心形,叶长18.0 cm,叶幅17.0 cm,叶面光滑有缩皱,光泽较强,叶片稍下垂,叶柄中粗长。雌雄同株,雌花无花柱,雄花穗短而少,甚小而少,紫黑色。湖南省长沙市栽植,发芽期4月上旬,开叶期4月中旬,成熟期5月上旬,属中生中熟品种。叶片硬化期9月中旬。发条力中等,侧枝少。亩桑产叶量1700 kg,叶质较差。中抗黑枯型细菌病和黄化型萎缩病。适宜于长江中下游地区栽植。

7. 澧县花桑

【来源及分布】 原产于湖南省澧县,是澧县的地方品种。属白桑种,二倍体。曾分布于湖南省澧县、鼎城等地。现保存于湖南省蚕桑科学研究所和国家种质镇江桑树圃等地。

【特征特性】 树形稍开展,枝条细长而直,皮淡棕色,节间直,节距约3.0 cm,叶序2/5,皮孔圆形或椭圆形。冬芽长三角形,深褐色,贴生,副芽少。叶卵圆形,较平展,深绿色,叶尖锐头,叶缘乳头齿,叶基浅心形,叶长16.0 cm,叶幅13.0 cm,叶片厚,叶面光滑有光泽,叶片稍下垂,叶柄中粗长。开雄花,穗短而多。湖南省长沙市栽植,发芽期4月上旬,开叶期4月中旬,成熟期5月中旬,属中生晚熟品种。叶片硬化期9月下旬。发条力中等,侧枝少。亩桑产叶量1500 kg,叶质较优。抗黑枯型细菌病,中抗黄化型萎缩病。适宜于长江中下游地区栽植。

8. 湘仙眠早

【来源及分布】 原产于湖南省澧县,是澧县的地方品种。属白桑种,二倍体。曾分布于湖南省澧县等地。现保存于湖南省蚕桑科学研究所和国家种质镇江桑树圃等地。

【特征特性】 树形直立,枝条细长而直,皮暗青灰色,节间微曲,节距4.0 cm,叶序3/8,皮孔大,分布不均,长椭圆形。冬芽正三角形,棕褐色,贴生,副芽小而少。叶长卵圆形,叶缘上卷,淡绿色,叶尖短尾状,叶缘乳头齿,叶基浅心形,叶长16.0 cm,叶幅14.0 cm,叶片较薄,叶面微糙,光泽较弱,叶片稍下垂,叶柄细长。开雌花,短花柱,甚小而少,紫黑色。湖南省长沙市栽植,发芽期3月上中旬,开叶期3月下旬,成熟期4月中下旬,属中生中熟品种。叶片硬化期9月中旬。发条力强,侧枝少。亩桑产叶量1800 kg,叶质中等。耐旱性、耐贫瘠力强,对桑蓟马抗性弱。适宜于长江中下游地区栽植。

9. 怀桑35号

【来源及分布】 原产于湖南省麻阳苗族自治县,是麻阳苗族自治县地方品种。属鲁桑种,二倍体。曾分布于湖南省麻阳、澧县等地。现保存于湖南省蚕桑科学研究所和国家种质镇江桑树圃等地。

【特征特性】 树形稍开展,枝条粗长稍弯曲,皮青灰色,节间微曲,节距4.3 cm,叶序2/5,皮孔大,椭圆形。冬芽卵圆形,黄褐色,尖离,副芽少而小。叶长心脏形,深绿色,叶尖锐头,叶缘钝齿,叶基深心形,叶长29.0 cm,叶幅20.0 cm,叶片厚,叶面光滑无缩皱,光泽强,叶片稍下垂,叶柄粗长。开雌花,无花柱,甚少,中大,紫黑色。湖南省长沙市栽植,发芽期3月上中旬,开叶期3月下旬至4月上旬,成熟期4月下旬至5月上旬,属中生晚熟品种。发条力强,侧枝少。亩桑产叶量1800 kg,叶质中等。中抗黑枯型细菌病,耐旱性、耐寒性中等。适宜于长江中下游地区栽植。

10. 湘落花桑

【来源及分布】 原产于湖南省澧县,是澧县的地方品种。属白桑种,二倍体。曾分布于湖南省澧县、鼎城等地。现保存于湖南省蚕桑科学研究所和国家种质镇江桑树圃等地。

【特征特性】 树形直立,枝条细长而直,皮淡棕色。节间直,节距3.0 cm,叶序2/5。冬芽卵圆形,芽尖锐,淡褐色,贴生,副芽较少。叶卵圆形,叶边微翘,深绿色,叶尖钝头,叶缘钝齿,叶基浅心形,叶长15.0 cm,叶幅11.0 cm,叶面光滑微泡皱,光泽稍弱,叶片稍下垂,叶柄中粗长。雌雄同株,雌花无花柱,雄花穗短而较多,甚小而少,紫黑色。湖南省长沙市栽植,发芽期3月下旬至4月上旬,开叶期4月上中旬,成熟期4月下旬至5月初,属中生中熟品种。发条力中等,侧枝少。亩桑产叶量1200 kg,叶质中等。中抗黑枯型细菌病和黄化型萎缩病。适宜于长江中下游地区栽植。

11. 湘桑456

【来源及分布】 是湖南省蚕桑科学研究所20世纪80年代用中桑5801作母本,澧县花桑作父本通过有性杂交选育而成的桑品种。属鲁桑种,二倍体。曾在湖南省澧县、安乡、湘潭等地推广应用。现保存于湖南省蚕桑科学研究所和国家种质镇江桑树圃等地。

【特征特性】 树形稍开展,枝条粗长稍弯曲,皮青灰色,节间微曲,节距3.0 cm,叶序2/5,皮孔大,分布不均,椭圆形。冬芽三角形,棕褐色,尖离或腹离,副芽少。叶心脏形,淡绿色,叶尖锐头,叶缘乳头齿,叶基浅心形,叶长20.0 cm,叶幅18.0 cm,叶片较厚,叶面光滑稍波皱,光泽较强,叶片稍下垂,叶柄粗短。雌雄同株,雄花少,雌花极少,甚中大,紫黑色。湖南省长沙市栽植,发芽期3月中旬,开叶期3月下旬至4月上旬,成熟期4月下旬,属中生中熟品种。叶片硬化期9月下旬。发条力强,侧枝少。亩桑产叶量2600 kg,叶质较优。抗黄化型萎缩病和黑枯型细菌病,易感污叶病,耐旱性、耐寒性中等。适宜于长江中下游地区栽植。

12. 澧州7号

【来源及分布】 是湖南省蚕桑科学研究所20世纪90年代用澧桑24号作母本,粤桑塘7作父本通过有性杂交选育而成的桑树新品种。属鲁桑种,二倍体。曾在湖南省澧县、鼎城、安乡、津市等地推广应用。现保存于湖南省蚕桑科学研究所和国家种质镇江桑树圃等地。

【特征特性】 树形较高大紧凑,枝条直而长,粗细中等,皮青黄色,节间微曲,节距3.2 cm,叶序3/8,皮孔长椭圆形,较突出。冬芽正三角形,黄褐色,芽褥突出,无副芽。叶长卵圆形,叶尖尾状或双尖,叶缘乳头齿,叶基截形,叶长23.0 cm,叶幅18.0 cm,叶片较厚,翠绿色,叶面平整,光泽较强,叶片稍下垂,叶柄粗长。开雄花,较多,主要集中在枝条基部,花叶同开。湖南省长沙市栽植,发芽期3月上中旬,开叶期3月中下旬,成熟期4月下旬至5月上旬,属中生中熟品种。叶片硬化期10月中旬。发条力强,无侧枝,生长势旺。亩桑产叶量2500 kg,叶质优。中抗黄化型萎缩病,耐寒性较强。适宜于长江中下游地区栽植。

十四、广东省

1. 广东桑

【来源及分布】 是广东省珠江三角洲地区的地方群系品种。属广东桑种,二倍体。曾分布于广东、广西、福建等地。现保存于国家桑品种种质资源圃华南分圃。

【特征特性】 树形直立,枝条细长而直,侧枝较多,皮色不一,以青灰色和棕褐色为主,节间直或微曲,节距3.4 cm,叶序多为2/5,皮孔小,圆形或椭圆形。冬芽三角形或近球形,棕褐色,离生。叶卵圆形或长心脏形,淡绿色,叶尖锐头或短尾状,叶缘钝齿或锐齿,叶基截形或浅心形,叶长17.0 cm,叶幅14.0 cm,叶面光滑无皱,光泽较弱,叶柄细,中长,叶片平伸。雌雄异株或同株,葚大而多,紫黑色。广东省广州市栽植,发芽期1月18日—21日,开叶期2月2日—21日,成熟期2月27日—3月17日,属中生早熟品种。叶片硬化较早。亩桑产叶量2250 kg,叶质中等。再生能力强,耐剪伐。耐寒性弱,易感青枯病。适宜于珠江流域栽植,青枯病疫区不宜栽植。

2. 塘10

【来源及分布】 是广东省农科院蚕业研究所从该所桑园中选出的优良单株,经培育而成。属广东桑种,二倍体。曾分布于广东、广西等地。现保存于国家桑树种质资源圃华南分圃。

【特征特性】 树形稍开展,枝条粗长而直,侧枝较多,皮棕褐色,节间直,节距5.2 cm,叶序2/5。冬芽三角形,灰棕色,贴生,副芽大而多。叶卵圆形或心脏形,翠绿色,叶尖短尾状,叶缘乳头齿,叶基截形或浅心形,叶长28.3 cm,叶幅20.5 cm,叶面光滑无皱,光泽较强,叶柄粗长,叶片稍下垂。开雌花,葚大而多,紫黑色。广东省广州市栽植,发芽期1月20日—31日,开叶期2月

3日—21日,成熟期2月24日—3月12日,属中生早熟品种。叶片硬化较早。亩桑产叶量2640 kg,叶质中等。再生能力强,耐剪伐。易感青枯病,对桑蓟马、叶螨的抗性较弱。适宜于珠江三角洲地区栽植,青枯病疫区不宜栽植。

3. 伦109

【来源及分布】 原产于广东省佛山市伦教,是伦教的地方品种。属广东桑种,二倍体。曾分布于广东、广西等地。现保存于国家桑树种质资源圃华南分圃。

【特征特性】 树形稍开展,枝条粗长而直,发条力强,侧枝多,皮灰褐色,节间微曲,节距3.8 cm,叶序3/8,圆形或椭圆形。冬芽卵形,浅棕色,尖离,副芽大而多。叶卵圆形或心脏形,淡绿色,叶尖短尾状,叶缘乳头齿,叶基浅心形,叶长27.2 cm,叶幅20.2 cm,叶面光滑无皱,叶柄粗长,叶片稍下垂。开雄花,花穗多而长。广东省广州市栽植,发芽期1月16日—31日,开叶期2月5日—21日,成熟期2月24日—3月10日,属中生早熟品种。叶片硬化较早。亩桑产叶量2630 kg,叶质中等。再生能力强,耐剪伐,易感青枯病,耐寒性较弱,耐湿性强。适宜于珠江流域栽植。

4. 伦教408

【来源及分布】 原产于广东省佛山市伦教,是伦教的地方品种。属广东桑种,二倍体。曾分布于珠江三角洲。现保存于国家桑树种质资源圃华南分圃。

【特征特性】 树形直立,枝条细长而直,发条力中等,侧枝多,皮灰青色,节间直,节距3.3 cm,叶序2/5或3/8,皮孔圆形。冬芽近球形,棕紫色,尖离,副芽大而少。叶心脏形,淡绿色,叶尖长尾状,叶缘乳头齿,叶基浅心形,叶长18.0 cm,叶幅15.0 cm,叶面光滑微皱,叶柄细短,叶片稍下垂。开雌花,甚大而多,紫黑色。广东省广州市栽植,发芽期1月20日—31日,开叶期2月11日—27日,成熟期2月25日—3月13日,属中生早熟品种。叶片硬化较早。亩桑产叶量2550 kg,叶质中等。再生能力强,耐剪伐。中抗白粉病、污叶病,耐寒性较弱,耐湿性强。适宜于珠江流域栽植,青枯病疫区不宜栽植。

5. 石40

【来源及分布】 原产于广东省广州市,是广州的地方品种。属广东桑种,二倍体。曾分布于珠江三角洲。现保存于国家桑树种质资源圃华南分圃。

【特征特性】 树形稍开展,枝条粗长而直,发条力较弱,侧枝多,皮淡黄褐色,节间直,节距4.7 cm,叶序2/5,皮孔圆形或椭圆形。冬芽三角形,灰黄色,贴生,副芽少。叶卵圆形,淡绿色,叶尖双头,叶缘乳头齿,叶基截形,叶长17.8 cm,叶幅13.0 cm,叶面光滑无皱,光泽较强,叶柄粗短,叶片稍下垂。开雌花,甚大而多,紫黑色。广东省广州市栽植,发芽期1月20日—31日,开叶期2月3日—21日,成熟期2月27日—3月15日,属中生早熟品种。叶片硬化较早。亩桑产叶量2550 kg,叶质中等。耐旱性、耐寒性较弱,耐湿性弱。适宜于珠江流域地区栽植,青枯病疫区不宜栽植。

十五、广西壮族自治区

1. 常乐桑

【来源及分布】 是广西合浦县地方品种。属广东桑种,二倍体。分布在合浦、浦北等地。现保存于广西蚕业技术推广总站桑树种质资源圃。

【特征特性】 树形稍开展,枝条细长而直,皮青灰色,节间直,节距4.0 cm,叶序2/5,皮孔小而多,圆形或椭圆形。冬芽三角形,尖离或贴生,棕褐色,副芽小而少。叶心脏形,平展,偶有裂叶,翠绿色,叶尖长尾状,叶缘乳头齿,叶基心形或浅心形,叶长17.8 cm,叶幅14.1 cm,叶片较薄,叶面光滑,无缩皱,光泽一般,叶片平伸,叶柄细短。开雌花,葚较多,中大,紫黑色。广西南宁市栽植,发芽期12月底至1月上旬,春第一造成熟期3月上中旬,以后各造片叶收获成熟期为23～28天,条桑收获为28～42天,属早生早熟品种。发条多,侧枝少。亩桑产叶量1800 kg,叶质中等。耐剪伐,插条发根力强,扦插成活率较高。易感白粉病,耐旱性中等,耐寒性较弱。适宜于珠江流域及长江以南等热带、亚热带地区栽植。

2. 恭同桑

【来源及分布】 是广西恭城瑶族自治县地方品种。属广东桑种,二倍体。分布于广西恭城、平乐等县。现保存于广西蚕业技术推广总站桑树种质资源圃。

【特征特性】 树形稍开展,枝条粗长而直,皮深褐色,节间直,节距4.2 cm,叶序2/5,皮孔大,椭圆形。冬芽长三角形,贴生,棕褐色,副芽大而多。叶心脏形,平展,翠绿色,叶尖短尾状,叶缘乳头齿,叶基浅心形,叶长19.3 cm,叶幅15.0 cm,叶片较厚,叶面微糙,无皱,光泽较弱,叶片平伸,叶柄中粗长,雌雄同穗,葚中大,较少,紫黑色。广西南宁市栽植,发芽期1月5日—15日,开叶期1月16日—26日,春第一造成熟期3月下旬,以后各造成熟期片叶收获为25～30天,条桑收获为40～45天,属早生中熟品种。发条力强,侧枝较多。亩桑产叶量2000 kg,叶质较优。耐剪伐。易受桑蓟马为害,耐旱性中等。适宜于珠江流域及长江以南等热带、亚热带地区栽植。

3. 桂7625

【来源及分布】 广西蚕业技术推广总站育成。属广东桑种,三倍体。为"中大八号×伦109"的F_1植株选育出的优良株系。主要分布于宜州、忻城、柳江、西乡塘等地,现保存于广西蚕业技术推广总站桑树种质资源圃。

【特征特性】 树形高大,枝条粗壮,较直,皮灰褐色,叶序2/5,皮孔圆形,小而多。冬芽短三角形,淡棕褐色,芽尖稍离,副芽小而少。叶长心脏形,较平展,深绿色,叶尖尾状,叶缘乳头齿,叶基平截或浅心形,叶长24.0~27.0 cm,叶幅18.0~23.0 cm,叶面光滑无皱,光泽较强,叶片向上斜生,叶柄中粗。开雄花,先叶后花或花叶同开,花序粗长,花粉较少且不育。发芽期1月5日—15日,开叶期1月16日—26日,春第一造成熟期3月下旬,以后各造成熟期片叶收获为25~30天,属中生中熟品种。秋叶可长到11月底。亩桑产叶量2332 kg,叶质优。再生能力强,耐剪伐。桑叶容易招虫为害。适宜于珠江流域等热带、亚热带地区栽植。

4. 红茎牛

【来源及分布】 是广西壮族自治区灵山县地方品种。属广东桑种,二倍体。主要分布于广西灵山等地。现保存于广西蚕业技术推广总站桑树种质资源圃。

【特征特性】 树形直立,枝条粗长而直,皮深棕色,节间直,节距5.0 cm,叶序2/5,皮孔大,圆形或椭圆形。冬芽正三角形,棕褐色,尖离或腹离,副芽多而大。叶长心脏形,较平展,翠绿色,叶尖短尾状,叶缘钝齿,叶基浅心形,叶长18.5 cm,叶幅14.7 cm,叶面光滑无皱,光泽较强,叶片平伸或上斜,叶柄中粗长。开雄花,花穗长而多。广西南宁市栽植,发芽期12月28日—1月5日,开叶期1月5日—10日,春第一造成熟期3月18日—23日,以后各造成熟期片叶收获23~28天,条桑收获35~42天,属中生早熟品种。发条数多,侧枝较多。亩桑产叶量2000 kg,叶质中等。粗蛋白含量24.6%,可溶性糖含量8.8%。经养蚕鉴定,万蚕茧层量春4.26 kg、秋3.4 kg,壮蚕100 kg叶产茧量春9.07 kg、秋7.5 kg。耐剪伐。易感白粉病,耐旱性中等,耐寒性较弱。适宜于珠江流域等热带、亚热带地区丘陵地栽植。

5. 六万山桑

【来源及分布】 是广西壮族自治区浦北县六万山区地方品种。属广东桑种,二倍体。分布于广西浦北、玉林等地。现保存于广西蚕业技术推广总站桑树种质资源圃。

【特征特性】 树形稍开展,枝条粗长而直,皮红褐色,节间直或微曲,节距4.3 cm,叶序2/5,皮孔小,圆形,12个/cm²。冬芽正三角形,棕褐色,尖离,副芽较小而少。叶椭圆形,平展,深绿色,叶尖短尾状,叶缘钝齿,叶基圆形,叶长22.3 cm,叶幅17.1 cm,叶片较厚,叶面稍粗糙,无皱缩,光泽较强,叶片平伸或稍下垂,叶柄中粗长。开雄花,花穗较多,中长。广西南宁市栽植,发芽期1月20日—25日,开叶期2月8日—13日,春第一造成熟期3月28日—4月5日,以后各造成熟期片叶收获25~32天,条桑收获38~45天,属中生中熟品种。秋叶收造晚。亩桑产叶量2000 kg,叶质中等。耐剪伐,插条成活率高。中抗白粉病和污叶病,耐旱性较强。适宜于珠江流域热带、亚热带地区栽植。

6. 平武桑

【来源及分布】 是广西平南县地方品种。属广东桑种,二倍体。分布于广西平南、藤县、苍梧等地。现保存于广西蚕业技术推广总站桑树种质资源圃。

【特征特性】 树形直立,枝条细长而直,皮灰青色带浅褐,节间直,节距3.6 cm,叶序2/5,皮孔小而少,圆形或椭圆形。冬芽短三角形,尖离或贴生,棕褐色,副芽少。叶长心脏形,平展,深绿色,叶尖短尾状或双头,叶缘锐齿,叶基浅心形,叶长20.0 cm,叶幅13.5 cm,叶片较厚,叶面光滑,无缩皱,光泽较强,叶片平伸,叶柄中粗而短。雌雄异株,雄花穗短而较多,葚中大而多,紫黑色。广西南宁市栽植,发芽期1月上中旬,开叶期1月中下旬,春第一造成熟期3月25日—4月5日,以后各造成熟期片叶收获25～30天,条桑收获40～45天,属中生中熟品种。发条力强,侧枝较多。亩桑产叶量2000 kg,叶质较优。耐剪伐。易受桑蓟马为害,耐旱性中等。适宜于珠江流域的南部地区栽植。

7. 钦州花叶白

【来源及分布】 是广西钦州市地方品种。属广东桑种,二倍体。分布于广西灵山、邕宁等地。现保存于广西蚕业技术推广总站桑树种质资源圃。

【特征特性】 树形稍开展,枝条粗长而直,皮褐色带青,节间直,节距5.0 cm,叶序2/5,皮孔椭圆形。冬芽正三角形,芽尖稍歪,偏离枝条,棕褐色,副芽多而大。叶长椭圆形,平展,全叶多,间有少数浅裂叶,深绿色,叶尖尾状,叶缘乳头齿,叶基心形,不对称,叶长27.6 cm,叶幅17.4 cm,叶片较薄,叶面光滑,光泽较强,叶片平伸,叶柄中长。开雌花,葚大而多,紫黑色。广西南宁市栽植,发芽期1月4日—8日,开叶期1月10日—18日,春第一造成熟期3月20日—25日,以后各造成熟期片叶收获为23～28天,条桑收获为35～42天,属中生早熟品种。生长快,发条力强,枝条中上部侧枝较多。亩桑产叶量2000 kg,叶质中等,叶子易凋萎,不耐贮藏。耐剪伐。耐旱性较弱。适宜于广西珠江流域热带、亚热带地区栽植。

8. 沙油桑

【来源及分布】 是广西平乐县地方品种。属广东桑种,二倍体。分布于广西平乐、恭城、灌阳、阳朔、荔浦等地。现保存于广西蚕业技术推广总站桑树种质资源圃。

【特征特性】 树形稍开展,枝条细长而直,皮灰青色带褐,节间直,节距5.0～6.0 cm,叶序2/5,皮孔小,圆形。冬芽三角形,灰褐色,尖离而稍歪,副芽较小而多。叶卵圆形,较平展,深绿色,叶尖尾状,叶缘乳头齿,叶基截形,叶长24.5 cm,叶幅16.0 cm,叶片较厚,叶面光滑无皱,光泽强,叶片略向上斜,叶柄中粗长。开雌花,葚大较多,紫黑色。广西南宁市栽植,发芽期1月8日—15日,开叶期1月18日—25日,春第一造桑叶成熟期为3月25日—4月5日,以后各造成熟期片叶收获为25～30天,条桑收获为38～45天,属中生中熟品种。发条力强,侧枝较少。亩桑产叶量2000 kg,叶质中等。耐剪伐。易受桑蓟马为害,耐寒性中等。适宜于珠江流域热带、亚热带地区栽植。

9. 润竹桑

【来源及分布】 是广西北海市涠洲岛地方品种。属广东桑种,二倍体。分布于广西北海市南部诸岛屿。现保存于广西蚕业技术推广总站桑树种质资源圃。

【特征特性】 树形直立,枝条中长而直,皮深褐色,节间直,节距4.3 cm,叶序2/5,皮孔小而少,圆形或椭圆形。冬芽三角形,腹离,棕褐色,副芽小而多。叶心脏形,叶边波翘,墨绿色,叶尖尾状,叶缘大乳头齿,叶基心形,叶长15.5 cm,叶幅13.5 cm,叶片厚,叶面光滑,无缩皱,光泽强,叶片上斜,叶柄中长。开雌花,甚小,数量中等,紫黑色。广西南宁市栽植,发芽期1月3日—9日,开叶期1月10日—16日,春第一造桑叶成熟期为3月20日—25日,以后各造成熟期片叶收获为25～30天,条桑收获为38～43天,属中生早熟品种。发条力强,发条数多,侧枝较少。亩桑产叶量2000 kg,叶质优。耐剪伐。较抗桑白粉病,易受桑蓟马为害,耐旱性中等。适宜于珠江流域南部地区栽植。

10. 邕新桑

【来源及分布】 是广西邕宁区地方品种。属广东桑种,二倍体。分布于广西邕宁、钦州等地。现保存于广西蚕业技术推广总站桑树种质资源圃。

【特征特性】 树形直立,枝条细长而直,皮深褐色,节间直,节距4.0 cm,叶序2/5,皮孔小而多,圆形或椭圆形。冬芽长三角形,贴生,棕褐色,副芽多而小。叶长心脏形,叶边波翘,偶有浅裂叶,翠绿色,叶尖短尾状,叶缘乳头齿,叶基浅心形,叶长21.2 cm,叶幅16.6 cm,叶片较厚,叶面微糙,无皱,光泽较强,叶片平伸,叶柄较粗短。开雄花,花穗中大较多。广西南宁市栽植,发芽期1月3日—9日,开叶期1月10日—16日,春第一造桑叶成熟期为3月20日—28日,以后各造成熟期片叶收获为25～28天,条桑收获为35～43天,属中生早熟品种。发条力强,横枝多。亩桑产叶量2300 kg,叶质中等。耐剪伐。轻感桑白粉病,耐旱性中等。适宜于珠江流域南部地区栽植。

11. 长滩8号

【来源及分布】 是广西钦州市地方品种。属广东桑种,二倍体。分布于广西钦州等地。现保存于广西蚕业技术推广总站桑树种质资源圃。

【特征特性】 树形稍开展,枝条中粗,长而直,皮灰褐色,节间直,节距5.0～6.0 cm,叶序2/5,皮孔小,圆形或椭圆形。冬芽三角形,棕褐色,尖离,副芽大而多。叶心脏形,平展,深绿色,叶尖长尾状,叶缘钝齿,叶基心形,叶长21.0 cm,叶幅15.0 cm,叶片较厚,叶面稍粗糙,微皱,光泽较弱,叶片略上斜,叶柄中粗长。开雌花,甚较少,中大,紫黑色。广西南宁市栽植,发芽期1月3日

—8日,开叶期1月10日—15日,春第一造桑叶成熟期为3月18日—23日,以后各造片叶收获为24～27天,条桑收获为35～40天,属中生早熟品种。发条力强,侧枝较少。亩桑产叶量2200 kg,叶质较优。易受桑蓟马为害,耐贫瘠力、耐旱性中等。适宜于珠江流域热带、亚热带地区栽植。

十六、重庆市

1. 北桑1号

【来源及分布】 又名北场荆桑,是重庆市北碚蚕种场从实生桑中选育的优良品种。属白桑种。分布于川东一带。

【特征特性】 树形直立,枝条中粗而长,枝态直,皮紫褐色,节间微曲,节距4.0 cm,叶序2/5,皮纹网状,皮孔椭圆形。冬芽三角形,褐色,贴生。叶心脏形,叶尖锐头,叶缘钝齿,叶基浅心形,叶面光滑无皱,光泽强,叶柄粗长。开雌花,葚较多,中大,紫黑色。四川省三台县栽植,发芽期3月20日—27日,开叶期3月29日—4月7日,发芽率71.0%,成熟期4月25日—30日,属中生中熟品种。叶片硬化期9月下旬。发条力强,侧枝少。亩桑产叶量1500 kg,亩产葚360 kg,叶质较优,粗蛋白含量18.77%～22.98%,可溶性糖含量14.10%～15.00%。经养蚕鉴定,万蚕茧层量春4.77 kg、秋4.50 kg。中抗黑枯型细菌病、白粉病、污叶病。

2. 北桑2号

【来源及分布】 是重庆市北碚蚕种场选育的优良地方品种。属白桑种,二倍体。分布于四川省和重庆市各地的蚕种场。

【特征特性】 树形直立,枝条粗长而直,皮黄褐色,节间直,节距3.6 cm,叶序2/5,皮孔小,圆形。冬芽三角形,褐色,贴生,副芽少。叶卵圆形,叶尖短尾状,叶缘乳头齿,叶基浅心形,叶面光滑无皱,光泽强,叶柄粗长。开雌花,葚中大而少,紫黑色。四川省三台县栽植,发芽期3月13日—26日,开叶期4月1日—10日,发芽率74.8%,成熟期4月25日—5月4日,属中生中熟品种。叶片硬化期9月下旬。发条力中等,生长整齐,侧枝少。亩桑产叶量1310 kg,叶质中等,粗蛋白含量19.75%～21.15%,可溶性糖含量10.3%～13.4%。抗污叶病、白粉病,耐旱性、耐寒性中等。适宜于长江流域栽植。

3. 桐桑

【来源及分布】 桐桑因叶片大,近似桐树叶而得名,是重庆市合川区地方良种。主要分布于合川区各地。

【特征特性】 枝条粗短,上下粗细开差较小,条微曲,节间较密且微曲,平均节间长3.8 cm,

皮孔密,大而粗糙,叶序 1/3 或 2/5。冬芽肥大,呈锐三角形。芽鳞深褐色,叶痕圆点。叶心脏形,叶尖短尖头,叶缘大钝头锯齿,叶基浅弯入,叶质较粗硬。雌雄同株、同穗,花叶同开,花果较少。桑芽脱苞期 3 月中旬,发芽率高。叶片硬化早,停止生长亦早。发条数中等,生长势旺。产叶量高,叶质较好,适宜于壮蚕用桑。木质较疏松,易受桑天牛为害。适宜于长江中游丘陵地区栽植。

4. 铜溪桑

【来源及分布】 是重庆市合川区从桑树资源普查中发掘的地方品种。属鲁桑种。分布于合川区各地。

【特征特性】 树形开展,枝条中粗而长,枝态直,皮青灰色,节间微曲,节距 3.6 cm,叶序 2/5,皮孔 8 个/cm²。冬芽正三角形,黄褐色,贴生,芽尖向左歪,副芽多。叶心脏形,叶尖锐头,叶缘乳头齿,叶基心形,叶面光滑有缩皱,光泽较强,叶片平伸,叶柄粗短。雌雄同株,雄花多,甚小,紫黑色。四川省三台县栽植,发芽期 3 月 16 日—24 日,开叶期 3 月 28 日—4 月 3 日,发芽率 69%,成熟期 5 月 5 日—12 日,属中生中熟品种。叶片硬化期 9 月下旬。发条力强,长势旺。亩桑产叶量 1280 kg,叶质中等,粗蛋白含量 18.66%~26.10%,可溶性糖含量 10.23%~12.30%。中抗细菌病和断梢病,耐旱性、耐贫瘠力较弱。适宜于长江流域栽植。

5. 西农 6071

【来源及分布】 为(原西南农业大学)现西南大学 1960 年选育,并作为向党的生日献礼的优良品种,取名为西农 6071。属山桑种。分布于重庆南部等地区。

【特征特性】 树形开展,枝条直立粗长,发条数多,皮赤褐色,节间较稀,叶序 1/3。冬芽正三角形,鳞片包被紧,赤褐色。皮孔大而较多,圆形或椭圆形,赤褐色。叶形大,深绿色,叶尖短尾状,叶缘锐齿,叶基心形,叶面光泽强。开雌花,甚少而小,紫黑色。重庆栽植,发芽期 3 月 26 日—4 月 1 日,开叶期 4 月 3 日—4 月 10 日,成熟期 4 月 29 日—5 月 6 日,属中熟品种。叶片硬化稍早。发芽率达 75.0%以上。春季生长速度快,长势健旺,产叶量高。对细菌性黑枯病抵抗力强,抗桑瘿蚊。

6. 小冠桑

【来源及分布】 重庆市合川区地方品种。属白桑种,二倍体。

【特征特性】 树形直立,枝条细长而直,匀整,皮青灰色,节间直,节距 3.0 cm,叶序 2/5,皮孔多为小圆形。冬芽正三角形,淡黄褐色,贴生,副芽小而少。叶卵圆形,叶尖锐头,叶缘乳头齿,叶基心形,叶面光滑,微皱,光泽较强,叶柄细短。雌雄同株,花柱短,甚小而少,紫黑色。发芽期 3 月 12 日—15 日,开叶期 3 月 17 日—20 日,发芽率 80.0%,成熟期 5 月上旬,属中生早熟品种。叶片硬化期10月上旬。侧枝较少。亩桑产叶量1250 kg,叶质中等,粗蛋白含量18.83%~21.97%,可溶性糖含量14.50%。中抗污叶病、白粉病,感黄化型萎缩病和黑枯型细菌病,易感褐斑病,耐旱性强,耐寒性中等。适宜于长江流域丘陵山区四边栽植。

7. 榨桑

【来源及分布】 是重庆市梁平区地方品种。属白桑种。分布于重庆市忠县、万州、梁平等地及川东蚕区。

【特征特性】 树形直立,枝条细长而直,皮青灰色,节间直,节距3.3 cm,叶序2/5。皮孔圆形。冬芽正三角形,灰褐色,贴生,副芽多。叶心脏形,叶尖锐头,叶缘乳头齿,叶基浅心形,叶面有光泽,无皱,叶背有柔毛,叶柄细短。无花果。四川省三台县栽植,发芽期3月21日—27日,开叶期4月1日—15日,发芽率69.6%,成熟期4月26日—5月5日,属中生中熟品种。叶片硬化期9月下旬。发条力中等,侧枝少。亩桑产叶量940 kg,叶质中等。抗黑枯型细菌病。耐贫瘠力、耐旱性强。适宜于长江中游地区栽植。

8. 皂角四号

【来源及分布】 是重庆市合川区桑树资源普查中发掘的地方品种。属白桑种。分布于重庆的合川、四川省的三台等地。

【特征特性】 树形直立,枝条细短而直,皮灰褐色,节间直,节距3.1 cm,叶序2/5,皮孔圆形,分布不均匀。冬芽三角形,黄褐色,尖离,副芽少。叶卵圆形,叶尖锐头,叶缘乳头齿,叶基浅心形,叶面平滑无皱,光泽较强,叶柄细短。雌雄同株,甚小而多,紫黑色。四川省三台县栽植,发芽期3月19日—28日,开叶期4月9日—19日,发芽率31.0%,成熟期5月上旬或中旬初,属中生中熟品种。叶片硬化期9月下旬。发条力中等。亩桑产叶量1150 kg,叶质中等。抗细菌病和断梢病,耐旱性中等。适宜于长江中游丘陵地区栽植。

十七、四川省

1. 川852

【来源及分布】 是四川省农业科学院蚕业研究所从一之濑×桐乡青的杂交组合中选出的二倍体优良单株培育而成。属白桑种。分布于四川省江油、阆中、仪陇、绵阳、广汉等地。

【特征特性】 树形直立,枝条粗长而直,皮青黄色,皮纹细,皮孔小,节距3.3 cm,叶序2/5。冬芽正三角形,浅褐色。叶心脏形,叶尖锐头,叶缘钝齿,叶基心形,叶面光滑微皱,叶柄较短。开雄花,花穗短而少。 四川省南充市栽植,发芽期3月13日—18日,开叶期3月20日—24日,发芽率80.0%,成熟期5月上旬,属中生中熟品种。叶片硬化期10月下旬。侧枝少,发条力强。亩桑产叶量1400 kg,叶粗蛋白含量25%~29%,可溶性糖含量13.5%~14%,万蚕茧层量春5.5 kg、秋4.8 kg。抗黑枯型细菌病、污叶病、白粉病,耐旱性强,耐寒性中等。

2. 辐2012

【来源及分布】 是四川省农业科学院蚕业研究所用^{60}Co-γ照射湖桑枝条,经多年选择的芽变个体株系定向培育而成。属鲁桑种。分布于四川省邛崃、温江等地。

【特征特性】 树形开展,枝条中粗而长,枝态直,皮褐色,节间微曲,节距2.5 cm,叶序2/5,皮纹条状,皮孔圆形。冬芽椭圆形,褐色。叶心脏形,叶尖锐头,叶缘乳头齿,叶基深心形,叶面粗糙,光泽较强,叶柄较粗长。雌雄同株,葚少,紫黑色,结实性较差。四川省三台县栽植,发芽期3月20日—28日,开叶期4月1日—13日,发芽率67.0%,成熟期5月6日—15日,属中生中熟品种。叶片硬化期9月中旬。发条数多,侧枝少。亩桑产叶量1578 kg,叶质中等,粗蛋白含量21.80%。中抗白粉病和污叶病,耐旱性弱。适宜于长江流域栽植。

3. 塔桑

【来源及分布】 四川省蓬安县蚕业局从杂交组合(中桑5801×6031)中选出单株,经多年栽植而成为优良品种。属鲁桑种。

【特征特性】 树冠直立,枝条粗长而直,皮灰褐色,节间直,节距3.2 cm,叶序3/8或2/5,皮孔较大,长椭圆形。冬芽正三角形,棕黄色。叶卵圆形,较平展,叶尖短尾状,叶缘乳头齿,叶基截形,叶面光滑,微皱,光泽强,叶柄粗长。开雌花,葚较多而肥大,紫黑色。发芽期2月15日—28日,开叶期3月2日—16日,发芽率86.0%,成熟期4月16日—25日,属中生早熟品种。叶片硬化期9月中旬。发条力中等,侧枝少。亩桑产叶量1800 kg,叶质中等,耐剪伐。抗黑枯型细菌病,易受虫害。适宜于长江中下游地区栽植。

4. 乐山花桑

【来源及分布】 四川省乐山市地方品种。属白桑种,三倍体。

【特征特性】 树形开展,枝条粗长而直,皮赤褐色,节间直,节距4.5 cm,叶序2/5,皮孔椭圆形。冬芽圆锥形,深褐色。叶心脏形,叶尖锐头,叶缘钝齿,叶基浅心形,叶面光滑,光泽较强,叶柄粗长。开雄花,花穗多。发芽期3月16日—26日,开叶期4月1日—8日,发芽率70.4%,成熟期5月中旬,属中生晚熟品种。叶片硬化期10月上旬。发条力中等,侧枝较少。亩桑产叶量1200 kg,叶质优,粗蛋白含量27.70%~29.40%,可溶性糖含量11.25%~12.63%,万蚕茧层量春4.93 kg、秋4.38 kg。中抗黄化型萎缩病、白粉病和褐斑病,轻感黑枯型细菌病,耐寒性较弱,耐旱性弱。适宜于长江中游地区栽植。

5. 黑油桑

【来源及分布】 四川省峨眉山市地方品种。属白桑种,二倍体。

【特征特性】 树形直立,枝条中粗而长,枝态直,皮深棕褐色,节间直,节距4.0 cm,叶序2/5,皮孔多为小圆形。冬芽长三角形,棕褐色,贴生。叶卵圆形,叶尖锐头,叶缘钝齿,叶基浅心形,叶面光滑,光泽较强,叶脉粗,叶片下垂,叶柄细长。雌雄同株,雌多于雄,葚小而少,紫黑色,结实力低。发芽期3月17日—22日,开叶期3月28日—4月9日,发芽率86.0%,成熟期4月20日—30日,属中生中熟品种。叶片硬化期10月上旬。发条力中等,侧枝较少。亩桑产叶量1380 kg,叶质优,粗蛋白含量22.54%～30.98%,可溶性糖含量11.23%～16.88%,万蚕茧层量春5.30 kg、秋4.55 kg。中抗黄化型萎缩病、黑枯型细菌病、白粉病,抗污叶病、褐斑病。适宜于长江中游地区栽植。

6. 峨眉花桑

【来源及分布】 四川省峨眉山市地方品种。属鲁桑种,二倍体。

【特征特性】 树形稍开展,枝条中粗而长,枝态直,皮黄褐色,节间直,节距5.0 cm,叶序2/5,皮孔长椭圆形。冬芽三角形,黄褐色,贴生。叶卵圆形,叶尖锐头,叶缘钝齿,叶基浅心形,叶面光滑,微皱,光泽较强,叶柄细长。雌雄同株,雌花很少,雄花穗短而较多,葚小,紫黑色。发芽期3月21日—27日,开叶期3月30日—4月11日,发芽率73.0%,成熟期5月上旬,属中生晚熟品种。叶片硬化期10月上旬。发条力中等,枝条长短差异大。亩桑产叶量1300 kg,叶质优,粗蛋白含量23.15%～31.86%,可溶性糖含量12.52%~16.79%,万蚕茧层量春5.02 kg、秋4.10 kg。中抗污叶病、白粉病、黄化型萎缩病、黑枯型细菌病,感褐斑病,耐旱性弱,不耐贫瘠。适宜于长江中游地区栽植。

7. 大红皮桑

【来源及分布】 四川省乐山市地方品种。属白桑种,三倍体。

【特征特性】 树形开展,枝条粗长而直,皮赤褐色,节间直,节距3.8 cm,叶序1/2或2/5,皮孔圆形。冬芽长三角形,深褐色。叶心脏形,叶缘微向上卷,叶尖锐头,叶缘乳头齿,叶基心形,叶面光滑,有泡皱,光泽强,叶片稍下垂,叶柄长。雌雄同株,葚较小,紫黑色,多汁液,味甜,种子很少。发芽期3月13日—23日,开叶期3月28日—4月4日,发芽率53.7%,成熟期5月2日—10日,属中生中熟品种。叶片硬化期9月下旬。发条力中等,侧枝少。亩桑产叶量1100 kg,叶质中等,粗蛋白含量23%～26%,可溶性糖含量17.12%～17.23%,万蚕茧层量春3.02 kg、秋4.67 kg。中抗黄化型萎缩病、黑枯型细菌病,耐旱性、耐寒性弱。适宜于长江中游地区栽植。

8. 南一号

【来源及分布】 四川省农业科学院蚕业研究所从三台县选出的地方品种。属鲁桑种,二倍体。

【特征特性】 树形较开展,枝条粗长而直,皮赤褐色,皮纹略粗,节间直,节距2.8 cm,叶序2/5,皮孔椭圆形,大小不一。冬芽椭圆形,赤褐色,腹离。叶心脏形,基部有少数裂叶,叶缘微翘,叶尖锐头,叶缘乳头齿,叶基浅心形,叶面略粗糙,无缩皱,叶柄粗长。雌雄同株同穗,甚小而少,紫黑色。发芽期3月16日—26日,开叶期3月30日—4月7日,发芽率73.0%,成熟期5月4日—10日,属中生中熟品种。叶片硬化期9月中旬。发条力中等,无侧枝。亩桑产叶量1303 kg,叶质中等,粗蛋白含量21.44%,可溶性糖含量14.6%,万蚕茧层量春4.26 kg、秋3.99 kg。耐肥,耐剪伐,抗黑枯型细菌病,易感灰霉病。适宜于长江中下游地区栽植。

9. 南6031

【来源及分布】 四川省农业科学院蚕业研究所从杂交组合(苍溪49号×油桑,华东7号、华东37号)中选出单株,经多年栽植而成为优良品种。属鲁桑种,二倍体。

【特征特性】 树形稍开展,枝条粗长而直,皮灰棕色,节间直,节距3.4 cm,叶序3/8或2/5,皮孔点状不均。冬芽球形,赤褐色。叶卵圆形,叶尖双头或钝头,叶基浅心形,叶面光滑,微皱,光泽强,叶柄粗短。开雄花。发芽期4月15日—18日,开叶期4月19日—25日,发芽率60%,成熟期4月16日—25日,属晚生晚熟品种。叶片硬化期9月中旬。发条力中等,无侧枝。亩桑产叶量1050 kg,叶质优,粗蛋白含量22.27%~24.40%,可溶性糖含量13.89%~14.16%,万蚕茧层量春5.47 kg、秋4.45 kg。中抗黑枯型细菌病和黄化型萎缩病,轻感污叶病。适宜于长江流域栽植。

10. 甜桑

【来源及分布】 四川省岳池县地方品种。属鲁桑种,二倍体。

【特征特性】 树形开展,枝条粗长而直,皮紫褐色,节间微曲,节距4.3 cm,叶序2/5,皮孔椭圆形。冬芽三角形,深棕褐色。叶心脏形,叶尖锐头,叶缘乳头齿,叶基浅心形,叶面光滑,微皱,光泽强,叶柄细长。雌雄同株,甚小而少,紫黑色,雄花穗较多,长度中等。发芽期4月11日—15日,开叶期4月17日—22日,发芽率80%,成熟期5月15日—21日,属晚生晚熟品种。叶片硬化期9月中旬。发条力中等,侧枝少。亩桑产叶量1400 kg,叶质中等,粗蛋白含量23.06%~30.70%,可溶性糖含量10.60%~15.13%,万蚕茧层量春4.8 kg、秋4.19 kg。中抗黑枯型细菌病,轻感黄化型萎缩病,耐寒性较强。适宜于长江中下游地区栽植。

11. 转阁楼桑

【来源及分布】 四川省汉源县地方品种。属鲁桑种,二倍体。

【特征特性】 树形直立,枝条细长而直,匀整,皮青灰色,节间直,节距3.8 cm,叶序3/8或2/5,皮孔小圆形。冬芽长三角形,腹离或尖离。叶心脏形,叶尖锐头,叶缘钝齿,叶基浅心形,叶面光滑无皱,光泽强,叶柄细短。葚小而少,紫黑色。发芽期3月19日—24日,开叶期3月30日—4月6日,发芽率78%,成熟期5月11日—20日,属中生中熟品种。叶片硬化期9月下旬。发条力强,侧枝少。亩桑产叶量1150 kg,叶质中等,粗蛋白含量17.47%～22.15%,可溶性糖含量14.5%～15.5%,万蚕茧层量春4.28 kg、秋4.17 kg。抗黑枯型细菌病,耐旱性、耐寒性中等。适宜于长江中游地区栽植。

12. 乐山白皮桑

【来源及分布】 四川省乐山蚕种场和乐山蚕桑站选育而成。属白桑种。分布于川南、川东、川西各蚕区。

【特征特性】 树形直立,枝条粗长而直,皮黄褐色,节间直,节距4.7 cm,叶序2/5,皮孔小,圆形。冬芽长三角形,紫褐色。叶卵圆形,叶尖锐头,叶缘钝齿,叶基截形,叶面光滑,有波皱,光泽度中等,叶柄细长。无花果。四川省三台县栽植,发芽期3月18日—23日,开叶期3月24日—4月3日,发芽率66.7%,成熟期4月26日左右,属中生早熟品种。叶片硬化期9月下旬。发条力中等,生长不整齐,侧枝多。亩桑产叶量1068 kg,叶质优,粗蛋白含量23.4%,可溶性糖含量12.8%,万蚕茧层量春5.5 kg、秋4.97 kg。高抗黑枯型细菌病,耐旱性中等。

13. 葵桑

【来源及分布】 是四川省三台蚕种场从实生桑中选出优良单株培育而成。属白桑种。分布于川北丘陵地区和蚕种场。

【特征特性】 树冠开展,枝条中粗而长,枝态直,皮棕褐色,节间直,节距3 cm,叶序2/5,皮孔小,椭圆形。冬芽短三角形,瘦小,褐色。叶心脏形,叶尖锐头,叶缘钝齿,叶基浅心形,叶面光滑有缩皱,光泽强,叶柄细长。雌雄同株同穗,葚小而少,紫黑色。四川省三台县栽植,发芽期3月24日—4月1日,开叶期4月5日—19日,发芽率64.5%,成熟期5月10日—20日,属晚生晚熟品种。叶片硬化期10月中旬。发条数多,无侧枝。亩桑产叶量1470 kg,叶质中等,粗蛋白含量21%～22%,万蚕茧层量春4.99 kg、秋4.37 kg。中抗黑枯型细菌病和褐斑病,耐贫瘠,耐旱性中等。

14. 白油桑

【来源及分布】 是四川省三台县地方品种。属白桑种,二倍体。在四川省三台县曾有栽植。

【特征特性】 树形稍开展,枝条细长而直,皮棕褐色,节间直,节距4.2 cm,叶序2/5,皮孔多为圆形。冬芽长三角形或卵圆形,褐色。叶心脏形,叶尖锐头间有双头,叶缘小钝齿,叶基截形或浅心形,叶面光滑,微波皱,叶柄细短。开雄花,花穗短而多。江苏省镇江市栽植,发芽期4月

9日—17日,开叶期4月16日—25日,发芽率75%,成熟期5月15日—20日,属中生晚熟品种。叶片硬化期9月中旬。发条力强,侧枝少。亩桑产叶量1000 kg,叶质优,粗蛋白含量22.42%~28.54%,可溶性糖含量10.25%~12.69%,万蚕茧层量春5.620 kg、秋4.607 kg。抗污叶病、白粉病、中抗黄化型萎缩病,耐寒性中等。

15. 白皮讨桑

【来源及分布】 是四川省乐山市地方品种。属白桑种,二倍体。在乐山市曾有栽植。

【特征特性】 树形稍开展,枝条细长,稍弧弯,皮青棕色,节距3.3 cm,叶序2/5,皮孔多为圆形。冬芽长三角形,褐色。叶卵圆形,叶尖锐头,叶缘钝齿,叶基截形,叶面光滑,光泽较强,叶柄细短。雌雄同株,雄花穗少,中长,葚小,很少,紫黑色。江苏省镇江市栽植,发芽期4月9日—15日,开叶期4月17日—20日,发芽率65.0%,成熟期5月10日—15日,属晚生中熟品种。叶片硬化期9月上旬。发条力中等,侧枝较少。亩桑产叶量1200 kg,叶质中等,粗蛋白含量23.22%~23.94%,可溶性糖含量14.39%~14.46%,万蚕茧层量春3.28 kg、秋4.34 kg。中抗黄化型萎缩病,感黑枯型细菌病,耐寒性弱。

16. 皮花桑

【来源及分布】 是四川省乐山市地方品种。属白桑种,二倍体。在乐山市曾有栽植。

【特征特性】 树冠稍开展,枝条粗长而直,皮棕褐色,节间直,节距5 cm,叶序2/5,皮孔多为圆形。冬芽三角形,褐色。叶卵圆形,叶尖锐头或尾状,叶缘钝齿,叶基浅心形或截形,叶面光滑稍泡皱,光泽强,网脉少,叶柄粗短。开雌花,甚多,大小中等,紫黑色。江苏省镇江市栽植,发芽期4月11日—19日,开叶期4月21日—24日,发芽率70%,成熟期5月15日—20日,属晚生晚熟品种。叶片硬化期9月中旬。发条力中等,侧枝较少。亩桑产叶量1300 kg,叶质中等,粗蛋白含量22.93%~24.74%,可溶性糖含量15.56%~16.46%,万蚕茧层量春3.975 kg、秋4.350 kg。中抗黄化型萎缩病和黑枯型细菌病,抗污叶病,耐寒性强。

17. 小红皮

【来源及分布】 是四川省乐山市地方品种。属白桑种。分布于川南蚕区和川西部分县区。

【特征特性】 树形直立,枝条直,中粗长,皮棕褐色,节间直,节距6.25 cm,叶序2/5,皮孔圆形。冬芽正三角形,褐色。叶卵圆形,叶尖锐头,叶缘钝齿,叶基截形,叶面光滑,有波皱,光泽强,叶柄细短。雌雄同株同穗,雄花穗少而较短,葚中大而多,紫黑色。四川省三台县栽植,发芽期3月22日—29日,开叶期4月1日—12日,发芽率70%,成熟期4月26日左右,属中生早熟品种。叶片硬化期9月中旬。发条力中等,生长整齐,侧枝少。亩桑产叶量1170 kg,叶质优,万蚕茧层量春5.51 kg、秋4.95 kg。抗逆性较强,抗黑枯型细菌病、污叶病、白粉病、耐湿。

18. 二红皮

【来源及分布】 是四川省乐山市地方品种。属白桑种。分布于川南蚕区及川西部分县区。

【特征特性】 树形直立,枝条粗长而直。皮棕褐色,节间直,节距5.5 cm,叶序1/2,皮孔椭圆形。冬芽长三角形,芽鳞赤褐色。叶卵圆形,叶尖锐头,叶缘大锐齿,叶基截形,叶面光滑,光泽强,有波皱,叶柄细长。开雌花,花柱短,葚多,中大,紫黑色。四川省三台县栽植,发芽期3月16日—24日,开叶期4月1日—7日,发芽率44%,成熟期4月23日—5月2日,属中生中熟品种。叶片硬化期9月下旬。发条力中等,生长不匀,侧枝少。亩桑产叶量1290 kg,叶质优,万蚕茧层量春5.51 kg、秋4.95 kg。抗污叶病、白粉病,耐旱性强,耐寒性中等。

19. 南充早生

【来源及分布】 是四川省南充市地方品种。属白桑种。在南充市曾有栽植。

【特征特性】 树形稍开展,枝条粗长稍弯,皮棕褐色,节间直,节距4.4 cm,叶序2/5,皮孔多为圆形。冬芽三角形或尖卵形,深褐色。叶长心脏形或卵圆形,叶尖锐头,叶缘钝齿,叶基浅心形或近圆形,叶面光滑,光泽较强,叶柄中粗长。开雄花,花穗多,中长。江苏省镇江市栽植,发芽期4月9日—14日,开叶期4月18日—23日,发芽率65%,成熟期5月10日—15日,属中生中熟品种。叶片硬化期9月上旬。发条力中等,侧枝少。亩桑产叶量1200 kg。叶质较优,粗蛋白含量23.77%~23.96%,可溶性糖含量11.25%~13.18%,万蚕茧层量春5.623 kg、秋4.082 kg。中抗黑枯型细菌病,易感黄化型萎缩病,中抗叶部病害。适宜于长江以南地区栽植。

20. 纳溪桑

【来源及分布】 是四川省泸州市纳溪区从实生桑中选出的优良单株,经株系繁殖而成。分布于川东南地区和川北的巴中、阆中等地。

【特征特性】 树形直立,枝条中粗长而直,皮灰褐色,粗糙,节间直,节距2.5 cm,叶序3/8,春梢青色有柔毛,皮孔小圆形。冬芽球形,棕色,腹离。叶心脏形,较平展,浓绿色,叶尖锐头,叶缘乳头齿,叶基浅心形,叶面粗糙,微皱,光泽较强,叶柄中粗长。雌雄同株或异株,葚大而少,紫黑色。四川省三台县栽植,发芽期3月16日—28日,开叶期4月10日—12日,发芽率74.0%,成熟期5月11日—20日,属中生中熟偏晚品种。发条力强,生长整齐,侧枝少。亩桑产叶量1025 kg,叶质较优,粗蛋白含量24.27%,可溶性糖含量14.80%,万蚕茧层量春5.19 kg、秋5.25 kg。抗黑枯型细菌病。

21. 猫桑

【来源及分布】 是四川省万源市的地方品种。属白桑种。分布于四川省达川、三台、万源等地。

【特征特性】 树形开展,枝条细长而直,皮青灰色,节间直,节距3.4 cm,叶序3/8,皮孔小,椭圆形。冬芽三角形,淡褐色,贴生。叶卵圆形,叶尖锐头,叶缘乳头齿,叶基心形,叶面光滑无皱,光泽强,叶柄较细长。雌雄同株,雌花多,雄花穗短而少,甚小而多,紫黑色。四川省三台县栽植,发芽期3月15日—19日,开叶期3月25日—4月1日,发芽率70%,成熟期5月上旬,属中生晚熟品种。叶片硬化期10月上旬。发条力强,生长整齐,侧枝少。亩桑产叶量1270 kg,叶质中等,万蚕茧层量春5.750 kg、秋5.390 kg。抗黑枯型细菌病,耐旱性强,耐寒性较强。

22. 瓜瓢桑

【来源及分布】 是四川省乐山市地方品种。属白桑种,三倍体。分布于四川省乐山、峨眉一带。

【特征特性】 树形开展,枝条直,粗长不匀,皮褐色,节间直,节距5.6 cm,叶序2/5,皮孔小,圆形。冬芽正三角形,紫褐色,尖离。叶心脏形,叶边翘似瓜瓢,叶尖锐头,叶缘钝齿,叶基浅心形,叶面光滑,泡皱,光泽强,叶柄细长。雌雄同株,雌花无花柱,雄花穗中长较多,甚较少,中大,紫黑色。四川省三台县栽植,发芽期3月21日—24日,开叶期3月30日—4月7日,发芽率53.76%,成熟期4月20日—5月1日,属中生中熟品种。叶片硬化期9月下旬。发条力强,生长不整齐,无侧枝。亩桑产叶量1080 kg,叶质优,桑叶中含水量较多,蛋白质含量较高,万蚕茧层量春5.34 kg、秋4.99 kg。耐湿,不耐旱。

23. 筠油桑

【来源及分布】 从四川省筠连县实生桑中选优良植株,经过株系繁殖而成。属白桑种。分布于四川省宜宾、泸州等地。

【特征特性】 树形开展,枝条直,中粗长,皮褐色,节间直,节距4.5 cm,叶序3/8,皮孔椭圆形。冬芽三角形,紫褐色。叶卵圆形,叶尖短尾状,叶缘钝齿,叶基截形,叶面光滑无皱,有光泽,叶柄细长。雌雄同株同穗,雄花多,雌花少。四川省三台县栽植,发芽期3月26日—28日,开叶期4月2日—9日,发芽率90.9%,成熟期4月25日左右,属中生早熟品种。叶片硬化期9月中旬。发条力弱,生长不整齐,侧枝少。亩桑产叶量798 kg,叶质差,万蚕茧层量春4.01 kg、秋4.4 kg。抗逆性强。

24. 工荆桑

【来源及分布】 是四川省原工农蚕种场从实生桑中选优良植株,经株系繁殖育成。属山桑种。分布于四川省南充、三台等地蚕种场及临近蚕区。

【特征特性】 树形直立,枝条中粗,长而直,皮灰褐色,节间直,节距2.8 cm,叶序3/8,皮孔小,圆形。冬芽长三角形,淡褐色。叶卵圆形,叶尖长尾状,叶缘乳头齿,叶基浅心形,叶面光滑无皱,光泽强,叶柄粗长。开雌花,甚多,紫黑色。四川省三台县栽植,发芽期3月7日—12日,开叶期3月16日—29日,发芽率82.3%,成熟期4月22日左右,属中生早熟品种。叶片硬化期9月中旬。发条力强,生长整齐,侧枝少。亩桑产叶量2160 kg、产葚量400 kg,叶质优,粗蛋白含量19.85%~25.5%,可溶性糖含量12.12%~13.25%,万蚕茧层量春6.13 kg、秋6 kg。高抗黑枯型细菌病,耐旱性、耐寒性中等。

25. 雅中里

【来源及分布】 是四川省雅安市在桑资源普查中发掘出的优良单株,经扦插繁育而成。属鸡桑种,三倍体。分布于四川省三台、德阳等地。

【特征特性】 树形直立,枝条粗长而直,皮暗褐色,节间直,节距4.7 cm,叶序1/2,皮孔大,长椭圆形。冬芽大,长三角形,紫褐色。叶心脏形或近圆形,叶尖长尾状,叶缘钝齿,叶基心形,叶面粗糙,光泽弱,叶柄粗短。四川省三台县栽植,发芽期3月1日—10日,开叶期3月15日—30日,发芽率77.78%,成熟期4月11日—20日,属中生早熟品种。叶片硬化期8月下旬。发条力强,生长不整齐,生长快,木质松,侧枝多而长。亩桑产叶量636 kg,叶质中等,粗蛋白含量19.7%~21%,可溶性糖含量13.4%~14.8%,万蚕茧层量春4.03 kg、秋3.88 kg。发根力强,扦插成活率达95%。耐旱性、耐湿性、耐贫瘠力、耐寒性中等。

26. 插桑

【来源及分布】 是四川省桑资源普查中在武胜县发掘的扦插优良单株。属鸡桑种,三倍体。分布于四川省各蚕区,以武胜、岳池、南部等地栽植最多。

【特征特性】 树形开展,枝条直,中粗长,皮青褐色,节间直,节距5 cm,叶序1/2,皮孔大,长椭圆形。冬芽长三角形,棕褐色。叶心脏形或圆形,叶尖长尾状,叶缘钝齿,叶基心形,叶面粗糙,微皱,光泽弱,叶柄粗短。开雄花。四川省南充市栽植,发芽期2月上旬,开叶期3月上旬,发芽率85%,成熟期4月上旬,属中生早熟品种。叶片硬化期9月上旬。发条力强,生长不整齐。亩桑产叶量732 kg,叶质优,粗蛋白含量22.5%~25.6%,可溶性糖含量14.68%,万蚕茧层量4.6 kg。扦插育苗极易生根成活,嫁接愈合力好,耐剪伐。高抗黑枯型细菌病,耐湿性、耐寒性中等。

27. 苍溪49号

【来源及分布】 是四川省农业科学院蚕桑研究所从苍溪县实生桑中选出的优良单株繁育而成。属白桑种,二倍体。分布于南充、苍溪、三台、蓬安等地。

【特征特性】 树形稍开展,枝条中粗长而直,皮棕褐色,节间直,节距3.0 cm,叶序2/5,皮孔椭圆形。冬芽三角形,深褐色。叶卵圆形,叶尖锐头,叶缘钝齿,叶基浅心形或截形,叶面光泽弱,叶柄细长。开雌花,甚多,紫黑色。江苏省镇江市栽植,发芽期4月16日—19日,开叶期4月20日—23日,发芽率71.0%,成熟期5月12日—20日,属晚生晚熟品种。叶片硬化期9月中旬。发条力中等,侧枝少。亩桑产叶量1300 kg,叶质较优,粗蛋白含量22.01%～25.18%,可溶性糖含量14.31%～14.37%,万蚕茧层量春4.65 kg、秋4.54 kg。中抗黑枯型细菌病,其他病害少,耐旱性中等。

28. 旺苍2号

【来源及分布】 是四川省旺苍县从实生桑中选优良植株,经单系繁育而成。属白桑种,三倍体。分布于四川省旺苍等地。

【特征特性】 树形开展,枝条直,中粗长,皮青灰色,节间微曲,节距3.4 cm,叶序2/5。皮孔大,椭圆形。冬芽长三角形,黄褐色。叶心脏形,叶尖短尾状,叶缘钝齿,叶基深心形,叶面微糙,微皱,有光泽,叶柄粗长。开雌花,葚中大而少,紫黑色。四川省三台县栽植,发芽期3月16日—24日,开叶期3月28日—4月3日,发芽率66.7%,成熟期4月23日—30日,属中生中熟偏早品种。叶片硬化期9月下旬。发条力中等,生长整齐,侧枝少。亩桑产叶量1270 kg,叶质优,粗蛋白含量23.09%,可溶性糖含量13.55%,万蚕茧层量春5.50 kg、秋6.08 kg。抗污叶病、白粉病,耐旱性、耐贫瘠力强。

29. 旺七

【来源及分布】 原产于四川省旺苍县,从实生桑中选优良单株,经过株系繁殖而成。属白桑种。分布于四川省旺苍等地。

【特征特性】 树形开展,枝条直,中粗长,皮青灰色,节间微曲,节距3.3 cm,叶序2/5,皮孔椭圆形。冬芽球形,黄褐色。叶卵圆形,叶尖锐头,叶缘钝齿,叶基心形,叶面光滑有泡皱,光泽强,叶柄粗长。开雄花,花穗多而短。四川省三台县栽植,发芽期3月13日—26日,开叶期3月30日—4月9日,发芽率96.31%,成熟期4月21日—5月3日,属中生中熟品种。叶片硬化期9月下旬。发条力强,生长整齐,侧枝少。亩桑产叶量1550 kg,叶质较优,粗蛋白含量春23.23%、秋19.39%,可溶性糖含量春12.33%、秋11.81%,万蚕茧层量春5.79 kg、秋4.93 kg。抗黑枯型细菌病,耐旱性强。

30. 旺八

【来源及分布】 是四川省旺苍县从实生桑中选优培育成的。属白桑种。分布于四川省旺苍县及临近各蚕区。

【特征特性】 树形开展,枝条细长而直,皮灰褐色,节间直,节距4.2 cm,叶序1/3,皮孔近圆形。冬芽三角形,褐色,贴生。叶心脏形,叶尖锐头,叶缘乳头齿,叶基心形,光泽强,叶柄粗短。雌雄同株,葚小而少,紫黑色。四川省三台县栽植,发芽期3月20日—25日,开叶期3月30日—4月12日,发芽率82.0%,成熟期4月23日—5月6日,属中生中熟品种。叶片硬化期9月下旬。发条力强,生长均匀,侧枝少。亩桑产叶量1122 kg,叶质优,粗蛋白含量春21.34%、秋

19.10%,可溶性糖含量春11.06%、秋11.55%,万蚕茧层量春5.95 kg、秋5.98 kg。抗黑枯型细菌病、污叶病、白粉病,耐旱性、耐寒性中等。

31. 旺九

【来源及分布】 是四川省旺苍县从地方实生桑中选优培育而成。属白桑种。分布于四川省旺苍、三台和重庆梁平等地及临近蚕区。

【特征特性】 树形开展,枝条粗长而直,皮青灰色,节间微曲,节距3.3 cm,叶序2/5,皮孔小,圆形。冬芽三角形,黄褐色。叶心脏形,叶尖短尾状,叶缘乳齿状,叶基浅心形,叶面光滑,光泽强,有泡皱,叶柄粗长。开雄花。四川省三台县栽植,发芽期3月13日—26日,开叶期3月29日—4月7日,成熟期4月21日—5月1日,属中生中熟品种。叶片硬化期9月下旬。发条力强,生长均匀,侧枝少。亩桑产叶量1164 kg,叶质优,粗蛋白含量春24.09%、秋19.19%,可溶性糖含量春11.05%、秋11.29%,万蚕茧层量春5.81 kg、秋5.66 kg。抗污叶病、白粉病,耐旱性、耐寒性中等。

32. 天全10号

【来源及分布】 是四川省天全县从实生桑中选优良植株,经过株系定向繁殖而成。属白桑种。分布于四川省雅安、天全等地。

【特征特性】 树形直立,枝条直,中粗长,皮褐色,节间直,节距4 cm,叶序混乱,皮孔小,圆形。冬芽椭圆形,有对生芽,紫褐色。叶心脏形,叶尖锐头,叶缘钝齿,叶基浅心形,叶面光滑微皱,光泽强,叶柄中粗长。雌雄同株同穗,雄花多。四川省三台县栽植,发芽期3月16日—26日,开叶期3月31日—4月9日,发芽率48.5%,成熟期4月24日—5月2日,属中生中熟品种。叶片硬化期9月下旬。发条力中等,生长整齐,侧枝少。亩桑产叶量1590 kg,叶质优,粗蛋白含量春22.53%、秋19.58%,可溶性糖含量春12.32%、秋11.29%。抗黑枯型细菌病、白粉病、污叶病,耐旱性、耐寒性中等。

33. 台481

【来源及分布】 是四川省三台县蚕种场从实生桑中选优良植株,经单系繁殖而成。属白桑种。分布于四川省三台、射洪、盐亭等地。

【特征特性】 树形直立,枝条粗长而直,皮青灰色,节间直,节距2.5 cm,叶序3/8,皮孔小,圆形。冬芽正三角形,黄褐色,尖离,无副芽。叶卵圆形,叶尖锐头,叶缘乳头齿,叶基浅心形,叶面光滑无皱,光泽强,叶柄中粗长。开雄花。四川省三台县栽植,发芽期3月16日—22日,开叶期3月29日—4月7日,发芽率50.4%,成熟期4月20日—5月1日,属中生中熟品种。叶片硬化期9月中旬。发条力强,生长不整齐,侧枝少。亩桑产叶量1400 kg,叶质优。抗黑枯型细菌病,耐旱性、耐寒性中等。适宜于长江流域栽植。

34. 盘钴624

【来源及分布】 是四川省三台县蚕种场用盘桑枝条照射 $^{60}Co-\gamma$ 而获得的芽变,经单系培育而成,属白桑种。分布于四川省各地蚕种场及三台县蚕区。

【特征特性】 树形直立,枝条直,中粗长。皮褐色,节间直,节距4.0 cm,叶序2/5,皮孔椭圆形。冬芽三角形,紫褐色,有对生芽,尖离,副芽少。叶卵圆形,叶尖锐头,叶缘钝齿,叶基截形,叶面光滑,微皱,光泽强,叶柄粗短。开雄花。四川省三台县栽植,发芽期3月16日—26日,开叶期4月3日—13日,发芽率89.96%,成熟期4月26日—5月3日,属中生中熟品种。发条力强,生长整齐,侧枝较少。亩桑产叶量1770 kg,叶质较优。抗黑枯型细菌病和缩叶型细菌病,耐旱性、耐寒性中等。适宜于长江流域栽植。

35. 蜀85-91

【来源及分布】 是四川省三台县鲁班镇从实生桑中选择的优良植株,经过株系繁殖而成。属白桑种。分布于四川省三台、德阳等地。

【特征特性】 树形开展,枝条粗长而直,皮青灰色,节间直,节距2.3 cm,叶序2/5,皮孔椭圆形。冬芽球形,紫褐色,尖离,有对生芽,副芽多。叶卵圆形,叶尖短尾状,叶缘锐齿,叶基截形,叶面光滑,光泽强,叶片下垂,叶柄中粗长。雌雄同株,葚中大,紫黑色。原产地栽植,发芽期3月14日—24日,开叶期3月30日—4月10日,发芽率55.6%,成熟期4月21日—5月1日,属中生中熟品种。叶片硬化期9月下旬。发条力强,生长整齐,侧枝少。亩桑产叶量1400 kg,叶质较优,粗蛋白含量春24.33%、秋19.42%,可溶性糖含量春11.6%、秋11.7%。耐旱性、耐寒性中等。适宜于长江流域栽植。

36. 盐亭20号

【来源及分布】 是四川省盐亭县从实生桑中选优良植株,经单株繁殖而成。属白桑种。

【特征特性】 树形直立,枝条细长而直,皮青灰色,节间微曲,节距4.2 cm,叶序1/3,皮孔小,圆形。冬芽三角形,黄褐色,贴生,无副芽。叶卵圆形,叶尖短尾状,叶缘乳头齿,叶基截形,叶面光滑无皱,光泽强,叶柄中粗长。开雄花。四川省三台县栽植,发芽期3月13日—24日,开叶期4月1日—10日,发芽率81.8%,成熟期4月23日—5月5日,属中生中熟品种。叶片硬化期9月中旬。发条力中等,生长较整齐,侧枝少。亩桑产叶量1086 kg,叶质中等,粗蛋白含量春21.08%、秋20.14%,可溶性糖含量春11.27%、秋12.86%。抗污叶病、白粉病,耐旱性较强。适宜于长江中游地区栽植。

37. 川724

【来源及分布】 是四川省农业科学院蚕桑研究所从苍溪49号×桐乡青的杂交组合中选出优良单株,经培育而成。属鲁桑种,二倍体。分布于四川省南充、绵阳、西昌等地。

【特征特性】 树形直立,枝条粗长,微曲,皮浅黄色,节距3.4 cm,叶序2/5,皮孔圆形或椭圆形。冬芽正三角形,浅褐色,尖离,副芽较多。叶椭圆形,叶尖锐头,叶缘乳头齿,叶基浅心形,叶面光滑微波皱,有光泽,叶柄中粗长。开雌花,葚中大而多。四川省南充市栽植,发芽期3月14日—18日,开叶期3月20日—25日,发芽率85.0%,成熟期5月上旬,属中生中熟品种。叶片硬化期10月中旬。发条力强,侧枝少。亩桑产叶量1700 kg,叶质优,粗蛋白含量23.56% ~ 25.88%,可溶性糖含量14.50% ~ 14.82%。抗黑枯型细菌病、污叶病、白粉病,耐旱性较强。适宜于长江流域栽植。

38. 屏山9号

【来源及分布】 是四川省屏山县从实生桑中选优良植株,经株系繁殖而成。属山桑种。分布于四川省屏山、兴文等地。

【特征特性】 树形直立,枝条直,中粗长,皮青褐色,节间直,节距4.7 cm,叶序1/3,皮孔小,圆形。冬芽椭圆形,紫褐色,尖离或腹离,副芽多。叶卵圆形,叶尖长尾状,叶缘钝齿,叶基截形,叶面光滑无皱,光泽弱,叶柄中粗而长。开雌花,葚大而多。四川省三台县栽植,发芽期2月28日—3月6日,开叶期3月12日—30日,发芽率86.66%,成熟期4月22日左右,属中生早熟品种。叶片硬化期9月中旬。发条力强,生长整齐,侧枝多。亩产葚800 kg,叶质优。抗黑枯型细菌病,耐贫瘠。适宜于长江流域栽植。

39. 天全1号

【来源及分布】 是四川省天全县从实生桑中选优良植株,经株系繁殖而成。属山桑种。分布于四川省邛崃、德阳等地。

【特征特性】 树形直立,枝条直,中粗长,皮灰褐色,节间直,节距4.7 cm,叶序1/3,皮孔长椭圆形。冬芽椭圆形,褐色,尖离或腹离,副芽大而多。叶卵圆形,间有多裂叶,叶尖长尾状,叶缘锐齿,叶基浅心形,叶面粗糙无皱,有光泽,叶柄粗短。开雌花,葚大而多,味甜,紫黑色。四川省三台县栽植,发芽期3月6日—12日,开叶期3月16日—4月1日,发芽率89.2%,成熟期4月24日左右,属早生早熟品种。叶片硬化期9月中旬。发条力强,生长整齐,侧枝多。亩桑产叶量1056 kg,产葚量1020 kg,叶质中等。抗黑枯型细菌病。适宜于长江流域栽植。

40. 阆中 32 号

【来源及分布】 是四川省阆中市地方品种。属白桑种,二倍体。在四川省阆中市有栽植。

【特征特性】 树形稍开展,枝条细长而直,皮灰棕色,节间直,节距 4 cm,叶序 2/5,皮孔多为圆形。冬芽三角形,淡褐色,贴生,副芽很少。叶卵圆形,叶尖短尾状,叶缘钝齿,叶基浅心形或截形,叶面光滑无皱,光泽较强,叶片稍下垂,叶柄细短。开雄花。江苏省镇江市栽植,发芽期 4 月 9 日—17 日,开叶期 4 月 17 日—23 日,发芽率 67%,成熟期 5 月 10 日—15 日,属晚生中熟品种。叶片硬化期 9 月中旬。发条力中等,侧枝少。亩桑产叶量 1200 kg,叶质中等,粗蛋白含量 21.67% ~ 24.81%,可溶性糖含量 11.77% ~ 13.72%。中抗黄化型萎缩病和黑枯型细菌病,中抗叶部病害。适宜于长江以南地区栽植。

41. 阆桑 201

【来源及分布】 是四川省阆中市蚕种场从实生桑中选出优良单株培育而成。属白桑种。分布于四川省南充市及川北蚕区。

【特征特性】 树形开展,枝条中粗而长,枝态直,皮青灰色,节间较直,节距 2.9 cm,叶序 2/5,皮孔小,椭圆形。冬芽球形,黄褐色,腹离,有对生芽,无副芽。叶心脏形,叶尖锐头,叶缘钝齿,叶基浅心形,叶面光滑无皱,光泽强,叶质柔软,叶片下垂,叶柄粗长。雌雄同株,甚小而少。四川省三台县栽植,发芽期 3 月 14 日—23 日,开叶期 3 月 29 日—4 月 5 日,发芽率 78.1%,成熟期 4 月 25 日—30 日,属中生早熟品种。叶片硬化期 9 月下旬。发条数多,无侧枝。亩桑产叶量 1600 kg,叶质较优,粗蛋白含量 17.47% ~ 21.72%,可溶性糖含量 14.3% ~ 14.97%。中抗细菌病、白粉病、污叶病,耐贫瘠力、耐旱性强。适宜于长江流域栽植。

42. 沱桑

【来源及分布】 又名驮桑、讨桑、龙爪桑,是四川省乐山市地方品种。属白桑种,二倍体。分布于四川省乐山市各地。

【特征特性】 树形开展,枝条细短,弧弯,皮黄褐色,节间直,节距 4.3 cm,叶序 1/2 或 2/5,皮孔小,圆形,分布不均。冬芽长三角形,黄褐色,尖离,亦有轮生、对生、丛生芽现象,副芽小而多。叶卵圆形,叶尖锐头,叶缘锐齿,叶基截形,叶面光滑,有光泽,叶质柔软,叶片下垂,叶柄细长。开雄花。四川省三台县栽植,发芽期 3 月 18 日—26 日,开叶期 3 月 30 日—4 月 8 日,发芽率 71%,成熟期 5 月 2 日—10 日,属中生中熟品种。叶片硬化期 9 月中旬。发条力强,侧枝较少。亩桑产叶量 950 kg。不耐剪伐。抗黑枯型细菌病,中抗黄化型萎缩病,耐寒性较弱。适宜于长江中游平坝区栽植。

43. 万年桑

【来源及分布】 是四川省珙县农业局从实生桑中选出单株,经培育而成。属白桑种。分布于四川省筠连、高县、珙县一带。

【特征特性】 树形直立,枝条直,中粗长,皮褐色,节间直,节距5.5 cm,叶序2/5。冬芽长三角形,黄褐色,芽尖歪,尖离或腹离,副芽少。叶心脏形,叶尖锐头,叶缘钝齿,叶基浅心形,叶面光滑,波皱,光泽强,叶片下垂,叶柄细长。开雄花。四川省三台县栽植,发芽期3月21日—28日,开叶期4月2日—16日,发芽率70.8%,成熟期4月25日—5月5日,属中生中熟品种。叶片硬化期9月下旬。发条力中等,生长整齐,侧枝少。亩桑产叶量1590 kg,叶质较优。抗污叶病、白粉病,耐旱性较强,耐寒性中等。适宜于长江流域栽植。

44. 盐边桑

【来源及分布】 又名琵琶桑,是四川省盐边县从实生桑中选出优良单株,经繁殖培育而成。属白桑种。分布于四川省盐边、邛崃、仁寿、巴中等地。

【特征特性】 树形直立,枝条中粗长,枝态直,皮褐色,节间直,节距2.4 cm,叶序2/5,皮孔大,椭圆形。冬芽长三角形,褐色,尖离,多对生芽,无副芽。叶卵圆形,叶尖锐头,叶缘乳头齿,叶基截形,叶面光滑无皱,光泽较强,叶片稍下垂,叶柄细长。雌雄同株同穗,甚小而少,紫黑色。四川省三台县栽植,发芽期3月21日—28日,开叶期4月5日—17日,发芽率62%,成熟期5月5日—15日,属中生中熟品种。叶片硬化期9月下旬。发条力中等,侧枝多,亩桑产叶量1050 kg,叶质优。在干旱季节易遭受红蜘蛛为害,同时出现叶序乱,节变密,叶变小,半边畸形等症状。适宜于长江中游温暖地区栽植。

45. 川油桑

【来源及分布】 是四川省乐山市地方品种。属白桑种,二倍体。在四川省乐山市曾有栽植。

【特征特性】 树形稍开展,枝条中粗而长,枝态直,皮青灰色,节间直,节距4 cm,叶序2/5,皮孔小,圆形。冬芽长三角形,淡黄褐色,贴生,副芽少。叶心脏形或卵圆形,叶尖锐头或短尾状,叶缘钝齿间有乳头齿,叶基截形或浅心形,叶面光滑微泡皱,光泽较强,叶片稍下垂,叶柄细短。雌雄同株,甚小而较多,紫黑色。江苏省镇江市栽植,发芽期4月9日—14日,开叶期4月16日—21日,发芽率76%,成熟期5月10日—15日,属晚生中熟品种。叶片硬化期9月中旬。发条力中等,侧枝少。亩桑产叶量1500 kg,叶质中等,粗蛋白含量25.26%~25.56%,可溶性糖含量10.88%~12.25%。中抗黑枯型细菌病、污叶病、白粉病,轻感黄化型萎缩病,耐寒性较弱。适宜于长江以南地区栽植。

46. 长芽荆桑

【来源及分布】 是四川省三台县蚕种场从实生桑中选优良植株,经单系繁殖而成。属白桑种。分布于川西、川北蚕区。

【特征特性】 树形开展,枝条直,中粗长,皮褐色,节间直,节距5.5 cm,叶序1/2或2/5,皮孔圆形。冬芽三角形,褐色,有对生芽,贴生,芽尖歪,副芽少。叶卵圆形,叶尖锐头,叶缘锐齿,叶基截形,叶面粗糙,无皱,光泽弱,叶片下垂,叶柄细长。开雄花。四川省三台县栽植,发芽期3月23日—28日,开叶期3月30日—4月10日,发芽率54.2%,成熟期4月26日左右,属中生早熟品种。叶片硬化期9月中旬。适合小蚕用桑。发条力强,侧枝较少。亩桑产叶量1070 kg,叶质较优,粗蛋白含量春19.80%、秋17.28%,可溶性糖含量春13.74%、秋12.40%。抗黑枯型细菌病,耐旱性强。适宜于长江流域栽植。

47. 白皮荆桑

【来源及分布】 是四川省农业科学院蚕桑研究所从实生桑中选优而来。属白桑种,二倍体。分布于川北、川东蚕区。

【特征特性】 树形稍开展,枝条粗长而直,皮灰白色,节间稍曲,节距4.5 cm,叶序2/5。皮孔较稀,圆形。冬芽三角形,紫褐色,离生,副芽少。叶心脏形,叶尖锐头,叶缘钝齿,叶基浅心形,叶面较光滑,稍缩皱,光泽较强,叶片向上,叶柄细长。雌雄同株,葚小而少,紫黑色。四川省南充市栽植,发芽期3月10日—18日,开叶期3月27日—4月3日,发芽率72.5%,成熟期4月下旬,属中生中熟偏早品种。叶片硬化期9月下旬。发条力强,侧枝较少。亩桑产叶量1200 kg,叶质中等,粗蛋白含量春20.22%、秋23.55%。抗白粉病、污叶病、黑枯型细菌病,耐湿性、耐旱性强。适宜于长江中游地区栽植。

48. 蜀天桑

【来源及分布】 是四川省桑资源普查时在天全县发掘出的优良单株群,经繁殖而成。属鸡桑种,三倍体。分布于四川省三台、德阳等地。

【特征特性】 树形直立,枝条长而直,皮暗褐色,节间直,节距4 cm,叶序1/2,皮孔大,长椭圆形。冬芽大,长三角形,紫褐色,尖离,无副芽。叶心脏形或近圆形,叶尖长尾状,叶缘钝齿,叶基心形,叶面粗糙,微皱,叶柄粗短。开雄花。四川省三台县栽植,发芽期3月3日—10日,开叶期3月16日—30日,发芽率81%,成熟期4月11日—20日,属中生早熟品种。叶片硬化期8月下旬。发条力强,生长快而整齐。亩桑产叶量960 kg,叶质较优,粗蛋白含量20.3%,可溶性糖含量12.2%。发根率强,扦插发根率达90%。抗旱,耐湿,耐瘠,耐寒性中等。适宜于长江、黄河流域的扦插育苗栽植。

49. 川药桑

【来源及分布】 是重庆市巴南区农家品种。属鸡桑种,三倍体。分布于重庆市巴南、合川等地。

【特征特性】 树形直立,枝条粗长而直,皮暗褐色,节间直,节距5.0 cm,叶序1/2,皮孔大,长椭圆形。冬芽长三角形,紫褐色,尖离,无副芽。叶心脏形或近圆形,叶尖长尾状,叶缘乳头齿,叶基心形,叶面粗糙,无皱,叶背有柔毛,叶柄粗短。开雄花。产地发芽期3月1日—9日,开叶期3月11日—20日,发芽率80.6%,成熟期4月11日—20日,属中生早熟品种。叶片硬化期8月下旬。发条力强,生长快而整齐,侧枝多。亩桑产叶量960 kg,叶质中等,粗蛋白含量20.96%,可溶性糖含量12.00%。发根力强,扦插成活率达95%。耐旱性、耐湿性、耐寒性、耐贫瘠力中等。适宜于长江、黄河流域扦插育苗栽植。

50. 窝耳桑

【来源及分布】 是四川省珙县从实生桑选优良植株,经繁殖培育而成。属山桑种。分布于珙县、高县、筠连等地。

【特征特性】 树形直立,枝条细短而直,皮黄褐色,节间直,节距4.0 cm,叶序1/2,皮孔小,椭圆形。冬芽长三角形,黄褐色,尖离,副芽少。叶心脏形,叶尖锐头,叶缘钝齿,叶基浅心形,叶面光滑微皱,光泽强,叶柄粗长。开雌花,葚紫黑色。四川省三台县栽植,发芽期3月16日—22日,开叶期3月23日—4月1日,发芽率60.1%,成熟期4月下旬,属中生早熟品种。叶片硬化期9月下旬。发条力强,生长不整齐,侧枝少。亩桑产叶量816 kg,叶质较优。抗污叶病、白粉病,耐旱性较强,耐寒性中等。适宜于长江中下游地区栽植。

51. 摘叶桑

【来源及分布】 是四川省剑阁县从实生桑中选优良植株,经单系繁殖育成。属山桑种,三倍体。分布于四川省剑阁、旺苍等地。

【特征特性】 树形直立,枝条粗短,弯曲,有卧伏枝,皮黄褐色,节间直,节距3.2 cm,叶序1/2,皮孔圆形。冬芽三角形,赤褐色,尖离,副芽多。叶卵圆形,叶尖长尾状,叶缘钝齿,有二重齿,叶基截形,叶面光滑无皱,有光泽,叶柄中粗长。雌雄同株,葚小,紫黑色。四川省三台县栽植,发芽期3月15日—21日,开叶期3月22日—4月2日,发芽率70.7%,成熟期4月下旬,属中生早熟品种。叶片硬化期9月下旬。发条力强,侧枝较少。亩桑产叶量756 kg,叶质优,粗蛋白含量23.60%~27.25%。耐旱性较强,耐寒性中等,耐湿。适宜于长江中下游地区栽植。

52. 牛皮桑

【来源及分布】 是四川省珙县从实生桑中选优良植株,经单系繁殖育成。属白桑种。分布于四川省珙县、高县、筠连等地。

【特征特性】 树形直立,枝条直,中粗长,皮褐色,节间直,节距5.5 cm,叶序1/2,皮孔椭圆形。冬芽长三角形,紫褐色,尖离,副芽多。叶心脏形,叶尖锐头,叶缘钝齿,叶基浅心形,叶面光滑,泡皱,光泽强,叶柄粗长。开雌花,甚少,紫黑色。四川省三台县栽植,发芽期3月15日—25日,开叶期3月29日—4月6日,发芽率84.6%。发条力中等,生长整齐,侧枝较少。亩桑产叶量1110 kg,叶质较优。耐旱性较强,耐寒性中等。适宜于长江流域中下游地区栽植。

53. 扯皮桑

【来源及分布】 是四川省筠连县农家品种,属白桑种。分布于四川省筠连、高县等地。

【特征特性】 树形直立,枝条微曲,中粗长,皮黄褐色,节间曲,节距5 cm,叶序2/5,皮孔大,椭圆形。冬芽长三角形,黄褐色,贴生,无副芽。叶卵圆形,叶边向背稍卷似反瓢状,叶尖锐头,叶缘钝齿,叶基截形,叶面光滑,泡皱,光泽强,叶柄粗长。雌雄同株,甚小而少,紫黑色。四川省三台县栽植,发芽期3月26日—28日,开叶期4月2日—19日,成熟期4月26日—5月10日,属中生中熟品种。叶片硬化期9月下旬。发条数少,生长不整齐,侧枝少。亩桑产叶量700 kg,叶质较优。抗逆性强。适宜于长江流域栽植。

54. 实钴21

【来源及分布】 由四川省三台县蚕种场用实生桑籽照射 ^{60}Co-γ后获得优良植株,经过单系培育而成。属白桑种。分布于四川省三台及临近县和部分蚕种场。

【特征特性】 树形开展,枝条粗长而直,皮青灰色,节间直,节距3.4 cm,叶序2/5,皮孔小,圆形。冬芽正三角形,褐色,尖离。叶心脏形,叶尖锐头,叶缘钝齿,叶基心形,叶面光滑有波皱,光泽强,叶柄粗长。开雌花,甚较多,中大,紫黑色。四川省三台县栽植,发芽期3月12日—17日,开叶期3月25日—4月1日,发芽率43.87%,成熟期4月25日—5月3日,属中生中熟品种。叶片硬化期9月下旬。发条力中等,生长整齐,侧枝少。亩桑产叶量1380 kg,叶质较优,粗蛋白含量22.5%,可溶性糖含量11.7%。高抗黑枯型细菌病,耐旱性、耐寒性中等。适宜于长江流域栽植。

55. 云井04号

【来源及分布】 是四川省泸县农业局从实生桑中选出的优良单株,经繁殖栽植而成。属白桑种。分布于四川泸县、三台、宜宾,重庆合川、永川、梁平等地。

【特征特性】 树形直立,枝条中粗而长,枝态直,皮青灰色,节间直,节距2.5 cm,叶序3/8,皮孔圆形。冬芽球形,褐色,腹离,副芽少。叶心脏形,叶尖短尾状,叶缘乳头齿,叶基深心形,叶面光滑,有光泽,叶柄粗长。雌雄同株,甚大,紫黑色。四川省三台县栽植,发芽期3月

24日—28日,开叶期4月3日—9日,发芽率75%,成熟期4月21日—30日,属中生早熟品种。叶片硬化期9月中旬。发条力强,侧枝少。亩桑产叶量1380 kg,叶质中等,粗蛋白含量18.66%,可溶性糖含量12.3%。耐寒性、耐旱性中等,易受金花虫、天牛为害。适宜于长江中游地区栽植。

56. 台775

【来源及分布】 是四川省三台县蚕种场从实生桑中选优良植株,经株系繁育而成。属白桑种。分布于四川省各地蚕种场及临近蚕区。

【特征特性】 树形开展,枝条直,中粗长,皮褐色,节间直,节距4.5 cm,叶序2/5,皮孔椭圆形。冬芽正三角形,紫褐色,尖离,无副芽。叶卵圆形,间有浅裂叶,叶尖锐头,叶缘钝齿,叶基截形,叶面光滑,无皱,光泽强,叶柄细长。开雄花。四川省三台县栽植,发芽期3月12日—16日,开叶期3月28日—4月5日,发芽率91.9%,成熟期4月26日左右,属中生早熟品种。叶片硬化期9月中旬。发条力强,生长整齐,侧枝较多。亩桑产叶量1482 kg,叶质较优,粗蛋白含量21.66%~22.32%,可溶性糖含量11.26%~13.12%。抗黑枯型细菌病,耐旱性、耐寒性中等。适宜于长江流域栽植。

57. 筠连油桑

【来源及分布】 是四川省筠连县农家优良品种,因叶色油绿而得名。原产于筠连县,当地有一定数量分布,高县、珙县亦有栽植。

【特征特性】 树形高大,多乔本桑。树形开展,枝条直立,中等粗细,皮深褐色,发条数中等,侧枝少,节距3~4 cm,叶序1/3,皮孔稀,圆形,分布匀。冬芽锐三角形,芽大,离生,芽鳞5片,深褐色,副芽双侧生。叶心脏形,叶尖尖头,叶缘钝齿,叶基截形或浅凹,叶面有光泽,无缩皱,花果少。发芽期与湖桑相近,春叶成熟整齐,叶片硬化稍迟。植株生长旺盛,枝叶稠密。产叶量高,叶质优良。对病虫害有较强的抵抗能力。适宜于长江中游丘陵地区栽植。

58. 捋桑

【来源及分布】 是四川省西充县实生型地方农家优良桑品种。主要分布在南充市境内。

【特征特性】 枝条粗短,微曲,皮黄褐色。冬芽饱满呈圆形,芽鳞墨紫褐色,副芽少。叶心脏形,叶尖尖头,叶缘锯齿大钝头,叶基浅弯入,叶面无缩皱,有光泽,叶质细滑柔软。发芽期较早,叶片成熟也较早,叶片硬化比较迟。产叶量较高,叶质优。适应性较广,耐瘠薄干旱,抗病虫力较强。适宜于长江中游丘陵地区四边栽植。

59. 扬花子桑

【来源及分布】 因只开雄花,不结果实而得名,是四川省阆中市地方农家优良品种,主要分布于阆中市,苍溪、南部等县也有少量栽植。

【特征特性】 枝条开展,粗长,微曲,皮黄褐色,叶序1/2,皮孔卵圆形,黄色。冬芽正三角形,饱满,离生,芽鳞松,黑褐色,副芽大。叶卵圆形,叶尖尾状或长尖头,叶缘钝头,叶基截形,叶面平滑,叶柄长。一般只开雄花,花序满树,先花后叶。桑芽脱苞期3月10日,发芽期早,属早生桑品种,植株生长旺盛,叶片成熟早,硬化亦早,9月10日硬化率34.6%。产叶量较高,适应性强,叶质较好,为稚壮蚕兼用桑品种。适宜于丘陵地区四边栽植。

60. 鲁叶桑

【来源及分布】 是四川省阆中市的地方农家优良桑品种。

【特征特性】 枝条直立,粗细均匀,黄褐色。冬芽为锐三角形,芽鳞紫褐色,副芽少。叶形大,心脏形或近似圆形,叶尖双钝头,叶缘钝齿,叶基浅弯入。叶色绿,叶片厚,叶质细滑,叶面有缩皱。先叶后花,一般雌性植株,桑葚肥大,桑籽大。发芽期较迟,叶片成熟期亦较迟,硬化亦迟。生长势较强,产叶量较高,叶质较好。因木质疏松,易受天牛为害。

61. 三台油桑

【来源及分布】 是从四川省三台县选出的优良品种。因叶色深绿,叶面富有蜡质而得名。现分布于四川省三台、南充等地。

【特征特性】 树形稍开展,枝条直立、细长,皮青灰色,侧枝少。冬芽三角形,褐色,贴生,有副芽,叶痕半圆形。叶卵圆形,深绿色,叶尖尖头,叶缘钝齿,叶基截形或楔形,叶片厚,叶面有光泽,无皱缩,叶质柔软,易采摘。花果少。发芽期与湖桑相近,春叶成熟稍早,秋叶硬化偏迟。三台油桑生长旺盛,产叶量高,叶质良好。中干成林桑园单株产叶量与湖桑相近,每米条长产叶量135 g,一米条长着生叶27片。桑叶经养蚕试验,成绩优于湖桑。适应性、抗逆性比湖桑强,适于壮蚕用桑。适宜于平坝、丘陵地区栽植。

62. 摘桑

【来源及分布】 原产于四川省剑阁县,系农家品种,因叶柄脆、易采摘而得名。现剑阁县蚕区有少量古老桑存在。

【特征特性】 乔木树形,树冠开展,枝条粗长,直立,皮青灰色,平均条长133 cm,平均节距4.5 cm。冬芽三角形,褐色,较小。叶卵圆形,淡绿色,叶较大,叶缘向内卷,似瓢形,叶尖尖头,叶缘锯齿,叶基截形或浅凹,叶长21.0 cm,叶幅13.5 cm,叶片稍薄,叶片下垂,叶质细滑,叶面有光泽,无缩皱。发芽脱苞期3月中旬或下旬,发芽率93.1%,春叶成熟欠齐,秋叶硬化稍迟。摘桑植株生长较旺,生活力较强,发条数中等,桑叶产量不很高,叶质优良。树株抗旱,耐瘠力优于湖桑,抗病虫能力较强。花果少。可作全龄用桑,最适宜于稚蚕饲育。适宜于丘陵山区栽植。

63. 瓢儿桑

【来源及分布】 是四川省石棉县农家优良品种。原产于该县草科藏族乡,因栽植地势环境不同,枝条皮色有灰白和赤褐色之分,故有白皮瓢儿桑和红皮瓢儿桑之称。

【特征特性】 为高大乔木桑,树高6 m左右,枝条直立粗长,皮棕色,节距4.3 cm,叶序1/2或2/5,皮孔大而少,圆形或椭圆形,突出,分布均匀。冬芽三角形,芽鳞4~5片,棕色或褐色,有副芽。叶心脏形,间有不规则的浅裂叶,叶尖尖头,叶缘钝齿,叶基截形,叶背无毛,叶脉有毛,叶面平展有光泽,无缩皱,叶质细滑,叶柄长5~6 cm,平生有浅沟。雌花为短花柱,柱头比花柱长,葚圆柱形,长1.4~2.0 cm,紫红色,四月开花,5月下旬成熟,花果较少。适宜于丘陵地区栽植。

64. 桐子桑

【来源及分布】 原产于四川省冕宁县里庄乡一带,系当地实生桑中选出的优良单株繁育而成。主要分布于冕宁县区域。

【特征特性】 树形多高干乔木,树冠开展,条粗长而直立,皮淡褐色,侧枝少,叶序1/2。冬芽锐三角形,棕褐色。叶卵圆形或心脏形,深绿色,叶大如桐树叶,叶尖尖头,叶缘锐齿、钝齿或乳头状,叶基浅凹或深凹,叶片较厚,幼叶的叶面、叶柄呈紫红色。开雌花,果少而肥大。发芽期稍迟,约3月中旬脱苞,叶片成熟稍快。植株生长旺盛,产叶量高,叶质良好,抗病虫力强。适宜于丘陵地区栽植。

65. 梓潼长叶子

【来源及分布】 梓潼长叶子桑又名牛舌头桑,是四川省梓潼县的农家地方优良桑品种,因叶形长而得名。

【特征特性】 枝条直立粗长,赤褐色,发条数中等。冬芽长三角形,黄褐色,有副芽1~2个。叶长椭圆形,叶尖短尾状,叶缘钝锯齿,叶基浅弯入,深绿色,叶长19 cm,叶幅12 cm,叶面平滑,叶质柔软,叶面光泽强。产叶量较高,叶质较好,适应性强。适宜于丘陵地区栽植。

66. 柳叶桑

【来源及分布】 是四川省三台县地方品种。属白桑种,二倍体。在三台县曾有栽植。

【特征特性】 树形稍开展,枝条细长而稍弯,皮棕褐色,节距4.7 cm。冬芽长三角形,褐色,部分芽斜生,副芽很少。叶卵圆形,叶尖锐头或短尾状,叶缘钝齿,叶基截形,叶面光滑无皱,叶柄较细短。开雌花,甚小而多,紫黑色。江苏省镇江市栽植,发芽期4月13日—17日,开叶期4月16日—23日,发芽率77%,成熟期5月15日—20日,属晚生晚熟品种。发条力中等,侧枝较少。亩桑产叶量1000 kg,叶质优,粗蛋白含量22.50%～23.64%,可溶性糖含量13.26%～14.52%。中抗黄化型萎缩病和黑枯型细菌病,中抗污叶病,感白粉病。适宜于长江以南地区栽植。

67. 柳叶盘桑

【来源及分布】 是四川省三台县地方品种。属白桑种,二倍体。在三台县曾有栽植。

【特征特性】 树形稍开展,枝条细长而直,皮棕褐色,节间直,节距5 cm,叶序2/5,皮孔圆形或椭圆形。冬芽长三角形或尖卵形,暗褐色,尖离,副芽少。叶卵圆形,略呈反瓢状,叶尖锐头或短尾状,叶缘钝齿,叶基截形,叶面光滑微皱,光泽较强,叶柄细短。开雌花,花柱短,甚少,紫黑色。江苏省镇江市栽植,发芽期4月12日—16日,开叶期4月18日—24日,发芽率61%～75%,成熟期5月15日—20日,属晚生晚熟品种。发条力中等,侧枝较少。叶质稍差,粗蛋白含量24.94%～25.10%,可溶性糖含量14.39%～15.85%。中抗黄化型萎缩病,轻感黑枯型细菌病。适宜于长江以南地区栽植。

68. 三台药桑

【来源及分布】 是四川省三台县地方品种。属白桑种,二倍体。在三台县曾有栽植。

【特征特性】 树形稍开展,枝条细长,稍弯,皮棕褐色,节间直,节距4 cm,叶序2/5,皮孔圆形或椭圆形。冬芽三角形,褐色。叶心脏形,叶边反翘似反瓢状,叶尖锐头,叶缘锐齿或钝齿,叶基浅心形,叶面光滑稍波皱,光泽较强,叶柄细长。开雌花,甚小而较少,紫黑色。江苏省镇江市栽植,发芽期4月12日—16日。开叶期4月18日—22日,发芽率75%,成熟期5月15日—20日,属晚生晚熟品种。叶片硬化期9月中旬。发条力中等,侧枝较少。叶质中等,粗蛋白含量21.13%～28.58%,可溶性糖含量12.63%～17.04%。中抗黄化型萎缩病和黑枯型细菌病,抗褐斑病,耐寒性弱。适宜于长江以南地区栽植。

69. 桶桑

【来源及分布】 是四川省三台县地方品种。属白桑种,二倍体。分布于四川省三台、石棉等地。

【特征特性】 树形直立,枝条细长而直,皮棕褐色,节间直,节距4.4 cm,叶序2/5,皮孔多为小圆形。冬芽长三角形,深褐色,贴生。叶椭圆形,叶边略反翘似反瓢状,叶尖锐头或短尾状,叶缘钝齿,叶基截形或近圆形,叶面光滑有泡皱,光泽强,叶柄细长。开雄花。江苏省镇江市栽植,发芽期4月13日—17日,开叶期4月19日—24日,发芽率70%,成熟期5月15日—20日,属晚生晚熟品种。叶片硬化期9月中旬。发条力强,侧枝很少。亩桑产叶量1000 kg,叶质中等,粗蛋白含量21.83%～29.51%,可溶性糖含量11.01%～12.06%。中抗黄化型萎缩病和黑枯型细菌病,中抗叶部病害,耐寒性弱。适宜于长江以南地区栽植。

70. 龙爪桑

【来源及分布】 是四川省地方品种。属鲁桑种,二倍体。在四川省蚕区曾有栽植。

【特征特性】 树形开展,枝条中粗,稍弧曲,皮棕褐色,节间直,节距3.8 cm,叶序2/5,皮孔多为圆形。冬芽盾形,褐色,尖离,副芽少。叶卵圆形,叶尖锐头或短尾状,叶缘乳头齿或钝齿,叶基截形或浅心形,叶面光滑微波皱,光泽较弱,叶柄粗短。开雌花,甚小而多,味甜,黑色。江苏省镇江市栽植,发芽期4月9日—16日,开叶期4月18日—22日,发芽率66%,成熟期5月10日—15日,属中生中熟品种。叶片硬化期9月上旬。发条力中等,侧枝少。产葚量高,叶质优,粗蛋白含量24.88%～30.02%,可溶性糖含量11.15 %～12.04%。中抗黑枯型细菌病,轻感黄化型萎缩病,中抗叶部病害,耐寒性较弱。适宜于长江以南地区栽植。

71. 窝窝桑

【来源及分布】 是四川省石棉县地方品种。属白桑种,二倍体。分布于四川省石棉、汉源等地。

【特征特性】 树形开展,枝条细长,有卧伏枝,皮青褐色,节间直,节距4.5 cm,叶序1/2,皮孔圆形。冬芽长三角形,黄褐色,尖离,副芽少。叶心脏形,叶尖短尾状,叶缘乳头齿,叶基截形,叶面光滑,泡皱,有光泽,叶片下垂,叶柄粗短。雌雄异株,雌花花柱短,甚较少。四川省三台县栽植,发芽期3月19日—26日,开叶期3月30日—4月11日,发芽率50.0%,成熟期5月1日—9日,属中生中熟品种。叶片硬化期9月下旬。发条力中等,侧枝较少。亩桑产叶量1500 kg,叶质较优,粗蛋白含量23.74%,可溶性糖含量13.30%。抗黑枯型细菌病,易感黄化型萎缩病。耐旱性强,耐寒性中等。适宜于温暖干燥地区栽植。

72. 西昌桑

【来源及分布】 是四川省西昌市地方品种。属白桑种,二倍体。分布于四川省西昌、南充等地。

【特征特性】 树形直立,枝条细长而直,皮青灰色,节间直,节距3.3～4.0 cm,叶序3/8。皮孔小,圆形。冬芽正三角形,灰黄色,贴生,副芽少。叶心脏形,叶尖锐头,叶缘乳头齿,叶基浅心形,叶面光滑,光泽较弱,叶柄细短。开雄花,花穗短而少。江苏省镇江市栽植,发芽期4月4日—12日,开叶期4月15日—20日,发芽率80%,成熟期5月1日—9日,属中生早熟品种。叶片硬化期9月上旬。发条力强,侧枝少,亩桑产叶量1400 kg,叶质较差,粗蛋白含量19.78%～20.49%,可溶性糖含量12.86%～14.73%。中抗黄化型萎缩病、黑枯型细菌病,轻感褐斑病。适宜于长江中下游丘陵山区栽植。

73. 冕宁桑

【来源及分布】 原产于四川省冕宁县,从地方栽植品种中选优而成。属白桑种。分布于四川省冕宁、石棉等地及西昌部分地区。

【特征特性】 树形直立,枝条直,中粗长,皮青褐色,节间直,节距3.8 cm,叶序2/5,皮孔较大,椭圆形。冬芽三角形,褐色,贴生,副芽多。叶心脏形,叶尖锐头,叶缘钝齿,叶基浅心形,叶柄长,中粗。雌雄同株,花柱短,雄花穗短而多,甚小而少,紫黑色。四川省三台县栽植,发芽期3月18日—27日,开叶期4月1日—19日,发芽率63.19%,成熟期4月25日—5月4日,属中生中熟品种。叶片硬化期9月下旬。发条力强。亩桑产叶量1280 kg,叶质较优。抗污叶病、白粉病、褐斑病,耐旱性、耐寒性中等,耐湿。适宜于长江流域栽植。

74. 剑鲁桑

【来源及分布】 是四川省剑阁县金仙镇从实生桑中选择优良植株,经单系繁殖而成。属鲁桑种。分布于四川省剑阁、南部等地。

【特征特性】 树形开展,枝条粗长而直,皮褐色,节间直,节距3.5 cm,叶序1/3,皮孔较小,椭圆形。冬芽长三角形,黄褐色,尖离,副芽多。叶卵圆形,叶尖锐头,叶缘钝齿稍波翘,叶基截形,叶面光滑无皱,光泽强,叶柄中粗长。开雌花,无花柱,甚少,中大,紫黑色。四川省三台县栽植,发芽期3月24日—28日,开叶期3月30日—4月7日,发芽率71.4%,成熟期4月22日—30日,属中生中熟品种。叶片硬化期10月上旬。发条力中等,生长快,侧枝较少。亩桑产叶量1180 kg,叶质优,粗蛋白含量春23.8%、秋23.2%。抗白粉病、污叶病,中抗黑枯型细菌病,耐旱性、耐寒性中等。适宜于长江中游地区栽植。

75. 隔夜桑

【来源及分布】 又名盐亭5号,是四川省盐亭县地方品种。属白桑种,二倍体。分布于四川省盐亭、西充一带。

【特征特性】 树形稍开展,枝条细长而直,皮棕褐色,节间直,节距4.7 cm,叶序1/2或2/5,皮孔小,圆形。冬芽正三角形,褐色,副芽较少,有对生芽。叶心脏形,叶尖锐头,叶缘钝齿,叶基心形,叶面富蜡质,微皱,光泽强,叶柄细长。雌雄同株,雄花穗多,甚小而少。江苏省镇江市栽植,发芽期4月11日—16日,开叶期4月18日—21日,发芽率75%,成熟期5月15日—20日,属晚生晚熟品种。叶片硬化期9月下旬。发条力中等,侧枝少。亩桑产叶量1100 kg,叶质中等,粗蛋白含量21.96%～24.51%,可溶性糖含量11.56%～12.00%。中抗黑枯型细菌病,其他病害较少,耐旱性强。适宜于长江中游丘陵山地栽植。

76. 梨儿桑

【来源及分布】 是四川省三台县地方品种。属白桑种,二倍体。分布于四川省盐亭、三台一带。

【特征特性】 树形稍开展,枝条细长而直,皮青黄色,节间微曲,节距4 cm,叶序1/2或2/5。冬芽长三角形,淡褐色,尖离,副芽少。叶卵圆形,叶尖锐头,叶缘钝齿,叶基截形或近圆形,叶面光滑,有光泽,叶柄细长,雌雄同株,雄花穗短而少,葚小而多,紫黑色。江苏省镇江市栽植,发芽期4月9日—16日,开叶期4月17日—21日,发芽率75%,成熟期5月11日—15日,属中生中熟品种。叶片硬化期9月中旬。发条力中等,侧枝较少。亩桑产叶量1300 kg,叶质中等,粗蛋白含量21.45%~31.35%,可溶性糖含量11.32%~13.67%。抗黄化型萎缩病,中抗黑枯型细菌病。适宜于长江中游地区栽植。

77. 柿壳桑

【来源及分布】 是四川省剑阁县从实生桑中选优良植株,经繁殖培育而成。属白桑种。分布于四川省剑阁县各地。

【特征特性】 树形直立,枝条直,中粗长,皮褐色,节间直,节距3.3 cm,叶序2/5,皮孔大,椭圆形。冬芽正三角形,紫褐色,尖离,副芽少。叶卵圆形,叶边稍波翘,叶尖锐头,叶缘钝齿,叶基心形,叶面光滑,微波皱,光泽强,叶柄细长。雌雄同穗,雌花多,花柱短或无,甚小,紫黑色。四川省三台县栽植,发芽期3月26日—30日,开叶期4月3日—13日,发芽率64.7%,成熟期4月27日—5月6日,属中生中熟品种。叶片硬化期9月下旬。发条力中等,侧枝少。亩桑产叶量1110 kg,叶质优,粗蛋白含量22.4%,可溶性糖含量11.6%。耐旱性、耐贫瘠力强。适宜于四川省丘陵、山地的四边栽植。

78. 蜀雅桑

【来源及分布】 产于四川省雅安市,在桑资源普查中发掘出的优良单株群,经扦插繁育而成。属鸡桑种,三倍体。分布于四川省三台、德阳等地。

【特征特性】 树形直立,枝条粗长而直,皮暗褐色,节间直,节距4 cm,叶序1/2,皮孔大,长椭圆形。冬芽大,长三角形,紫褐色,尖离,无副芽。叶心脏形或近圆形,叶尖长尾状,叶缘钝齿,叶基心形,叶面粗糙,微皱,光泽弱,叶柄粗短。开雄花,花穗小而多。四川省三台县栽植,发芽期3月1日—10日,开叶期3月15日—28日,发芽率64.3%,成熟期4月11日—20日,属中生早熟品种。叶片硬化期8月下旬。发条力强,生长快而整齐。亩桑产叶量720 kg,叶质中等。发根力强,扦插成活率95%。耐旱性、耐湿性、耐贫瘠力、耐寒性中等。适宜于长江、黄河流域扦插育苗栽植。

79. 雅周桑

【来源及分布】 是四川省桑资源普查中在雅安市发掘优良单株,经繁育而成。属鸡桑种,三倍体。分布于四川省各蚕区。

【特征特性】 树形直立,枝条粗长而直,皮暗褐色,节间直,节距4 cm,叶序1/2,皮孔大,长椭圆形。冬芽长三角形,紫褐色,尖离,无副芽。叶心脏形或近圆形,叶尖长尾状,叶缘细钝齿,叶基心形,叶面粗糙,叶柄粗短。开雄花,穗小而多。四川省三台县栽植,发芽期3月1日—10日,开叶期3月21日—31日,发芽率85.0%,成熟期4月中旬,属中生早熟品种。叶片硬化期8月下旬。发条力强。亩桑产叶量720 kg,叶质优,粗蛋白含量23%。发根率强,扦插成活率达90%以上。抗黑枯型、缩叶型细菌病,易受桑天牛为害,耐旱性、耐湿性、耐贫瘠力强。适宜于长江、黄河流域扦插育苗栽植。

80. 蜀名桑

【来源及分布】 是四川省桑资源普查中在雅安市名山区发掘出的优良单株群,经繁殖而成。属鸡桑种,三倍体。分布于四川省三台、德阳等地。

【特征特性】 树形直立,枝条直,中粗而长,皮暗褐色,节间直,节距4 cm,叶序1/2,皮孔大,长椭圆形。冬芽大,长三角形,紫褐色,尖离。叶心脏形或近圆形,叶尖长尾状,叶缘钝齿,叶基心形,叶面粗糙,叶柄粗短。开雄花,穗小而多。四川省三台县栽植,发芽期3月1日—10日,开叶期3月13日—30日,发芽率72%,成熟期4月11日—20日,属中生早熟品种。叶片硬化期8月下旬。发条力强。亩桑产叶量690 kg,叶质较好,粗蛋白含量21%,可溶性糖含量13.4%。发根力强,扦插成活率达90%以上。抗黑枯型细菌病、缩叶型细菌病,耐旱性、耐寒性、耐湿性、耐贫瘠力中等。适宜于长江、黄河流域扦插育苗栽植。

81. 果子桑

【来源及分布】 是四川省剑阁县从实生桑中选优良植株,经繁殖而成。属白桑种。分布于四川省剑阁县各地。

【特征特性】 树形稍开展,枝条粗短而直,皮黄褐色,节间微曲,节距4 cm,叶序1/2,皮孔长椭圆形。冬芽三角形,褐色,副芽少。叶心脏形,叶尖短尾状,叶缘钝齿,叶基浅心形,叶面光滑,微皱,光泽强,叶柄细长。开雌花,花柱短或无,葚大而多,味甜。四川省三台县栽植,发芽期3月26日—30日,开叶期4月3日—13日,发芽率60%,成熟期4月26日—5月5日,属中生中熟品种。叶片硬化期9月下旬。发条力强,侧枝较多。亩桑产叶量936 kg,产葚量350 kg,叶质较优。耐旱性、耐寒性、耐贫瘠力中等。适宜于长江流域栽植。

十八、贵州省

1. 道真桑

【来源及分布】 原产于贵州省道真仡佬族苗族自治县,是道真的地方品种,也称为道真岩桑。属白桑种,二倍体。曾分布于贵州省正安、思南、湄潭、道真等地,西南地区部分蚕种场曾引种栽植。现保存于贵州省蚕业科学研究所桑树种质资源圃等地。

【特征特性】 树形稍开展,枝条较多,中粗长而直,侧枝较多,皮青灰色,节间直,节距3 cm,叶序2/5,皮孔小,圆形或椭圆形,灰褐色。冬芽三角形,淡黄色,尖离,副芽小,较多。叶心脏形,翠绿色,叶尖锐头或短尾状,叶缘乳头齿,叶基心形,叶长18.0 cm,叶幅15.2 cm,100 cm²叶片重1.5 g,叶面光滑微皱,有光泽,叶柄细短,长3.2 cm,叶片平伸。雌雄同株,葚较少,中大,紫黑色。贵州省遵义市栽植,发芽期3月5日—12日,开叶期3月16日—21日,成熟期4月15日—20日,属早生中熟品种。叶片硬化期10月上旬。发条数多。亩桑产叶量1485 kg,叶质较优。中抗黑枯型细菌病,抗黄化型萎缩病,耐寒性较弱。适宜于长江流域、珠江流域地区栽植,不宜在晚霜频发区栽植。

2. 荆桑

【来源及分布】 原产于贵州省湄潭县,是湄潭县的地方品种。属白桑种,二倍体。曾分布于贵州省凤冈、湄潭等地。现保存于贵州省蚕业科学研究所桑树种质资源圃等地。

【特征特性】 树形直立较紧凑,枝条多,粗长而直,侧枝少,平均条长147 cm,皮棕褐色,节间直,节距3.8 cm,叶序1/3,皮孔小,圆形、线形或椭圆形,黄褐色。冬芽三角形,淡褐色,尖离,副芽小,较多。叶心脏形,深绿色,叶尖锐头或短尾状,叶缘乳头齿,叶基心形,叶长17.0 cm,叶幅14.1 cm,100 cm²叶片重1.9 g,叶面光滑,光泽强,叶柄中粗,长3.9 cm,叶片平伸。开雌花,葚小而多,味甜,紫黑色。贵州省遵义市栽植,发芽期3月10日—16日,开叶期3月19日—25日,成熟期4月22日—28日,属中熟品种。叶片硬化期10月中旬,发条数多。亩桑产叶量1510 kg,叶质较优。抗黄化型萎缩病,耐旱性较强。适宜于长江流域、珠江流域地区栽植。

3. 桐花桑

【来源及分布】 原产于贵州省桐梓县,是桐梓县的地方品种。属白桑种,二倍体。分布于贵州省桐梓等地。现保存于贵州省蚕业科学研究所桑树种质资源圃等地。

【特征特性】 树形稍开展,枝条粗长而直,侧枝少,平均条长103 cm,皮青灰色,节间直,节距5.1 cm,叶序2/5,皮孔小,圆形或椭圆形,黄白色。冬芽三角形,黄褐色,尖离,副芽少。叶心脏形,绿色,叶尖锐头或短尾状,叶缘钝齿,叶基心形,叶长21.5 cm,叶幅18.4 cm,100 cm²叶片重

2.2 g,叶光滑微皱,有光泽,叶柄中粗,长4.2 cm,叶片平伸。开雄花,花较少。贵州省遵义市栽植,发芽期3月13日—18日,开叶期3月20日—23日,成熟期4月25日—30日,属中熟品种。叶片硬化期10月中旬。亩桑产叶量1655 kg,叶质较优。抗黄化型萎缩病,耐旱性较强。适宜于长江流域、珠江流域地区栽植。

十九、云南省

1. 云桑1号

【来源及分布】 是云南省农业科学院蚕桑蜜蜂研究所从云南省蒙自市草坝栽植桑园中选出培育而成。属鲁桑种,二倍体。主要分布于云南省蒙自、曲靖及四川省的宁南、德昌等地。

【特征特性】 树形直立,枝条粗长而直,皮青灰色,节距3.2 cm,叶序3/8,皮孔黄褐色,大小不匀。冬芽三角形,淡黄色,尖离,副芽小而少。叶心脏形,较平展,深绿色,叶尖钝头或锐头,叶缘乳头齿,叶基深心形,叶长22.0 cm,叶幅18.5 cm,叶片较厚,叶面微糙,波皱,光泽较强,叶片稍下垂,叶柄粗长。雌雄同株,雄花穗短而少,葚小而少,紫黑色。云南省蒙自市栽植,发芽期2月28日—3月10日,开叶期3月13日—20日,成熟期4月7日—15日,属中生中熟品种。叶片硬化期10月中旬。发条力弱,无侧枝。亩桑产叶量1500 kg,叶质中等。中抗黄化型萎缩病、炭疽病,耐旱性、耐寒性中等。适宜于长江流域、海拔2000 m以下地区栽植。

2. 云桑2号

【来源及分布】 是云南省农业科学院蚕桑蜜蜂研究所从云南省蒙自市草坝栽植桑园中选出培育而成。属白桑种,二倍体。主要分布于云南省蒙自、曲靖及四川省宁南、德昌等地。

【特征特性】 树形稍开展,枝条中粗,长而直,皮青灰色,节间直,节距4.3 cm,叶序2/5,皮孔圆形或椭圆形。冬芽长三角形,赤褐色,尖离,稍歪,副芽小而少。叶长心脏形,较平展,淡绿色,叶尖短尾状或锐头,叶缘钝齿,叶基浅心形或截形,叶长19.5 cm,叶幅15.0 cm,叶片较薄,叶面光滑,微皱或无皱,光泽较弱,叶片平伸,叶柄中粗长。开雌花,甚较多,中大,紫黑色。云南省蒙自市栽植,发芽期2月1日—14日,开叶期2月16日—21日,属中生早熟品种。叶片硬化期10月初。发条力强,侧枝少,耐剪伐。亩桑产叶量1800 kg,叶质中等。耐旱性、耐寒性中等。适宜于长江流域、海拔2000 m以下地区栽植。

3. 云桑4号

【来源及分布】 由云南省农业科学院蚕桑蜜蜂研究所育成。二倍体。1993年从白桑×云桑798号的杂交一代中选择的优良单株,经定向培育,于2000年育成。

【特征特性】 枝条直,开展,皮青灰色,节距3.8~4.6 cm,叶序2/5,皮孔细圆形或椭圆形。冬芽圆形,肥大,芽尖离生,副芽少。叶心脏形,深绿色,叶片平整,叶尖锐头。开雌花,花果少。脱苞期在1月下旬至2月上旬,属中生中熟品种。植株生长势强,发条力中等,侧枝较少。耐旱性强,对褐斑病、白粉病有较强的抗性。适宜于云南海拔2000 m以下高原地区栽植。

4. 女桑

【来源及分布】 是云南省农业科学院蚕桑蜜蜂研究所育成的叶用品种。二倍体。1982年从云南省地方保存的栽植品种资源区域中选拔出优良品种,经定向培育,于1985年至1995年在云南省曲靖、楚雄大量推广,至2013年云南省栽植超过20万亩。

【特征特性】 树形稍开展,枝条长而直,皮灰褐色,节间微曲,节距4.8 cm,叶序1/2,皮孔圆形或椭圆形。冬芽三角形,棕色,尖离,副芽少见。叶心脏形,翠绿色,叶尖长尾状,叶缘乳头齿,叶基心形,叶长23.0~25.0 cm,叶幅19.0~22.0 cm,叶面光滑微皱,光泽强,叶片平伸,叶柄粗短。开雌花,无花柱,果圆球形,紫黑色,果长2.0~2.2 cm,直径1.0~1.3 cm。云南省蒙自市栽植,发芽期2月下旬,开叶期3月中下旬,盛花期3月中旬,桑果盛熟期4月下旬。植株生长势强,发条力弱,侧枝较少。秋季易感白粉病。适宜于滇中高原海拔1500~2000 m地区栽植。

二十、陕西省

1. 甜桑

【来源及分布】 又名子长甜桑,陕西省子长县地方品种。属白桑种,二倍体。主要分布于子长、子洲、延川等地。现仍以大乔木形式在上述地方保存。

【特征特性】 自然生长的甜桑多为高大乔木,树形较开展,枝条细长直立,皮棕褐色,节间直,节距3.5 cm,叶序2/5,皮孔圆形、小而少。冬芽长三角形,紫棕色,离生,副芽小而较多。叶长心脏形,深绿色,叶尖锐头,叶缘乳头齿,叶基浅心形,叶长17 cm,叶幅14 cm,叶面光滑无皱,光泽较强,叶片平伸,叶柄中粗长。开雄花,花穗多,中长。陕西省关中地区栽植,发芽期3月24日—4月6日,开叶期4月9日—16日,属中生中熟品种。叶片硬化期9月中旬。发条力强,侧枝较少。亩桑产叶量1390 kg,叶质中等。抗萎缩型萎缩病,轻感黑枯型细菌病,耐旱性、耐寒性较强。

2. 吴堡桑

【来源及分布】 陕西省吴堡县地方品种。属白桑种,二倍体。分布于陕北、陇东及晋西北。以吴堡县和绥德县栽植较多。现在在吴堡县等地仍有大面积栽植。

【**特征特性**】 树形稍开展,枝条粗直而长,皮棕黄色,稍粗糙,下部有纵向皱纹,枝条木质化快,有利于抵抗风寒,节间直或微曲,节距3.5 cm,叶序3/8,皮孔7个/cm²。冬芽三角形,紫褐色,贴生,副芽小而少。叶卵圆形,全裂混生,裂叶多为2裂,深绿色,叶尖锐头或短尾状,叶缘钝齿或乳头齿,叶基浅心形,叶长19.1 cm,叶幅14.6 cm,叶面光滑微波皱,光泽较强,叶片平伸,叶柄细短。开雄花,穗多,中长。陕西省关中地区栽植,发芽期3月20日—4月5日,开叶期4月8日—15日,属中生中熟品种。叶片硬化期9月中旬。发条力强,侧枝较少。亩桑产叶量1600 kg,叶质优。中抗萎缩型和黑枯型细菌病,耐旱性、耐寒性较强。

3. 707

【**来源及分布**】 是陕西省蚕桑丝绸研究所从藤桑中选出优良单株,经多年培育鉴定而成。属鲁桑种,二倍体。分布于黄河中下游各省,以陕西省栽植最多。现保存于西北农林科技大学蚕桑丝绸研究所资源圃。

【**特征特性**】 树形稍开展,枝条粗长而直,皮青灰色,节间微曲,节距3.6 cm,叶序2/5或3/8,皮孔较小,椭圆形。冬芽正三角形,淡黄褐色,尖离,副芽小而少。叶心脏形,墨绿色,叶尖双头或圆头,叶缘乳头齿,叶基心形,叶长19.8 cm,叶幅17.8 cm,叶片厚,叶面光滑微皱,光泽较强,叶片平伸或稍下垂,叶柄稍粗,中长。开雌花,葚较多,中大,紫黑色。陕西省关中地区栽植,发芽期3月29日—4月8日,开叶期4月11日—17日,属中生中熟品种。叶片硬化期10月上旬。发条力中等,侧枝很少。亩桑产叶量2425 kg,叶质优。中抗萎缩型萎缩病,易感缩叶型细菌病,耐旱性、耐寒性中等。

4. 藤桑

【**来源及分布**】 又名桐桑,陕西省安康市地方品种。属白桑种,二倍体。分布于陕南和关中,曾在安康市栽植最多。现保存于西北农林科技大学蚕桑丝绸研究所资源圃。

【**特征特性**】 树形稍开展,枝条细长而直,皮青灰色,节间直,节距3.5 cm,叶序2/5或3/8,皮孔较小,圆形或椭圆形。冬芽正三角形,灰黄色,尖离,副芽较少而小。叶卵圆形,翠绿色,叶尖锐头或短尾状,叶缘乳头齿,叶基浅心形或截形,叶长22.5 cm,叶幅17.1 cm,叶片较薄,叶面光滑无皱,有光泽,叶片平伸,叶柄细长。雌雄同株异穗,雄花短而较多,葚少而小,紫黑色。陕西省关中地区栽植,发芽期3月24日—4月7日,开叶期4月9日—18日,属中生中熟品种。叶片硬化期9月下旬。发条力强,侧枝较多,枝条发根力较强。亩桑产叶量2250 kg,叶质优。中抗萎缩型萎缩病,轻感缩叶型细菌病,耐旱性、耐寒性中等。

5. 胡桑

【**来源及分布**】 又名蒲桑,是陕西省安康市地方品种。属白桑种,二倍体。分布于陕南、关中等地,曾在安康市栽植最多。现保存于西北农林科技大学蚕桑丝绸研究所资源圃。

【特征特性】 树形直立,枝条中粗,短而直,皮青灰色,节间直,节距3 cm,叶序2/5或3/8,皮孔小,椭圆形。冬芽短三角形,浅灰黄色,贴生,副芽小而少。叶心脏形,深绿色,叶尖钝头或锐头,叶缘钝锯齿,间有重锯齿,叶基心形,叶长19.4 cm,叶幅17.2 cm,叶片较厚,叶面稍粗糙,微波皱,有光泽,叶片平伸,叶柄中粗长。开雄花,花穗短而多。陕西省关中地区栽植,发芽期3月22日—4月3日,开叶期4月8日—15日,属中生早熟品种。叶片硬化期9月上旬。发条力强,侧枝少。亩桑产叶量1940 kg,叶质中等。轻感萎缩型萎缩病,中抗黑枯型细菌病,耐旱性、耐贫瘠力较强,耐寒性中等。

6. 流水一号

【来源及分布】 是陕西省蚕桑丝绸研究所从安康市汉滨区流水镇桑树中选出,经栽植鉴定为优良品种。属鲁桑种,二倍体。分布于陕南和关中,曾在安康市栽植最多。现保存于西北农林科技大学蚕桑丝绸研究所资源圃。

【特征特性】 树形直立,枝条粗长而直,皮棕褐色,节间直,节距3.4 cm,叶序2/5,皮孔小,椭圆形。冬芽长三角形,棕色,尖离,副芽小而少。叶心脏形,深绿色,叶尖锐头,叶缘钝齿,叶基浅心形,叶长23.7 cm,叶幅22.8 cm,叶片厚,叶面光滑微泡皱,叶片稍下垂,叶柄中粗长。开雌花,甚少而小,紫黑色。陕西省关中地区栽植,发芽期4月4日—16日,开叶期4月18日—24日,属晚生中熟品种。叶片硬化期9月底前后。发条力中等,侧枝少。亩桑产叶量2190 kg,叶质优。轻感黑枯型细菌病,耐旱性、耐寒性中等。

7. 秦巴桑

【来源及分布】 是陕西省蚕桑丝绸研究所从安康市汉滨区桑树中选出,经栽植鉴定为优良品种。属白桑种,二倍体。分布于陕南,曾以安康市汉滨区栽植最多。现保存于西北农林科技大学蚕桑丝绸研究所资源圃。

【特征特性】 树形稍开展,枝条细长而直,皮灰褐色,节间微曲,节距3.6 cm,叶序2/5,皮孔小,圆形。冬芽长三角形,黄褐色,多贴生,副芽大而多。叶心脏形或椭圆形,有少数浅裂叶,翠绿色,叶尖圆头或双头,叶缘乳头齿,叶基浅心形,叶长20.6 cm,叶幅18.2 cm,叶面光滑稍细皱,光泽较弱,叶片平伸,叶柄中粗长,嫩叶紫红色。开雌花,甚少,紫黑色。陕西省关中地区栽植,发芽期4月2日—15日,开叶期4月19日—26日,属晚生中熟品种。叶片硬化期9月下旬。发条力强,侧枝少。亩桑产叶量2280 kg,叶质中等。轻感黑枯型细菌病,耐旱性较强,耐寒性中等。适宜于秦巴山区及长江中下游地区栽植。

8. 大板桑

【来源及分布】 又名亚桑,是陕西省平利县地方品种。属白桑种,二倍体。分布于陕南,曾以平利县栽植最多。现保存于西北农林科技大学蚕桑丝绸研究所资源圃。

【特征特性】 树形直立,枝条中粗,长而直,皮棕褐色,节间直,节距3.5 cm,叶序2/5或3/8,皮孔小,椭圆形。冬芽正三角形,赤褐色,芽鳞边缘紫色,多贴生,副芽小而较多。叶椭圆形,翠绿色,叶尖锐头,叶缘乳头齿,叶基心形,叶长26.0 cm,叶幅23.0 cm,叶片较薄,叶面光滑,有细皱,光泽较弱,叶片下垂,叶柄中粗而短。开雌花,葚少,紫黑色。陕西省关中地区栽植,发芽期3月27日—4月9日,开叶期4月12日—21日,属中生晚熟品种。叶片硬化期9月下旬。发条力弱,侧枝很少。亩桑产叶量1240 kg,叶质中等。抗萎缩病和黑枯型细菌病,轻感白粉病,耐旱性、耐寒性中等。适宜于黄河以南及长江中下游地区栽植。

9. 紫芽湖桑

【来源及分布】 是陕西省蚕桑丝绸研究所从西北农林科技大学栽植多年的湖桑园中选出单株,经多年培育而成。属鲁桑种,二倍体。曾分布于陕西省关中地区。现保存于西北农林科技大学蚕桑丝绸研究所资源圃。

【特征特性】 树形开展,枝条粗长稍弯曲,皮灰棕色,节间稍曲,节距4.6 cm,叶序2/5,皮孔多为圆形。冬芽正三角形,赤棕色,尖离,副芽小而少。叶心脏形,叶边稍翘扭,翠绿色,叶尖锐头或短尾状,叶缘乳头齿,叶基浅心形,叶长19.0 cm,叶幅16.0 cm,叶片厚,叶面光滑微皱,光泽较强,叶片稍下垂,叶柄粗长。开雌花,葚小而少,紫黑色。江苏省镇江市栽植,发芽期4月10日—14日,开叶期4月16日—23日,属晚生中熟品种。叶片硬化期9月中旬。发条力强。亩桑产叶量1600 kg,叶质中等。中抗污叶病和白粉病,轻感黄化型萎缩病,耐旱性、耐寒性较强。适宜于黄河、长江流域栽植。

10. 关中白桑

【来源及分布】 是陕西省周至县地方品种。属白桑种,二倍体。曾分布于周至、渭南等地。现保存于西北农林科技大学蚕桑丝绸研究所资源圃。

【特征特性】 树形稍开展,枝条细长而直,皮灰黄色带青,节间直,节距3.3 cm,叶序2/5,皮孔圆形或椭圆形。冬芽正三角形,棕褐色,贴生或尖离,副芽小而少。叶全裂混生,裂叶多,缺刻深,深绿色,较平展,叶尖锐头,叶缘钝齿,叶基浅心形,叶长14.0 cm,叶幅11.0 cm,叶面光滑无皱,叶片平伸,叶柄细短。开雌花,葚小而较少,玉白色或粉红色。江苏省镇江市栽植,发芽期4月10日—13日,开叶期4月15日—22日,属晚生中熟品种。叶片硬化期9月中旬。发条力强,侧枝较少。亩桑产叶量1200 kg,叶质较优。轻感污叶病,中感黄化型萎缩病,耐旱性、耐寒性较强。适宜于陕西省中南部地区及相类似地区栽植。

11. 旬阳白皮

【来源及分布】 是陕西省旬阳县地方品种。属白桑种,二倍体。曾分布于旬阳、关中等地。现保存于西北农林科技大学蚕桑丝绸研究所资源圃。

【特征特性】 树形稍开展,枝条细长而直,皮灰白色,节间微曲,节距4.9 cm,叶序2/5,皮孔圆形,小而少。冬芽正三角形,灰黄色,副芽较多。叶心脏形,叶尖短锐头,叶缘乳头齿,叶基浅心形,叶长20.5 cm,叶幅18.0 cm,叶面微糙,光泽较强,叶片平伸,叶柄中粗长。开雌花,甚较多,中大,紫黑色。陕西省关中地区栽植,发芽期4月5日前后,开叶期4月15日—22日,属中生中熟品种。叶片硬化期9月中旬。发条力较强,有侧枝。亩桑产叶量2080 kg,叶质较优。适宜于陕西省中南部地区及相类似地区栽植。

12. 西乡2号

【来源及分布】 陕西省西乡县地方品种。属白桑种,二倍体。主要分布于西乡等地。现保存于西北农林科技大学蚕桑丝绸研究所资源圃。

【特征特性】 树形较开展,枝条细长直立,皮棕褐色,节间直,节距4.5 cm,叶序2/5,皮孔圆形,小而少。冬芽长三角形,黄棕色,贴生,副芽小而较多。叶长卵形,深绿色,叶尖短头,叶缘钝齿,叶基截形,叶长22.1 cm,叶幅16.0 cm,叶面光滑无皱,光泽较强,叶片平伸,叶柄中粗长。开雄花,花穗多,中长。陕西省关中地区栽植,发芽期4月2日—9日,开叶期4月11日—21日,属中生中熟品种。叶片硬化期9月中旬。发条数较多,侧枝较少。亩桑产叶量2090 kg,叶质中等。适宜于陕西省中南部地区及相类似地区栽植。

二十一、新疆维吾尔自治区

9204

【来源及分布】 从原西南农业大学(现西南大学)蚕桑丝绸学院桑育种研究室引进人工四倍体桑树品种西庆2号与新疆优良地方桑品种洛玉1号杂交选育而成。

【特征特性】 树形直立,枝条粗长,皮青白色,节间稍直,节距3.2 cm,叶序2/5,皮孔大而少,椭圆形。冬芽饱满,褐色,长三角形,芽尖紧贴,副芽少而明显。叶心脏形,全裂混生,缺刻中等,1~5裂叶,墨绿色,叶尖短尾状,叶缘钝锯齿,叶基深心形,叶长25.0 cm,叶幅22.0 cm,无光泽,叶面粗糙无皱纹,叶背有柔毛,叶柄粗而短,叶片向上。开雌花,甚较小,紫黑色,易落果。新疆和田栽植,发芽期4月12日—14日,开叶期4月17日—23日,叶片成熟期5月29日—6月6日,属中生中熟品种。叶片硬化期一般为9月下旬。耐旱性、耐寒性中等。适宜于新疆干旱蚕区栽植。

二十二、台湾省

青皮台湾桑

【来源及分布】 是台湾省地方品种。属白桑种,二倍体。分布于台湾省蚕区。现保存于广西蚕业技术推广总站桑树种质资源圃。

【特征特性】 树形稍开展,枝条中粗长而直,皮青灰色,节间直,节距4.5 cm,叶序2/5,皮孔圆形或椭圆形。芽三角形,土黄色,副芽大而少。叶卵圆形,较平展,深绿色,叶尖锐头,叶缘乳头齿,叶基浅心形,叶长20.0 cm,叶幅16.2 cm,叶片较厚,光滑无皱,光泽较强,叶片稍下垂,叶柄中粗而长。雌雄同株,雄花穗短而少,葚中大而较多,紫黑色。江苏省镇江市栽植,发芽期4月4日—16日,开叶期4月18日—24日,属晚生晚熟品种。叶片硬化期9月下旬。发条力中等,侧枝少。亩桑产叶量1240 kg,叶质较优。轻感黄化型萎缩病、炭疽病、污叶病,耐寒性稍弱。适宜于长江以南地区栽植。

第四章

果用桑和特殊用途桑品种

T1.**大白鹅**

【来源及分布】 河北省东光县地方品种。属白桑种,二倍体。分布于河北省东光县各地。

【特征特性】 树形开展,枝条细长而直,发条数多,侧枝较少,皮灰褐色,节间稍曲,节距3.0 cm,叶序1/2或1/3。冬芽长三角形,褐色,尖离,副芽小而少。叶卵圆形或椭圆形,平展,深绿色,叶尖锐头,叶缘浅波浪状钝齿,叶基截形或近楔形,叶片较薄,叶面光滑无皱,有光泽,叶片平伸,脉腋有白色绒毛,叶柄细短。开雌花,无花柱,甚多而大,玉白色。单株产果量150~210 kg,营养成分高,含糖量8.80%,维生素C含量6.96%,酸度0.1%,汁多,味甜如冰糖。中抗污叶病,轻感黑枯型细菌病、白粉病,耐寒性、耐旱性较强。

【栽培要点】 宜养成乔木树形,分散栽植,养成主干1.3~1.5 m,以后任其自然生长,不再剪伐,只剪去枯枝,可提高产葚量。

【用途和适宜区域】 主要作为果用桑品种。适宜于华北地区栽植。

T2.**黑枣葚子**

【来源及分布】 河北省东光县农家品种。属白桑种,二倍体。分布于河北省东光县各地。

【特征特性】 树形稍开展,枝条中粗,长而直,发条数多,侧枝较少,皮青黄色,节间微曲,节距4.0 cm,叶序1/2或1/3。冬芽三角形,淡黄褐色,尖离,稍歪斜,副芽小而少。叶卵圆形,平展,深绿色,叶尖锐头,叶缘锐齿,叶基截形或楔形,叶片较薄,叶面光滑无皱,有光泽,叶片平伸,叶柄细短。开雌花,无花柱,甚多而大,紫黑色。单株产果量120~200 kg,桑葚营养成分仅次于大白鹅,含糖量7.01%,维生素C含量4.12%,酸度0.1%,味偏酸甜。中抗白粉病,轻感黑枯型细菌病,耐寒性、耐旱性强。

【栽培要点】 宜养成乔木树形,分散栽植,养成主干1.3~1.5 m,以后任其自然生长,不再剪伐,只剪去枯枝。

【用途和适宜区域】 主要作为果用桑品种。适宜于华北地区栽植。

T3.**枣红葚子**

【来源及分布】 河北省东光县地方品种。属白桑种,二倍体。分布于河北省各蚕区。

【特征特性】 树形开展,枝条中粗而长,有卧伏枝,发条力强,侧枝较少,皮褐色,节间曲,节距4.0 cm,叶序1/2或2/5。冬芽球形,褐色,尖离,副芽大而较少。叶椭圆形或卵圆形,平展,深绿色,叶尖短尾状,叶缘锐齿,叶基楔形或截形,叶片较薄,叶面光滑无皱,叶片平伸或向上,叶柄细短。开雌花,甚多,中大,紫红色。单株产果量120~200 kg,营养成分丰富,含糖量7.02%,维生素C含量5.71%,味酸甜,汁多。中抗黑枯型细菌病和污叶病,轻感白粉病,耐寒,耐贫瘠,耐旱性较强。

【栽培要点】 宜养成乔木树形,散植宅旁、路边、田埂,有利于桑葚丰产。

【用途和适宜区域】 主要作为果用桑品种。适宜于华北地区和黄河流域栽植。

T4.江米葚子

【**来源及分布**】 河北省东光县农家品种。属白桑种,二倍体。分布于河北省东光县。

【**特征特性**】 树形稍开展,枝条细长而直,发条数多,生长整齐,侧枝少,皮灰褐色,节间微曲,节距3.5 cm,叶序1/2或2/5。冬芽盾形,褐色,贴生,副芽较小而少。叶卵圆形,平展,深绿色,叶尖锐头,叶缘浅粗锯齿,叶基浅心形,叶片较薄,叶面光滑无皱,有光泽,叶片平伸或向上,叶柄细而较长。开雌花,葚多,中大,玉白色略有红点。单株产果量120～260 kg,味香甜,含糖量5.87%,维生素C含量5.21%,酸度0.1%,汁多。中抗黑枯型细菌病和白粉病,易感污叶病,耐寒性、耐旱性中等。

【**栽培要点**】 宜养成乔木或高干树形,散植宅旁、路边及田埂。需适当整枝,剪去重叠枝、细弱枝,可增加产葚量。

【**用途和适宜区域**】 主要作为果用桑品种。适宜于华北地区和长江流域栽植。

T5.东光大白

【**来源及分布**】 河北省东光县农家品种。属白桑种。分布于河北省东光县各地。

【**特征特性**】 树形稍开展,枝条细长而直,发条数多,枝条生长整齐,侧枝少,皮褐色,节间直,节距4.0 cm,叶序2/5。冬芽近球形,黄褐色,尖离而歪斜,副芽大而较多。叶心脏形,翠绿色,较平展,叶尖短尾状,叶缘乳头齿,叶基浅心形,叶片较薄,叶面光滑无缩皱,有光泽,叶片平伸,叶柄细短。开雌花,甚多而大,玉白带粉色。产葚量高,单株产果量130~200 kg,葚汁多,甜蜜,营养成分较高,含糖量8.33%,维生素C含量5.18%。中抗黑枯型细菌病和污叶病,轻感白粉病,耐寒性、耐旱性较强,耐贫瘠。

【栽培要点】 宜养成乔木或高干树形。散植宅旁、路边、田埂,有利于桑葚丰产。

【用途和适宜区域】 主要作为果用桑品种。适宜于华北地区和长江流域栽植。

T6.大红袍

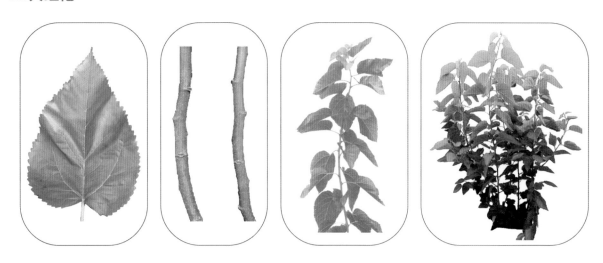

【来源及分布】 山东省夏津县地方品种。属白桑种。分布于鲁西北一带。

【特征特性】 树形稍开展,枝条细直,中长,发条力中等,侧枝较少,皮灰褐色,节间直,节距3.0 cm,叶序2/5。冬芽正三角形,黄褐色,尖离,副芽小而较多。叶卵圆形,较平展,翠绿色,叶尖短尾状,叶缘钝齿,叶基心形,叶片较厚,叶面光滑无皱,光泽强,叶片稍下垂,叶柄细短。开雌花,花果多,果长2.2 cm,果径1.3 cm,单果重1.7 g左右,长圆筒或近椭圆,小果顶部红色,其他部分红白色。米条产葚量34.7 g,单株产果量1.914 kg,果汁多,味甜。叶质中等。耐寒性、耐旱性、耐贫瘠力较强。

【栽培要点】 宜养成中、高干树形。由于树形较直立,栽植可稍密,树干也可稍低,以便于采收桑葚。

【用途和适宜区域】 主要作为果叶兼用桑品种。适宜于长江以北地区栽植。

T7.绿葚子

【来源及分布】 山东省夏津县地方品种。属白桑种。分布于鲁西北一带。

【特征特性】 树形直立,枝条长而直,中粗,发条力中等,皮灰褐色,节间较直,节距4.0 cm,叶序2/5。冬芽三角形,暗褐色,尖离,副芽小而少。叶卵圆形,平展或边略上翘,深绿色,叶尖锐头,叶缘乳头齿,叶基心形,叶片较厚,叶面较光滑,无皱,稍有光泽,叶片平伸,叶柄细长。开雌花,花果多,果长2.6 cm,果径1.6 cm,单果重2.3 g,卵圆形,玉白色,小果顶部略带绿色。米条产叶量95.0 g,米条产果量42.0 g,单株产果量0.998 kg,果汁多,果味甜度稍淡。叶质中等。中抗黑枯型细菌病。耐寒性、耐旱性、耐瘠力较强。

【栽培要点】 宜养成中、高干树形。

【用途和适宜区域】 主要作为果叶兼用桑品种。适宜于长江以北地区栽植。

T8.珍珠白

【来源及分布】 山东省临清市地方品种。属白桑种。分布于鲁西北一带。

【特征特性】 树形直立,枝条细短而直,发条力强,侧枝较少,皮黄褐色,节间直,节距2.3 cm,叶序 2/5。冬芽三角形,棕褐色,尖离,副芽小而较多。叶卵圆形,较平展,深绿色,叶尖锐头,叶缘钝齿,叶基心形,叶片较厚,叶面光滑无皱,光泽较强,叶片平伸,叶柄细短。开雌花,花果多,葚卵圆形或近球形,果长1.8 cm,果径1.3 cm,单果重1.2 g,玉白色,略带冰糖味,是鲜食的可口品种。米条产叶量59.9 g,米条产果量59.0 g。叶质中等。中抗黑枯型细菌病,易感赤锈病、污叶病。

【栽培要点】 宜养成中、高干树形。因枝态直,树冠较小,应适当密植。

【用途和适宜区域】 主要作为果叶兼用桑品种。适宜于长江以北地区栽植。

T9.**大马牙**

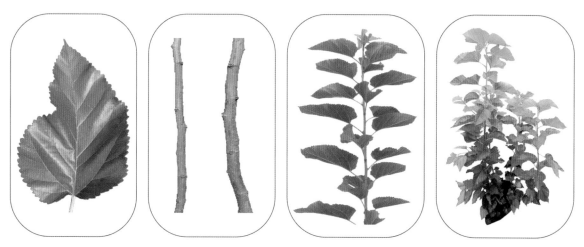

【来源及分布】 山东省临清市地方品种。属白桑种。分布于鲁西北一带。

【特征特性】 树形开展,枝条细长弯曲,发条力强,侧枝少,皮淡黄褐色或青灰色,节间较直,节距3.2 cm,叶序2/5或不规则。冬芽三角形,黄白色,尖离,副芽小而少。叶卵圆形或近椭圆形,有少数浅裂叶,较平展,翠绿色,叶尖锐头或短尾状,叶缘钝齿,叶基心形,叶片较厚,叶面光滑无皱,光泽较强,叶片稍下垂,叶柄细短。开雌花,花果多,葚长卵圆形,果长2.0 cm,果径1.2 cm,单果重1.3 g,玉白色,小果上部稍带红色。米条产叶量65.0 g,米条产果量63.0 g,单株产果量1.737 kg,果汁多,果味甜度适中。叶质较优。适应性强,轻感黑枯型细菌病。

【栽培要点】 宜养成高干树形。由于枝条长而弯曲,应适当稀植,提高树干高度,以免使枝条垂于地面,造成管理收获不便。

【用途和适宜区域】 主要作为果叶兼用桑品种。适宜于长江以北地区栽植。

T10.**红玛瑙**

【来源及分布】 山东省临清市地方品种。属白桑种,二倍体。分布于鲁西北一带。

【特征特性】 树形开展,枝条细长而直,发条力强,皮青灰褐色,节间直,节距2.2 cm,叶序2/5。

冬芽三角形,黄褐色,尖离,副芽较多。叶卵圆形,有少数浅裂叶,较平展,翠绿色,叶尖锐头,叶缘乳头齿,叶基心形,叶片较厚,叶面较光滑,无皱,光泽较强,叶片平伸或稍下垂,叶柄细短。开雌花,花果多,葚卵圆形,果长 1.8 cm,果径 1.3 cm,单果重 1.4 g,小果上半部红色,下半部玉白色。米条产叶量 109.5 g,米条产果量 74.0 g,单株产果量 1.707 kg,果汁多,果味甜度稍淡。叶质较优。易感黑枯型细菌病,耐寒,抗旱力较强。

【栽培要点】 宜养成中、高干树形或乔木树形,在细菌病发生多的地区不宜栽植。桑葚生长期,控制土壤水分,以增加桑葚甜度。

【用途和适宜区域】 主要作为果叶兼用桑品种。适宜于长江以北地区栽植。

T11.小点红

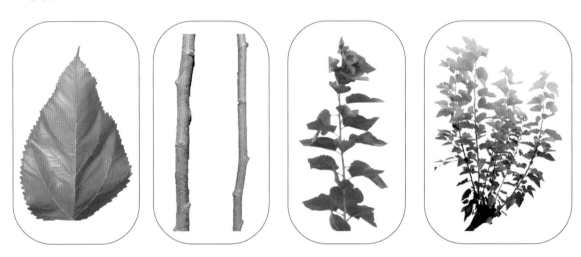

【来源及分布】 山东省临清市地方品种。属白桑种。分布于鲁西北一带。

【特征特性】 树形开展,枝条直,中粗长,发条力强,侧枝较少,皮淡黄褐色,节间直,节距 2.7 cm,叶序 2/5。冬芽三角形,棕褐色,贴生,副芽小而少。叶卵圆形,平展,翠绿色,叶尖锐头,叶缘乳头齿,叶基心形,叶片较厚,叶面较光滑,无皱,光泽较强,叶片平伸,叶柄细短。开雌花,花果多,葚圆筒形或近椭圆形,果长 2.4 cm,果径 1.3 cm,单果重 1.4 g,玉白色,小果顶部红色。米条产叶量 28.0 g,米条产果量 39.0 g,单株产果量 1.218 kg,果汁多,果味甜度中等。叶质较优。中抗黑枯型细菌病,耐寒性、耐旱性强,耐瘠力中等。

【栽培要点】 宜养成中、高干树形,应栽植在土质较好的地区,适当密植,可提高其单位面积产量。

【用途和适宜区域】 主要作为果用桑品种。适宜于长江以北地区栽植。

T12.大白葚

【来源及分布】　山东省夏津县地方品种。属白桑种。分布于鲁西北一带。

【特征特性】　树形开展,枝条中粗而长,较柔软,有卧伏性,发条力中等,侧枝较少,皮灰褐色,节间直,节距2.8 cm,叶序2/5。冬芽长三角形,黄褐色,尖离,副芽小而较多。叶卵圆形,平展,翠绿色,叶尖短尾状,叶缘乳头齿,叶基浅心形,叶片较厚,叶面光滑无皱,光泽较强,叶片平伸或稍下垂,叶柄细短。开雌花,花果多,果长2.5 cm,果径1.4 cm,单果重2.0 g左右,长圆筒形,玉白色,小果顶部微红色。单株产果量3.071 kg,果汁多,甜味浓,略带蜜味,糖度15～19度。叶质较优。轻感黑枯型细菌病。耐旱,耐贫瘠。

【栽培要点】　宜养成高干或乔木树形。由于枝条柔软,有卧伏性,栽植时应适当稀植。栽培管理中注意对细菌病的防治。

【用途和适宜区域】　主要作为果用桑品种。适宜于长江以北地区栽植。

T13.普通白

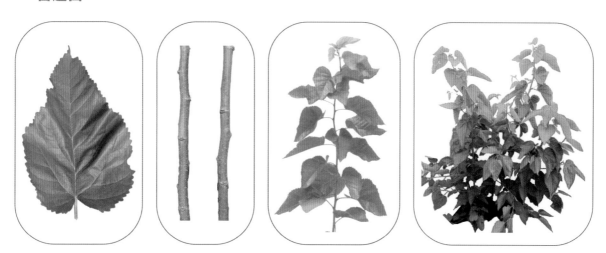

【来源及分布】　山东省高唐县地方品种。属白桑种,二倍体。分布于鲁西北一带,是果桑地区栽植较多的品种。

【特征特性】 树形开展,枝条细长弯曲,发条力强,皮灰黄褐色,节间直,节距3.0 cm,叶序2/5。冬芽三角形,淡黄褐色,尖离,副芽小而较多。叶卵圆形,有少数浅裂叶,平展,翠绿色,叶尖锐头,叶缘钝齿,叶基浅心形,叶片较厚,叶面较光滑无皱,光泽较强,叶片平伸或稍下垂,叶柄细短。开雌花,花果多,葚卵圆形,果长2.0 cm,果径1.3 cm,单果重l.3 g,玉白色,个别小果顶部微红。米条产叶量79.0 g,米条产果量27.0 g,单株产果量2.000 kg以上,果汁多,果味甜。叶质较优。中抗黑枯型细菌病,耐旱性、耐贫瘠能力强。

【栽培要点】 宜养成高干或乔木树形。由于枝条长而弯曲,有卧伏性,应适当稀植,提高树干高度,以便于管理。

【用途和适宜区域】 主要作为果用桑品种。适宜于长江以北地区栽植。

T14.**粤葚**28

【来源及分布】 由广东省农业科学院蚕业与农产品加工研究所从广东桑杂交后代中选择单株经定向培育而成,2014年通过国家植物新品种权授权(CNA20090337.1)。属广东桑种,二倍体。

【特征特性】 树形直立,枝条粗长而直,侧枝较多,皮棕褐色,节间直,节距5.3 cm,叶序3/8。冬芽短三角形,棕褐色,腹离,副芽小而少。叶长心脏形,深绿色,叶尖长尾状,叶缘细圆齿,叶基浅心形。坐果率90.0% ~ 96.0%,单芽坐果数2 ~ 6个。成熟桑果紫黑色,果形长圆筒形,果长4.0 ~ 5.5 cm,果径1.8 ~ 2.2 cm,平均单果重7.6 g,米条产果量400 ~ 650 g。果肉柔软,汁多,味酸甜可口,风味好;100 g鲜果花青素含量130 mg;鲜果出汁率80.0%,可溶性固形物含量9.0%～13.2%,果汁颜色紫红色,果汁pH 3.99～4.20,酸度0.510%～0.565%,果实营养丰富,品质较好。果实种子较多。亩产桑果1500 kg以上,产叶量1800 kg,桑叶质量亦好。果期20天左右。易受微型虫为害,开花期遇雨水多的年份桑果易感菌核病,耐寒性较弱。

【栽培要点】 嫁接繁殖。每亩栽植150～300株,树形养成二级主干,第一级主干高50～60 cm,第二级主干高30～40 cm。华南地区一年修剪1～2次,在春季采果结束后,在上年一年生枝条2～3 cm处剪去,每次剪枝去弱留强。采用化学防治和物理方法相结合进行桑果菌核病的防治。桑果始熟期和末期成熟果较少,可隔天采果一次,盛熟期天天采果。采果时轻采轻放,采适熟果,不采过熟果、发霉果和生果。采下的鲜果及时加工处理,不宜挤压、堆沤、过夜。

【用途和适宜区域】 为果叶兼用桑品种。适宜于珠江流域及长江以南等热带、亚热带地区栽植。

T15.粤葚61

【来源及分布】 由广东省农业科学院蚕业与农产品加工研究所利用返回式卫星搭载杂交种子经太空辐射诱变后筛选单株定向培育而成。属广东桑种,二倍体。

【特征特性】 树形稍开展,枝条粗长而直,侧枝较多,皮灰褐色,节间直,节距6.0 cm,叶序3/5。冬芽长三角形,饱满,灰褐色,尖离,副芽大而多。叶心脏形,绿色,叶尖短尾状,叶缘圆齿状,叶基浅心形。坐果率96.0%～99.0%,单芽坐果数3～7个,平均单芽坐果数5个。成熟桑果紫黑色,果形长圆筒形,果长4.5~6.0 cm,果径1.4~1.8 cm,平均单果重5.4 g,米条产果量300~500 g。果肉柔软,汁多,味酸甜可口,风味好;100 g鲜果花青素含量78 mg,鲜果出汁率78.6%,可溶性固形物含量8.2%~11.0%,果汁颜色紫红色,果汁pH 4.2~4.4,酸度0.60%~0.72%,果实营养丰富,品质较好。果实种子较多。亩产桑果量1600 kg以上,产叶量1800 kg,桑叶质量亦好。果期20天左右。易受微型虫为害,开花期遇雨水多的年份桑果易感菌核病,耐寒性较弱。

【栽培要点】 嫁接繁殖。每亩栽植150~300株,树形养成二级主干,第一级主干高50~60 cm,第二级主干高30~40 cm。华南地区一年修剪1~2次,在春季采果结束后,在上年一年生枝条2~3 cm处剪去,每次剪枝去弱留强。采用化学防治和物理方法相结合进行桑果菌核病的防治。桑果始熟期和末期成熟果较少,可隔天采果一次,盛熟期天天采果,采果时轻采轻放,采适熟果,不采过熟果、发霉果和生果,采下的鲜果及时加工处理,不宜挤压、堆沤、过夜。

【用途和适宜区域】 为果叶兼用桑品种。适宜于珠江流域及长江以南等热带、亚热带地区栽植。

T16.**粤葚**74

【来源及分布】 由广东省农业科学院蚕业与农产品加工研究所从广东桑杂交后代中选择单株经定向培育而成,2014年通过国家植物新品种权授权(CNA20090138.2)。属广东桑种,二倍体。

【特征特性】 树形直立,枝条较多而粗直,侧枝较多,皮紫褐色,间间直,节距3.9 cm,叶序

1/3。冬芽长三角形,饱满,黄褐色,腹离,副芽小而少。叶长心脏形,深绿色,叶尖长尾状,叶缘细锯齿,叶基深心形。坐果率95.3%～98.7%,单芽坐果数3～8个,平均单芽坐果数5个。成熟桑果紫黑色,果形长圆筒形,果长2.8～5.2 cm,果径1.4～2.0 cm,平均单果重4.0 g,米条产果量300～550 g。果肉柔软,汁多,味酸甜可口,风味好;100 g鲜果花青素含量150 mg;鲜果出汁率77.8%,可溶性固形物含量9.0%～11.2%,果汁颜色紫红色,果汁pH 4.2～4.6,酸度0.61%～0.73%,果实营养丰富,品质较好。果实种子较多。亩产桑果量1600 kg以上,产叶量1800 kg,桑叶质量亦好。果期20天左右。易受微型虫为害,开花期遇雨水多的年份桑果易感菌核病,耐寒性较弱。

【栽培要点】 嫁接繁殖。每亩栽植150～300株,树形养成二级主干,第一级主干高50～60 cm,第二级主干高30～40 cm。华南地区一年修剪1～2次,在春季采果结束后,在上年一年生枝条2～3 cm处剪去,每次剪枝去弱留强。采用化学防治和物理方法相结合进行桑果菌核病的防治。桑果始熟期和末期成熟果较少,可隔天采果一次,盛熟期天天采果,采果时轻采轻放,采适熟果,不采过熟果、发霉果和生果,采下的鲜果及时加工处理,不宜挤压、堆沤、过夜。

【用途和适宜区域】 为果叶兼用桑品种。适宜于珠江流域及长江以南等热带、亚热带地区栽植。

T17.粤葚143

【来源及分布】 由广东省农业科学院蚕业与农产品加工研究所从广东桑杂交后代中选择单株经定向培育而成。属广东桑种,二倍体。

【特征特性】 树形稍开展,枝条粗长而直,侧枝较多,皮灰褐色,节间直,节距5.2 cm。冬芽正三角形,灰褐色,尖离,副芽大而多。叶长心脏形,深绿色,叶尖长尾状,叶缘锐齿状,叶基浅心形。坐果率96.0%～99.0%,单芽坐果数4～9个,平均单芽坐果数6个。成熟桑果紫黑色,果形长圆筒形,果长4.2～6.0 cm,果径1.3～1.7 cm,平均单果重6.9 g,米条产果量300～550 g。果肉柔软,汁多,味酸甜可口,风味好;100 g鲜果花青素含量112 mg;鲜果出汁率77.8%,可溶性固形物含量9.0%～11.2%,果汁颜色紫红色,果汁pH 4.4～4.6,酸度5.30%～5.95%,果实营养丰富,品质较好。果实种子较多。亩产桑果量1600 kg以上,产叶量1800 kg,桑叶质量亦好。果期20天左右。易受微型虫为害,开花期遇雨水多的年份桑果易感菌核病,耐寒性较弱。

【栽培要点】 嫁接繁殖。每亩栽植150～300株,树形养成二级主干,第一级主干高50～60 cm,第二级主干高30～40 cm。华南地区一年修剪1～2次,在春季采果结束后,在上年一年生枝条2～3 cm处剪去,每次剪枝去弱留强。采用化学防治和物理方法相结合进行桑果菌核病的防治。桑果始熟期和末期成熟果较少,可隔天采果一次,盛熟期天天采果,采果时轻采轻放,采适熟果,不采过熟果、发霉果和生果,采下的鲜果及时加工处理,不宜挤压、堆沤、过夜。

【用途和适宜区域】 为果叶兼用桑品种。适宜于珠江流域及长江以南等热带、亚热带地区栽植。

T18.粤葚145

【来源及分布】 由广东省农业科学院蚕业与农产品加工研究所从广东桑杂交后代中选择单株经定向培育而成。属广东桑种，二倍体。

【特征特性】 树形稍开展，枝条粗长而直，侧枝较少，皮灰褐色，节间直，节距4.8 cm，叶序3/5。冬芽正三角形，灰褐色，尖离，副芽小而少。叶卵圆形，墨绿色，叶尖短尾状，叶缘锐齿状，叶基楔形。坐果率96.0%～99.0%，单芽坐果数2～6个，平均单芽坐果数3个。成熟桑果紫黑色，果形长圆筒形，果长5.0～7.5 cm，果径1.4～1.8 cm，平均单果重6.8 g，米条产果量300～500 g。果肉柔软，汁多，味酸甜可口，风味好；100 g鲜果花青素含量110 mg；鲜果出汁率80.1%，可溶性固形物含量9.2%～12.0%，果汁颜色紫红色，果汁pH 4.3～4.6，酸度5.10%～5.85%，果实营养丰富，品质较好。果实种子较多。亩桑产果量1700 kg以上，产叶量1800 kg，桑叶质量亦好。果期20天左右。易受微型虫为害，开花期遇雨水多的年份桑果易感菌核病，耐寒性较弱。

【栽培要点】 嫁接繁殖。每亩栽植150～300株，树形养成二级主干，第一级主干高50～60 cm，第二级主干高30～40 cm。华南地区一年修剪1～2次，在春季采果结束后，在上年一年生枝条2～3 cm处剪去，每次剪枝去弱留强。采用化学防治和物理方法相结合进行桑果菌核病的防治。桑果始熟期和末期成熟果较少，可隔天采果一次，盛熟期天天采果，采果时轻采轻放，采适熟果，不采过熟果、发霉果和生果，采下的鲜果及时加工处理，不宜挤压、堆沤、过夜。

【用途和适宜区域】 为果叶兼用桑品种。适宜于珠江流域及长江以南等热带、亚热带地区栽植。

T19.粤葚201

【来源及分布】　由广东省农业科学院蚕业与农产品加工研究所以实生苗为材料经人工诱导定向培育而成。属广东桑种,四倍体。

【特征特性】　树形开展,枝条细长而直,侧枝较少,皮灰褐色,节间直,节距4.1 cm,叶序3/5。冬芽卵圆形,紫褐色,尖离,副芽大而少。叶心脏形,中绿色,叶尖短尾状,叶缘锯齿状,叶基浅心形。坐果率95.0%～99.0%,单芽坐果数4～9个,平均单芽坐果数6个。成熟桑果紫黑色,果形圆筒形,果长3.6～5.0 cm,果径1.4～1.8 cm,平均单果重6.0 g,米条产果量300～550 g。果肉柔软,汁多,味酸甜可口,风味好;100 g鲜果花青素含量98 mg;鲜果出汁率79.2%,可溶性固形物含量7.8%～10.2%,果汁颜色紫红色,果汁pH 4.0～4.4,果实营养丰富,品质较好。果实种子较多。亩桑产果量1600 kg以上,产叶量1700 kg,桑叶质量亦好。果期20天左右。易受微型虫为害,开花期遇雨水多的年份桑果易感菌核病,耐寒性较弱。

【栽培要点】　嫁接繁殖。每亩栽植150～300株,树形养成二级主干,第一级主干高50～60 cm,第二级主干高30～40 cm。华南地区一年修剪1～2次,在春季采果结束后,在上年一年生枝条2～3 cm处剪去,每次剪枝去弱留强。采用化学防治和物理方法相结合进行桑果菌核病的防治。桑果始熟期和末期成熟果较少,可隔天采果一次,盛熟期天天采果,采果时轻采轻放,采适熟果,不采过熟果、发霉果和生果,采下的鲜果及时加工处理,不宜挤压、堆沤、过夜。

【用途和适宜区域】　为果叶兼用桑品种。适宜于珠江流域及长江以南等热带、亚热带地区栽植。

T20.粤葚209

【来源及分布】 由广东省农业科学院蚕业与农产品加工研究所以杂交实生苗为材料经人工诱导定向培育而成。属广东桑种,四倍体。

【特征特性】 树形稍开展,枝条粗长而直,侧枝较少,皮青褐色,节间直,节距6.7 cm,叶序3/5。冬芽卵圆形,灰褐色,尖离,副芽小而少。叶卵圆形,深绿色,叶尖双尾、短尾状,叶缘锐齿状,叶基楔形。坐果率95.0%～98.0%,单芽坐果数2～6个,平均单芽坐果数4个。成熟桑果紫黑色,果形圆筒形,果长3.2～6.0 cm,果径1.2～1.6 cm,平均单果重4.6 g,米条产果量300～500 g。果肉柔软,汁多,味酸甜可口,风味好;100 g鲜果花青素含量142 mg;鲜果出汁率81.2%,可溶性固形物含量9.0%～14.0%,果汁颜色紫红色,果汁pH 4.4～4.6,酸度5.12%～5.65%,果实营养丰富,品质较好。果实种子较多。亩桑产果量1600 kg以上,产叶量1800 kg,桑叶质量亦好。广东省广州市天河区栽植,桑果盛熟期3月下旬,果期20天左右。易受微型虫为害,开花期遇雨水多的年份桑果易感菌核病,耐寒性较弱。

【栽培要点】 嫁接繁殖。每亩栽植150～300株,树形养成二级主干,第一级主干高50～60 cm,第二级主干高30～40 cm。华南地区一年修剪1～2次,在春季采果结束后,在上年一年生枝条2～3 cm处剪去,每次剪枝去弱留强。采用化学防治和物理方法相结合进行桑果菌核病的防治。桑果始熟期和末期成熟果较少,可隔天采果一次,盛熟期天天采果,采果时轻采轻放,采适熟果,不采过熟果、发霉果和生果,采下的鲜果及时加工处理,不宜挤压、堆沤、过夜。

【用途和适宜区域】 为果叶兼用桑品种。适宜于珠江流域及长江以南等热带、亚热带地区栽植。

T21.桂葚92L38

【来源及分布】 广西壮族自治区蚕业技术推广总站采用秋水仙碱对塘10×桂7722的F₁小苗进行诱变处理,经定向培育,于2009年选育而成。四倍体。

【特征特性】 树形稍开展,枝条长而直,皮灰褐色,节间直,节距4.4 cm,叶序2/5,皮孔圆,6个/cm²。冬芽卵圆形,棕色,尖离,副芽小而多。叶长心脏形,深绿色,叶长22.5～24.5 cm,叶幅

17.0～19.0 cm,叶尖短尾状,叶缘钝齿,叶基心形,叶面光滑微皱,光泽弱,叶片稍下垂,叶柄粗,较长。开雌花,无花柱,果圆筒形,紫黑色,果长3.6～5.1 cm,果径1.4～1.9 cm。结果枝坐果率98.0%以上,平均单芽坐果数5个,单果重2.8～7.3 g,平均4.8 g,可溶性固形物含量8.0%～12.0%。丰产期果叶双收,亩桑产果量2500 kg,产叶量2879 kg。

【栽培要点】 嫁接繁殖。亩栽500株左右。新种桑园植株长梢后通过多次打顶形成2～3级的分叉树形。每年春季采果后,用叶至5月中旬至6月上旬再进行夏伐,剪留一年生枝条2个芽,待新梢高15～20 cm时进行第一次打顶,以后新梢长出15～20 cm后再进行第二次打顶,8月初以后长出的新梢不再打顶。夏秋可采叶养蚕,但应保持每枝留叶8片以上。冬至至1月底修剪,剪除枝端嫩梢,清除树上全部叶片,桑园全面清园。重施有机肥,氮、磷、钾肥配合施用,以提高果品质和减少落果。

【用途和适宜区域】 为果叶两用桑品种。适宜于珠江流域及长江以南等热带、亚热带地区栽植。

T22.桂葚92L54

【来源及分布】 广西壮族自治区蚕业技术推广总站采用秋水仙碱对塘10×桂7722的F_1小苗进行诱变处理,后经定向培育,于2009年选育而成。四倍体。

【特征特性】　树形稍开展,枝条长而直,皮灰褐色,节间直,节距3.9 cm,叶序2/5,皮孔圆, 6个/cm²。冬芽卵圆形,褐色,贴生,副芽大而多。叶心脏形,偶有裂叶,深绿色,叶长26.0～ 29.5 cm,叶幅17.4～20.4 cm,叶尖短尾状,叶缘钝齿,叶基浅心形,叶面光滑微皱,光泽弱,叶片 稍下垂,叶柄粗,较长。开雌花,无花柱,果圆筒形,紫黑色,果长3.3～5.0 cm,果径1.5～2.0 cm。结果 枝坐果率96.0%以上,平均单芽坐果数4个。单果重3.5～8.4 g,平均5.6 g,可溶性固形物含量 8.0%～11.0%。丰产期果叶双收,亩桑产果量1288 kg,产叶量2438 kg。

【栽培要点】　嫁接繁殖。亩栽500株左右。新种桑园植株长梢后通过多次打顶形成2～ 3级的分叉树形。每年春季采果后,用叶至5月中旬至6月上旬再进行夏伐,剪留一年生枝条 2个芽,待新梢高15～20 cm时进行第一次打顶,以后新梢长出15～20 cm后再进行第二次打 顶,8月初以后长出的新梢不再打顶。夏秋可采叶养蚕,但应保持每枝留叶8片以上。冬至至 1月底修剪,剪除枝端嫩梢,清除树上全部叶片,桑园全面清园。重施有机肥,氮、磷、钾肥配合 施用,以提高果品质和减少落果。

【用途和适宜区域】　为果叶两用桑品种。适宜于珠江流域及长江以南等热带、亚热带地 区栽植。

T23.桂葚94257

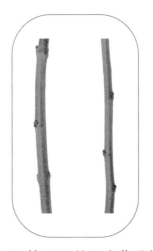

【来源及分布】　广西壮族自治区蚕业技术推广总站对化场2×桂7722的F₁小苗进行化学诱 变处理,后经定向培育,于2009年选育而成。四倍体。

【特征特性】　树形稍开展,枝条长而直,皮灰紫色,节间直,节距4.7 cm,叶序2/5,皮孔圆, 5个/cm²。冬芽卵圆形,棕色,腹生,副芽小而少。叶心脏形或卵圆形,以全叶为主,新梢基部有 裂叶,墨绿色,叶长24.5～27.2 cm,叶幅18.0～23.8 cm,叶尖短尾状,叶缘钝齿,叶基浅心形、圆 形,叶面光滑微皱,光泽较弱,叶片稍下垂,叶柄粗,较长。开雌花,无花柱,果圆筒形,紫黑色, 果长3.3～4.6 cm,果径1.6～1.9 cm。结果枝坐果率92%～95%,平均单芽坐果数5个。单果重 5.2～8.9 g,平均6.7 g,可溶性固形物含量8.0%～10.0%。丰产期果叶双收,亩桑产果量1296 kg,产 叶量2110 kg。

【栽培要点】 嫁接繁殖。亩栽500株左右。新种桑园植株长梢后通过多次打顶形成2～3级的分叉树形。每年春季采果后,用叶至5月中旬至6月上旬再进行夏伐,剪留一年生枝条2个芽,待新梢高15～20 cm时进行第一次打顶,以后新梢长出15～20 cm后再进行第二次打顶,8月初以后长出的新梢不再打顶。夏秋可采叶养蚕,但应保持每枝留叶8片以上。冬至至1月底修剪,剪除枝端嫩梢,清除树上全部叶片,桑园全面清园。重施有机肥,氮、磷、钾肥配合施用,以提高果品质和减少落果。

【用途和适宜区域】 为果叶两用桑品种。适宜于珠江流域及长江以南等热带、亚热带地区栽植。

T24.桂葚90191

【来源及分布】 广西壮族自治区蚕业技术推广总站对化场2×桂7722的F₁小苗进行化学诱变处理,后经定向培育,于2009年选育而成。四倍体。

【特征特性】 树形稍开展,枝条长而直,皮褐色,节间直,节距4.4 cm,叶序2/5,皮孔圆,6个/cm²。冬芽卵圆形,棕色,尖离,副芽大而多。叶心脏形,深绿色,叶长20.0～25.0 cm,叶幅17.5～23.6 cm,叶尖短尾状,叶缘乳头齿,叶基浅心形,叶面光滑,叶片稍下垂,叶柄较细长。只开雌花,无花柱,果圆筒形,紫黑色,果长3.2～4.1 cm,果径1.5～1.9 cm。结果枝坐果率高达98.0%以上,平均单芽坐果数5个。单果重2.2～6.6 g,平均4.8 g,可溶性固形物含量9.0%～13.0%。丰产期果叶双收,亩桑产果量1543 kg,产叶量2257 kg。

【栽培要点】 嫁接繁殖。亩栽500株左右。新种桑园植株长梢后通过多次打顶形成2～3级的分叉树形。每年春季采果后,用叶至5月中旬至6月上旬再进行夏伐,剪留一年生枝条2个芽,待新梢高15～20 cm时进行第一次打顶,以后新梢长出15～20 cm后再进行第二次打顶,8月初以后长出的新梢不再打顶。夏秋可采叶养蚕,但应保持每枝留叶8片以上。冬至至1月底修剪,剪除枝端嫩梢,清除树上全部叶片,桑园全面清园。重施有机肥,氮、磷、钾肥配合施用,以提高果品质和减少落果。

【用途和适宜区域】 为果叶两用桑品种。适宜于珠江流域及长江以南等热带、亚热带地区栽植。

T25.桂葚90161

【来源及分布】 广西壮族自治区蚕业技术推广总站对化场2×桂7722的F$_1$小苗进行化学诱变处理,后经定向培育,于2009年选育而成。四倍体。

【特征特性】 树形稍开展,枝条长而直,皮青灰色,节间直,节距3.1 cm,叶序2/5,皮孔圆形,6个/cm^2。冬芽短三角形,黄褐色,尖离,有副芽。全叶,心脏形,深绿色,叶长20.2～24.0 cm,叶幅17.3～23.5 cm,叶尖长尾状,叶缘钝齿,叶基浅心形,叶面光滑,有光泽,叶片稍下垂,叶柄较粗短。只开雌花,无花柱,果圆筒形,紫黑色,果长3.2～4.0 cm,果径1.5～1.9 cm。结果枝坐果率92.0%～96.0%,平均单芽坐果数5个。单果重2.7～6.9 g,平均4.7 g,可溶性固形物含量7.0%～9.0%。丰产期果叶双收,亩桑产果量达2315 kg,亩桑产叶量达2754 kg。

【栽培要点】 嫁接繁殖。亩栽500株左右。新种桑园植株长梢后通过多次打顶形成2～3级的分叉树形。春季采果后,用叶至5月中旬至6月上旬再进行夏伐,剪留一年生枝条2个芽,待新梢高15～20 cm时进行第一次打顶,以后新梢长出15～20 cm后再进行第二次打顶,8月初以后长出的新梢不再打顶。夏秋可采叶养蚕,但应保持每枝留叶8片以上。冬至至1月底修剪,剪除枝端嫩梢,清除树上全部叶片,桑园全面清园。重施有机肥,氮、磷、钾肥配合施用,以提高果品质和减少落果。

【用途和适宜区域】 为果叶两用桑品种。适宜于珠江流域及长江以南等热带、亚热带地区栽植。

T26.**桂葚**94208

【来源及分布】　广西壮族自治区蚕业技术推广总站对试11×桂7722的F₁小苗进行化学诱变处理,后经定向培育,于2009年选育而成。四倍体。

【特征特性】　树形稍开展,枝条长而直,皮灰褐色,节间直,节距4.7 cm,叶序2/5或1/3,皮孔圆形,5个/cm²。冬芽卵圆形,棕色,尖离,副芽小而多。全叶,心脏形,深绿色,叶长25.5～29.5 cm,叶幅17.5～24.0 cm,叶尖短尾状,叶缘钝齿,叶基浅心形,叶面光滑微皱,光泽弱,叶片稍下垂,叶柄粗长。开雌花,无花柱,果圆筒形,紫黑色,果长3.2～5.0 cm,果径1.5～2.0 cm。结果枝坐果率92.0%～96.0%,平均单芽坐果数5个。单果重4.6～8.8 g,平均6.3 g,可溶性固形物含量8.5%～11.0%。丰产期果叶双收,亩桑产果量1507 kg,亩桑产叶量2404 kg。

【栽培要点】　嫁接繁殖。亩栽500株左右。新种桑园植株长梢后通过多次打顶形成2～3级的分叉树形。春季采果后,用叶至5月中旬至6月上旬再进行夏伐,在上年夏伐后的长枝的基部剪留2个芽,长新梢后多次打顶,促多发结果母枝,8月初以后不再打顶,让新梢充分生长。夏秋采叶应每枝留叶8片以上,不宜过度采叶和断枝伤芽。冬至至1月底修剪,剪除枝端嫩梢,清除树上全部叶片,桑园全面清园。重施有机肥,氮、磷、钾肥配合施用,以提高果品质和减少落果。

【用途和适宜区域】　为果叶两用桑品种。适宜于珠江流域及长江以南等热带、亚热带地区栽植。

T27.桂葚9270

【来源及分布】 广西壮族自治区蚕业技术推广总站对试11×桂7722的F_1小苗进行化学诱变处理,后经定向培育,于2009年选育而成。四倍体。

【特征特性】 树形稍开展,枝条长而直,皮灰褐色,节间直,节距3.8 cm,叶序2/5,皮孔圆形,6个/cm²。冬芽长三角形,黄褐色,贴生,副芽大而多。全叶,心脏形,深绿色,叶长23.0～28.0 cm,叶幅18.3～21.7 cm,叶尖短尾状,叶缘乳头齿,叶基浅心形,叶面光滑微皱,光泽弱,叶片稍下垂,叶柄较粗长。只开雌花,无花柱,果圆筒形,紫黑色,果径4.1～5.3 cm,果径1.6～2.0 cm。结果枝坐果率92.0%～96.0%,平均单芽坐果数5个。单果重4.3～7.9 g,平均6.2 g,可溶性固形物含量7.0%～11.0%。丰产期果叶双收,亩桑产果量1934 kg,亩桑产叶量2050 kg。

【栽培要点】 嫁接繁殖。亩栽500株左右。新种桑园植株长梢后通过多次打顶形成2～3级的分叉树形。春季采果后,用叶至5月中旬至6月上旬再进行夏伐,在上年夏伐后的长枝的基部剪留2个芽,长新梢后多次打顶,促多发结果母枝,8月初以后不再打顶,让新梢充分生长。夏秋采叶应每枝留叶8片以上,不宜过度采叶和断枝伤芽。冬至至1月底修剪,剪除枝端嫩梢,清除树上全部叶片,桑园全面清园。重施有机肥,氮、磷、钾肥配合施用,以提高果品质和减少落果。

【用途和适宜区域】 为果叶两用桑品种。适宜于珠江流域及长江以南等热带、亚热带地区栽植。

T28.**桂葚**93200

【来源及分布】　广西壮族自治区蚕业技术推广总站对化场2×桂7722的F_1小苗进行化学诱变处理,后经定向培育,于2009年选育而成。四倍体。

【特征特性】　树形稍开展,枝条长而直,皮灰青色,节间直,节距4.8 cm,叶序2/5,皮孔圆,6个/cm^2。冬芽长卵圆形,黄褐色,腹离,副芽小而少。全叶,心脏形,深绿色,叶长20.0～26.0 cm,叶幅17.0～20.0 cm,叶尖短尾状,叶缘锐齿,叶基浅心形,叶面光滑微皱,光泽弱,叶片稍下垂,叶柄较粗短。开雌花,无花柱,果圆筒形,紫黑色,果长3.6～5.1 cm,果径1.1～2.0 cm。坐果率92.0%～96.0%,平均单芽坐果数5个。单果重2.5～8.2 g,平均5.5 g,可溶性固形物含量9.0%～12.0%。丰产期果叶双收,亩桑产果量1500 kg以上,产叶量2460 kg以上。

【栽培要点】　嫁接繁殖。亩栽500株左右。新种桑园植株长梢后通过多次打顶形成2～3级的分叉树形。春季采果后,可长叶用叶至5月中旬至6月上旬再进行夏伐,在上年夏伐后的长枝的基部剪留2个芽,长新梢后多次打顶,促多发结果母枝,8月初以后不再打顶,让新梢充分生长。夏秋采叶应每枝留叶8片以上,不宜过度采叶和断枝伤芽。冬至至1月底修剪,剪除枝端嫩梢,清除树上全部叶片,桑园全面清园。重施有机肥,氮、磷、钾肥配合施用,以提高果品质和减少落果。

【用途和适宜区域】　为果叶两用桑品种。适宜于珠江流域及长江以南等热带、亚热带地区栽植。

T29.嘉陵30号

【来源及分布】 原西南农业大学(西南大学)以二倍体桑品种中桑5801号(湖桑38号×广东桑)的果叶优选单株为亲本材料,采用化学诱变育成的果叶兼用桑品种。四倍体。2009年11月通过重庆市蚕桑品种审定委员会审定(渝审桑2009001)。

【特征特性】 树形开展,枝条长而直,发条数多,皮青灰色,节间密,节距2.96 cm,叶序紊乱。冬芽三角形,芽尖稍歪斜离生,有副芽。全叶,叶形大,叶长24.0 cm,叶幅22.0 cm,叶面有1～3个较大的纵向褶皱,叶肉肥厚,叶面有光泽,叶尖锐头,叶缘锐锯齿,叶基截形或浅心形,叶片平伸或向下斜伸。开雄花,甚多,紫黑色。果长4.0 cm,果径1.5 cm,单果重4.5 g左右,桑葚果形圆筒形,果肉肥厚。单芽平均坐果数4个,少籽。单株产果量平均较亲本提高16.1%。发芽率达85.0%以上,发芽整齐。亩桑产果量794 kg,产叶量2169 kg。桑葚还原糖含量为7.03%,桑葚汁总酸度为2.66%,出汁率59.5%。易受桑葚肥大性菌核病侵染。

【栽培要点】 嫁接繁殖。栽植密度以亩栽300～600株为宜。低干或中干养形,树形养成后可进行夏伐式采收,以利春季产果。多施有机肥和复合肥。春季发芽较早,剪梢、整枝、剪取穗条和嫁接宜于立春前结束。注意桑葚菌核病的防治。

【用途和适宜区域】 是果叶兼用人工多倍体桑品种。适宜于西部地区、长江流域各种土壤类型栽植。

T30.嘉陵40号

【来源及分布】 西南大学(原西南农业大学)以二倍体桑品种中桑5801(湖桑38号×广东桑)×纳溪桑F₁为亲本材料,经组培与化学诱变相结合选育而成。四倍体。2014年6月通过重庆市蚕桑品种审定委员会审定(渝蚕桑品审201401)。

【特征特性】 植株树形紧凑高大,枝条直立粗长,生长旺盛,皮赤褐色,节间密,节距2.13 cm,叶序紊乱。冬芽红色,芽大,有副芽。叶长25.9 cm,叶幅21.4 cm,叶尖长锐。开雌花,果大,结果多,果形圆筒形,果肉肥厚,果长3.8~5.0 cm,果径1.5~2.1 cm。坐果率85.0%~93.0%,单芽坐果数为3~9个,平均单芽坐果数为5~6个,单果重3.9 g,少籽。种子发芽率低。枝条结果部位果多叶少,适宜套袋。亩桑产果量1245 kg,亩桑产叶量2439 kg,是一个果叶双高产的新桑品种。

【栽培要点】 嫁接繁殖。亩栽600株,行距1.33 m,株距0.76 m。养成低干树形,亩6000~9000条。施有机肥料或复合肥。注意防控菌核病。

【用途和适宜区域】 是果叶兼用人工多倍体桑品种。适宜于西南地区、长江流域、黄河流域栽植。

T31.**蜀葚1号**

【**来源及分布**】 四川省农业科学院蚕业研究所以塔桑为母本、激7681为父本杂交,其杂交一代幼苗经秋水仙碱人工诱导选育而成。四倍体。2010年12月通过四川省农作物品种审定委员会审定(川审桑树2010002)。

【**特征特性**】 树形稍开展,枝条长而直立,发条力强,侧枝较少,皮灰色,节距5.6 cm,叶序2/5。冬芽长三角形,浅褐色,稍离生,副芽较少。叶长椭圆形,浅绿色,叶长24.0 ~ 26.0 cm,叶幅19.0 ~ 22.0 cm,叶尖长尾状,叶缘锐齿,叶基浅心形,叶面光滑微皱,光泽较强,叶片稍下垂,叶片较薄,叶柄较长。开雌花,花柱短,果圆筒形,紫黑色,有籽,果长2.5 ~ 5.4 cm,果径1.2 ~ 1.8 cm。坐果率为86.11%,平均单芽坐果数6个,平均单果重3.98 g,鲜果总糖含量为5.64%,还原糖含量为5.56%,可溶性固形物含量12.3%,总酸含量0.642%,17种氨基酸总量为1.24%。亩桑产果量1000 ~ 1200 kg,产叶量2100 kg左右。叶质优良。易受红蜘蛛为害。

【**栽培要点**】 嫁接繁殖。亩栽500 ~ 600株为宜,栽植时配置5% ~ 10%的授粉树以梅花状均匀栽植于园中。一般养成中干树形,桑葚收获后应及时夏伐,采用夏伐或间条轮伐式修剪。每年分批施入肥料,N、P、K配合施用,一般N:P:K = 5:3:2或5:3:3,多施有机肥及钾肥。春天花蕾初现时,用70%托布津1000倍液和50%多菌灵600 ~ 1000倍液每次间隔7 ~ 10天,连续防治2 ~ 3次,可有效防治桑葚菌核病;用1000倍乐果喷雾防治葚瘿蚊危害。

【**用途和适宜区域**】 是果叶兼用桑品种。适宜于四川省各生态蚕区栽植。

T32.**蜀葚2号**

【**来源及分布**】 四川省农业科学院蚕业研究所以塔桑×纳溪桑人工杂交种子为材料,对其当年F₁实生桑幼苗茎尖用0.2%秋水仙碱化学诱变处理选育而成。2013年12月通过四川省农作物品种审定委员会审定(川审桑树2013001)。

【**特征特性**】 树形开展,枝条粗长而直立,发条力强,无侧枝;皮青灰色,节距4.5 cm,叶序2/5。冬芽长三角形,褐色,贴生,副芽较少。叶长椭圆形,浅绿色,叶长22.0~24.0 cm,叶幅17.0~20.0 cm,叶尖长尾状,叶缘钝头,叶基浅心形,叶面光滑微皱,光泽强,叶片稍下垂,叶片较厚,叶柄短。开雌花,花柱短,果圆筒形,紫黑色,有籽,果长2.4~4.9 cm,果径1.1~1.6 cm。坐果率73.23%,单芽坐果数6个,平均单果重3.96 g,鲜果总糖含量为8.09%,还原糖含量为8.03%,可溶性糖含量14.3%,总酸含量0.42%,维生素C含量10%。亩桑产果量1100 kg以上,亩桑产叶量2000 kg以上。

【**栽培要点**】 嫁接繁殖。亩栽250~400株为宜,栽植时配置5%~10%的授粉树以梅花状均匀栽植于园中。采用夏伐式修剪。初花期,用70%托布津1000倍液和50%多菌灵600~1000倍液每次间隔7~10天,连续防治2~3次,可有效防治桑葚菌核病;用1000倍乐果喷雾防治葚瘿蚊危害。

【**用途和适宜区域**】 是果叶兼用桑品种。适宜于四川省各大蚕区平坝、丘陵、山区等土层深厚、水肥条件较好的地区栽植。

T33.云桑果1号

【来源及分布】 曾用名:DL-1号和云果1号。由云南省农业科学院蚕桑蜜蜂研究所育成,果用品种,属广东桑种,二倍体。1995年利用云南桑树资源人工杂交培育的优良单株,经定向培育,于2005年育成。保存于云南省农业科学院蚕桑蜜蜂研究所桑树资源圃。2014年通过云南省农作物品种审定委员会的鉴定(云种鉴定2014007号),正式定名为"云桑果1号"。

【特征特性】 枝条细长且直,树形直立,皮棕褐色,节间直,节距4.0 cm,叶序1/2,皮孔长椭圆形较粗,7个/cm²。冬芽棕褐色,饱满,三角形,副芽小而少。叶心脏形或卵圆形,深绿色,叶长9.0 cm,叶幅3.5 cm,叶片较小而厚,枝条下部叶偶有裂叶,上部全叶,叶尖锐头,叶基不对称,叶面光滑有光泽,雌花发达且多,雌花无明显花柱,葚果成熟时紫黑色,春季开花一次,夏季剪伐可第二次开花。植株生长势强,发条力强,侧枝较多,产果量高,千克叶片数280片,亩桑植200株,投产后可产果3000 kg。产叶量过低,亩桑产叶不足500 kg,只适合桑果专用品种栽植,不宜产叶品种用。在蒙自1月上旬发芽,发芽率高,长势快,枝条多,侧枝多,耐剪伐,叶片硬化迟,休眠迟,1000 m海拔以下没有明显休眠。叶梗比20%,花芽率90.0%,坐果率95%,单芽坐果数1~8个,葚果圆筒形,果长4.0 cm,果径2.4 cm,单果重7.4 g,最大果重9.0 g,米条产果量400 g。果实种子多,果实味酸甜,鲜果出汁率65.0%,糖度18%,酸度(pH)5.9。本品种桑果可加工果汁、果酒、果醋,成熟桑果较多数品种硬,耐贮运。耐寒性弱,夏季伐条养新梢条,春季封梢留条产果。桑褐斑病和桑白粉病抗性强,耐旱性强。

【栽培要点】 扦插繁殖。适宜于云南南部、西南部海拔1500 m以下地区栽植,在霜期超过10天的地方不宜栽培。果用桑亩栽100～200株,宜养成中干桑,冬春轻剪留枝条产果,夏伐重剪重新养枝条。施有机肥为主,配合磷、钾肥,可提高品质和减少落果。桑果膨大期需要充足的水分。本品种挂果率过高,发芽期必须人工疏芽,留健壮枝条着果,果在红色时期保持土壤水分以保障桑果正常膨大和转黑。

【用途和适宜区域】 适宜于云南省海拔1500 m以下地区栽植。发芽较早,晚霜重灾区不宜栽植。

T34.水桑

【来源及分布】 由云南省农业科学院蚕桑蜜蜂研究所1980年从野生长果桑资源中选拔的优良单株,经定向培育而成。二倍体。

【特征特性】 以高大乔木为主,树形高大,发条力强,侧枝较少,枝条青灰色或暗棕褐色。芽椭圆形或长三角形。叶卵圆形,叶大且厚,圆叶,叶尖长尾状,叶基浅心形。开雌花,雌花序长8～10 cm,无花柱,柱头内侧具乳头状突起。果实成熟为紫红色,大且味甜。叶质粗糙,可作养蚕饲料,树木可作木材。桑褐斑病和桑里白粉病抗性强,耐旱性强,耐寒性较弱。

【栽培要点】 嫁接繁殖。一般亩栽550株左右为宜,仅作果用桑亩栽100株左右,宜养成高干桑。施有机肥为主,配合磷、钾肥,可提高品质和减少落果。

【用途和适宜区域】 为果叶两用桑品种。适宜于云南海拔1500 m以下地区栽植。

T35.**天香1号**

【**来源及分布**】 由云南省农业科学院蚕桑蜜蜂研究所2005年从云南省野生长果桑资源中选拔培育的优良单株,经定向培育而成。二倍体。

【**特征特性**】 以高大乔木为主,树形高大,发条力强,侧枝较多,枝条青灰色或暗棕褐色。芽椭圆形或长三角形。叶椭圆形,叶小且厚,叶尖长尾状,叶基楔形。开雌花,雌花序长12～16 cm,无花柱,柱头内侧具乳头状突起。果实成熟为紫红色,葚大且味甜,口感香甜,有特殊香味。叶质柔软光滑,可作养蚕饲料,树木可作木材。桑褐斑病和桑里白粉病抗性强,耐旱性强,耐寒性较弱。

【**栽培要点**】 嫁接繁殖。果用桑亩栽100株左右,宜养成高干桑。施有机肥为主,配合磷、钾肥,可提高品质和减少落果。

【**用途和适宜区域**】 可作果用桑品种。适宜于云南南部、西南部海拔1500 m以下地区栽植。

T36.红果1号

【来源及分布】 由西北农林科技大学蚕桑丝绸研究所从陕西省子长县实生桑中选拔培育而成。属鲁桑种,二倍体。

【特征特性】 树形直立紧凑,枝条粗长而直,皮黄褐色,节间直,节距3.6 cm,叶序2/5。冬芽正三角形,饱满,紫褐色,副芽较多而大。叶心脏形,深绿色,叶尖短尾状,叶缘钝齿。花芽率98.9%,坐果率84.2%,单芽坐果数6~8个,且果穗集中。成熟桑果紫黑色,果形长筒形,果长2.5~3.0 cm,果径1.3 cm,单果重2.5 g,最大6.8 g,米条产果量300~400 g。果肉柔软,汁多,味酸甜,略淡;100 g鲜果维生素C含量47.68 mg,还原糖含量12.3%;鲜果出汁率64.0%,果汁颜色砖红色,pH 3.9。果实营养丰富,品质较好。果实种子较少。亩桑产果量1500~2000 kg,产叶量1400 kg左右,桑叶质量亦好。果熟期5月中下旬,果期20天左右。耐旱性、耐寒性较强,较抗细菌病和桑葚菌核病。

【栽培要点】 嫁接繁殖。亩栽植280~330株,中低干拳式养形。栽植时配置5%~8%的雄株作授粉树。一般亩留条5000~6000根,秋冬季剪留条长150 cm左右。幼龄养形期按叶用桑肥培管理,成龄收获期以施有机肥为主,并适当增施磷肥和钾肥。叶片硬化较迟,秋蚕期可以适当采叶或剪梢养蚕。

【用途和适宜区域】 为生态型果叶兼用桑品种。适宜于渭河流域及黄河以北地区栽植。

T37.红果2号

【来源及分布】　由西北农林科技大学蚕桑丝绸研究所从广东引进的伦教408品种,经过辐射诱变选育而来。属广东桑种,二倍体。

【特征特性】　树形直立紧凑,枝条细直而长,皮青褐色,节距4.2 cm,叶序2/5或3/8。冬芽正三角形,饱满,红褐色,尖离,副芽少而大。叶卵圆形,深绿色,叶尖短尾状,叶缘乳头齿,叶基浅心形,叶面光滑。开雌花,花柱长,葚大而多。花芽率99.2%,坐果率86.0%,单芽坐果数6~7个,果穗不集中,新梢基部叶腋陆续有果。成熟桑果紫黑色,有光泽,果形长筒形,果长3.0~3.5 cm,果径1.3~1.4 cm,单果重3.0 g左右,最大8.0 g,米条产果量300~400 g。果肉较柔软,易采摘,果味酸甜爽口,糖度12.3%,pH 4.1,鲜食性好。鲜果出汁率约60.0%,果汁紫红鲜艳。果实营养丰富,维生素C以及Ca、Fe、Zn含量均极显著高于对照品种大10,多酚、黄酮含量也高。果实种子较少。果实5月10日前后开始成熟,成熟期30天左右。亩桑产果量1500~1800 kg,产叶量1300 kg左右。耐旱性、耐寒性较强,桑蓟马为害轻,适应性广。

【栽培要点】　嫁接繁殖。亩栽植280~330株,中低干拳式养形。栽植时需要配置5%~8%的雄株作授粉树。一般亩留条6000根左右,秋冬季剪留条长150 cm左右。施肥以有机肥为主,并适当增施磷、钾复合肥。发芽比较早,注意预防晚霜冻害。叶片硬化较迟,秋蚕期可以适当采叶或剪梢养蚕。

【用途和适宜区域】　是鲜食和加工兼用型果桑品种。适宜于长江流域和黄河流域栽植,而在黄河流域干旱、较寒冷地区栽植优势较强。

T38. 红果3号

【来源及分布】 由西北农林科技大学蚕桑丝绸研究所以红果1号作为亲本,采用化学诱变选育而成。属鲁桑种,四倍体。

【特征特性】 树形直立紧凑,发条数较少,枝条粗短,无侧枝,皮灰褐色,节间直,节距3.2 cm,叶序2/5。冬芽正三角形,饱满,褐色,芽腹离,副芽少。叶长卵形,深绿色,着生平伸或下垂,叶尖钝头,叶缘锐齿,叶基圆形,叶面较光滑,光泽较强。桑果5月20日前后开始成熟,成熟期20天左右。花芽率99.0%,坐果率80.0%左右,单芽坐果数6～7个,果穗集中。成熟桑果紫红色,有光泽,果形长筒形,大而匀整,果长3.5～3.8 cm,果径1.5～1.7 cm,单果重4.0 g左右,最大10.0 g,米条产果量500 g。果肉柔软,果汁多,味酸甜,口感淡,糖度10%,pH 3.9。鲜果出汁率约60.0%,果汁紫红鲜艳。果实种子较少。加工果汁性能好。亩桑产果量2000 kg,产叶量1200 kg左右。耐旱性、耐寒性较强,较抗桑葚菌核病。

【栽培要点】 采用嫁接方法繁殖。亩栽植330株,中低干拳式养形。栽植时需要配置5%～8%的雄株作授粉树。夏季要少疏芽,冬季修剪多留条,可以不剪梢。桑园施肥冬春季以有机肥为主,夏季多施速效性氮磷钾复合肥。叶片硬化较早,不适宜养蚕。

【用途和适宜区域】 是加工型果桑专用品种。适宜于黄河流域中下游地区栽植。

T39.红果4号

【来源及分布】 由西北农林科技大学蚕桑丝绸研究所从引进的伦教408品种,经过辐射诱变选育而来。属广东桑种,二倍体。

【特征特性】 树形直立紧凑,发条数中等,枝条粗直,无侧枝,皮青灰色,节间直,节距3.4 cm,叶序2/5。冬芽长三角形,饱满,褐色,尖离,副芽少。叶长卵形,翠绿色,着生平伸,叶尖短尾状,叶缘钝齿,叶基截形,叶面较光滑,光泽较强。开雌花,甚多。枝条中下部结果多,上部新梢旺盛。桑果5月20日前后开始成熟,成熟期20天左右。花芽率90.0%,坐果率85.0%左右,单芽坐果数5~8个,果穗集中。成熟桑果紫黑色,有光泽,果形圆筒形,果长2.5~3.0 cm,果径1.3 cm,单果重2.7 g左右,最大5.0 g,米条产果量300~400 g。果肉柔软,果味酸甜爽口,糖度12%,pH 4.4。鲜果出汁率约60.0%,果汁紫红鲜艳。果实种子较少。亩桑产果量1300~1500 kg,产叶量2000 kg左右。耐旱性、耐寒性较强,较抗桑葚菌核病。

【栽培要点】 采用芽接、袋接等嫁接方法繁殖。亩栽植330~800株,中低干拳式养形。栽植时需配置5%~8%的雄株作授粉树。夏季少疏芽,冬季修剪多留条,适当剪梢。施肥冬春季以有机肥为主,夏季多施速效性氮磷钾复合肥。春季桑叶较多,秋季硬化较迟,可以适当采叶或剪梢养蚕。

【用途和适宜区域】 是叶果兼用桑品种。适宜于黄河流域和长江流域中下游地区栽植。

T40.**白玉王**

【来源及分布】　由西北农林科技大学蚕桑丝绸研究所以河北东光大白作为亲本,采用化学诱变选育方法培育而成。属白桑种,四倍体。

【特征特性】　树形较开展,发条力较强,枝条短直,无侧枝,皮褐色,节间直,节距3.7 cm,叶序2/5。冬芽正三角形,饱满,褐色,尖离,副芽少。叶心脏形,有个别浅裂叶,着生平伸,叶尖短尾状,叶缘乳头齿,叶基浅心形,叶面稍糙,光泽较强。开雌花,葚长而多。花芽率96.0%,坐果率80%左右,单芽坐果数5~7个,果穗较集中。成熟桑果乳白色,略带红色,有光泽,果形长筒形,果长2.6~3.0 cm,果径1.3 cm,单果重2.5~3.0 g,最大果重6.0 g,米条产果量250 g左右。果肉柔软,果汁多,含糖量14%以上,甜味浓,无酸味。鲜果出汁率约50.0%,果汁乳白色。果实种子较少。鲜食及加工性能好。桑果5月20日前后开始成熟,成熟期20天左右。亩桑产果量1200 kg,产叶量1300 kg左右。耐旱性、耐寒性较强,较抗桑葚菌核病。适应性广。

【栽培要点】　采用芽接、袋接等嫁接方法繁殖。亩栽植330株,中低干拳式养形。栽植时需配置5%~8%的雄株作授粉树。夏季疏芽要适当,冬季修剪多留条,可以不剪梢。施肥冬春季以有机肥为主,夏季多施速效性氮磷钾复合肥。秋季叶片硬化较早,不适宜养蚕。

【用途和适宜区域】　是鲜食和加工兼用型果桑品种。抗旱性、耐寒性较强,适宜于黄河流域及其以北地区栽植。

T41.北方红

【来源及分布】 由西北农林科技大学蚕桑丝绸研究所以陕桑707作母本、吴堡桑为父本杂交选育而成。属鲁桑种,二倍体。

【特征特性】 树形较开展,发条力较强,枝条粗直,少有侧枝,皮浅褐色,节间微曲,节距4.0 cm,叶序2/5。冬芽正三角形,饱满,褐色,芽尖离,副芽较多。叶心脏形,深绿色,叶尖短尾状或双头,叶缘乳头齿,叶基浅心形,叶面较光滑,光泽较强,叶片平伸。开雌花,葚大而多。花芽率95.0%,坐果率85.0%左右,单芽坐果数5～7个,果穗集中。成熟桑果紫黑色,有光泽,果形多呈长筒形,有部分佛手形状果,果长3.5～4.2 cm,果径1.5～1.8 cm,单果重3.5～4.0 g,最大10.0 g,米条产果量500 g左右。果肉柔软,果汁多,含糖量12%,pH 4.4,果味酸甜,口感略淡。鲜果出汁率约60%,果汁紫红鲜艳。果实种子较多。加工果汁性能好。桑果5月20日前后开始成熟,成熟期20天左右。亩桑产果量1800 kg,产叶量1500 kg左右,桑叶质量较好。耐旱性、耐寒性较强,较抗桑葚菌核病。

【栽培要点】 采用芽接、袋接等嫁接方法繁殖。亩栽植330株,中低干拳式养形。栽植时需配置5%～8%的雄株作授粉树。夏季适当疏芽和秋冬季合理修剪控制条数条长。施肥以施有机肥为主,增施磷肥和钾肥,以提高桑果品质。叶片硬化较迟,秋蚕期可以适当采叶或剪梢养蚕。

【用途和适宜区域】 是果叶兼用桑品种。抗旱性、耐寒性较强,适宜于黄河流域及其以北地区栽植,尤其是北京、内蒙古、宁夏等比较寒冷地区,并且可以作为生态型果叶兼用桑。

T42.**陕玉1号**

【来源及分布】 西北农林科技大学蚕桑丝绸研究所以山东二倍体地方品种大白葚为母本，经混合授粉杂交培育而成。属白桑种，二倍体。

【特征特性】 树形较开展，发条力强，枝条较粗直，无侧枝，皮黄褐色，节间直，节距4.3 cm，叶序2/5。冬芽正三角形，褐色，贴生，较饱满，副芽较多。叶长心脏形，深绿色，着生平伸，叶尖短尾状，叶缘乳头齿，叶基浅心形，叶面较光滑，光泽较强。开雌花，葚多。花芽率90.0%左右，单芽坐果数5～7个，果穗集中。成熟桑果乳白色，有粉色点，圆筒形，果长2.7 cm，果径1.4 cm，单果重2.5 g，米条产果量250～300 g。果肉柔软，含糖量12%以上，pH 5.9，果味甜，鲜食可口。果实种子较少。适合鲜食和加工。可作为鲜食搭配品种及酿酒专用品种。桑果5月20日前后开始成熟，成熟期20天左右。亩桑产果量1300 kg，产叶量1300 kg左右。耐旱性、耐寒性较强，较抗桑葚菌核病。

【栽培要点】 采用芽接、袋接等嫁接方法繁殖。亩栽植280～330株，中低干拳式养形。栽植时需配置5%～8%的雄株作授粉树。夏季适当疏芽和秋冬季合理修剪控制条数条长。施肥以施有机肥为主，增施磷肥和钾肥。叶片硬化较早，饲养秋蚕应适当提前。

【用途和适宜区域】 是生态型果叶兼用桑品种。适宜于黄河流域栽植。

T43.**红果5号**

【**来源及分布**】 西北农林科技大学蚕桑丝绸研究所以761四倍体为母本,混合授粉杂交培育而成。属鲁桑种,二倍体。

【**特征特性**】 树形较开展,发条力较强,枝条较细直,平均条长190 cm,无侧枝,皮灰黄色,节间直,节距4.5 cm,叶序2/5。冬芽正三角形,芽尖离,褐色,较饱满,副芽少。叶长心脏形,深绿色,着生平伸,叶尖长尾状,叶缘钝齿,叶基浅心形,叶面较光滑,光泽较强。开雌花,甚多。花芽率约95.0%,坐果率85.0%左右,单芽坐果数6~8个,果穗集中。成熟桑果紫红色,果形圆筒形,果长3.0 cm,果径1.3 cm,单果重2.5 g左右,最大5.0 g,米条产果量300 g。果肉柔软,果味酸甜,糖度12%,pH 4.1。鲜果出汁率约60.0%,果汁紫红。果实种子较少。鲜食及加工性能好。桑果5月20日前后开始成熟,成熟期30天左右。亩桑产果量约1500 kg,产叶量1300 kg左右。耐旱性、耐寒性较强,较抗桑葚菌核病。

【**栽培要点**】 采用芽接、袋接等嫁接方法繁殖。亩栽植280~330株,中低干拳式养形。栽植时需配置5%~8%的雄株作授粉树。夏季适当疏芽和秋冬季合理修剪控制条数条长。施肥以施有机肥为主,增施磷肥和钾肥,以提高桑果品质。叶片硬化较早,饲养秋蚕应适当提前。

【**用途和适宜区域**】 是果叶兼用型桑品种。适宜于黄河流域中下游地区栽植。

T44.**药桑**

【来源及分布】 药桑原产于伊朗,16世纪在新疆等地才有栽植,属半栽培型的野生桑资源,主要分布于库车、和田及喀什等地。

【特征特性】 树形开展,发条数较少,枝条粗短,节间微曲,皮紫褐色,无皮纹,皮孔较少,叶序为1/2。冬芽三角形,饱满肥大,冬芽棕褐色,无副芽。叶心脏形,裂叶,有极少数圆叶,裂叶缺刻深大,深绿色,叶片厚,无光泽,叶面稍光滑,但叶背粗糙,叶脉密生耳毛,是"毛桑"得名的由来。叶尖尖头,叶缘乳头齿,叶基较深,叶片平伸。开雌花,无花柱,种子高度不孕。桑葚成熟期较晚,一般在7月下旬至8月上旬,紫黑色,味酸甜。发芽率90.2%,坐果率86.3%,结实率12.4%,果长3.9 cm,单果重8.6 g,出汁率85.0%。糖分、蛋白质、维生素含量较高,pH较低。桑果成熟到自然脱落时间比较长,果期30天以上。亩桑产果量856 kg,产叶量较低,蚕不喜食。不耐剪伐,耐寒性差,较耐盐碱,抗风。

【栽培要点】 采用嫁接、扦插等方式进行繁殖。新疆地区多在田边路边栽植,自然养形,不耐剪伐。

【用途和适宜区域】 是药用和果用桑品种。适宜于新疆地区栽植。

T45.**冀桑3号**

【来源及分布】 由河北省承德医学院蚕业研究所（原河北省农林科学院特产蚕桑研究所）以安葚为母本，以8710B为父本培育的杂交组合。二倍体。2011年通过河北省林木品种审定委员会审定（冀S-SV-MA-018-2011）。

【特征特性】 枝条直立，发条数极多，节间密，节距3.4 cm，发芽率高，侧枝多，春季基发新梢早期分枝，侧枝生长旺盛，具备高光效、高叶杆比例株型。亩产新梢干重1786 kg，非春伐年份的春剪和夏剪收获量2381 kg/亩；新梢叶重百分率春季70%以上，秋季60%以上，新梢叶皮总重百分率春季80%以上，秋季70%以上。饲用品质优。耐寒性、耐旱性强，播种群体一致性、稳定性好。

【栽培要点】 采用杂交一代种子播种繁殖。可根据地力采用密植或稀植方式，密植时株距0.4～0.6 m，行距1.5～2.0 m；稀植时株距1.0～1.5 m，行距2 m以上。春季发芽前、每次剪伐收获后浇水并施肥，秋季落叶前增施磷钾肥，秋季落叶后施有机肥，干旱时要及时增加浇水次数。无水浇条件时，应减少收获次数或只收获1次，退耕还林地块栽植时，应间作或混栽豆科灌木或牧草，以解决缺肥问题。在无霜期小于90天，或降水量小于300 mm的地区，一般不进行剪伐收获。在无霜期大于120天、年降水量大于400 mm的地区栽植，可以连年夏伐平茬结合春剪、疏条收获饲料。

【用途和适宜区域】 畜禽饲料用桑品种，也可用作生态造林树种。适宜于河北省或同类生态区域栽植。

T46. **冀桑4号**

【来源及分布】 由河北省承德医学院蚕业研究所(原河北省农林科学院特产蚕桑研究所)从太行山野生白艾中选出的单株经定向培育而成。二倍体。2011年通过河北省林木品种审定委员会审定(冀S-SV-MA-019-2011)。

【特征特性】 枝条直立,枝条长,节间直,节距4.6 cm。冬芽长三角形,黄褐色,副芽多而大,侧生。叶心脏形,翠绿色,较平展,叶尖短尾,叶缘乳头锯齿,齿尖有突起,叶基深心形,春叶叶长16.0 cm,叶幅14.0 cm,秋叶叶长27.0 cm,叶幅22.0 cm,叶片较厚,光滑,光泽弱。开雌花,葚紫黑色。生长势强,桑条、桑叶产量高。亩枝叶生物总量(干重)、叶片生物量(干重)、枝条生物量(干重)分别为1271 kg、610 kg、662 kg。条、叶品质优,适用于全杆造纸,桑叶可作饲料。桑皮百分率27.18%~31.31%,桑皮纤维长23.57 mm,桑杆纤维长0.6286 mm,桑杆纤维长宽比为43:1,桑皮总纤维素含量53.48%,桑杆总纤维素含量为71.17%,桑皮木素含量为15.82%,桑杆木素含量为22.50%。耐旱性、耐寒性强,耐瘠薄,土壤适应性强。

【栽培要点】 采用嫁接繁殖,砧木采用本地桑种子培育。与粮油作物间作时可双垄或三垄条带状栽植,带内株距和垄距均为0.4 m,带距一般要大于6.0 m。单纯造林或集约栽植时,株距0.4 m,行距2.0~4.0 m。在春季发芽前和夏秋季大量采叶后浇水并施肥,秋季落叶后施有机肥。在热量和降水资源较好的地区,可进行条叶收获,水热资源贫乏地区应减少采叶量或只进行桑条收获。

【用途和适宜区域】 是条叶兼用桑品种,桑条可造纸。适宜于河北省及同类型生态区域栽植。广泛用于沙地间作、荒山绿化、风沙区治理。

T47.粤菜桑2号

【来源及分布】 由广东省农业科学院蚕业与农产品加工研究所以广东桑为亲本经杂交选育而成。属广东桑种,二倍体。

【特征特性】 树形稍开展,枝条粗长而直,侧枝较多,皮灰白色,节间直,节距5.0 cm,叶序3/5,皮孔小,15个/cm²,圆形或椭圆形。冬芽正三角形,灰褐色,尖离,副芽小而多。叶心脏形,中绿色,叶尖双尾、短尾状,叶缘锐齿状,叶基浅心形,叶面光滑,光泽性强,叶柄细长。嫩芽叶中含有水分85.2%、灰分1.8%、水解氨基酸3.7%、蛋白质6.1%、脂肪0.77%、不溶性膳食纤维2.4%,还含有丰富的钾、钙、钠、镁、铁、铜、锌及锰等微量元素。开雌花,桑葚3月下旬成熟,紫黑色,圆筒形,味甜。易感青枯病,耐寒性较弱。

【栽培要点】 起畦栽植,每亩6000～10000株,行距0.3～0.4 m,株距0.2～0.3 m。栽植后在苗高0.7 m以上时进行定干,高度0.3～0.5 m。在嫩梢长出约0.2 m时开始收获桑芽,收获时带2～3片嫩叶。保持土壤湿润,多雨季节要及时排涝。施肥以有机肥为主,复合肥为辅。

【用途和适宜区域】 为新型保健蔬菜用桑品种。适宜于珠江流域及长江以南等热带、亚热带地区栽植。

T48.粤菜桑5号

【来源及分布】 由广东省农业科学院蚕业与农产品加工研究所以广东桑为亲本经杂交选育而成。属广东桑种,二倍体。

【特征特性】 树形直立,枝条粗长而直,侧枝较多,皮青灰色,节间直,节距7.0 cm,叶序3/5,皮孔小,12个/cm²,圆形。冬芽正三角形,灰褐色,尖离,副芽大而多。叶心脏形,中绿色,叶尖双尾、短尾状,叶缘锐齿状,叶基截形,叶面光滑,光泽性强,叶柄细长,叶片斜生。嫩芽叶中含有水分86.5%、灰分1.6%、水解氨基酸3.9%、蛋白质5.8%、脂肪0.96%、不溶性膳食纤维2.6%,还含有丰富的钾、钙、钠、镁、铁、铜、锌及锰等微量元素。开雌花,桑葚3月下旬成熟,紫黑色,圆筒形,味甜。易感青枯病,耐寒性较弱。

【栽培要点】 起畦栽植,每亩6000～10000株,行距0.3～0.4 m,株距0.2～0.3 m。栽植后在苗高0.7 m以上时进行定干,高度0.3～0.5 m。在嫩梢长出约0.2 m时开始收获桑芽,收获时带2～3片嫩叶。保持土壤湿润,多雨季节要及时排涝。施肥以有机肥为主,复合肥为辅。

【用途和适宜区域】 为新型保健蔬菜用桑品种。适宜于珠江流域及长江以南等热带、亚热带地区栽植。

T49.粤菜桑6号

【来源及分布】 由广东省农业科学院蚕业与农产品加工研究所以广东桑为亲本经杂交选育而成。属广东桑种,二倍体。

【特征特性】 树形直立,枝条粗长而直,侧枝较多,皮灰褐色,节间直,节距5.0 cm,叶序1/2,皮孔小,10个/cm²,圆形或椭圆形。冬芽长三角形,灰褐色,贴生,副芽大而多。叶心脏形,中绿色,叶尖双尾、短尾状,叶缘锐齿状,叶基深心形,叶面光滑,光泽性强,叶柄细长。嫩芽叶中含有水分84.8%、灰分1.7%、水解氨基酸3.6%、蛋白质5.5%、脂肪0.88%、不溶性膳食纤维2.7%,还含有丰富的钾、钙、钠、镁、铁、铜、锌及锰等微量元素。开雌花,桑葚3月下旬成熟,紫黑色,圆筒形,味甜。易感青枯病,耐寒性较弱。

【栽培要点】 起畦栽植,每亩6000～10000株,行距0.3～0.4 m,株距0.2～0.3 m。栽植后在苗高0.7 m以上时进行定干,高度0.3～0.5 m。在嫩梢长出约0.2 m时开始收获桑芽,收获时带2～3片嫩叶。保持土壤湿润,多雨季节要及时排涝。施肥以有机肥为主,复合肥为辅。

【用途和适宜区域】 为新型保健蔬菜用桑品种。适宜于珠江流域及长江以南等热带、亚热带地区栽植。

T50.粤菜桑7号

【来源及分布】 由广东省农业科学院蚕业与农产品加工研究所以广东桑为亲本经杂交选育而成。属广东桑种,二倍体。

【特征特性】 树形稍开展,枝条粗长而直,侧枝较多,皮灰白色,节间直,节距4.7 cm,叶序3/5,皮孔小,16个/cm²,圆形或椭圆形。冬芽正三角形,灰褐色,腹离,副芽大而多。叶长心脏形,中绿色,叶尖长尾状,叶缘锐齿状,叶基截形,叶面光滑,光泽性强,叶柄细长。嫩芽叶中含有水分85.2%、灰分1.6%、水解氨基酸3.7%、蛋白质5.6%、脂肪0.83%、不溶性膳食纤维2.5%,还含有丰富的钾、钙、钠、镁、铁、铜、锌及锰等微量元素。开雌花,桑葚3月下旬成熟,紫黑色,圆筒形,味甜。易感青枯病,耐寒性较弱。

【栽培要点】 起畦栽植,每亩6000～10000株,行距0.3～0.4 m,株距0.2～0.3 m。栽植后在苗高0.7 m以上时进行定干,高度0.3～0.5 m。在嫩梢长出约0.2 m时开始收获桑芽,收获时带2～3片嫩叶。保持土壤湿润,多雨季节要及时排涝。施肥以有机肥为主,复合肥为辅。

【用途和适宜区域】 为新型保健蔬菜用桑品种。适宜于珠江流域及长江以南等热带、亚热带地区栽植。

T51.粤茶桑8号

【来源及分布】 由广东省农业科学院蚕业与农产品加工研究所以广东桑为亲本经杂交选育而成。属广东桑种,二倍体。

【特征特性】 树形直立,枝条粗长而直,侧枝较多,皮灰褐色,节间直,节距5.5 cm,叶序3/5,皮孔小而多,15个/cm²,圆形或椭圆形。冬芽正三角形,灰褐色,贴生,副芽小而多。叶心脏形,中绿色,叶尖长尾状,叶缘乳头状,叶基截形,叶面光滑,光泽性强,叶柄细长,叶片斜生。制茶后外形匀整,汤色绿、明亮,香气高爽有栗香,滋味醇厚鲜爽,叶底绿明亮、匀齐。桑茶中游离氨基酸含量0.83%,富含钾、钙、钠、镁、铁、铜、锌及锰等微量元素,含有丰富的黄酮和多酚等活性物质。开雌花,桑葚3月下旬成熟,紫黑色,圆筒形,味甜。易受微型虫为害,易感青枯病,耐寒性较弱。

【栽培要点】 以大小行形式栽植,小行行距0.5~0.6 m,大行行距0.8~1.0 m,株距0.2 m左右,每亩4000~6000株。栽植前按行距开挖栽植沟,施入基肥后回土备种。栽植后在苗高1.0 m以上时进行定干,定干高度0.8 m。以重施腐熟有机肥料为主,合理配施N、P、K肥。

【用途和适宜区域】 为桑叶茶加工用桑品种。适宜于珠江流域及长江以南等热带、亚热带地区栽植。

T52.粤茶桑10号

【来源及分布】 由广东省农业科学院蚕业与农产品加工研究所以广东桑为亲本经杂交选育而成。属广东桑种,二倍体。

【**特征特性**】 树形稍开展,枝条粗长而直,侧枝较多,皮灰褐色,节间直,节距7.2 cm,叶序3/5,皮孔小,6个/cm²,圆形或椭圆形。冬芽正三角形,灰褐色,尖离,副芽小而少。叶长心脏形,深绿色,叶尖长尾状,叶缘锐齿状,叶基截形,叶面光滑,光泽性强,叶柄细长,叶片斜生。制茶后外形匀整,汤色绿、明亮,香气高爽有栗香,滋味醇厚鲜爽,叶底绿、明亮、匀齐。桑茶中游离氨基酸含量0.92%,富含钾、钙、钠、镁、铁、铜、锌及锰等微量元素,含有丰富的黄酮和多酚等活性物质。开雌花,桑葚3月下旬成熟,紫黑色,圆筒形,味甜。易受微型虫为害,易感青枯病,耐寒性较弱。

【**栽培要点**】 以大小行形式栽植,小行行距0.5～0.6 m,大行行距0.8～1.0 m,株距0.2 m左右,每亩4000～6000株。栽植前按行距开挖栽植沟,施入基肥后回土备种。栽植后在苗高1.0 m以上时进行定干,定干高度0.8 m。以重施腐熟有机肥料为主,合理配施N、P、K肥。

【**用途和适宜区域**】 为桑叶茶加工用桑品种。适宜于珠江流域及长江以南等热带、亚热带地区栽植。

T53. 粤茶桑16号

【**来源及分布**】 由广东省农业科学院蚕业与农产品加工研究所以广东桑为亲本经杂交选育而成。属广东桑种,二倍体。

【**特征特性**】 树形直立,枝条粗长而直,侧枝较多,皮灰褐色,节间直,节距4.5 cm,叶序3/5,皮孔小,7个/cm²,圆形或椭圆形。冬芽长三角形,灰褐色,腹离,副芽大而多。叶心脏形,中绿色,叶尖长尾状,叶缘锐齿状,叶基截形,叶面光滑,光泽性强,叶柄细长,叶片斜生。制茶后外形匀整,汤色绿、明亮,香气高爽有栗香,滋味醇厚鲜爽,叶底绿、明亮、匀齐。桑茶中游离氨基酸含量0.98%,富含钾、钙、钠、镁、铁、铜、锌及锰等微量元素,含有丰富的黄酮和多酚等活性物质。开雌花,桑葚3月下旬成熟,紫黑色,圆筒形,味甜。易受微型虫为害,易感青枯病,耐寒性较弱。

【**栽培要点**】 以大小行形式栽植,小行行距0.5～0.6 m,大行行距0.8～1.0 m,株距0.2 m左右,每亩4000～6000株。栽植前按行距开挖栽植沟,施入基肥后回土备种。栽植后在苗高1.0 m以上时进行定干,定干高度0.8 m。以重施腐熟有机肥料为主,合理配施N、P、K肥。

【用途和适宜区域】 为桑叶茶加工用桑品种。适宜于珠江流域及长江以南等热带、亚热带地区栽植。

T54.大花桑

【来源及分布】 陕西省榆林市地方品种。当地俗称桑朴子、地界桑,通常在沙丘上栽植或呈条带状栽植,灌木养形。属白桑种,二倍体。主要分布于毛乌素沙漠南缘的神木县、府谷县、佳县、榆阳区、横山区等地。

【特征特性】 树形灌木状,枝条丛生,细长而直,发条力强,无侧枝,韧性好,冬条木质坚实。节间直,叶序2/5。冬芽三角形,褐色,有副芽1~2个。叶心形,主要为5裂叶,缺刻深,深绿色,叶片小而厚,角质层发达,叶片平伸偏上,叶面光滑,叶背无茸毛,养蚕、养畜效果好。桑叶含粗蛋白20.88%,粗脂肪4.26%,总糖9.72%,灰分15.6%,粗纤维10.1%。采叶时有带皮现象。叶片硬化较迟。开雌花,桑葚6月中下旬成熟,紫黑色,圆筒形,味甜。耐寒冷,耐干旱,抗风沙。

【栽培要点】 采用分蘖、扦插、嫁接等方法繁殖,嫁接成活率95%以上。栽植一般依据地形,隔数十米穴栽成带状,或横或竖,把大片沙地分割成块,或栽植在较高的沙丘上用于固沙。以灌木丛式养形,立冬齐地面刈割,或一年刈割2次用于饲料。

【用途和适宜区域】 主要用于防风固沙以及刈割桑条用于编织,也可作为饲料利用。适宜在北方干旱半干旱沙漠和荒漠化地区栽植。

T55.**陕茶菜桑1号**

【来源及分布】 原为陕西省吴堡县地方品种。属白桑种,二倍体。主要分布于陕西吴堡县、千阳县、山西柳林县等地。

【特征特性】 树形紧凑,枝条细直而长,皮黄棕色,节距3.2 cm,冬芽三角形,紫褐色。叶片呈裂叶或卵圆形,墨绿色,叶长16.0 cm,叶幅12.5 cm。千克叶片数春蚕期500片,秋蚕期260片。叶片光滑似有角质,萎凋慢,叶底浅凹,叶缘乳头齿或锯齿状,叶尖短。夏秋季叶片硬化早。开雄花。生根、发芽、成条能力强,条数多,生长整齐,枝条木质化快。新梢桑叶含粗蛋白20.88%,粗脂肪4.26%,总糖9.72%,灰分15.6%。作为茶用,汤色青绿明亮,滋味清香,回甘醇厚。作为菜用,纤维少,脆嫩清爽。耐旱性耐寒性强。

【栽培要点】 采用扦插、嫁接或根蘖繁殖。亩栽植1000～2000株,采用低干或无干灌木化养形,经多次剪伐形成灌木化树篱,为便于机械耕作可采用宽窄行栽植。栽植后距地面20 cm定干,当新梢长至距地面50 cm时摘心,形成第一层枝干,第二层枝干距地面80～100 cm定形。作菜用按第二层定形位置收获5～10 cm新梢。茶用可分别采摘顶芽、嫩叶和老叶,做成相应桑叶茶。

【用途和适宜区域】 主要作为桑叶茶和桑叶菜用桑品种。适宜于长江以北地区栽植。

附录

桑树品种描述规范

一、植物学特征

1. 枝态

春伐或夏伐后一年生枝条在拳上的着生状态。

(1)直立　(2)斜生　(3)卧伏　(4)下垂

2. 枝条长度

春伐或夏伐后一年生枝条的长度,单位为厘米(cm),精确到0.1 cm。

3. 枝条长短

依据枝条长度确定的一年生枝条长短。

(1)短(夏伐桑枝条长度 < 130 cm;春伐桑枝条长度 < 150 cm)

(2)中(130 cm≤夏伐桑枝条长度≤160 cm;150 cm≤春伐桑枝条长度≤200 cm)

(3)长(夏伐桑枝条长度 > 160 cm;春伐桑枝条长度 > 200 cm)

4. 枝条围度

春伐或夏伐后一年生枝条的围度,单位为厘米(cm),精确到0.1 cm。

5. 枝条粗细

依据枝条围度确定的一年生枝条粗细程度。

(1)细(夏伐桑枝条围度 < 4.0 cm;春伐桑枝条围度 < 4.5 cm)

(2)中(4.0 cm≤夏伐桑枝条围度≤5.5 cm;4.5 cm≤春伐桑枝条围度≤6.0 cm)

(3)粗(夏伐桑枝条围度 > 5.5 cm;春伐桑枝条围度 > 6.0 cm)

6. 枝条皮色

桑树休眠期一年生枝条表皮的颜色。

(1)灰　(2)黄　(3)青　(4)褐　(5)棕　(6)紫

7. 枝条曲直

一年生枝条弯曲程度。

(1)直　(2)微曲　(3)弯曲

8. 节距

一年生枝条中部节间的长度,单位为厘米(cm),精确到0.1 cm。

9. 皮孔形状

一年生枝条中部皮孔的形状。

(1)圆形　(2)椭圆形　(3)线形

10. 皮孔大小

一年生枝条中部皮孔的大小。

(1)小　(2)中　(3)大

11. 皮孔密度

一年生枝条中部 $1\ cm^2$ 表皮面积内的皮孔数,单位为"个/cm^2",精确到1个/cm^2。

12. 叶序

叶片在一年生枝条中部的排列方式。参照图1。

(1)1/2　(2)1/3　(3)2/5　(4)3/8

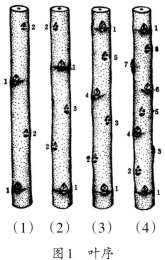

(1)　(2)　(3)　(4)

图1　叶序

13.冬芽形状

桑树休眠期一年生枝条中部芽的形状。参照图2。

(1)短三角形 (2)正三角形 (3)长三角形 (4)盾形 (5)球形 (6)卵圆形

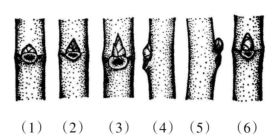

(1)　(2)　(3)　(4)　(5)　(6)

图2　冬芽形状

14.冬芽大小

一年生枝条中部芽的大小。

(1)小 (2)中 (3)大

15.冬芽颜色

桑树休眠期一年生枝条中部冬芽的颜色。

(1)黄 (2)褐 (3)棕 (4)紫

16.冬芽着生状态

桑树休眠期一年生枝条上冬芽的着生状态。参照图3。

(1)贴生 (2)尖离 (3)腹离

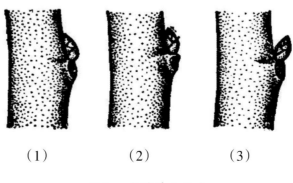

(1)　　　　(2)　　　　(3)

图3　冬芽着生状态

17. **叶痕**

桑树休眠期一年生枝条中部叶柄脱落处的痕迹。

（1）肾形　（2）椭圆形　（3）半圆形　（4）圆形

18. **副芽比例**

桑树休眠期一年生枝条中副芽占主芽的比例，以百分比（%）表示，精确到1%。

19. **副芽多少**

依据副芽比例确定的副芽多少。

（1）无

（2）少（0 < 副芽比例≤10%）

（3）较少（10% < 副芽比例≤20%）

（4）较多（20% < 副芽比例≤30%）

（5）多（副芽比例 > 30%）

20. **叶片着生状态**

完全展开叶片在一年生枝条中的着生状态。

（1）向上　（2）平伸　（3）下垂

21. **叶片展开状态**

一年生枝条中部成熟叶的展开状态。

（1）平展　（2）扭曲　（3）边卷翘　（4）边波翘

22. **叶片类型**

全株桑树叶片的类型。

（1）全叶　（2）裂叶　（3）全裂混生

23. **全叶形状**

一年生枝条中部成熟叶的形状。参照图4。

（1）心脏形　（2）长心脏形　（3）椭圆形　（4）卵圆形

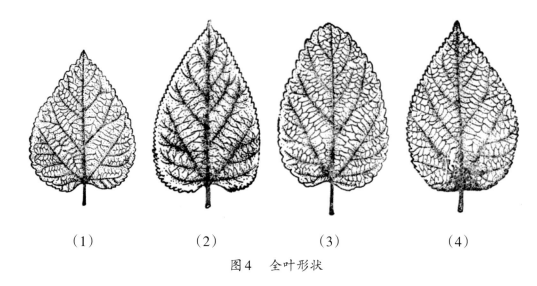

（1）　　　　　（2）　　　　　（3）　　　　　（4）

图4　全叶形状

24. 裂叶缺刻数

（1）1　（2）2　（3）3　（4）4　（5）5　（6）多

25. 缺刻深浅

（1）浅裂　（2）中裂　（3）深裂

26. 叶长

一年生枝条中部成熟叶的叶基切线至叶尖基部的长度,单位为厘米(cm),精确到0.1 cm。参照图5。

27. 叶幅

一年生枝条中部成熟叶最宽处的长度,单位为厘米(cm),精确到0.1 cm。参照图5。

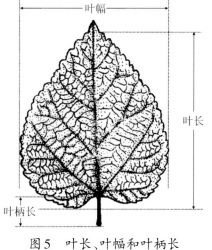

图5　叶长、叶幅和叶柄长

28. 叶柄长

一年生枝条中部成熟叶的最大叶叶柄的长度,单位为厘米(cm),精确到0.1 cm。参照图5。

29. 叶柄长短

依据叶柄长度确定的叶柄长短。

(1)短(叶柄长 < 4.0 cm)

(2)中(4.0 cm≤叶柄长≤5.5 cm)

(3)长(叶柄长 > 5.5 cm)

30. 100 cm² 叶片重

100 cm² 一年生枝条中部成熟叶片的质量,单位为克(g),精确到0.1 g。

31. 叶厚薄

依据100 cm²叶片重确定的叶片的厚薄程度。

(1)薄(100 cm²叶片重 < 1.6 g)

(2)较薄(1.6 g≤100 cm²叶片重 < 1.9 g)

(3)较厚(1.9 g≤100 cm²叶片重 < 2.2 g)

(4)厚(100 cm²叶片重≥2.2 g)

32. 叶色

一年生枝条中部成熟叶上表面的颜色。

(1)淡绿　(2)翠绿　(3)深绿　(4)墨绿

33. 叶面光泽性

一年生枝条中部成熟叶上表面光泽的强弱、有无。

(1)无光泽　(2)弱　(3)较弱　(4)较强　(5)强

34. 叶面糙滑度

一年生枝条中部成熟叶片表面光滑、粗糙的程度。

(1)光滑　(2)微糙　(3)粗糙

35. **叶面缩皱**

一年生枝条中部成熟叶片表面缩皱的程度。

（1）无皱　（2）微皱　（3）波皱　（4）泡皱

36. **叶尖形状**

桑树中部成熟叶片叶尖的形状。参照图6。

（1）短尾状　（2）长尾状　（3）锐头　（4）钝头　（5）双头

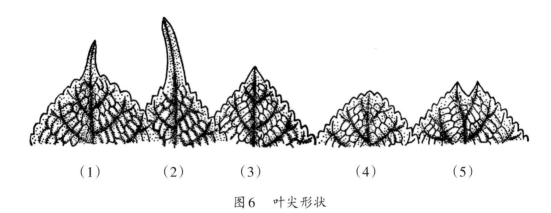

|　（1）　　　　　（2）　　　　　（3）　　　　　　（4）　　　　　　（5）|

图6　叶尖形状

37. **叶基形状**

桑树中部成熟叶片叶基的形状。参照图7。

（1）楔形　（2）圆形　（3）截形　（4）肾形　（5）浅心形　（6）心形　（7）深心形

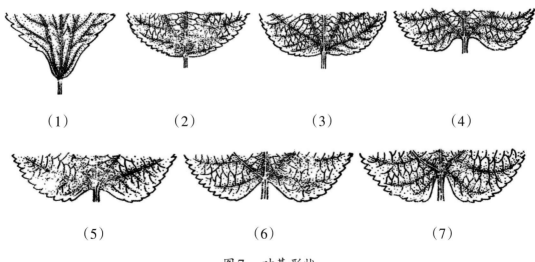

（1）　　　　　　　　（2）　　　　　　　　（3）　　　　　　　　（4）

（5）　　　　　　　　　（6）　　　　　　　　　（7）

图7　叶基形状

38. 叶缘形状

桑树中部成熟叶片叶缘的形状。参照图8。

(1)锐齿　(2)钝齿　(3)乳头齿

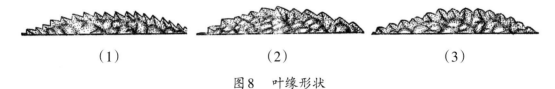

（1）　　　　　　　　（2）　　　　　　　　（3）

图8　叶缘形状

39. 叶缘齿尖形态

桑树中部成熟叶片叶缘突起、芒刺的有无。参照图9。

(1)无突起或芒刺　(2)突起　(3)芒刺

（1）　　　　　　　　（2）　　　　　　　　（3）

图9　叶缘齿尖形态

40. 嫩叶颜色

桑树枝条顶部幼嫩叶片的颜色。

(1)淡绿　(2)淡紫

41. 叶上表皮毛

桑树叶片上表皮的毛状附属物。

(1)无　(2)有

42. 叶下表皮毛

桑树叶片下表皮的毛状附属物。

(1)无　(2)有

43. 花性

树形养成后桑树开花的特性。

(1)雌　(2)雄　(3)雌雄同株　(4)无花　(5)其他

44. 花叶开放次序

树形养成后春季花和叶片的开放顺序。

（1）花叶同开　（2）先花后叶　（3）先叶后花

45. 雄穗长度

完全开放的雄花穗的长度,单位为厘米(cm),精确到0.1 cm。

46. 雄穗长短

依据雄穗长度确定的雄穗的长短。

（1）短(雄穗长度 < 3.0 cm)

（2）中(3.0 cm≤雄穗长度≤5.0 cm)

（3）长(雄穗长度 > 5.0 cm)

47. 雄穗率

雄花芽数占发芽数的比例,以百分比(%)表示,精确到1%。

48. 雌穗率

雌花芽数占发芽数的比例,以百分比(%)表示,精确到1%。

49. 花多少

依据雄穗率、雌穗率确定的花的多少。

（1）少[雄（雌）穗率 < 20%]

（2）较少[20%≤雄（雌）穗率 < 40%]

（3）中等[40%≤雄（雌）穗率 < 60%]

（4）较多[60%≤雄（雌）穗率 < 80%]

（5）多[雄（雌）穗率≥80%]

50. 花柱

雌花柱头与子房间的部分。参照图10。

(1)无　(2)短　(3)长

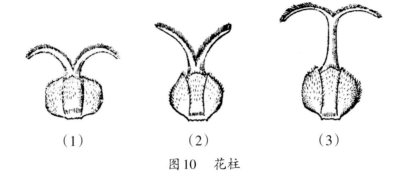

（1）　　　　　　（2）　　　　　　（3）

图 10　花柱

51. 柱头

雌花柱头内侧附属物的形态特征。

(1)毛　(2)突起

52. 果颜色

成熟桑果的颜色。

(1)白　(2)绿　(3)红　(4)紫　(5)黑

53. 果形状

成熟桑果的形状。

(1)球形　(2)椭圆形　(3)圆筒形　(4)长圆筒形

54. 果长

成熟桑果果蒂至果顶的长度,单位为厘米(cm),精确到0.1 cm。参照图11。

55. 果长短

依据果长确定的果的长短。

(1)短(果长 < 2.0 cm)

(2)中(2.0 cm≤果长≤3.0 cm)

(3)长(果长 > 3.0 cm)

56. 果横径

成熟桑果最粗处的横径,单位为厘米(cm),精确到0.1 cm。参照图11。

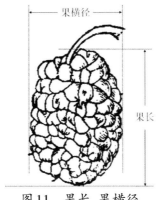

图11 果长、果横径

57. 单果重

单个成熟桑果的质量,单位为克(g),精确到0.1 g。

58. 染色体数

桑树体细胞染色体的数目。

59. 分子标记

桑树种质指纹图谱和重要性状的分子标记类型及其特征参数。

(1)RAPD (2)RFLP (3)AFLP (4)SSR (5)CAPS (6)ISSR (7)其他

二、生物学特性

1. 脱苞期

春季发芽时,枝条中上部幼叶尖露出芽鳞的日期,表示方法为"MMDD"。

2. 鹊口期

春季发芽时,枝条中上部萌发芽形成的抱合状幼叶展开的日期,表示方法为"MMDD"。

3. 开叶期

开1~5片叶的日期,表示方法为"MMDD"。

4. 叶片成熟期

春季80%止芯芽叶片成熟的日期,表示方法为"MMDD"。

5. 叶片硬化期

秋季叶片的硬化率达60%的日期,表示方法为"MMDD"。

6. 初花期

少数花穗露出且可见花穗柄但雄花花药未开放,或雌花柱头未展开的日期,表示方法为"MMDD"。

7. 盛花期

60%花穗露出且雄花花药开放,或雌花柱头伸展呈白色的日期,表示方法为"MMDD"。

8. 桑果成熟期

60%桑果成熟,呈现固有颜色的日期,表示方法为"MMDD"。

三、产量性状

1. 发条数

桑树春伐或夏伐后新梢发生数。

2. 发条力

依据发条数的多少确定的发条力。

(1)弱(低干桑发条数＜7;中干桑发条数＜10)

(2)中(7≤低干桑发条数≤10;10≤中干桑发条数≤15)

(3)强(低干桑发条数＞10;中干桑发条数＞15)

3. 发芽率

树形养成后发芽数占总芽数的比例,以百分比(%)表示,精确到0.1%。

4. 生长芽率

春壮蚕期生长芽数占总芽数的比例,以百分比(%)表示,精确到0.1%。

5. 单株产叶量

一年中各季产叶量之和,单位为千克(kg),精确到0.001 kg。

6. 春米条产叶量

春季单株产叶量(g)除以单株总条长(m)所得值,单位为克(g),精确到0.1 g。

7. 秋米条产叶量

秋季单株产叶量(g)除以单株总条长(m)所得值,单位为克(g),精确到0.1 g。

8. 春千克叶片数

春季每千克桑叶的叶片数,单位为片,精确到1片。

9. 秋千克叶片数

秋季每千克桑叶的叶片数,单位为片,精确到1片。

10. 叶梗比

桑树叶片量占梗叶(枝条+叶片+新梢+桑果)总量的比例,以百分比(%)表示,精确到0.1%。

11. 梢梗比

桑树新梢量占梗叶(枝条+叶片+新梢+桑果)总量的比例,以百分比(%)表示,精确到0.1%。

12. 条梗比

桑树枝条量占梗叶(枝条+叶片+新梢+桑果)总量的比例,以百分比(%)表示,精确到0.1%。

13. 葚梗比

桑果量占梗叶(枝条+叶片+新梢+桑果)总量的比例,以百分比(%)表示,精确到0.1%。

14. 坐果率

春季单株坐果数占总雌花数的比例,以百分比(%)表示,精确到0.1%。

15. 单株产果量

单株收获的成熟桑果的质量,单位为千克(kg),精确到0.001 kg。

16. 米条产果量

单株产果量(g)除以单株总条长(m)所得值,单位为克(g),精确到0.1 g。

四、品质性状

1. 春粗蛋白含量

春季成熟叶片中粗蛋白质质量占干物质质量的比例,以百分比(%)表示,精确到0.01%。

2. 秋粗蛋白含量

秋季成熟叶片中粗蛋白质质量占干物质质量的比例,以百分比(%)表示,精确到0.01%。

3. 春可溶性糖含量

春季成熟叶片中可溶性糖质量占干物质质量的比例,以百分比(%)表示,精确到0.01%。

4. 秋可溶性糖含量

秋季成熟叶片中可溶性糖质量占干物质质量的比例,以百分比(%)表示,精确到0.01%。

5. 春5龄经过

春蚕期用待鉴桑种质饲育家蚕,从5龄饲食至盛上蔟所经过的时间,单位为天(d)和小时(h),表示方法为"DDHH"。

6. 春虫蛹统一生命率

春蚕期用待鉴桑种质饲育家蚕,结茧头数与死笼头数之差占饲育头数的比例,以百分比(%)表示,精确到0.1%。

7. 春全茧量

春蚕期用待鉴桑种质饲育家蚕所获得的一粒鲜茧的所有构成部分的质量,即茧壳、蜕皮和蚕蛹的总质量,单位为克(g),精确到0.01 g。

8. 春茧层量

春蚕期用待鉴桑种质饲育家蚕所获得的有缫丝实用价值的茧壳质量,不包括茧衣、蜕皮和蚕蛹的质量,单位为克(g),精确到0.01 g。

9. 春茧层率

春蚕期用待鉴桑种质饲育家蚕所获得的蚕茧中雌雄平均茧层量占雌雄平均全茧量的比例,以百分比(%)来示,精确到0.01%。

10. 秋5龄经过

秋蚕期用待鉴桑种质饲育家蚕,从5龄饷食至盛上蔟所经过的时间,单位为天(d)和小时(h),表示方法为"DDHH"。

11. 秋虫蛹统一生命率

秋蚕期用待鉴桑种质饲育家蚕,结茧头数与死笼头数之差占饲育头数的比例,以百分比(%)表示,精确到0.1%。

12. 秋全茧量

秋蚕期用待鉴桑种质饲育家蚕所获得的一粒鲜茧的所有构成部分的质量,即茧壳、蜕皮和蚕蛹的总质量,单位为克(g),精确到0.01 g。

13. 秋茧层量

秋蚕期用待鉴桑种质饲育家蚕所获得的有缫丝实用价值的茧壳质量,不包括茧衣、蜕皮和蚕蛹的质量,单位为克(g),精确到0.01 g。

14. 秋茧层率

秋蚕期用待鉴桑种质饲育家蚕所获得的蚕茧中雌雄平均茧层量占雌雄平均全茧量的比例，以百分比(%)表示，精确到0.01%。

15. 春万蚕收茧量

春蚕期用待鉴桑种质饲育家蚕，根据收茧量计算春万蚕收茧量，单位为千克(kg)，精确到0.001 kg。

16. 秋万蚕收茧量

秋蚕期用待鉴桑种质饲育家蚕，根据收茧量计算春万蚕收茧量，单位为千克(kg)，精确到0.001 kg。

17. 春万蚕茧层量

春蚕期用待鉴桑种质饲育家蚕，根据收茧量、茧层率计算春万蚕茧层量，单位为千克(kg)，精确到0.001 kg。

18. 秋万蚕茧层量

秋蚕期用待鉴桑种质饲育家蚕，根据收茧量、茧层率计算秋万蚕茧层量，单位为千克(kg)，精确到0.001 kg。

19. 春100 kg叶产茧量

春蚕期用待鉴桑种质芽叶饲育家蚕，根据收茧量、用桑量计算春100 kg叶收茧量，单位为千克(kg)，精确到0.001 kg。

20. 秋100 kg叶产茧量

秋蚕期用待鉴桑种质片叶饲育家蚕，根据收茧量、用桑量计算秋100 kg叶收茧量，单位为千克(kg)，精确到0.001 kg。

21. 桑果水分含量

春季成熟桑果果肉的水分含量，以百分比(%)表示，精确到0.1%。

22. 桑果维生素C含量

春季单位质量桑果果肉所含维生素C的质量，单位为 10^{-2} mg/g。

23. 桑果可溶性固形物含量

春季单位质量桑果果肉可溶性固形物的含量，以百分比（%）表示，精确到0.1%。

五、抗性性状

1. 耐旱性

桑树对土壤干旱、大气干旱或生理干旱的忍耐或抵抗能力，依据干旱条件下桑树枝条的止芯率确定。

（1）强（止芯率＜60%）

（2）中（60%≤止芯率≤80%）

（3）弱（止芯率＞80%）

2. 耐寒性

桑树对寒冷的忍耐或抵抗能力，依据条长冻枯率确定。

（1）强（冻枯率＜10%）

（2）中（10%≤冻枯率≤30%）

（3）弱（冻枯率＞30%）

3. 桑黄化型萎缩病抗性

桑树植株对黄化型萎缩病抗性的强弱，依据发病率确定。

（1）高抗（株发病率＜2.0%）

（2）抗（2.0%≤株发病率＜5.0%）

（3）中抗（5.0%≤株发病率＜10.0%）

（4）感病（10.0%≤株发病率＜20.0%）

（5）易感（株发病率＞20.0%）

4. 桑黑枯型细菌病抗性

桑树植株对桑黑枯型细菌病抗性的强弱，依据病情指数（DI）确定。

（1）高抗（$DI \leqslant DI_{湖桑199号}$）

（2）中抗（$DI_{湖桑199号} < DI \leqslant DI_{湖桑32号}$）

（3）感病（$DI_{湖桑32号} < DI \leqslant DI_{桐乡青，南河20号}$）

（4）易感（$DI > DI_{桐乡青，南河20号}$）

后记

HOUJI

　　我国是重要的作物起源中心之一，古代素有农桑并举之传统。古代桑是一种重要的作物，桑树作为我国丝绸文明的基础，已有悠久的栽培历史，在西藏灵芝地区保留有不少千年以上的古桑树。桑树是重要的生态树种和饲料用植物，栽培桑树不仅仅是为了养蚕，桑果（葚）还是美味的保健果品。据报道，我国现收集保存的桑种质资源有3000多份，是世界上桑资源保持最多的国家。

　　虽然早在汉代前后我国已有桑种的记载，但系统的桑品种选育始于20世纪30年代，而大规模开展桑品种的研究始自20世纪六七十年代，特别是20世纪80年代后，我国的桑树品种选育工作有了长足的进步，选育出不少适合各地生产发展的优良桑品种。进入21世纪，随着桑产业的多元化发展，栽培用桑品种已从单一的养蚕用叶桑品种发展到果叶兼用桑、果用桑和生态用桑等品种，育成品种的经济性状和育种手段已处于世界先进水平。

　　为了更好地总结桑树育种工作者多年来的育种成果，指导蚕桑产业发展和供后人学习参考，中国工程院院士向仲怀教授多次提出要编纂一部关于桑品种选育方面的著作。2011年由国家蚕桑产业技术体系育种和蚕种功能研究室的岗位科学家发起并组织全国各桑品种选育单位共同编写《中国桑树栽培品种》，向院士还亲自对编写提纲提出指导性意见，经过编写人员的共同努力，几经易稿，终于完成了编纂任务。同时，本书在基础材料收集、材料信息删减、材料整理等方面得到了国家蚕桑产业体系和全国蚕桑工作者同仁的大力支

持。本书编著者大多为桑树研究的一线研究者,他们在繁忙的研究工作中及时完成相关内容的初稿并在其后的改写中高度合作,使本书得以顺利完成。

在本书付梓之际,首先要感谢向仲怀院士在本书编写过程中所给予的高度重视和支持;同时对西南大学、浙江农业科学院蚕桑研究所、广西壮族自治区蚕业技术管理站、中国农业科学院蚕业研究所等单位的领导给予的大力支持表示感谢;也要感谢中国农业科学院蚕业研究所潘一乐研究员、西南大学余茂德教授、浙江大学楼程富教授等给予的指导和帮助;感谢在本书编纂过程中做出贡献、提供基础材料的各位专家、学者。

编纂《中国桑树栽培品种》是历史赋予的重任,参加编写的同仁无不竭尽全力,但由于时间久远,单位变迁等,有的资料散失不全,加之缺乏编纂经验,挂一漏万,鲁鱼之误在所难免,谨请读者批评指正。

国家蚕桑产业技术体系育种与蚕种功能研究室